KB049385

| 이 책에 쏟아진 찬사 |

마커스 드 사토이는 재능 있고 지칠 줄 모르며 광범위한 분야를 넘나드는 수학 이야기꾼이다. 그의 상징인 명석함과 넘치는 에너지가 담긴 이 책은 수학적 아이디어를 다룬 책 중 단연 최고의 히트작이다!

_팀 하포드 Tim Harford 경제학자, 《경제학 콘서트》 저자

주식시장에서 심리 치료, 현대 조각 예술에 이르기까지 수학적 사고가 실제 다양한 분야에서 어떻게 활용되는지 그 사례를 폭넓게 살핀다. '이걸 언제 쓰지?'라는 오래된 수학적 질문에 비로소 설득력 있게 답할 수 있게 되었다.

_조던 엘렌버그 Jordan Ellenberg 위스콘신대학교 수학과 교수, 《틀리지 않는 법》 저자

즐길 수 있을 만큼 기발하다! 대수학, 기하학, 확률론이 현실에서 어떻게 적용되는지 생생하게 묘사한다. 세상에서 가장 현명한 해설을 들려주는 것은 마커스 드 사토이뿐이다.

_스티븐 풀 Steven Poole 저널리스트, 《리씽크, 오래된 생각의 귀환》 저자

이 책은 지름길이 없는 지름길들에 관한 책이다. 수학적인 영역부터 사회적인 영역에 이르기까지 생각을 자극하는 사례들로 가득 차 있다.

_멀리사 프랭클린 Melissa Franklin 하버드대학교 물리학과 종신 교수

이 책이 주는 즐거움은 단순히 현실의 지름길 같은 것이 아니다. 자릿값부터 비유클리드기하학, 확률론에 이르기까지 수학적 사고를 가지고 노는 즐거움이다. 문제 해결을 위해 수학적 아이디어를 쓴 과학자들과 다양한 인물들의 역사가 생생하게 펼쳐진다.

_〈파이낸셜타임스〉

마커스 드 사토이는 복잡한 수학의 세계를 안내하는 대가다. 그는 언제나 '복잡한 세계를 항해하고 반대편에 이르는 길을 찾아내는 사고방식'으로써 수학이 가진 문제 해결의 중요성을 설파한다. 수학에 관심 있는 독자라면 이 책을 통해 많은 생각의 도구를 발견하게 될 것이다.

_《퍼블리셔스위클리》

리처드 도킨스를 잇는 옥스퍼드대학교의 과학 홍보대사!

_〈TED닷컴〉

이 책의 즐거움은 단순히 정보나 지식보다 여정 그 자체에 있다. 저자는 노련한 학자뿐 아니라 배경지식이 없는 대중도 즐길 수 있도록 수학적 전략과 역사적 배경, 이해하기 쉬운 사례들을 매력적인 이야기로 능숙하게 엮어냈다.

_《네이처 피직스》Nature Physics

마커스 드 사토이는 수학을 일상으로 가져오는 방법을 아는 사람이다.

_〈옵저버〉The Observer

이 책에서 저자는 수학자의 생각법을 보여주기 위해 비밀의 장막을 걷어낸다. 다양한 상황에서 기발한 지름길을 탐색하는 이 흥미롭고 즐거운 모험을 따라가다 보면 수학적 사고가 보다 더 깊은 수학적 진리를 비추고 있음을 알게 된다. 이 발견은 우리 모두에게 믿을 수 없을 정도로 유용한 지름길이 되어줄 것이다!

_데이비드 슈워츠 David Schwartz 조지아주립대학교 전 마케팅학 교수,
《크게 생각할수록 크게 이룬다》 저자

수학이 증명한 것이 있다면 바로 지름길이 세상을 바꿀 수 있다는 것이다. 마커스 드 사토이는 터널과 지하도처럼 우리가 일상생활 속 문제를 통과하는 데 쓸 수 있는 여러 비법에 대해 놀랍도록 잘 쓰인 재미있는 안내서를 펴냈다.

_로저 하이필드 Roger Highfield 과학 저널리스트, 《초협력자》 공동 저자

현대 수학의 위대한 대중작가 중 한 명인 마커스 드 사토이는 책과 다양한 매체, 강연을 통해 수학이 얼마나 끝도 없이 흥미롭고 재밌는지 그 복음을 전파하는 인물로 유명하다. 《수학자의 생각법》은 광범위한 독자와 소통하는 그의 능력을 아낌없이 보여준다. 늘 그렇듯 그는 수학에 조금이라도 호기심이 있는 사람들에게 흥미진진한 수학의 세계를 펼쳐 보인다.

_미국수학협회 Mathematical Association of America

지름길은 얼마나 다채로운 가면을 감추고 있는가! 수학자와 비수학자인 사람들 모두 이 흥미로운 통찰을 읽어보기를 강력 추천한다.

_애데마르 불티엘 Adhemar Bultheel 벨기에수학학회Belgian Mathematical Society 전 회장

가장 매력적이고 놀라우며 도발적이고 유쾌한 지금 당장 읽어야 할 올해의 책!

_마테오 델 판테 Matteo del Fante 포스트이탈리안Poste Italiane CEO

이 책은 당신이 세상을 바라보는 방식을 바꿀 것이다. 다양한 이야기와 아이디어, 기발한 장치들로 가득 차 있어 무척 만족스럽다. 저자는 거대 담론을 생기 있게 만드는 거장이다. 그는 리처드 도킨스, 에드워드 윌슨, 카를로 로벨리와 나란히 위대한 현대 과학 저술가들의 판테온에 오를 자격이 충분하다.

_로한 실바 Rohan Silva 세컨드홈Second Home 설립자이자 CEO, 런던정치경제대학교 객원연구원

'수학은 긴 나눗셈과 긴 곱셈처럼 길고 긴 시간을 들여야만 문제를 풀 수 있어'라고 생각했다면 마커스 드 사토이는 정반대의 사실을 보여준다. 유머와 일화, 가벼운 접근으로 가득한 이 책은 세상에서 가장 깔끔한 책략과 예상치 못한 반전, 유용한 지름길을 탐험하는 여행이다. 읽자마자 이 책에 사로잡힐 것이다!

_마이클 로젠 Michael Rosen 아동 전문 작가, 《곰 사냥을 떠나자》 저자

수학자의 생각법

THINKING BETTER:
The Art of the Shortcut
by Marcus du Sautoy

Originally Published in 2021 by 4th Estate, an imprint of
HarperCollinsPublishers, London.

Figures in the book redrawn by Martin Brown, from files generated by the author or those in the public domain. Figure 5 reproduced courtesy of Andrew Viner. Figure 5.4 created by Joaquim Alves Gaspar. Figure 5.13 taken from https://commons.wikimedia.org/wiki/File:Doughnut_(economic_model).jpg, uploaded by DoughnutEconomics, published under Creative Commons Licence. Figure 9.4 created by Arpad Horvath.

생각의 지름길을 찾아내는 기술

마커스 드 사토이 지음 | 김종명 옮김

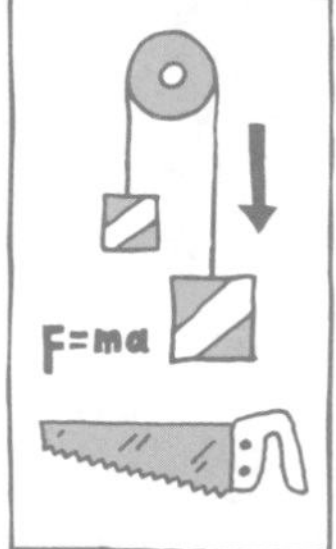

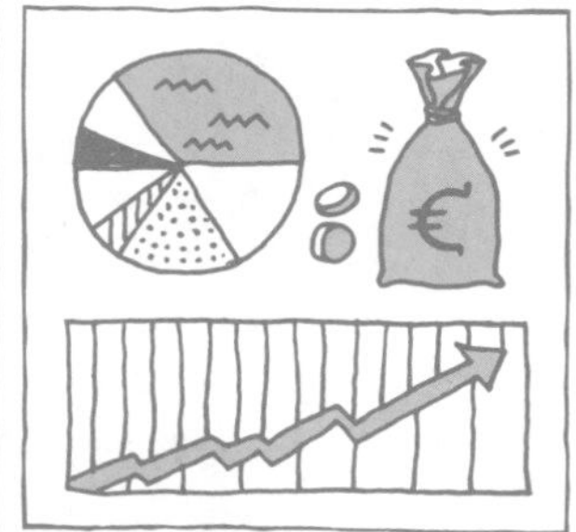

수학자의 생각법

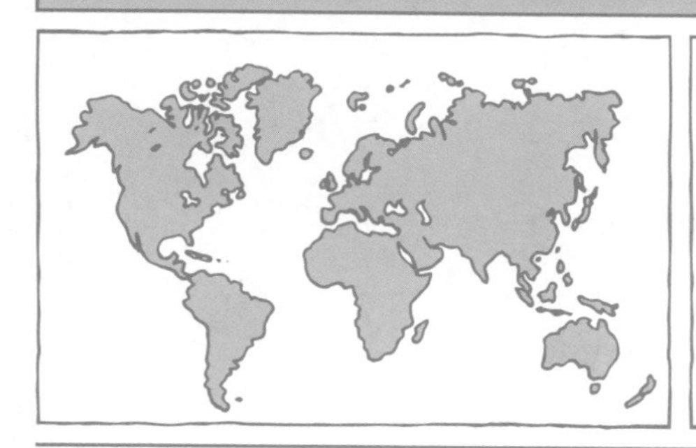

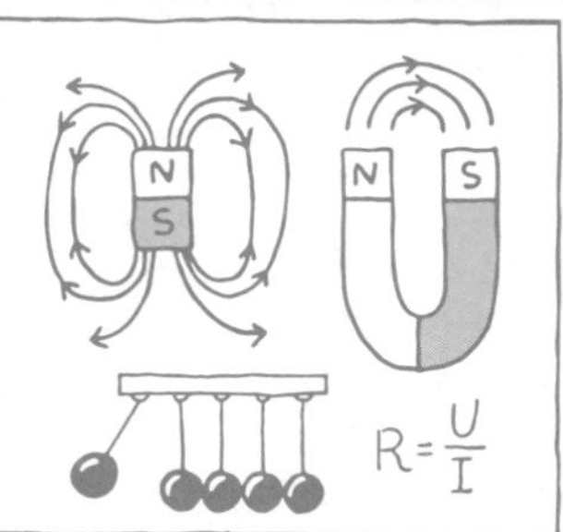

THINKING BETTER

북라이프

옮긴이 | **김종명**

서울대학교 공업화학과를 졸업하고 미국 신시내티대학교에서 재료공학 박사학위를 받았다. 다년간 연구소에서 근무했으며, 번역에이전시 엔터스코리아에서 번역가로 활동하고 있다. 옮긴 책으로는 《사이언스 픽션》, 《수소 자원 혁명》, 《과학자도 모르는 위험한 과학기술》, 《한 권으로 이해하는 수학의 세계》 등이 있다.

수학자의 생각법

1판 1쇄 발행 2024년 5월 21일
1판 4쇄 발행 2024년 10월 10일

지은이 | 마커스 드 사토이
옮긴이 | 김종명
발행인 | 홍영태
발행처 | 북라이프
등 록 | 제2011-000096호(2011년 3월 24일)
주 소 | 03991 서울시 마포구 월드컵북로6길 3 이노베이스빌딩 7층
전 화 | (02)338-9449
팩 스 | (02)338-6543
대표메일 | bb@businessbooks.co.kr
홈페이지 | http://www.businessbooks.co.kr
블로그 | http://blog.naver.com/booklife1
페이스북 | thebooklife
ISBN 979-11-91013-63-4 03410

* 잘못된 책은 구입하신 서점에서 바꾸어 드립니다.
* 책값은 뒤표지에 있습니다.
* 북라이프는 (주)비즈니스북스의 임프린트입니다.
* 비즈니스북스에 대한 더 많은 정보가 필요하신 분은 홈페이지를 방문해 주시기 바랍니다

세상의 모든 수학 선생님에게,

내게 수학의 지름길을 처음 보여준 베일스 선생님에게

출발하기

수학, 생각의 지름길을 찾는 기술

당신의 눈앞에 두 가지 선택의 기회가 있다. 먼저 눈에 뻔하게 보이는 길이 있다. 그러나 이 길은 가는 동안 아름다운 경치라고는 전혀 만날 수 없는 고역의 여정이다. 언젠가는 목적지에 도착하겠지만 그러기까지 매우 오랜 시간이 걸리고 그 과정에서 당신의 모든 에너지가 고갈될 것이다. 이와 다른 두 번째 길도 있다. 이 길은 큰길에서 벗어나 있어서 얼핏 보기에는 목적지로부터 멀어지는 것처럼 보인다. 당신이 이 길을 알아차리려면 날카로운 눈을 가지고 있어야 한다. 이 길을 선택해서 가다보면 '지름길'이라고 적힌 표지판을 발견하게 될 것이다. 빠른 길이지만 거친 비포장도로다. 그래도 최소한의 에너지만으로 목적지에 더 빨리 도착할 수 있고, 도중에 멋진 경치를 볼 수 있을지도 모른다. 필요한 것은 명석한 두뇌다. 두 가지 길 중 어떤 것을 고를지는 당신의 선택에 달렸다. 다만 이 책은 두 번째 길로 당신을 이끌고자 한다. 더 나은 사고를 가능하게 하는 지름길이기 때문이다. 평범하지 않은 여정을 거쳐 당신이 가고 싶은 곳에 도달하기 위해서는 반드시 '생각의 지름길'이 필요하다.

나는 일찍이 지름길 찾기에 빠졌고, 그래서 수학자가 되고 싶었다. 다소 게을렀던 십대 시절부터 늘 목적지까지 가는 가장 빠른 길이 무엇인지 찾는 아이였다. 단지 빨리 가려는 것만이 목적은 아니었다. 가능한 가장 적은 노력으로 목표를 달성하고 싶었다. 열두 살 무렵, 수학 선생님이 가르쳐줄 내용이 이런 생각의 지름길에 관한 것이라고 말했을 때 나는 귀가 쫑긋 섰다. 그것은 카를 프리드리히 가우스Carl Friedrich Gauss라는 아홉 살 소년이 등장하는 이야기였다. 수학 선생님의 이야기는 1786년 어린 가우스가 자랐던 독일 하노버 인근 브라운슈바이크 마을의 한 교실로 단숨에 우리를 데려다 놓았다. 그곳은 작은 마을이었고, 학교에 선생님은 단 한 사람밖에 없었다. 그의 이름은 뷰트너로, 100명에 달하는 마을 아이들을 어떻게든 한 교실에서 가르쳐야 했다.

나에게 수학을 가르쳐준 베일슨 선생님은 규율을 엄격히 여기는 다소 따분한 스코틀랜드인이었지만 뷰트너 선생님에 비하면 훨씬 부드러운 분이었다. 뷰트너는 소란스러운 교실의 규율을 유지하기 위해 회초리를 휘두르며 교실을 왔다 갔다 했다. 훗날 내가 수학 순례 여행을 가서 들은 이야기 속의 그 교실은 낮은 천장과 어두운 조명에 바닥도 고르지 않은 칙칙한 분위기의 방이었다. 마치 중세시대의 감옥처럼 느껴질 정도였다. 뷰트너 선생님의 독재적인 수업 방식 또한 당시 분위기에 딱 들어맞는 것이었다.

어느 날 뷰트너는 산수 수업시간에 낮잠을 좀 자기로 마음먹었다. 그래서 푸는 데 시간이 걸리는 지루한 문제를 학생들에게 내주면서 말했다. "여러분, 각자 석판에 1부터 100까지 숫자를 더하세요. 계산이 끝나면 석판을 교실 앞으로 가져와서 내 책상 위에 올려놓고요." 선생님의 말이 미처 끝나기도 전에 어린 가우스가 일어나 교탁 위에 석판을 올려놓으며 독일어로 낮게 말했다. "여기 있습니다." 뷰트너는 다소 무례하게 느껴지는 행동에 충격을 받고 가우스를 쳐다보았다. 손에 쥔 회초리가 부르르 떨렸지만 그는 모든 학생이 석판을 제출할 때까지 기다렸다가 어린 가우스를 꾸짖기로 결심했다.

어느덧 모두 과제를 끝냈고, 분필과 계산식으로 지저분해진 석판이 뷰트너의 책상 위에 산더미처럼 쌓였다. 뷰트너는 마지막으로 제출된, 맨 위에 놓인 석판부터 시작해 학생들의 계산 결과가 맞는지 석판더미를 헤쳐가며 하나씩 확인하기 시작했다. 대부분 답이 틀렸다. 학생들이 계산 도중에 약간씩 실수를 했기 때문이다. 그리고 마지막으로 가우스의 석판을 집어 들었다. 이 건방진 애송이에게 어떻게 호통을 칠까 생각하면서 뷰트너는 석판을 뒤집었다. 그곳에는 '5,050'이 적혀 있었다. 정답이었다. 심지어 따로 계산한 흔적도 없었다. 뷰트너는 충격을 받았다. 그 어린 소년은 어떻게 그렇게 빨리 답을 찾은 것일까?

알려진 바에 따르면 가우스는 그 많은 수의 덧셈을 힘들게 일일이 하는 대신 답을 간단하게 얻을 수 있는 지름길을 찾았다. 다음과 같이 두 개의 수를 쌍을 지어 더한 것이다.

$$1+100$$

$$2+99$$

$$3+98$$

…

그러면 그 합이 항상 '101'이라는 사실을 깨달았고, 이렇게 50개 쌍의 숫자를 묶어서 계산해 다음과 같이 답을 얻었다.

$$50 \times 101 = 5,050$$

나는 이 이야기를 듣고 전기에 감전된 듯한 충격을 받았다. 끔찍하게 지루하고 노동집약적인 계산법을 쉽게 건너뛰는 길을 발견한 가우스의 통찰력에 실로 감탄을 금할 수 없었다. 비록 이 일화가 사실이 아니라 전해지는 썰에 불과할지라도 이 이야기는 매우 중요한 핵심을 훌륭하게 포착했다. 많은 사람이 생각하는 바와 달리 수학은 지루한 계산이 아니라 전략적 사고를 하는 학문이라는 점을 시사하고 있기 때문이다.

이 이야기를 들려주며 나의 수학 선생님은 말했다. "얘들아, 이게 바로 수학이란다. 지름길을 찾는 학문이지."

선생님의 그 말에 열두 살의 나는 이렇게 생각했다. '더 듣고 싶다!'

문제 해결을 위한 최선의 방법

인간은 항상 지름길을 쓴다. 그럴 수밖에 없다. 시간이 그리 많이 주어지지 않은 급박한 상황에서는 빠른 판단을 해야 하기 때문이다. 복잡한 문제를 헤치고 나아가는 데 필요한 정신적 자원은 한정되어 있다. 이렇게 어려운 상황을 해결하기 위해 인간이 개발한 첫 번째 전략은 '어림짐작'이다. 이 전략은 의식적으로든, 무의식적으로든 뇌로 들어오는 정보의 일부를 무시해 문제를 덜 복잡하게 만드는 방법이다.

문제는 이 방식이 대체로 잘못된 판단이나 편향된 결정으로 이어진다는 점이다. 그리고 목적에 맞지 않는 경우도 많다. 인간은 경험을 통해 하나의 정보나 지식을 터득하면 그다음에 부딪히는 모든 문제에 대해 이미 알게 된 하나와 비교를 하며 추론한다. 즉 국지적인 지식으로 전체를 판단하는 것이다. 만약 인간의 주거환경이 크게 확장되지 않고, 사바나savanna 같은 좁은 지역 내에서 살았던 아주 오래전에는 이런 전략도 나쁘지 않았을 것이다. 하지만 생활 반경이 급격히 확장되면서 국지적 지식을 넘어서는 일들을 이해하는 데 있어 어림짐작은 더 이상 좋은 전략이 될 수 없었다. 이때부터 어림짐작을 넘어선 더 나은 지름길이 개발되기 시작했다. 바로 오늘날 우리가 '수학'이라는 이름으로 부르는 도구들을 연구하기 시작한 것이다.

좋은 지름길을 찾기 위해서는 통과할 지형을 한눈에 조망할 수 있는 높은 곳(단계)으로 스스로를 끌어올리는 능력이 필요하다. 흔히 어떤 풍광에 둘러싸여 있으면 우리는 눈에 보이는 것에만 의존한다. 그럼 마치 매 단계에서 자신이 올바른 방향으로 가고 있는 것처럼 느껴질 수 있겠지만, 결과적으로는 더 먼 길을 돌아서 목적지에 도달하거나 완전히 엉뚱한 곳에서 헤맬 수도 있다. 이것이 바로 인간이 더 나은 사고법을 개발한 이유다. 눈앞에 놓인 과제의 세부적 사항에서 벗어나 목적지까지 더 효율적으로, 더 빠르게 도달하는 예상치 못한 길을 찾아내는 능력 말이다.

이것이 바로 선생님이 내준 난해한 과제에 가우스가 취한 접근법이었다. 다른 학생들이 합계를 내기 위해 숫자 하나하나를 더하는 방식으로 1부터 100까지 일일이 더하고 있을 때, 가우스는 문제를 전체적인 시각에서 바라보려 했다. 그 지루한 과정의 처음과 끝을 어떻게 이용하면 주어진 과제를 쉽게 해결할 수 있을지에 대해 고민한 것이다.

수학은 무작위로 문제의 개별 경로에 집중하는 것이 아니라 접근 방식을 더 높은 수준의 사고로 대체하여 전체 구조를 내려다볼 수 있도록 해준다. 국지적인 풍경에서 벗어나 지형의 '진정한' 모습을 관찰하도록 우리를 더 높은 곳으로 데려다주는 것이다. 이러한 방식으로 문제의 전체적인 모습을 조망할 때 비로소 지름길이 나타난다. 이렇게 마주한 문제를 일단 물리적으로 부딪히는 대신 문제의 전체 구조를 마음의 눈으로 바라보는 능력을 이용하기 시작하자 인간의 추상적 사고 능력은 수세기에 걸쳐 인류 문명의 놀라운 발전을 촉발해냈다.

더 나은 사고방식을 개발하기 위한 인간의 여정은 나일강과 유프라테스강을 중심으로 5,000년 전에 시작되었다. 사람들은 두 개의 강을 따라 번성하는 도시 국가를 건설하기 위해 더 현명한 방법을 찾고자 했다. '하나의 피라미드를 지으려면 몇 개의 돌덩어리가 필요할까?', '도시를 먹여 살리기 위한 농작물을 재배할 땅은 어디에 있는가?', '강 높이의 어떤 변화를 관찰해야 다가오는 홍수를 예측할 수 있을까?' 고대 신흥 사회에서는 이러한 문제들을 해결할 수 있는 도구를 가진 사람들이 두각을 나타냈다. 그중 문명의 발전을 향한 지름길로써 수학은 대단한 성공을 거두었다. 나아가 더 빠른 문제 해결을 원하는 사람들을 위한 강력한 도구로 자리매김하였다.

새로운 다양한 영역의 수학이 발견되어 문명의 변화는 시간과 속도면에서 완전히 새로운 차원으로 접어들었다. 수학의 폭발적 발전은 르네상스 시대를 거치며 미적분학calculus과 같은 도구들을 우리에게 제공했고, 공학적 해법을 찾는 특별한 지름길도 과학자들에게 안겨 주었다.

오늘날의 수학은 컴퓨터에서 구현되는 모든 알고리즘 뒤에 숨어 디지털 정글에 둘러싸인 우리를 돕고 있다. 목적지까지 가는 최선의 경로와 인터넷 검색을 위한 최고의 웹사이트 그리고 심지어 인생이라는 여행을 함께할 최고의 동반자를 찾는 데도 지름길을 제공한다.

흥미롭게도 주어진 과제를 해결하는 최선의 방법에 접근하기 위해 수학의 힘을 이용한 것은 인간이 최초가 아니다. 인간보다 훨씬 전에 자연이 당면한 문제를 풀기 위해 수학적 지름길을 사용했다. 많은 물리법칙이 항상 지름길을 찾는 자연의 속성에 기초를 둔다. 빛을 한번 살펴보자. 빛은 가장 빨리 목적지까지 도달하는 지름길을 따라 이동한다. 지나가는 경로상에 존재하는 태양과 같은 큰 물체에 따라 그 주위에서 휘어지게 되는데 결국은 그것이 빛이 가는 최단경로다. 비누 거품은 가장 적은 양의 에너지를 소비하는 형태를 띤다. 비누 거품이 공 같이 둥근 형태인 이유는 이 대칭적 도형이 가장 작은 표면적을 갖는 모양이기 때문이다. 표면적이 작으면 결과적으로 표면 에너지도 최소화된다. 한편 벌들은 육각형의 벌집을 만든다. 육각형은 주어진 면적을 덮는 데 있어 가장 적은 양의 왁스가 사용되는 도형이다. 인간의 몸 역시 A에서 B 지점으로 우리 자신을 이동시키기 위해 에너지 효율이 가장 최적화된 방식으로 걷는 법을 찾아냈다.

자연은 인간만큼 게으르다. 에너지를 가장 적게 사용하는 해결책을 찾고 싶어 한다. 18세기 수학자 피에르 루이 모페르튀이Pierre Louis Maupertuis가 말했듯 '자연은 자신의 모든 행동에 있어서 검소하다'. 지름길을 찾아내는 능력이 극도로 발달되어 있다. 그 모든 능력 안에 어김없이 수학적 원리가 숨어 있다. 인간이 발견한 '지름길'은 종종 자연이 문제를 어떻게 해결했는가를 관찰한 데서 얻어낸 경우가 많다.

수학의 지름길을 알아야 하는 이유

가우스와 같은 위대한 수학자들이 수 세기에 걸쳐 개발한 생각의 지름길이라는 보물창고를 당신과 나누기 위해 이 책을 썼다. 각 장은 각기 다른 영역의 고유한 특색을 가진 지름길을 소개한다. 여러 지름길을 소개하는 데는 공통의 목표가 있다. 바로 당신을 변화시키는 것이다. 어떤 문제를 마주했을 때 먼 길을 힘들게 돌아가는 것이 아니라 지름길을 모색하고 다른 사람보다 먼저 답을 찾을 수 있는 사람으로 바꾸고자 하는 것이다.

이러한 여정의 동행자로 가우스를 선택했다. 어린 시절 수학시간에 보여준 성공담 때문에 나는 그를 '지름길의 달인'으로 여긴다. 그래서 이 책에서 소개하는 여러 지름길 중에 많은 부분이 가우스가 일생 동안 이룬 수많은 업적을 포함하고 있다.

지금껏 수학자들이 쌓아온 지름길을 소개하는 이 책이 모든 사람의 문제 해결을 위한 도구 상자 역할을 하기를 원한다. 그 결과, 얻게 된 시간적인 여유를 인생에서 보다 더 재미있는 일을 하는 데 쓰기를 바란다. 수학적 지름길은 언뜻 보기에는 전혀 수학적인 영역으로 보이지 않는 문제들을 풀 때에도 유용하게 적용될 수 있다. 어떤 의미에서 수학은 복잡한 세계를 헤치고 나아가는 길을 찾기 위한 마음가짐에 관한 것이라고 할 수 있다.

이것이 바로 교육 과정에서 수학이 핵심 과목인 이유다. 모든 사람이 2차 방정식을 푸는 법을 아는 것이 중요한 게 아니다. 실제로 우리가 살아가면서 언제 그런 지식이 필요하겠는가? 정작 필요한 것은 대수학algebra과 알고리즘에 숨겨진 힘을 이해하는 능력일 것이다.

더 나은 사고를 향한 우리의 여정을 수학자들이 개발한 가장 강력한 지름길 중 하나인 '패턴 찾기'에서 시작하려 한다. 패턴을 찾는 것은 종종 가장 훌륭한 지름길이 된다. 패턴의 발견을 통해 미래의 데이터를 예측할 수 있는 지름길을 찾을 수 있기 때문이다. 눈에 보이는 현상의 이면에 존재하는 이런 기본적 규칙을 식별하는 능력이 바로 수학적 모델링의 토대다.

지름길의 역할은 표면상으로는 전혀 관련 없어 보이는 수많은 문제를 관통하는 원리를 이해하게 돕는 것이다. 가우스가 발견한 지름길의 백미는 비록 선생님이 과제를 더 어렵게 만들기 위해 1,000이나 100만까지 수를 모두 더하도록 요구한다 해도 여전히 그 효과를 발휘한다는 점에 있다. 숫자를 하나씩 더하는 방식으로 문제를 해결하려 한다면 선생님이 내는 과제의 난이도에 따라 시간이 점점 더 많이 걸리겠지만 가우스가 발견한 지름길의 경우 전혀 영향을 받지 않는다. 설사 100만까지의 합을 구하는 문제가 주어진다 해도 서로의 합이 '1,000,001'이 되도록 숫자를 짝짓기만 하면 되기 때문이다. 이럴 경우 50만 쌍의 숫자 조합이 얻어진다. 그리고 이 두 개의 수를 곱하면 100만까지의 합을 얻을 수 있다. 빙고. 이것이 정답이다. 이런 수학적 지름길은 산을 통과하는 터널과 마찬가지다. 산의 높이가 아무리 높아지더라도 터널을 통과하는 데는 전혀 영향을 주지 않기 때문이다.

주어진 문제를 새로운 언어로 다시 써보는 것도 매우 효과적인 지름길로 작용한다. 예를 들어 대수학은 서로 달라 보이는 모든 범위의 문제 뒤에 숨겨진 근본적인 원리를 인식하도록 돕는 언어다. 좌표 체계는 기하학 문제를 숫자 문제로 바꾸는 역할을 한다. 이렇게 되면 기하학적 환경에서는 보이지 않던 지름길을 발견할 수 있다. 새로운 언어로 다시 파악하는 것은 문제를 이해하는 데 놀라운 도구가 될 수 있다. 한번은 문제를 풀기 전에 먼저 많은 조건을 정의해야 했던, 엄청나게 복잡한 문제와 씨름했던 적이 있다. 그때 지도교수가 내게 해준 말이 있다.

'모든 문제에 이름을 붙여라.'

이 조언은 그야말로 혁명적인 효과를 가져왔다. 그렇게 함으로써 복잡했던 내 생각을 관통하는 진정한 지름길을 발견할 수 있었던 것이다.

지름길에 대한 생각을 털어놓을 때마다 사람들은 항상 내가 속임수를 쓴다고 여긴다. 지름길이란 뜻의 영단어 'shortcut'을 구성하는 'cut'이라는 단어가 정해진 절차를 무시하고 대충 편법을 쓴다는 표현인 'cutting corner'에서도 쓰이기 때문이다. 처음부터 이 둘을 구분하는 일이 매우 중요하다. 내가 원하는 것은 정확한 해답으로 가는 현명한 길이다. 해답에 가까운 어설픈 근사치를 찾는 데는 전혀 관심이 없다. 문제에 대해 완벽하게 이해하는 상태가 되기를 원하지만 그렇다고 해서 그 과정에서 불필요할 정도로 힘든 일을 하는 것은 원하지 않는다.

어떤 지름길은 당면한 문제를 해결하기에 충분한 근사치를 구하는 것에 관련되어 있다. 혹은 어떤 의미에서는 언어 자체가 지름길 역할을 하는 경우도 있다. 예를 들어 '의자'라는 단어는 우리가 앉을 수 있는 모든 종류의 물건을 묘사한다는 측면에서 일종의 지름길이라고 할 수 있다. 모든 종류의 앉을 것에 대해 일일이 다른 개별적인 단어를 만드는 일은 결코 효율적이지 않기 때문이다. 언어라는 것은 주변 세상을 매우 저차원적으로 영리하게 표현하는 방법이다. 언어를 통해 우리는 다른 사람들과 효율적으로 소통하며 다면적인 세계에서 길을 쉽게 찾아 나갈 수 있게 된다. 여러 다양한 경우를 하나의 단어로 표현하는 언어라는 지름길이 없다면 우리는 너무도 자질구레한 노이즈 정보들에 압도당하게 될 것이다.

나는 이 책을 통해 종종 수학에서도 정보를 버리는 것이 지름길을 찾는 데 있어 매우 핵심적인 과정이 된다는 사실을 보여줄 것이다. 위상기하학topology이라는 학문은 측정을 동반하지 않는 기하학이다. 런던 지하철을 이용한다고 생각해보자. 도시를 돌아다니는 길을 찾는 데에는 지형적 정확도가 높은 지도보다 지하에 역끼리 어떻게 연결되어 있는지를 보여주는 간단한 지도가 훨씬 더 유용할 것이다. 그런 의미에서 지하철 노선도를 그려낸 다이어그램이 도시를 탐험하는 데 있어 강력한 지름길 역할을 한다. 이런 목적을 생각한다면 당면한 문제를 해결하는 것과 관련 없는 정보는 모두 과감히 생략하는 것이 가장 우수한 다이어그램이 가져야 할 속성이라고 할 수 있다. 앞으로 설명하겠지만, 좋은 지름길과 편법 사이에는 그 경계선이 모호하다는 위험성이 항상 내재한다.

미적분은 지름길을 찾고 있던 인류가 만들어낸 가장 위대한 발명품 중 하나다. 많은 엔지니어가 주어진 공학적 문제에서 최적의 해결책을 찾기 위해 이 수학적 마술에 의존한다. 또 확률과 통계는 거대한 데이터 집합에 대한 정보를 신속하게 알아낼 수 있는 지름길이다. 뿐만 아니라 복잡한 기하학이나 어지러운 네트워크 속에서 가장 효율적인 경로를 찾는 데 도움을 주는 것도 수학이다. 수학과 사랑에 빠지면서 알게 된 놀라운 사실 중 하나는 수학이 무한대라는 세계를 항해할 지름길을 찾는 능력도 갖고 있다는 점이다. 끝이 없는 길의 한쪽 끝에서 다른 쪽 끝으로 가는 지름길을 찾아낼 수 있는 능력 말이다.

이 책의 각 장은 하나의 퍼즐로 시작한다. 퍼즐을 푸는 방법은 각자 선택 가능하다. 오랜 시간이 걸리는 고난의 길을 통해 문제를 풀거나 찾을 수만 있다면 지름길로 해결하거나 둘 중 하나다. 각 장의 본문은 지름길을 이용하여 퍼즐을 푸는 방법에 대해 설명할 것이다. 지름길을 파악하기 전까지 혼자 최대한 주어진 퍼즐을 붙들고 깊게 고뇌해보길 바란다. 최종 목적지에 도착하기 전 이 과정에 더 많은 시간을 쓸수록 지름길을 발견했을 때 더 큰 기쁨을 맛보게 되기 때문이다.

직접 지름길을 찾는 여정을 통해 내가 발견한 사실은 지름길에도 여러 종류가 있다는 것이다. 이제 막 출발하려는 여정에는 여러 가지의 길이 있다는 점과 그중에서 지름길을 쓰면 목적지에 훨씬 더 빨리 도착할 수 있다는 점을 깨닫는 것이 중요하다. 여정을 지나는 지형의 어딘가에는 우리가 선택할 수 있는 지름길이 항상 기다리고 있다. 다만 우리에게 필요한 것은 그곳까지 올바른 방향으로 인도할 표지판이나 길을 안내해줄 지도다. 많은 노력을 기울여서 파내기 전까지 존재하지 않는 지름길도 있다. 터널의 경우가 그렇다. 파내는 데는 몇 년이 걸리지만, 일단 완성되면 많은 사람이 터널을 통해 산의 다른 쪽으로 건너갈 수 있게 된다. 우리가 살고 있는 공간을 완전히 탈출하도록 해주는 지름길도 있다. 우주의 한쪽 끝과 다른 쪽 끝을 연결시켜주는 웜홀worm hole이 그것이다. 다른 차원의 세계로 넘어가면 우리가 생각했던 것보다 두 개의 끝이 훨씬 더 가까이 있다는 것을 알 수 있다. 현재 머무는 세계로부터 벗어나기만 하면 보이는 차원의 세계인 것이다. 일의 진행 속도를 높이는 지름길, 이동해야 할 거리 혹은 소비되는 에너지의 양을 줄이는 지름길도 있다. 이런 모든 종류의 지름길에는 이를 찾기 위해 들인 시간을 보상하고도 남을 만한 혜택이 숨겨져 있다는 사실을 알아야 한다.

하지만 동시에 지름길을 찾는 과정이 중요한 핵심을 놓치게 만들 수도 있다. 때로는 문제를 천천히 풀고 싶을 수 있다. 아니면 여정 그 자체를 즐기는 것이 목적인 경우도 있다. 혹은 살을 빼기 위해 에너지를 쓰고 싶었을지도 모른다. 집으로 돌아오는 빠른 지름길이 있는데도 우리는 왜 굳이 하루 종일 먼 길을 돌아 자연 속으로 산책을 떠나는가? 왜 위키피디아에 요약된 개요를 찾는 대신 굳이 소설을 처음부터 끝까지 다 읽는가? 설사 지름길을 고르지 않고 스스로 원하는 먼 길로 돌아간다하더라도 우리에게는 여전히 선택할 수 있는 지름길이 있음을 아는 것은 좋은 일이다.

지름길은 일종의 나와 시간과의 관계를 설정하는 것이라고 볼 수 있다. 당신은 어떤 일을 하면서 시간을 보내고 싶은가? 때로는 시간을 들여서라도 어떤 과정을 경험하는 것이 중요할 때가 있다. 이런 경우 지름길은 공들여 찾을 만한 가치가 없다. 아무런 느낌을 줄 수 없기 때문이다. 예를 들어 한 곡의 음악을 듣는 것은 대충 건너뛸 수 있는 일이 아니다. 반면 인생이 너무 짧다고 생각하면 단순히 원하는 곳에 도달하고자 하는 목적으로 아까운 시간을 많이 쓰고 싶지 않을 수도 있다. 영화 한 편은 어떤 사람의 삶을 90분으로 압축해 놓는다. 보통 영화 속 캐릭터가 일생 동안 벌이는 모든 행동을 목격하고 싶어 하지는 않기 때문이다. 지구 반대편으로 가기 위해 비행기를 타는 것은 걸어가는 방법 대신 택할 수 있는 지름길이다. 이로써 더 빨리 휴가를 시작할 수 있다. 만약 비행시간을 더 줄일 수 있는 방법이 있다면 대부분은 그 지름길을 선택할 것이다. 하지만 때로는 느리게 목적지에 도달하는 경험을 원할 때도 있다. 순례자는 결코 지름길을 선택하지 않는다. 나의 경우, 영화 예고편을 절대 보지 않는다. 영화의 내용을 너무 축약해서 미리 보여주기 때문이다. 그럼에도 불구하고 여전히 지름길이 내가 선택할 수 있는 대상으로 남아 있다는 사실을 아는 것은 충분히 가치 있는 일이다.

문학에서는 지름길이 언제나 재앙을 초래하는 길로 묘사된다. '빨간 모자'가 숲으로 통하는 지름길을 찾아 길을 벗어나지 않았다면 결코 늑대를 만나지 않았을 것이다. 존 버니언John Bunyan의 《천로역정》에서는 '고난의 언덕' 주변으로 난 지름길을 택한 사람들이 모두 길을 잃고 죽게 된다. 《반지의 제왕》에서 피핀이 '지름길은 오히려 오랜 지체를 초래한다'라고 경고하지만 프로도는 지체를 초래하는 건 술집이라고 반박한다. 또 호머 심슨은 이치 앤드 스크래치 랜드로 가는 길에 재앙에 가까운 우회로를 택한 후 "다시는 지름길에 대해 이야기하지 말자."라고 맹세한다. 더불어 지름길로 가는 것에 내재된 위험은 영화 〈로드 트립〉Road Trip에도 잘 묘사되어 있다. '물론 힘들다. 지름길이기 때문이다. 지름길이 쉬웠다면 그냥 길이 되었을 것이다.'

《수학자의 생각법》은 이러한 문학적 오해로부터 지름길을 구하고자 한다. 지름길은 재앙으로 가는 길이 아니다. 오히려 자유를 향해 가는 길이다.

기계의 시대, 지름길이라는 무기

지름길의 아름다움을 찬양하는 이 책을 쓰고자 하는 나의 열망을 촉발한 계기가 있다. 지름길 문제로 씨름할 필요 없는 '기계'라는 새로운 종이 결국 인류를 대체하리라는 위기의식이 심화되고 있기 때문이다.

지금 우리는 컴퓨터가 반나절 만에 인간이 평생 할 수 있는 양보다 더 많은 계산을 할 수 있는 세상에 살고 있다. 인간이 한 권의 소설을 읽는 동안 컴퓨터는 세계 문학 전체를 분석할 수 있다. 체스 게임을 한다면 인간이 머릿속에 고작해야 몇 가지 수를 담을 수 있는 것에 비해 컴퓨터는 수많은 변형된 움직임을 분석할 수 있다. 또 인간이 동네 구멍가게까지 걸어가는 시간에 컴퓨터는 전 지구를 덮고 있는 모든 길과 등고선을 탐색할 수 있다.

그렇다면 오늘날의 컴퓨터도 가우스처럼 지름길을 발견해내려는 시도를 할까? 눈을 깜빡이는 순간의 n분의 1의 n분의 1에 해당하는 시간에 1에서 100까지 숫자를 더할 수 있는데 왜 굳이 지름길을 고민할까?

우리의 실리콘 친구가 가진 놀라운 속도와 거의 무한대에 가까운 기억력에 인류는 어떻게 보조를 맞춰 살 수 있을까? 인간에게 희망이 있기는 한 것일까? 영화 〈그녀〉에 나오는 컴퓨터는 인간 주인에게 너무 반응이 느린 인간보다는 자신과 생각의 속도가 맞는 다른 운영체제와 시간을 보내는 쪽이 더 좋다고 말한다. 컴퓨터가 인간을 바라보는 느낌은 아주 느린 속도로 융기하거나 침식되는 산을 바라보는 일과 비슷할 것이다.

그럼에도 인류에게는 기계보다 우위를 점하는 무언가가 있다. 우리의 뇌는 수백만 개의 연산을 동시에 수행할 수 없다. 인간의 몸은 로봇과 비교도 되지 않는 물리적 힘의 한계를 가지고 있다. 아이러니하게도 이러한 한계 때문에 인간은 행동을 멈추고 생각이란 것을 할 수밖에 없는 상황에 놓인다. 컴퓨터나 로봇이 지루하게 수행하고 있는 모든 단계의 일을 피할 수 있는 방법이 있는지에 대해 생각해볼 수밖에 없다.

겉보기에 도전이 불가능해 보이는 산을 맞닥뜨렸을 때 보통 인간들이 하는 행동은 지름길을 찾는 것이다. 산꼭대기까지 오르기보다는 산을 돌아가는 좀 더 영리한 방법은 없을지 찾아보는 것이다. 그리고 종종 이러한 접근법은 문제를 해결하는 혁신적인 해법을 발견하는 지름길이 된다. 컴퓨터가 디지털 근육을 구부리며 힘겹게 계속 전진을 거듭하는 동안 인간은 영리하게도 이 모든 어려운 과정을 피할 수 있는 지름길을 찾아낸 후 슬그머니 기계보다 먼저 결승선에 도달할 수 있을 것이다.

게으른 사람이라면 지금부터 하는 이야기에 주목하길 바란다. 나는 인간의 게으름이 기계의 무자비한 공격에 대항하기 위해 신이 내린 구원의 은총이라고 생각한다. 게으름은 일을 하는 새로운 방법을 찾는 데 있어 매우 핵심적인 부분이다. 나는 종종 어떤 문제를 마주할 때 생각한다. '너무 복잡해지고 있다. 한 발짝 물러서서 지름길을 생각해보자.' 반면 컴퓨터가 이런 문제를 어떻게 대할지 우리는 알고 있다. '글쎄, 나는 강력한 힘을 가지고 있으니까. 문제를 계속 깊이 파고들 거야.' 컴퓨터는 피곤함을 느끼거나 게을러지지도 않는다. 그래서 아마도 컴퓨터는 인간의 게으름이 가져다주는 선물을 놓치게 될 것이다. 반면 컴퓨터처럼 문제를 파고들 능력이 없는 우리는 문제를 해결할 더 영리한 방법을 찾아야만 하는 처지에 놓인다.

게으름과 힘든 일을 피하고 싶어 하는 인간의 욕구에서 비롯된 혁신과 진보에는 많은 사례가 있다. 과학적 발견은 열심히 일할 때보다는 종종 느긋하게 쉬는 상태에서 일어난다. 독일 화학자 아우구스투스 케쿨레August Kekulé는 꿈에서 뱀이 자신의 꼬리를 물고 있는 모습을 본 후 벤젠의 고리 구조를 생각해냈다고 전해진다. 인도의 위대한 수학자 스리니바사 라마누잔Srinivasa Ramanujan도 가족신인 나마기리가 꿈에 나타나 방정식을 써주었다고 자주 말하곤 했다. '나는 온 신경을 집중했다. 꿈속에서 나마기리는 자기 손으로 많은 타원 적분 방정식을 썼다. 충격적인 방정식들이었다. 나는 일어나자마자 꿈에서 본 것을 옮겨 적었다.' 새로운 발명은 종종 힘들게 일하는 것을 귀찮아하는 사람에게서 탄생하곤 했다. 제너럴일렉트릭GE의 전 회장 겸 CEO 잭 웰치는 창밖을 내다보는 시간을 매일 한 시간씩 정해놓은 것으로 유명하다.

게으름을 피운다고 해서 아무것도 전혀 안 하는 것은 아니다. 이것이 정말 중요하다. 지름길을 찾는 것은 종종 무척 힘든 노력이 필요한 작업이 된다. 매우 역설적인 일이다. 이상하게 들리겠지만 지름길을 찾는 이유는 힘든 일을 피하고 싶기 때문인데 오히려 고민하는 시간이 폭발적으로 늘기 때문이다. 지름길을 찾는 것은 비단 힘든 일을 피하기 위한 목적뿐 아니라 할 일 없는 상태가 야기하는 지루함과 싸우기 위한 목적도 있다. 나태함과 지루함 사이의 경계선은 모호하다. 이런 상태에 처하는 것이 종종 지름길을 찾는 촉매제가 된다. 그리고 지름길을 찾는 과정은 엄청난 노력을 요한다. 오스카 와일드의 말처럼 '아무것도 하지 않는 것은 세상에서 가장 어려운 일이다. 하지만 가장 어려우면서도 동시에 가장 지적인 일'이다.

종종 거대한 정신적 진보가 이뤄지기 전에 아무것도 하지 않는 게으름의 상태가 선행된다. 2012년에 《심리과학 관점》Perspectives on Psychological Science에 발표된 '휴식은 게으름이 아니다'라는 제목의 논문은 인지능력에 있어서 신경처리 방식의 기본 모드가 얼마나 중요한지를 밝혔다. 만약 우리의 관심이 외부 세계에 너무 집중되면 이 기본 신경처리 모드가 억제된다. 최근 관심이 매우 급증한 명상은 외부에서 침입하는 생각으로부터 마음을 고요하게 만들어 깨달음으로 가는 길을 여는 한 가지 방법이다. 우리는 보통 일하는 것보다 노는 것을 더 좋아한다. 또 기계적인 작업을 할 때보다 노는 동안 창의성과 새로운 아이디어가 나올 수 있다. 대학교 수학과나 스타트업 사무실에 책상과 컴퓨터뿐 아니라 당구

대나 보드게임이 채워지는 경우가 흔한 이유도 이 때문이다.

우리가 사는 사회가 게으름을 못마땅히 여기는 것은 사회의 규칙에 순응하지 않는 사람들을 통제하고 그 수를 줄이기 위한 하나의 방편이다. 또 게으른 사람을 곱지 않은 시선으로 보는 진짜 이유는 그들을 사회가 정한 게임의 규칙에 따라 경기할 준비가 되지 않은 사람으로 여기기 때문이다. 가우스의 수학 선생님도 하나하나 일일이 힘들게 계산하는 대신 쉽게 정답을 도출하는 지름길을 찾아낸 가우스의 행위를 자신의 권위에 대한 도전으로 간주했다.

게으름이 항상 외면받았던 것은 아니다. 새뮤얼 존슨은 오히려 게으름을 예찬했다. '게으른 사람들은 종종 성과 없는 수고를 피할 뿐 아니라 때로는 손 닿는 범위에 있는 모든 것을 경시하는 사람들보다 더 큰 성공을 거둔다.' 또 애거사 크리스티가 자서전에서 인정한 것처럼 '발명은 빈둥거림에서 나온다. 어쩌면 게으름에서도 발생할 수 있다. 거추장스러운 수고를 덜기 위한 과정에서 창의적인 것이 나오기 때문이다'. 미국 야구 역사상 가장 위대한 홈런 타자 중 한 명인 베이브 루스는 어떠한가? 그는 베이스 사이를 뛰는 것을 싫어했고, 그래서 굳이 달릴 일이 없도록 경기장 밖으로 공을 쳐낼 생각을 했을 것이다.

지름길의 세계 탐험을 시작하며

모든 일이 부정적으로 느껴지도록 만들고 싶지는 않다. 실제로 많은 사람이 자신의 일에서 큰 가치를 얻는다. 일은 정체성에 영향을 미치고 삶에 목표를 준다. 그럼에도 일의 질은 중요한 요소다. 일반적으로 여기서 말하는 일은 아무 생각 없이 하는 지루한 일이 아니다. 아리스토텔레스는 일의 종류를 두 가지로 구분했다. 행위 그 자체가 목적인 일을 가리켜 프락시스praxis, 행위의 결과로 유용한 무언가를 생산하는 것이 목적인 일을 포이에시스poiesis로 나누어 부른다. 후자의 일을 할 때 우리는 즐거운 마음으로 유용한 지름길을 찾고자 노력한다. 만약 일을 하는 것 자체가 즐거움을 준다면 지름길을 쫓는 것은 큰 의미가 없다. 대부분의 일은 후자의 범주에 속한다. 그러나 이상적인 것은 전자에 속하는 일을 하는 것이다. 지름길을 찾는 과정이 목표로 하는 것도 바로 이것이다. 지름길의 목적은 결코 일을 없애는 것이 아니다. 대신 당신이 의미 있는 일을 할 수 있도록 이끄는 것이다.

최근 새롭게 등장한 정치 세력인 '완전히 자동화된 화려한 공산주의'fully automated luxury communism의 목표는 인공지능과 로봇의 진보를 바탕으로 한 자동화로 인간을 사소한 일에서부터 해방하는 것이다. 그 결과 인간은 의미 있는 일에 몰두할 시간을 벌게 된다. 이렇게 되면 일 자체가 호사스러운 취미생활이 되는 것이다. 목적을 달성하기 위한 수단으로서가 아니라 일 자체를 즐기는 미래를 위해 갖춰야 할 기술 목록으로 좋은 지름길을 개발하는 것이 추가되어야 한다. 이 목표는 카를 마르크스가 주창했던 공산주의의 모토였다. 즉 여가와 일이 하나가 되도록 하는 것이다. 그는 '공산주의 사회가 발전된 단계에서는 노동은 삶의 수단일 뿐 아니라 살아가는 가장 큰 목표가 된다'라고 말했다. 우리가 그동안 찾아냈던 지름길은 모두 마르크스가 '필요의 영역'이라고 부르는 곳에서 우리를 구원하여 '자유의 영역'으로 인도한다.

하지만 우리가 아무리 애써도 벗어날 수 없는 힘든 일도 있다. 게으른 사람이 악기를 배울 수 있을까? 소설을 쓸 수 있을까? 에베레스트 등산은 어떨까? 이 책은 책상에 앉아서 일을 하거나 훈련할 때 보내는 시간과 더불어 지름길을 찾는 일도 적절히 잘 조합하면 당신이 쏟는 시간의 가치를 극대화할 수 있다는 것을 설명하고자 한다. 그래서 저명 작가 말콤 글래드웰이 어떤 일에서든 최고의 경지에 오르기 위해 필요하다고 주장한 '1만 시간'을 들이지 않고도 각자의 직업에서 지름길을 찾을 수 있는지 그 여부에 대해 많은 전문가와 나눈 이야기로 끝을 맺는다.

다른 분야의 전문가들도 내가 수학이라는 과목에서 배운 것과 유사한 종류의 지름길을 사용하는지 늘 궁금했다. 또한 지금까지 알지 못했던 지름길로써 내 분야에 즉시 도입할 수 있는 새로운 사고방식은 없는지도 궁금했다. 동시에 나는 어떤 종류의 지름길도 없는, 매우 어려운 도전에도 매료되었다. 지름길의 힘을 전혀 빌릴 수 없는 특정 영역에서 인간은 어떤 방식으로 행동할까? 이 경우 시간은 물론이고 인간의 육체 역시 한계를 드러낸다. 새로운 종류의 일을 하기 위해 몸을 변화시키거나 훈련하거나 자신의 한계까지 밀어붙이는 데는 꽤 오랜 시간과 반복이 필요하다. 특히 이런 식으로 신체적 변화가 동반되어야 하는 도전의 경우, 신체 변화 속도를 올리는 데 있어서 단순한 지름길은 없다. 이 책은 그동안 수학자들이 발견한 여러 종류의 지름길을 살펴보는 여정을 안내하며 각 장의 끝에서 쉬어가기 코너를 통해 다른 분야에 존재하는 지름길 혹은 지름길의 부재를 살펴보는 시간을 갖는다.

가우스는 1에서 100까지의 숫자를 더하는 문제가 주어졌을 때 일일이 계산하기보다는 더 빠른 지름길을 이용해 성공적으로 문제를 풀었다. 이 경험은 가우스가 자신의 수학적 재능을 계속해서 더 발전시키려는 열망에 불을 붙였다. 그의 선생님이었던 뷰트너는 막 피어나는 이 어린 천재 수학자를 양성하는 일을 감당할 수 없었다. 대신 그에게는 가우스처럼 수학에 대한 뜨거운 열정을 가진 17세의 수학 조교 요한 마르틴 바텔스Johann Martin Bartels가 있었다. 학생들을 위해 화필을 자르고 그들이 처음 글 쓰는 것을 돕기 위해 고용된 바텔스는 자신이 가지고 있던 수학 책들을 어린 가우스에게 기꺼이 빌려주었다. 두 사람은 함께 수학적 세계를 탐험하면서 대수학이 문제의 해법에 도달하기 위해 제공해놓은 지름길을 마음껏 만끽했다.

바텔스는 곧 가우스가 가진 진짜 실력을 시험하기 위해서는 더 도전적인 환경이 필요하다는 것을 깨달았다. 그래서 가우스가 브라운슈바이크 공작과 면담할 수 있도록 어렵게 기회를 마련해 주었다. 공작은 젊은 가우스의 재능에 완전히 반했고, 그의 후원자가 되는 것에 동의했다. 그는 가우스가 지역 대학에서 공부하다 후에 괴팅겐대학교로 옮겨 공부할 수 있도록 물심양면으로 지원했다. 그곳에서 가우스는 수학자들이 수 세기에 걸쳐 발견한 위대한 지름길들을 배우기 시작했다. 이런 경험은 그가 후에 내놓은 수학계의 발전에 공헌했던 수많은 흥미로운 발견의 발판이 되었다.

《수학자의 생각법》은 인류가 지난 2,000년 동안 개발해놓은 더 나은 사고방식으로 가는 지름길을 탐방하는 여행서다. 이 여정에서 만나게 될, 험난한 지형에 뚫린 영리한 터널이나 숨겨진 고갯길을 찾아 여행하는 법은 나 스스로 깨우치는 데 수십 년이 걸렸던 것들이다. 또 역사적으로 본다면 그 발견의 조각들을 수학자들이 이어 붙이는 데는 수천 년이 걸렸다. 우리가 일상생활에서 마주치는 복잡한 문제들을 풀기 위한 영리한 전략 중 일부에 대해 설명하려 많이 노력했다. 부디 이 책이 당신에게 생각의 지름길이라는 예술로 인도하는 지름길이 되기를 바란다.

차례

제3장 • 언어의 지름길

제4장 • 기하학의 지름길

제5장 • 다이어그램의 지름길

제6장 • 미적분의 지름길

제7장 • 데이터의 지름길

제8장 • 확률의 지름길

제9장 • 네트워크의 지름길

제10장 • 불가능의 지름길

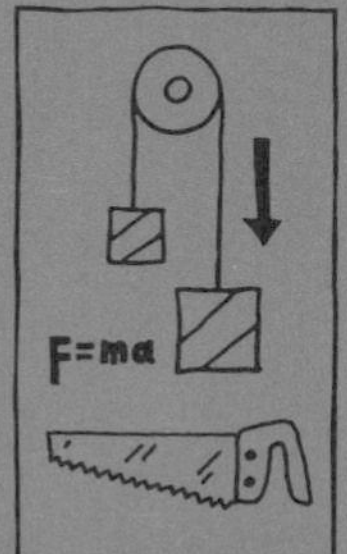

제1장

패턴의 지름길

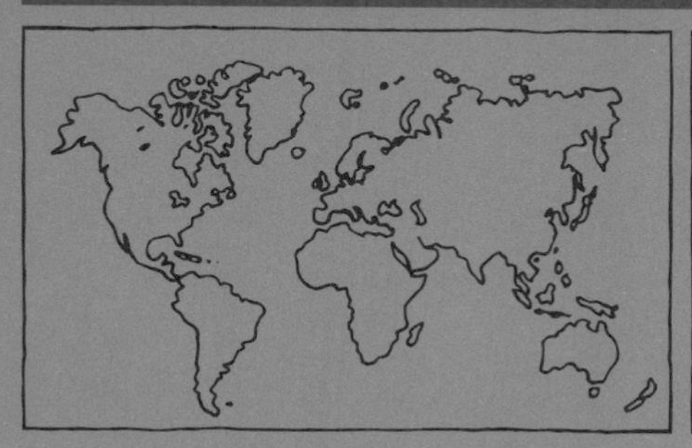
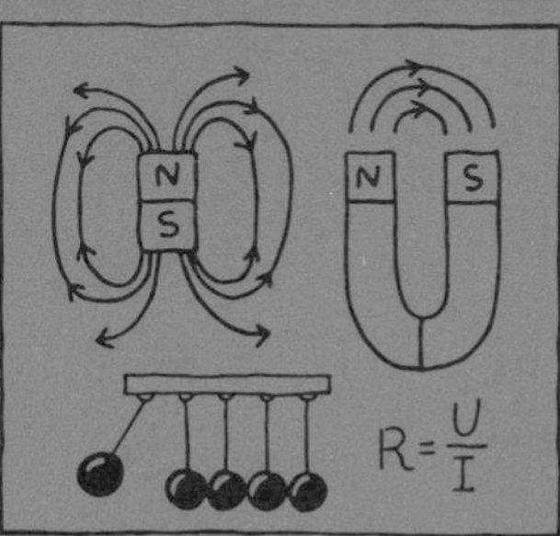

당신의 집에 열 칸짜리 계단이 있다고 하자. 이 계단은 한 번에 한 칸씩 혹은 두 칸씩 올라갈 수 있다. 예를 들어 꼭대기까지 열 걸음에 오르거나 다섯 걸음에 걸쳐 오를 수 있다. 혹은 한 칸, 두 칸씩 번갈아 올라갈 수도 있다. 그렇다면 올라가는 데는 얼마나 많은 조합이 있을까? 직접 계단을 오르락내리락하면서 가능한 모든 조합을 찾아내는 것은 시간이 매우 많이 걸리는 방법이다. 그렇다면 젊은 가우스는 이 문제를 어떻게 풀었을까?

똑같은 일을 하면서도 15퍼센트의 추가 월급을 받는 방법은 없을까? 적은 투자로 큰 목돈을 만드는 방법은? 다음 달부터 주가가 어디로 향할지 알아내는 방법은? 혹시 어떤 일을 반복해서 할 때 왠지 그 과정을 관통하는 지름길이 있을 것 같다고 느낀 적은 없는가? 아니면 형편없는 기억력을 도와줄 효과적인 방법은 없을까?

지금부터 인류가 발견한 것 중 가장 강력한 지름길 하나를 알려주겠다. 그것은 바로 패턴을 찾는 것이다. 주변에 어지럽게 흩어져 있는 혼돈 속에서 특정한 패턴을 발견하는 능력은 인간이라는 종에게 놀라운 지름길을 제공했다. 패턴은 미래가 눈앞의 현실이 되기 전에 미리 내다볼 수 있는 힘을 우리에게 준다. 과거와 현재를 설명하는 데이터에서 일정한 패턴을 발견하면 그것을 확장해 미래를 예측할 수 있는 것이다. 그러면 미래가 우리 앞에 도달할 때까지 기다릴 필요가 없어진다.

수학의 핵심은 패턴을 발견하는 것이고, 이는 문제를 가장 효과적으로 풀 수 있는 지름길이다. 일단 패턴만 파악하면 숫자가 달라져도 모든 숫자가 동일한 규칙하에 움직인다는 사실을 알 수 있다. 패턴의 기초가 되는 어떤 규칙을 발견한다는 것은 새로운 일련의 데이터를 접할 때마다 동일한 작업을 수행할 필요가 없다는 것을 의미한다. 패턴이 나를 대신해서 일해주기 때문이다.

경제학은 제대로 읽기만 하면 우리를 윤택한 미래로 안내하는 일정한 패턴을 가진 데이터들로 가득 차 있다. 앞으로 설명하겠지만 일부 패턴은 2008년 금융위기 당시 전 세계가 목격한 것처럼 우리를 잘못된 결론으로 이끌 수도 있다. 반면 바이러스에 감염된 사람들의 숫자에서 나타나는 패턴은 전염병이 퍼져나가는 궤적을 보여주어 바이러스가 더 많은 사람을 죽이기 전에 우리가 미리 그 과정에 개입하도록 해준다. 또한 우주에 나타나는 패턴은 우리의 과거와 미래를 알려준다. 별이 우리로부터 멀어지는 방식을 나타내는 숫자들을 잘 살펴보면 그 속에 우리 우주가 빅뱅에서 시작되었고, 결국은 '열죽음'heat death이라는 차가운 미래로 끝날 것임을 암시하는 패턴이 숨어 있다.

야심만만했던 젊은 가우스는 천문학 데이터에서 이런 식의 패턴을 찾아내는 능력 덕분에 '지름길의 대가'로서 세계 무대에 당당히 등장하게 되었다.

패턴을 읽는 힘

1801년 새해 첫날, 태양 주위를 도는 여덟 번째 행성이 화성과 목성 사이 어딘가에서 발견되었다. '세레스'Ceres라고 이름 붙여진 이 행성의 발견은 19세기 초 사람들에게 과학의 엄청난 미래가 다가오고 있음을 알리는 사건으로 여겨졌다. 그러나 몇 주 후, 사실 그저 작은 소행성에 불과했던 세레스가 태양 뒤로 숨어 수많은 별 사이로 사라져 버렸을 때 사람들의 흥분은 절망으로 바뀌었다. 당시 천문학자들은 세레스가 어디로 갔는지 그 행방을 전혀 알아낼 수 없었다.

그때 브라운슈바이크 출신의 스물네 살 청년이 사라진 세레스를 어디서 찾을 수 있는지 알아냈다는 뉴스가 전해졌다. 세레스를 보기 위해 망원경의 위치가 어디로 향해야 할지 천문학자들에게 알려준 것이었다. 맙소사! 청년이 가르쳐 준 곳으로 망원경의 초점을 맞추자 그곳에 마법처럼 세레스가 있었다. 그 청년은 다름 아닌 나의 영웅 가우스였다.

아홉 살 때 수학시간에 이룬 조그마한 성공 이후에도 가우스는 수많은 흥미로운 수학적 발견을 이루었다. 그중 하나는 직선 자와 컴퍼스만 써서 17면체를 그리는 것이었다. 이것은 고대 그리스인들이 직선 자와 컴퍼스만으로 기하학적 모양을 그리기 시작한 후로 2,000년 동안 풀리지 않던 숙제였다. 그는 이 난제를 해결한 일을 매우 자랑스럽게 여겼고 이를 계기로 수학 일기를 쓰기 시작했다. 그 후 수년간 가우스는 숫자와 기하학에 대한 놀라운 발견으로 수학 일기를 채워갔다. 하지만 정작 그의 마음을 사로잡은 것은 새로운 행성을 관측하면서 얻게 된 숫자들이었다. 세레스가 태양 뒤로 사라지기 전까지 보여준 숫자들로부터 어떤 패턴을 찾아낼 수 있을까? 가우스는 그 숫자들에서 세레스가 움직이는 패턴을 알아냈다.

그가 보여준 위대한 천문학적 예측은 마법이 아니었다. 그것은 수학이었다. 천문학자들이 세레스를 발견한 것은 우연이었지만 가우스가 소행성의 움직임을 예측한 것은 수학적 분석이었다. 소행성의 위치를 나타내는 측정값들 뒤에 숨겨진 패턴을 알아낸 것이다. 역동적인 우주의 움직임으로부터 일정한 패턴을 발견한 최초의 사람이 가우스는 아니었다. 인류는 미래가 과거와 연결되어 있다는 사실을 이해한 후로 줄곧 변화하는 밤하늘을 관찰하며 미래를 예측하고 계획해왔다.

농부는 계절이 바뀌는 패턴을 읽고 농작물을 언제 심을지 계획했다. 각 계절이 특정한 별들의 조합과 맞물린다는 사실을 알아냈기 때문이다. 또 초기 인류는 동물의 이동과 짝짓기에서 나타나는 패턴을 이용해 가장 적절한 순간에 사냥을 할 수 있었다. 가장 적은 에너지를 소비하면서도 가장 많은 이득을 얻을 수 있는 길이 열린 셈이다. 원시사회에서는 일식을 예측하는 능력이 곧 부족 내에서 중요한 자리를 차지하는 것을 의미했다. 실제로 탐험가 콜럼버스도 1503년 자메이카에 좌초되어 원주민들에게 붙잡혔을 때 곧 다가올 월식을 예측하여 선원들을 구할 수 있었다는 유명한 일화가 있다. 원주민들은 달이 없어지는 것을 예측한 콜럼버스의 능력에 두려움을 느끼고 자유를 요구하는 그의 말을 순순히 들어주었다.

다음에 올 숫자는 무엇일까?

학창 시절 누구나 한 번쯤 패턴을 찾는 문제

를 풀어봤을 것이다. 일련의 숫자가 주어진 후 그다음에 나올 숫자가 무엇인지 맞추는 문제 속에 패턴 찾기라는 도전이 들어 있다. 나는 수업시간에 선생님이 칠판에 내주는 이런 도전적인 문제를 좋아했다. 특히 숨겨진 패턴을 찾는 데 시간을 많이 쓸수록 결국 문제를 풀어냈을 때의 쾌감은 더 컸다. 이것이 내가 어린 시절 일찍이 터득한 교훈이다. 종종 가장 훌륭한 지름길을 찾아내기 위해서는 적지 않은 시간을 투자해야 한다. 또 많은 노력도 필요하다. 일단 발견하기만 하면 그 지름길은 세상을 보는 당신만의 노하우가 된다. 그리고 이러한 지름길은 비슷한 상황에서 반복해서 쓸 수 있다는 장점도 있다.

패턴의 지름길을 찾는 신경세포를 자극하기 위해 몇 가지 도전 문제를 내보겠다. 자, 다음과 같은 숫자의 배열에서 그다음에 이어질 숫자는 무엇일까?

1, 3, 6, 10, 15, 21…

그리 어려운 문제는 아니다. 다음에 이어지는 숫자는 이전보다 1씩 더 커지는 숫자를 더해서 만든다는 사실을 쉽게 발견할 수 있을 것이다. 따라서 위 문제의 정답은 28이다. 마지막 21에 7을 더해서 나오는 숫자이기 때문이다. 이 문제에 나온 숫자들을 가리켜 '삼각수'triangular number라고 부른다. 삼각형을 쌓아 올리기 위해 필요한 돌의 수를 가리켜 붙인 이름이다. 즉 각 숫자는 삼각형을 한 단계 더 쌓아 올리기 위해 필요한 돌의 총 개수다.

그렇다면 삼각수에서 100번째에 나오는 수를 99번째 수까지 계산하지 않고도 찾아내는 지름길이 있을까? 이 과제는 가우스의 선생님이

1에서 100까지 모든 수를 더하라고 내준 문제와 사실상 동일하다. 가우스는 정답을 찾기 위해 짝을 지어 숫자를 더하는 영리한 지름길을 찾아냈다. 더 일반화하여 이야기하자면 가우스의 방법을 써서 n번째 자리의 삼각수를 구하기 위해 다음의 공식을 쓰면 된다.

$$\frac{1}{2} \times n \times (n+1)$$

뷰트너 선생님의 수업시간에 처음 접했던 이 삼각수는 이후로도 계속해서 가우스를 매료시켰다. 실제로 1796년 7월 10일 가우스가 작성한 수학 일기에는 '유레카!'라는 그리스어와 함께 다음 공식이 쓰여 있었다.

$$\mathbf{num} = \Delta + \Delta + \Delta$$

삼각수와 관련하여 다소 괴상한 사실을 발견하게 된 것이다. 그 발견은 모든 숫자가 세 개의 삼각수의 합으로 표현될 수 있다는 사실이었다. 예를 들면 1,796=10+561+1,225와 같은 식이다. 가우스의 이 발견은 결과적으로 우리에게 매우 강력한 지름길을 열어주게 되었다. 어떤 사실이 참이라는 것을 모든 숫자에 대해 증명할 필요가 없어졌기 때문이다. 증명하려는 명제가 삼각수에 대해 참이라는 것을 밝히고, 그런 다음 모든 숫자가 세 개의 삼각수의 합으로 표현될 수 있다는 가우스의 정리를 이용하면 된다.

다음은 또 다른 도전 과제다. 다음 숫자의 배열에서 이어서 나오는 숫자는 무엇일까?

1, 2, 4, 8, 16…

이 역시 그리 까다롭지 않은 문제다. 답은 32다. 이 숫자의 배열은 직전 숫자를 두 배로 키워서 얻어지기 때문이다. 지수 함수적(기하급수적) 증가exponential growth 라고 부르는 이런 숫자의 배열은 어떤 것들이 증가하는 현상을 관찰할 때 많이 나타나는 모양이다. 이런 종류의 배열에서 숫자가 어떤 식으로 커지는지 이해하는 것은 매우 중요하다. 처음에는 이렇게 증가하는 숫자의 배열이 별로 어렵지 않게 다룰 수 있는 것처럼 보인다. 인도의 왕이 체스 발명자에게 게임에 대한 값을 이런 방식으로 지불하는 데 동의한 것도 같은 이유에서였다. 발명자는 체스판의 첫 번째 칸에 쌀 한 알을 놓고, 그다음 칸에는 이전 칸에 놓인 쌀알의 두 배에 해당하는 수의 쌀알을 놓아달라고 요구했다. 첫 번째 줄에 쌀알을 놓아보니 별것 아니었다. 1+2+4+8+16+32+64+128, 이렇게 총 255개의 쌀알이 필요할 뿐이었다. 고작 초밥 하나 만드는 데 들어가는 정도의 쌀알이면 되었다.

하지만 왕의 하인이 체스판에 쌀알을 계속 놓을수록 쌀이 부족해졌다. 체스판의 반 정도를 채운 시점에 쓰인 쌀의 무게는 28만 킬로그램이었다. 그나마 반 정도까지 채우는 것은 그다지 어려운 일이 아니라 얘기한다면 어떨까? 체스판 전체를 다 채우려면 얼마나 많은 쌀이 필요할까? 이 과제 역시 뷰트너 선생님이 낸 덧셈 문제와 유사하다. 이 문제를 푸는 어려운 길이 있다. 체스판의 칸 수에 해당하는 64개의 각 숫자를 일일이 더하는 방법이다. 누가 그렇게 어려운 길을 선택하겠는가? 가우스라면 이 문제를 어떻게 풀었을까?

이 계산을 하는 데 필요한 매우 훌륭한 지름길이 물론 존재한다. 하지만 보통은 처음 이 문제를 대하면 어떻게 풀어야 할지 난감해 한다. 이때 사용할 수 있는 방법이 있다. 생각해보자. 종종 목적지에서 출발해서 거꾸로 길을 걸어올 때 지름길이 발견되는 경우가 많다. 먼저 필요한 총 쌀알의 수를 X라고 부르자. X는 흔히 수학 문제를 풀 때 즐겨 붙이는 이름 중 하나다. 제3장에서 설명하겠지만 이렇게 이름을 붙이는 것 자체도 수학적 지름길을 찾는 데 있어서 매우 강력한 도구 중 하나다.

먼저 구하고자 하는 총 합계인 X에 2를 곱하는 것부터 시작하자.

$$2 \times (1+2+4+8+16+\cdots+2^{62}+2^{63})$$

이 숫자들을 보면 더 난감하게 느껴질 수 있을 것 같다. 하지만 포기하지 말고 계속 함께 가보자. 이 곱셈을 수행하면 결과는 다음과 같다.

$$2+4+8+16+32+\cdots+2^{63}+2^{64}$$

이때 영리한 트릭이 있다. 이 계산의 결과로부터 X를 빼는 것이다. 즉 2X-X=X가 된다. 이러면 마치 이 계산을 시작한 단계로 다시 돌아가는 것처럼 보일 것이다. 그렇다면 이 계산을 하는 것이 문제를 푸는 데 있어 어떤 도움을 주는 것일까? 2X와 X를 위에서 본 숫자들의 합으로 대체하면 마술 같은 일이 일어난다.

$$2X-X=(2+4+8+16+32+\cdots+2^{63}+2^{64})-$$
$$(1+2+4+8+16+\cdots+2^{62}+2^{63})$$

대부분의 항이 계산 과정에서 서로 상쇄됨을 알 수 있다! 그 결과, 앞에서는 264가 남고, 뒤에서는 1이 남는다. 따라서 이 계산의 결과로 남게 되는 것은 다음과 같다.

$$X = 2X - X = 2^{64} - 1$$

수많은 계산을 일일이 하는 대신 왕이 체스 발명자에게 지불해야 할 총 쌀알의 개수를 알아내기 위해 필요한 것은 이 단 한 번의 계산뿐이다.

18,446,744,073,709,551,615

불행히도 이 숫자는 지난 천 년간 지구상에서 수확된 모든 쌀알의 개수보다 많은 것이다. 여기서 얻을 수 있는 교훈은 때로는 어려운 계산끼리 서로 싸움을 붙이면 분석하기 쉬운 것만 남는다는 것이다.

왕이 값비싼 수업료를 내고 배웠듯 숫자가 배로 늘어나는 패턴은 처음에는 별것 아닌 것처럼 보이지만 뒤로 갈수록 급격하게 증가한다. 이것이 지수 함수적(기하급수적) 증가의 힘이다. 빚을 갚기 위해 대출을 받아본 사람이라면 지수 함수의 힘을 확실히 느낄 수 있다. 급히 돈이 필요한 사람에게 어떤 대부업체가 매달 5퍼센트의 이자에 1,000달러를 빌려준다면 아마 구세주를 만난 느낌일 것이다. 첫 달에 갚아야 할 돈이 1,050달러밖에 되지 않기 때문이다. 하지만 문제는 매달 이 숫자가 1.05배씩 불어난다는 것이다. 2년이 지나는 시점에 갚아야 할 1,000달러는 3,225달러가 된다. 그리고 5년 후에는 18,679달러가 된다. 돈을 빌려 준 쪽에게는 좋은 소식이지만 돈을 빌린 사람에게는 결코 그렇지 않다.

일반적으로 사람들에게 이런 지수 함수적 패턴은 익숙하지 않다. 이런 선택은 빈털터리로 가는 지름길이 될 수 있다. 흔히 소액 대출 상품들은 사람들이 이런 패턴이 미래에 어떤 모습으로 나타나는지 파악하는 데 서툴다는 점을 이용한다. 이 빈틈을 이용해 처음에는 매우 좋은 조건인 것처럼 보이는 계약으로 순진한 고객들을 유혹하는 것이다. 어떤 것이 지수 함수적으로 증가한다는 사실과 그 영향으로 위험한 함정에 빠질 수 있음을 미리 아는 것은 매우 중요하다. 그렇지 않으면 안전한 곳으로 돌아가는 길이 막힌 채 도무지 어찌할 수 없는 상황에 직면하게 되기 때문이다.

우리는 지수 함수적으로 증가하던 2020년 코로나 바이러스의 무서운 전파 속도에 대해 비싼 값을 치르고서야 알게 되었다. 감염 환자의 수가 평균적으로 3일 만에 두 배씩 증가했고, 그 결과 전 세계 의료 체계는 마비되고 말았다.

지수 함수적 증가의 힘은 지구상에 뱀파이어가 왜 존재하지 않는지에 대해서도 설명해준다. 뱀파이어는 생존하기 위해 적어도 한 달에 한 번씩 인간의 피를 빨아 먹어야 한다. 문제는 뱀파이어에 물린 인간도 뱀파이어로 변한다는 것이다. 따라서 매달 두 배로 불어나는 뱀파이어들이 인간의 피를 찾아다니게 된다. 전 세계 인구를 67억 명으로 가정하고, 매달 뱀파이어의 수가 두 배로 늘어난다고 생각해보자. 이 경우, 단 한 명의 뱀파이어에서 시작해 33개월이 지나면 전 세계 모든 인구가 뱀파이어가 된다는 계산이 나온다. 이것이 배수 증가의 막강한 힘이다.

뱀파이어를 만날 때를 대비하여 수학자로서 내가 줄 수 있는 유용한 흡혈귀 퇴치 팁이 있다. 일반적으로 사용되는 마늘, 거울, 십자가를 쓰는 것 외에 이 어둠의 왕자를 물리치는 다소 흔하지 않은 방법이다. 바로 뱀파이어의 관 주위에 양귀비 씨를 뿌리는 것이다. 알려진 바에 따르면 뱀파이어는 '계산벽'arithmomania이라고 불리는 증상에 시달린다. 이 증상은 강박적으로 사물의 숫자를 세는 것이다. 이론적으로는 뱀파이어가 자신의 쉼터 주변에 얼마나 많은 양귀비 씨가 흩어져 있는지 세는 동안 날이 밝게 된다. 그러면 그는 다시 관 속으로 들어가야 할 것이다.

계산벽은 심각한 의학적 증상 중 하나다. 전기를 연구하여 교류를 발명했던 니콜라 테슬라Nikola Tesla도 이 증상을 겪는 사람이었다. 그는 특히 3으로 나눌 수 있는 숫자에 집착하는 증상을 보였다. 예를 들어 하루에 열여덟 장의 깨끗한 수건을 쓰기를 원했고, 발걸음 수를 센 다음 3으로 나눌 수 있는지 확인하려 했다. 아마도 계산벽을 가진 가장 유명한 인물은 〈세서미 스트리트〉에 나오는 카운트 본 카운트Count von Count라는 이름의 인형일 것이다. 그는 여러 세대에 걸쳐 시청자들이 수학이라는 세상으로 첫걸음을 떼도록 도와준 뱀파이어이기도 하다.

전 세계 도시에 숨겨진 매직 넘버

다음은 조금 더 어려운 숫자 배열에 대해 이야기해보자. 다음의 숫자 배열에 숨겨진 패턴을 알 수 있겠는가?

179, 430, 1033, 2478, 5949 …

답의 힌트는 뒤의 숫자를 앞의 숫자로 나누는 것이다. 그러면 모두 동일하게 2.4라는 값이 드러난다. 여전히 지수 함수적인 증가 패턴이지만, 흥미롭게 봐야 할 부분은 이 숫자들이 무엇을 대표하는가다.

사실 이 숫자들이 나타내는 것은 인구수가 25만, 50만, 100만, 200만, 400만 명인 도시에서 각각 출원된 특허의 수다. 우리가 여기서 알 수 있는 것은 인구수가 두 배로 늘어날 때 예상과 달리 특허의 수가 단순히 두 배가 아니라는 점이다. 도시 규모가 클수록 조금씩 더 추가적인 창의성이 발현된다는 사실을 알 수 있다. 인구수가 두 배로 늘어날 때 창의성은 무려 40퍼센트 정도 더 늘었다. 인구수의 증가에 따라 이런 패턴으로 증가하는 것은 특허뿐만이 아니다.

리우데자네이루, 런던, 광저우와 같은 도시들은 서로 큰 문화적 격차가 있음에도 브라질에서 중국에 이르기까지 전 세계의 모든 도시를 연결하는 공통적인 수학적 패턴을 갖고 있다. 일반적으로 각각의 도시는 지리적 위치나 역사를 기준으로 묘사된다. 그러한 기준들은 뉴욕이나 도쿄 등 각 도시의 고유한 개별성을 돋보이게 하는 특징들이다. 하지만 이 특징들은 도시 자체를 설명하는 데 있어 썩 도움이 되지 않는 사소한 정보이자 흥미로운 일면에 불과하다. 그에 반해 수학자의 눈으로 여러 도시를 훑어보면 정치적 혹은 지리적 경계를 초월한 보편적인 특징을 발견할 수 있다. 오히려 이런 수학적 관점을 통해 도시가 가진 진정한 매력을 찾아낼 수 있고, 또 도시는 클수록 좋다는 사실을 알게 된다.

도시 내 자원의 증가는 자원마다 고유한 하나의 매직 넘버에 따라 좌우된다는 사실이 수학을 통해 밝혀졌다. 도시의 인구가 두 배로 증가할 때마다 사회적 혹은 경제적 요인들은 단순히 두 배로 증가하는 것이 아니라 두 배보다 조금 더 커진다. 놀라운 점은 많은 자원 영역에서 이 추가적인 수치가 15퍼센트 내외로 공통되게 나타난다는 것이다. 예를 들어 인구 100만의 도시와 200만 도시를 비교하면 레스토랑, 콘서트홀, 도서관, 학교의 수가 단순히 두 배의 차이인 것이 아니라 추가적으로 약 15퍼센트가 더 붙는다.

심지어 월급도 이런 패턴의 증가를 보인다. 서로 다른 규모의 도시에서 동일한 일을 하는 근로자들의 사례를 살펴보자. 200만 명 규모의 도시에서 일하는 사람들은 인구 100만의 도시에서 일하는 사람들에 비해 15퍼센트 정도 월급을 더 받는다. 만일 인구가 400만 명이 될 경우에도 월급이 추가로 15퍼센트 더 증가한다. 정확히 같은 일을 해도 더 큰 규모의 도시에 사는 사람일수록 받는 월급이 더 많아지는 것이다.

비즈니스의 본질은 투자한 것에 비해 더 많은 것을 얻는 데 있다. 따라서 이러한 패턴을 읽어내는 것이 비즈니스에서의 승패를 좌우한다. 전 세계 수많은 도시가 다양한 크기와 형태로 존재한다. 하지만 돈을 벌어들이는 데 있어서 도시의 형태와는 무관하게 도시의 크기가 관건이라는 것을 알 수 있다. 이 사실을 이해한다면 단순히 두 배 정도 규모가 더 큰 도시로 회사를 옮기는 일만으로도 더 많은 돈을 벌어들일 수 있음을 알 것이다.

이 이상한 현상을 발견한 사람은 경제학자, 사회과학자가 아니라 이론물리학자였다. 우주를 지배하는 기본 법칙을 찾기 위해 쓰인 것과 동일한 수학적 분석법을 적용해본 결과, 그 같은 현상을 발견한 것이다. 영국의 이론물리학자 제프리 웨스트Geoffrey West는 케임브리지대학교에서 물리학을 공부한 후 우주를 구성하는 기본 입자를 연구하기 위해 스탠퍼드대학교로 갔다. 후에 미국 샌타페이연구소Santa Fe Institute 소장으로 부임한 일이 도시 성장과 관련된 발견을 하는 데 촉매제가 되었다. 샌타페이연구소는 다양한 분야의 학자들이 모여 아이디어를 토의하고 사람들을 돕는 방법을 찾는 면에서 매우 특화된 곳이다. 자신이 속한 연구 분야에서 풀리지 않는 수수께끼를 푸는 지름길은 종종 겉보기에 무관해 보이는 전혀 다른 분야에서 아이디어를 얻는 경우가 많다.

샌타페이연구소에서는 수학, 물리학, 생물학 분야의 학자들이 함께 뒤섞여 다양한 논의를 진행하고 있었다. 이 과정에서 웨스트는 전자나 광자가 우주 어느 곳에 존재하든 공통된 성질을 갖는 것과 마찬가지로 전 세계에 퍼져 있는 도시들이 가진 공통점은 무엇인지 궁금했다.

우주의 기본 법칙의 중심에 수학이 있다고 믿을 수 있는 근거가 있다. 전자나 중력을 설명하려면 오직 수학적으로만 가능하기 때문이다. 반면 도시는 제각기 다른 동기와 욕망을 갖고 삶을 영위하는 수많은 사람이 모여 있는 곳이므로 파악하기에 매우 어려운 대상이다. 하지만 우리를 둘러싼 세계를 이해하기 위해 노력하다 보면, 수학이 우주와 그 속에 포함된 사물을 설명하는 데 쓰일 뿐 아니라 인간에 대해서도 적용할 수 있는 공통 코드라는 점을 깨닫게 된다. 심지어 뒤죽박죽 뒤섞여 사는 수백만 명의 사람을 통제하는 힘에도 어떤 수학적 패턴이 존재한다는 것을 알 수 있다.

웨스트와 그의 연구팀은 전 세계 수천 개의 도시에 대한 데이터를 모으기 시작했다. 프랑크푸르트에 있는 전선의 총량에서 아이다호주 보이시주립대학교의 졸업생 수에 이르기까지 모을 수 있는 모든 데이터를 모았다. 커피숍이나 주유소 개수, 개인 소득 수준, 독감 유행 건수, 살인 사건 수, 심지어 길을 걷는 사람들의 보행 속도에 이르기까지 모든 데이터를 대상으로 통계 처리를 진행했다. 이 모든 데이터는 인터넷에서 구할 수는 없었다. 때로는 중국 변두리 도시의 방대한 양의 연감을 해독하기 위해 중국어와 씨름해야 했다. 결국 모든 데이터를 모은 후 분석을 시작하자 점차 숨겨진 코드가 드러나기 시작했다. 전 세계 어디든 두 개의 도시를 대상으로 비교했을 때 인구수가 두 배의 차이를 보이면 사회적 · 경제적 데이터에서 15퍼센트라는 매직 넘버로 추가적으로 증가율이 나타난다는 것을 밝혀냈다.

전 세계 인구의 절반은 현재 도시에서 살고 있다. 웨스트가 발견한 이러한 규모 인자scaling factor로 발생하는 추가적인 지수 함수적 증가분은 도시가 왜 매력적으로 보이는가에 대한 답이 될 수도 있다. 일단 사람들이 모여서 살기 시작하면 투입된 자원에 비해 더 많은 것을 얻어낼 수 있는 것처럼 보인다. 이것이 도시로 사람들이 계속 몰려드는 이유가 될 수도 있다. 만약 어떤 사람이 두 배로 더 큰 규모의 도시로 이사를 간다면 거주지를 옮기는 것만으로 사회적 · 경제적 측면에서 15퍼센트의 추가적인 이득을 볼 수 있기 때문이다.

사회기반시설 또한 이러한 규모 인자에 영향을 받는다. 하지만 그 방향이 정반대다. 도시의 크기가 두 배로 커져도 기반시설이 두 배 더 필요하지는 않기 때문이다. 오히려 규모가 커질수록 어느 정도의 절감 효과를 누린다. 도시가 두 배로 커지면 일인당 필요한 구리 전선, 포장도로, 하수도 파이프에 대한 단가는 15퍼센트 낮아지는 것이다. 더불어 일반적인 인식과 달리, 규모가 더 큰 도시에 살수록 개인별 탄소 배출량도 낮아진다.

하지만 도시의 모든 것이 수학적으로 규모가 크다고 해서 긍정적인 이점을 갖는 것은 아니다. 범죄, 질병, 교통 체증과 같은 부정적인 현상도 인구수의 차이보다 추가적으로 증가하기 때문이다. 예를 들어 에이즈 환자의 경우 1,000만 도시에서 발생하는 숫자는 500만 도시에서 발생하는 숫자와 비교했을 때 단순히 두 배가 아니다. 여기에 추가적으로

15퍼센트를 더해야 한다. 매직 넘버인 15퍼센트가 여기서도 나타난다.

모든 도시에서 나타나는 이 보편적인 규모 인자를 어떻게 설명할 수 있을까? 사과가 지구를 향해 떨어지듯 모든 사물에 적용되는 뉴턴의 중력 법칙과 같은 것이 존재하는 것일까?

도시에서 이런 현상이 면적이 아닌 인구수에 비례해 일어나는가를 이해하려면 도시는 빌딩이나 도로로 구성되는 것이 아니라 그곳에 사는 사람들로 꾸려진다는 사실을 알아야 한다. 실제로 도시라는 곳은 사람이라는 연기자가 문명이라는 이야기를 연기하는 일종의 무대라고 할 수 있다. 이때 도시는 사람 간의 소통을 활성화하는 연결망으로서 매우 중요한 가치를 지닌다. 이러한 사실에서 우리가 알 수 있는 것은 도시를 모델링할 때 그 도시가 섬에 지어졌는지, 계곡에 위치했는지 혹은 사막에 펼쳐져 있는지와 같은 지형적 요인이 중요하지 않다는 점이다. 대신 그 안에 살고 있는 사람들이 어떻게 네트워크를 맺고 소통하는가를 기준으로 파악해야 한다. 웨스트가 발견한 보편적인 규모의 법칙은 도시 사람들이 맺는 소통 네트워크의 질에 따라 발생되는 현상이라고 할 수 있다. 이것이 수학의 힘이다. 우리가 속한 복잡한 환경 속에서 핵심적인 단순 구조를 파악해내는 능력이 바로 수학에 있다.

성장하는 도시에 거주하는 사람이 다른 사람들과 접촉하는 극단적인 사례를 살펴보면 대도시가 극도로 선형적인 성장을 이루는 이유를 알 수 있다. 도시에 N명의 인구가 있을 때 이들 모두가 서로 악수를 하려면 얼마나 많은 다른 경우의 수가 있을까? 이 질문은 해당 도시에 사는 사람들을 서로 연결하는 일이 어느 정도로 가능한지를 판단하는 기준이 된다. 일단 사람들에게 번호를 매긴 다음 1부터 N까지 줄을 세운다. 시민 1이 뒤에 서 있는 모든 사람과 악수한다고 가정하면 그가 해야 할 총 악수의 횟수는 N-1번이다. 그다음 시민 2가 이어서 줄 서 있는 남은 사람들과 악수를 한다. 이 경우, 이미 시민 1과는 악수를 했기 때문에 N-2번의 악수를 하게 된다. 이런 식으로 줄에 선 사람들이 차례로 악수를 진행할 때 항상 앞에 선 사람보다 한 번 더 적게 악수한다는 것을 알 수 있다. 그럼 전체 시민이 나눈 악수의 총 횟수는 N-1부터 1까지 더하면 된다. 어디서 많이 본 것 같은 계산이라는 생각이 들지 않는가? 바로 어린 가우스가 풀어야 했던 문제와 같은 것이다. 가우스가 발견한 지름길을 따라하면 이 계산을 하는 공식은 다음과 같다.

$$\frac{1}{2} \times (N-1) \times N$$

만약 N을 두 배로 늘리면 도시에 사는 사람들 간의 연결성을 대변하는 이 공식의 계산 결과는 어떻게 될까? 공식에 따르면 악수의 횟수는 두 배가 아닌 2^2인 네 배가 된다. 다시 말해 악수의 총 횟수는 도시에 사는 사람들의 수의 제곱에 비례하는 것이다.

이 사례는 똑같은 일을 반복하지 않도록 하여 우리의 시간을 절약하게 만드는 수학의 힘을 보여준다. 사람들 사이의 네트워크를 통해 얼마나 많은 연결점이 존재하는지를 알아보는 일과 전혀 다른 분야의 질문을 던졌는데도 이미 삼각수를 분석해 얻은 공식을 적용하여 연결점의 숫자가 어떻게 커지는지를 알아낼 수 있었기 때문이다. 시간이 흐르고 등장인물은 달라질지 모르지만 연극의 대본은 같다. 이 대본만 이해하면 드라마에 등장하는 어떤 인물의 행동이라도 파악하는 것이 어렵지 않다. 이 사례에서 사람들 간의 연결점은 도시 인구수의 제곱에 비례하여 커진다는 것을 알 수 있다.

물론 도시에 사는 사람들이 서로를 다 아는 일은 불가능하다. 아마도 주위에 있는 몇몇 사람만 알 거라고 가정하는 것이 훨씬 더 합리적이다. 이럴 경우 단지 선형적인 증가 패턴을 보이게 된다. 전체의 규모는 문제되지 않는 것이다.

실제로 도시 내 사람들이 이루는 연결점은 이 두 극단적인 경우의 중간쯤일 것으로 보인다. 도시 거주자 한 사람은 주변 사람들과 소통하는 것뿐 아니라 도시를 가로질러 먼 거리에 살고 있는 사람들과도 소통하기 때문이다. 인구가 증가하면서 추가로 발생하는 15퍼센트에 해당하는 연결점의 증가는 아마도 이런 식으로 먼 거리에 사는 사람들과 맺는 연결점이 늘어나기 때문일 것으로 보인다. 이 책의 후반부에서 설명하겠지만, 이런 종류의 원거리 네트워크는 많은 다른 분야에서도 나타나며 지름길을 찾아내는 데 있어서 매우 효과적인 방법이다.

패턴은
모든 것에 있다?

패턴의 힘이 강력하기는 하지만 이를 사용하고자 할 때는 조심해야 한다. 처음에는 자신이 어디로 향하고 있는지 안다고 생각하며 출발할 수 있다. 그러나 때로는 맞다고 생각한 길이 이상하고 예측하지 못했던 방향으로 빠지는 경우도 있다. 앞에서 살펴봤던 숫자 배열 문제를 다시 한번 생각해보자.

1, 2, 4, 8, 16 …

만약 이어서 나올 숫자가 32가 아니라 31이라고 한다면 어떨까?

원의 원주 위에 점을 찍은 후 점들을 선으로 연결하는 과정에서 원은 최대 몇 개의 영역으로 분할될까? 원주상에 점이 하나만 있을 경우에는 연결할 선이 없으므로 원에는 하나의 영역만 존재한다. 여기에 점 하나를 추가하여 두 개가 되면 이제 두 점을 선으로 연결할 수 있다. 그러면 원은 이 두 점을 잇는 선으로 두 개의 영역으로 나뉜다. 이제 세 번째 점을 더해보자. 세 개의 점들을 연결하면 삼각형이 생긴다. 이제 원은 이 삼각형을 감싸는 세 개의 영역과 삼각형 내부 영역으로 분할되어 총 네 개의 영역이 생긴다.

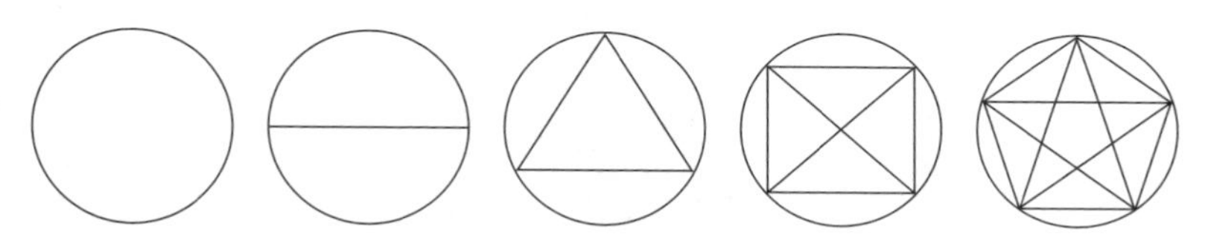

그림 1-1 점과 선에 따라 분할된 원의 영역

이 과정을 계속 반복하면 일정한 패턴이 나타나는 것처럼 보인다. 원주에 점이 하나씩 더해지면서 나뉘는 원의 영역 개수를 표시하면 다음과 같다.

1, 2, 4, 8, 16 ···

이를 보면 원주에 점 하나를 더할 때마다 영역의 수가 두 배로 늘어난다고 생각할 수 있다. 하지만 여섯 번째 점을 원주에 더하는 순간 갑자기 이러한 패턴이 사라진다. 이때 점을 연결하는 선에 따라 나뉘는 원의 최대 영역 수는 세기가 쉽지 않지만 31개가 된다. 32개가 아닌 것이다!

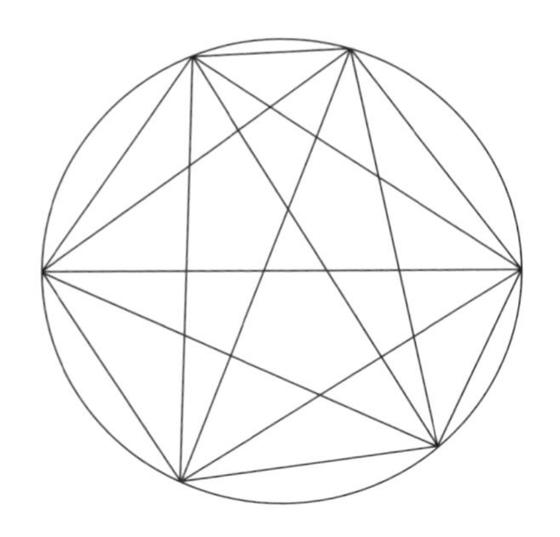

그림 1-2 6번째 점으로 생긴 선으로 분할된 원의 영역

이 문제에서 분할된 원의 영역 수를 표시하는 공식이 있는데 단순히 두 배가 되는 식이 아니라 그보다 좀 더 복잡하다. 원주상에 N개의 점이 있을 때 이를 연결해서 분할되는 원의 최대 영역 수는 다음과 같은 공식으로 표현된다.

$$\frac{1}{24}(N^4 - 6N^3 + 23N^2 - 18N + 24)$$

이 사례가 의미하는 것은 숫자 자체에만 의존하지 말고, 먼저 데이터가 무엇을 나타내는지를 파악하는 일이 중요하다는 점이다. 그런 의미에서 데이터가 어디에서 왔는가에 대한 깊은 이해가 동반되지 않고 단지 숫자만 가지고 분석하는 데이터 사이언스는 위험하다.

지름길을 발견하는 데 있어 또 다른 함정의 사례는 다음과 같다. 이 숫자의 배열에서 다음에 올 숫자는 무엇일까?

2, 8, 16, 24, 32 …

이 배열에는 2의 지수에 해당하는 숫자들이 많이 들어 있다. 그런데 다소 생뚱맞게 중간에 있는 24라는 숫자는 무엇일까? 만약 당신이 이 배열에 이어지는 숫자가 47이라고 생각했다면 당장 토요일에 복권을 사라고 조언하고 싶다. 이 숫자 배열은 2007년 9월 26일자 영국 전국 복권의 1등 당첨번호이기 때문이다. 패턴을 찾는 일에 심하게 중독된 나머지 인간은 종종 패턴이 전혀 나타날 수 없는 것에서도 패턴을 발견한다. 복권 번호는 무작위로 생성되는 숫자들이다. 여기에는 패턴이 절대 있을 수 없다. 숨겨진 공식도 없다. 백만장자로 가는 어떤 지름길도 없는 것이다. 하지만 우리 인간은 심지어 무작위로 발생한 숫자에서도 패턴을 찾아낼 뿐 아니라 이를 잠재적 지름길로도 이용할 수 있다는 사실을 제8장에서 설명하겠다. 무작위 데이터를 다루는 방법의 핵심은 일단 한발 뒤로 물러나서 넓게 바라보는 것이다.

패턴의 유무를 파악하는 일은 무언가가 정말 무작위로 발생하는 것인지를 이해하는 데 있어 지름길 역할을 한다. 또한 패턴의 유무는 숫자의 배열이 얼마나 기억하기 쉬운가와도 깊게 연관되어 있다.

기억력을 높이는 비밀

온라인상에 매초 엄청난 양의 데이터가 쌓이는 지금, 많은 기업이 이 데이터들을 영리하게 저장하는 방도를 고민하고 있다. 만약 데이터에서 일정 패턴만 찾을 수 있다면 메모리 용량을 많이 차지하는 일 없이 이 정보들을 압축하는 법을 알아낼 수 있을 것이다. MP3나 이미지 파일 형식 중 하나인 JPEG 같은 기술에 이러한 핵심 개념이 숨어 있다.

흑백 픽셀로 이루어진 이미지를 생각해보자. 이런 종류의 사진에는 반드시 어딘가에 흰색 픽셀이 넓은 영역에 존재한다. 이 영역의 모든 픽셀을 일일이 흰색으로 저장하는 대신 그만큼의 메모리를 대신 실제 이미지를 저장하는 용도로 사용한다면 정보 저장에 있어서 잠재적으로 지름길을 택하게 되는 것이다. 즉 흰색 픽셀이 존재하는 영역의 경계면에 대한 위치 정보만 저장하는 것이다. 그리고 그 경계면 안쪽은 흰색으로 채우라는 명령을 함께 저장하면 된다. 어떤 영역을 흰색으로 채우라는 명령어 코드가 차지하는 메모리 용량은 일반적으로 그 영역에 존재하는 각각의 픽셀을 흰색으로 일일이 저장하는 것보다 훨씬 적게 소요된다.

이런 방식으로 각 픽셀에서 드러나는 일정한 패턴을 가려내어 코드화하고 사진을 저장하는 방법은 모든 픽셀을 하나씩 일일이 저장하는 것보다 훨씬 적은 메모리를 필요로 한다. 예를 들어 체스판을 생각해보라. 체스판의 이미지는 매우 뚜렷한 패턴을 가지고 있다. 따라서 단순히 네모 칸에 흰색과 검은색을 32번에 걸쳐 번갈아 배치하라는 코드만으로 체스판을 저장할 수 있는 것이다.

인간이 뇌에 데이터를 저장하는 방식도 그 핵심에 이런 식의 패턴 인식 과정이 있다고 믿는다. 여기서 나는 매우 나쁜 기억력을 가지고 있다는 점을 고백해야 할 것 같다. 내가 수학에 끌린 이유 중 하나도 기억력이 좋지 않기 때문이다. 어떤 논리성도 부여할 수 없는 이름이나 날짜를 비롯해 무작위성 정보들에 대항하기 위해 나의 나쁜 기억력으로 쓸 수 있는 최고의 무기가 바로 수학이다. 역사를 예로 말하면 나는 영국의 엘리자베스 1세가 언제 사망했는지 전혀 외우지 못한다. 만일 누군가 나에게 그해가 1603년이라고 알려줘도 아마 10분 내로 그 사실을 까먹을 것이다. 프랑스어 수업시간이면 나는 항상 불규칙동사 aller의 형태 변화를 기억해내는 데 어려움을 겪곤 했다. 화학시간에는 불에 태울 때 보라색이 되는 것이 나트륨인지 칼륨인지 항상 헷갈렸다. 하지만 이와 달리 수학시간에는 대상에서 파악된 패턴과 논리로부터 모든 것을 다시 구성해낼 수 있었다. 패턴을 찾아내어 나쁜 기억력을 대체할 수 있었던 것이다.

그래서 나는 인간이 이런 방식으로 기억을 저장하는 것은 아닐까 의심한다. 우리의 기억력은 패턴과 구조를 파악하여 기억을 되살려내는 두뇌의 능력에 의존하는 것이 아닐까 생각한다. 자, 여기서 작은 도전 과제를 주겠다.

다음에 주어진 가로세로 여섯 칸으로 된 격자무늬에 연필 자국이 표

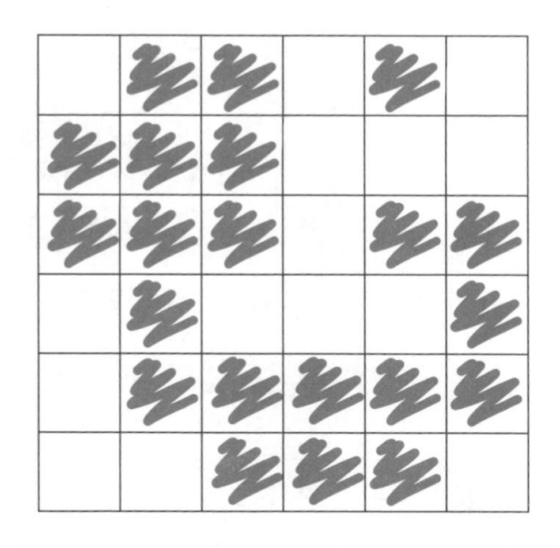

그림 1–3 연필 자국이 어디에 있는지 기억할 수 있는가?

시된 곳을 한동안 살펴보라. 그런 다음 책을 덮어라. 오롯이 기억에만 의존해 똑같은 그림을 그릴 수 있겠는가?

이때 기억의 비결은 36칸을 모두 일일이 외우는 것이 아니라 다시 떠올리는 데 도움이 될 만한 어떤 패턴을 발견했는가에 달렸다.

위 이미지의 경우 가로세로 여섯 칸짜리 체스판처럼 흰색과 유사한 비율로 검은색 칸이 있지만 금방 눈에 들어오는 뚜렷한 패턴이 보이지는 않는다. 그래서 연필 자국이 어디에 있는지 기억하기가 매우 어렵다. 사실 이 이미지는 내가 동전을 던져서 만든 것이다. 동전을 던져서 앞면이 나올 경우, 해당 칸을 까맣게 칠하는 방식으로 만들었다. 수학적으로 이야기하면 희박한 확률이기는 하지만, 내가 한 동전 던지기로 체스판 같은 이미지가 그려질 수 있다. 앞면과 뒷면이 계속해서 교대로 나온다면 체스판과 같은 이미지가 될 것이다. 하지만 실제 동전 던지기에서는 검은색 칸이 무작위로 배치되게 된다. 확실히 이와 비교하면 규칙적인 체스판의 패턴은 훨씬 기억하기 쉽다.

일단 어떤 이미지에서 특정 패턴을 발견한다면 그 이미지를 다시 만들어내는 코드를 작성할 수 있다. 수학에서는 이 코드를 '알고리즘'algorithm이라고 부른다. 어떤 이미지를 기억하기 위해 필요한 알고리즘의 크기는 이미지에 들어 있는 무작위성을 측정해내는 강력한 척도가 된다. 체스판의 패턴은 매우 질서 정연하다. 따라서 체스판 이미지를 되살리는 데 필요한 알고리즘의 크기는 매우 작을 것이다. 하지만 동전을 던져서 만든 흰색과 검은색으로 구성된 격자무늬 이미지를 재현하는 알고리즘의 경우, 총 36개의 칸을 하나하나 기억하기 위해 만든 알고리즘과 비교해도 결코 코드의 길이가 짧지 않다.

일정한 패턴이 분명하게 드러나는 사진의 경우, JPEG 형식으로 압축하면 원본 사진보다 용량이 훨씬 줄어드는 반면 무작위 픽셀로 구성된 이미지는 JPEG 알고리즘으로 압축해도 용량이 크게 작아지지 않는다는 사실을 쉽게 알 수 있다. 압축에 도움이 될 만한 뚜렷한 패턴이 없기 때문이다.

인간에서 기계에 이르기까지 기억하는 과정에는 어떤 경우라도 반드시 수학적인 면을 이용한다. 기억하기 위해 패턴을 발견하고 그 패턴을 연결하고 결합해 저장하고자 하는 데이터에 일정한 논리를 부여할 필요가 있다. 따라서 패턴을 찾아내는 것이 기억을 잘하기 위한 지름길이 되는 것이다.

피보나치수열의 매력

제1장을 시작하며 내주었던 퍼즐로 돌아가보자. 계단을 한 칸 또는 두 칸씩 올라간다고 가정할 때 열 개의 계단을 오르는 방법에는 몇 가지 조합이 있을까? 이 과제를 수행하는 방법에는 여러 가지가 있다. 우선 가능한 여러 가지 조합들을 무작위로 적어보는 것이다. 물론 이런 식의 비체계적인 접근 방식을 사용하다 보면 반드시 중간에 몇 가지 조합을 놓치는 일이 발생할 것이다. 뿐만 아니라 이 조합들을 모두 적는 데에도 많은 시간이 걸린다. 이보다 더 나은 방법은 없을까?

좀 더 체계적인 방법은 이렇다. 일단 계단을 한 칸씩 오르는 것부터 시작해보자. 이 경우 '1111111111'이라는 한 가지 조합밖에 없다. 만약 한 칸씩 올라가는데 중간에 한 번 두 칸씩 오르기를 한다면 어떻게 될까? 그럼 총 아홉 번에 걸쳐 계단을 오르게 될 것이다. 즉 여덟 번은 한 칸씩, 한 번은 두 칸으로 오르는 것이다. 이때 두 칸씩 오르기를 어느 시점에 사용할지만 결정하면 된다. 두 칸씩 오르기를 배치하는 데는 아홉 가지의 방법이 있다.

이쪽이 훨씬 더 기대되는 전략으로 보인다. 그다음 가능한 조합은 여섯 번은 한 칸씩, 두 번은 두 칸씩 오르기를 섞는 것이다. 이 경우에는 모두 여덟 번에 걸쳐 계단을 오른다. 여기서도 두 칸씩 오르기를 어느 시점에 배치하느냐에 따라 가능한 경우의 수를 계산해야 한다. 두 칸씩 오르기를 처음 배치할 수 있는 곳은 총 여덟 곳이다. 두 번째는 나머지 일곱 개의 계단 중 하나에 배치된다. 따라서 두 번의 두 칸씩 오르기를 배치하는 경우의 수는 8 곱하기 7로 계산하여 각기 다른 조합을 얻을 수 있다. 하지만 이때 조심해야 할 것이 있다. 경우의 수를 계산하면서 사실 같은 방법인 경우를 중복해서 두 번 셌기 때문이다. 즉 첫 번째 두 칸씩 오르기를 1번 계단에 배치하고, 두 번째를 2번 계단에 배치한 경우와 첫 번째 두 칸씩 오르기를 2번 계단에, 두 번째를 1번 계단에 배치한 경우를 서로 다른 조합으로 센 것이다. 하지만 이 두 가지 조합은 결과적으로는 같은 방법이다. 이렇게 따졌을 때 계단을 오르는 방법의 총 경우의 수는 앞에서 계산한 결과의 절반인 '28가지'((8×7)$\div2$)가 된다. 실제로 이 숫자에 수학적 이름이 있다. 바로 '여덟 개에서 두 개를 고르는 법'이며 다음과 같은 방식으로 표기된다.

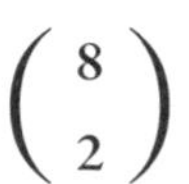

$$\binom{8}{2}$$

이를 좀 더 일반화하여 N+1개의 수에서 두 개의 수를 뽑는 경우의 수를 계산하면 그 결과는 $\frac{1}{2}N(N+1)$이 된다. 놀랍게도 이것은 가우스가 N번째 오는 삼각수를 구하기 위해 발견한 공식과 같다. 같은 일이 계속해서 반복되고 있다! 이는 곧 N+1개의 수에서 두 개의 수를 뽑는 문제를 삼각수를 계산하는 문제로 변환할 수 있음을 의미한다. 이런 식으로 어떤 문제를 다른 문제로 변환하는 것이 문제를 푸는 강력한 지름길 중 하나라는 사실을 제3장에서 다룰 것이다.

경우의 수를 계산하는 도구인 '이항계수'binomial coefficients는 대수학 교재에서 다루는 것으로, 가우스가 수학 조교 바텔스와 함께 공부했던 주제였다.

이 퍼즐을 풀기 위해 이어서 살펴봐야 할 것은 두 칸씩 오르기를 세 번으로 늘리는 경우다. 이때 우리는 두 칸씩 오르기를 열 개의 계단 중 일곱 개에 어떻게 배치할 것인지를 생각해봐야 한다. 이런 사고과정을 거치는 것이 계단을 오르는 모든 경우의 수를 체계적으로 살펴보는 것이기는 하다. 하지만 계단의 꼭대기까지 오르는 방법의 조합을 두 칸씩 오르기 횟수를 늘리는 방식으로 계산하다 보면 결국 어떤 공식이 필요해진다. 이쯤되면 이 길을 선택하는 것이 마치 먼 길을 돌아가는 매우 힘든 작업처럼 보이기 시작할 것이다. 심지어 전혀 지름길처럼 보이지도 않는다.

지금까지 설명한 내용을 표현하는 더 좋은 방법은 다음과 같다. 이런 종류의 문제를 풀 때 효과적인 전략 중 하나는 가장 낮은 곳의 계단(1번 계단)부터 시작해 점차 수를 늘리면서 등장하는 숫자에 일정한 패턴이 있는지를 확인하는 것이다.

1~5번 계단을 한 칸씩 혹은 두 칸씩 오르는 방법의 조합 수는 금방 손

쉽게 적을 수 있다.

1번 계단: 1

2번 계단: 11 혹은 2

3번 계단: 111 혹은 12 혹은 21

4번 계단: 1111 혹은 112 혹은 121 혹은 211 혹은 22

5번 계단: 11111 혹은 1112 혹은 1121 혹은 1211 혹은 2111 혹은 122 혹은 212 혹은 221

이때 계단을 오르는 방법의 조합 수는 1, 2, 3, 5, 8…이다. 당신은 이미 이러한 수의 배열에서 특정 패턴이 보이는 것을 발견했을 수도 있다. 그렇다. 직전 두 개의 수를 더하면 다음에 오는 숫자가 되는 패턴이다. 심지어 이 숫자 배열의 이름을 들어봤을 수도 있다. 바로 '피보나치수열'Fibonacci numbers 이다! 자연에서 사물이 자라나는 방식에서 이러한 수의 배열이 나타난다는 사실을 발견한 이탈리아 수학자의 이름을 딴 것이다. 꽃잎, 솔방울, 조개의 생장 방식이나 토끼의 개체 수가 증가하는 패턴에서도 이 숫자가 나타난다. 모든 숫자가 동일한 패턴을 따르는 것처럼 보인다.

이런 수의 배열을 통해 피보나치가 발견한 것은 자연에서 무언가가 자라는 과정은 매우 단순한 알고리즘에 의존한다는 사실이다. 즉 자연이 꽃잎이나 솔방울, 조개와 같은 복잡한 구조를 만드는 데 사용하는 법칙은 직전 두 개의 수를 더한 값을 그다음에 배치하는 것이다. 다시 말해 모든 생명체는 직전에 만들어진 두 개의 구성 요소를 사용해 그다음에 오는 요소를 만드는 것이다.

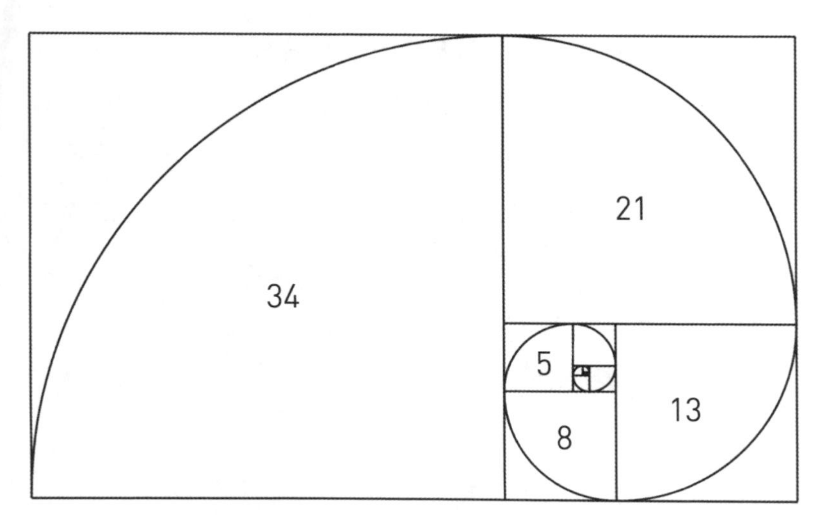

그림 1-4 나선형 구조를 만들 때 피보나치수열을 쓰는 법

패턴을 이용하는 것은 진화된 구조를 갖기 위해 자연이 택한 지름길이다. 자연이 바이러스를 만들어내는 방법을 살펴보자. 바이러스는 매우 대칭적인 구조를 지닌다. 대칭이어야 구조를 만드는 알고리즘 자체가 간단해지기 때문이다. 예를 들어 바이러스가 대칭적인 주사위 모양이라고 가정해보자. 이 경우 분자를 복제하는 DNA는 주사위 면을 구성하는 단백질 세트를 동일하게 여러 벌 만든 후, 정해진 규칙에 따라 바이러스 전체 구조를 만든다. 그러면 각각의 면을 만드는 데 별도의 설명서가 필요없다. 패턴이 존재한다는 것은 바이러스가 스스로 복제하는 과정이 매우 빠르고 효율적이라는 것을 의미한다. 이것이 바로 바이러스가 잠재적으로 매우 치명적인 유기체가 되는 이유다.

앞서 손으로 적어볼 수 있을 정도의 적은 수의 데이터만 가지고도 피보나치수열이 계단을 오르는 비법이 된다는 것을 정말 확신할 수 있을까?

실제로 피보나치수열로 여섯 번째 계단을 오르는 조합의 수를 어떻게 구할 수 있는지 정확히 설명할 수 있다. 먼저 네 번째 계단까지 오르는 방법의 모든 조합을 구한 후 그다음에 두 칸을 오르면 된다. 혹은 다섯 번째 계단까지 오르는 모든 조합을 구하고 마지막에는 한 칸을 오르면 된다. 이렇게 하면 6번 계단까지 오르는 모든 조합의 수를 구할 수 있다. 수의 배열로 보면 직전 두 개의 숫자를 조합하는 방식인 것이다.

이 퍼즐의 답은 피보나치수열에서 열 번째 수를 계산하면 얻을 수 있다.

1, 2, 3, 5, 8, 13, 21, 34, 55, 89

모두 계산한 결과, 열 개의 계단을 오를 때 총 89가지의 각기 다른 조합이 가능하다는 답을 얻었다. 계단의 꼭대기까지 오르는 데 얼마나 많은 방법이 있는지 알아내는 지름길도 패턴 파악에 있음을 알 수 있다. 패턴만 알면 계단의 개수가 100개 혹은 1,000개가 있어도 경우의 수를 찾는 것은 전혀 어렵지 않다.

피보나치의 이름이 붙었지만 사실 이 수열을 최초로 발견한 것은 그가 아니라 인도의 음악가들이었다. 인도의 전통 타악기인 타블라 연주자들은 어떻게 하면 자신의 악기로 다양한 리듬을 뽐낼 수 있을지에 대해 오랜 세월 고민해왔다. 긴 비트와 짧은 비트를 이용해 새로운 종류의 리듬을 만들려고 노력하는 과정에서 그들은 피보나치수열에 도달하게 됐다.

긴 비트가 짧은 비트 길이의 두 배일 경우, 타블라 연주자가 만들 수 있는 리듬의 총 개수는 계단을 오르는 문제의 해답과 동일한 방식으로 구할 수 있다. 한 칸씩 오르기는 짧은 비트, 두 칸씩 오르기가 긴 비트에 해당한다. 따라서 가능한 모든 리듬의 개수는 피보나치수열을 이용해 구할 수 있다. 피보나치수열을 쓰면 먼저 만든 리듬을 이용하여 뒤에 오는 리듬을 구성하는 알고리즘을 만들어낼 수 있다.

이런 식으로 서로 다른 현상을 설명할 때에도 같은 패턴을 사용할 수 있다는 사실을 깨닫게 되면 일종의 희열을 느끼게 된다. 자연에서 어떤 것이 자라나는 현상에서는 공통적으로 피보나치수열이 발견된다. 인도의 타블라 연주자들의 경우 피보나치수열의 패턴을 이용해 리듬을 만들어낸다. 계단을 한 칸 또는 두 칸씩 오르는 조합의 수를 계산할 때도 피보나치수열이 쓰인다. 금융계에서는 주식 종목이 하락하다가 바닥을 치고 다시 상승하는 시기를 예측할 때도 피보나치수열을 이용할 수 있다고 믿는 전문가들이 있다. 만일 금융계에서 이러한 패턴이 나타난다면 논란의 여지가 있을 뿐 아니라 항상 적용 가능한 법칙은 아니라는 사실은 분명하다. 하지만 실제로 일부 투자자는 이를 이용하여 판단하기도 한다.

밖으로 드러나는 다양한 겉모습의 이면에 숨어 있는 공통의 구조를 파악하는 것이 우리를 지름길로 이끄는 강력한 힘이다. 얼핏 보기에는 매우 다른 여러 문제가 동일한 하나의 패턴을 이용하여 해결될 수 있는 것이다. 따라서 새로운 과제에 직면한다면 혹시 그것이 이미 해답이 밝혀진 과거의 문제가 다른 모습으로 위장해 나타난 것은 아닌지 한 번쯤 확인해볼 만한 가치가 있다.

서로 다른 세계를 연결하는 지름길

한 가지를 더 살펴보고 이 이야기의 결말을

짓고 싶다. 이전에 힘들게 작업한 결과를 사용할 수 있기 때문이다. 계단을 오르는 경우의 수를 계산하기 위한 나의 첫 전략은 일곱 개 중 세 개를 선택하는 문제와 맥이 닿아 있다. 수학자들은 실제로 이런 선택에서 가능한 모든 조합을 계산하는 영리한 지름길을 발견했다. 이 지름길을 오늘날에는 '파스칼의 삼각형'이라고 부른다. 하지만 피보나치수열의 경우와 마찬가지로 파스칼의 삼각형 역시 가장 먼저 발견한 것은 고대 중국인들로 밝혀졌다.

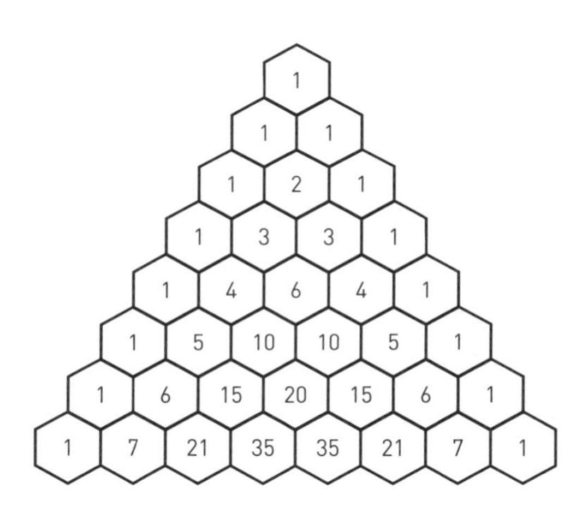

그림 1-5 파스칼의 삼각형

이 삼각형은 피보나치수열과 유사한 방법으로 만들어진다. 단지 다른 점은 한 칸 밑에 있는 숫자가 그 위 칸에 있는 두 숫자를 더해 얻어진다는 것이다. 이러한 규칙을 이용하면 하나의 삼각형 표를 쉽게 만들 수 있다. 이 삼각형에 내가 찾는 모든 조합의 숫자가 들어 있다는 점이 놀랍다. 예를 들어 당신이 피자가게를 운영한다고 가정해보자. 그리고 당신의 가게에서 얼마나 많은 종류의 피자를 파는지를 광고하고 싶다고 해보자. 이때 일곱 종류의 각기 다른 토핑에서 세 개를 고르는 방법이 몇 가지인지 알고 싶다면 파스칼의 삼각형에서 (7+1)번째 줄의 (3+1)번째 숫자로 가면 된다. 정답은 35다. 이것이 일곱 개의 토핑 재료에서 세 개를 골라 만들 수 있는 피자의 수는 35가지임을 알아내는 지름길이다. 일반적으로 n개의 물건에서 m개를 고르는 경우의 수를 계산하려면 (n+1)번째 줄의 (m+1)번째 숫자를 찾으면 된다. 계단을 오르는 문제를 푸는 한 가지 방법도 선택할 수 있는 경우의 수를 찾는 것이다. 어떤 면에서는 파스칼의 삼각형 속에 피보나치수열이 숨겨져 있다고도 할 수 있다. 삼각형에서 대각선으로 관통하는 숫자들을 더하면 피보나치수열이 나타나기 때문이다.

이런 식의 상관관계가 존재한다는 사실을 발견하는 것이 내가 수학을 좋아하는 이유 중의 하나다. 누가 파스칼의 삼각형에 피보나치수열이 숨어 있으리라고 생각했겠는가? 하나의 문제를 두 가지 다른 관점에서 바라본 결과, 겉으로 보기에는 완전히 다른 세계에 위치한 것처럼 보이는 두 개의 모서리 사이에 비밀의 통로 혹은 지름길이 있는 걸 발견한 것이다. 파스칼의 삼각형에는 삼각수와 2의 거듭제곱도 숨겨져 있다. 삼각형을 관통하는 대각선 중 하나에 삼각수가 숨어 있고, 삼각형의 각 행에 표시된 수를 모두 더하면 2의 거듭제곱이 된다. 수학은 참으로 이상한 터널들로 가득 찬 세계다. 이 세계에서는 하나의 문제를 다른 문제로 바꾸기 위해 쓸 수 있는 지름길이 너무도 많다.

데이터에서 패턴을 발견하는 작업의 목적은 단지 계단을 오르는 방법 같은 재밌는 문제를 풀기 위한 것은 아니다. 패턴의 발견은 우주가 어떻게 진화할지를 예측하는 일에서도 열쇠가 된다. 가우스가 소행성 세레스의 이동 경로를 예측한 것과 같은 이치다. 기후변화를 이해하는

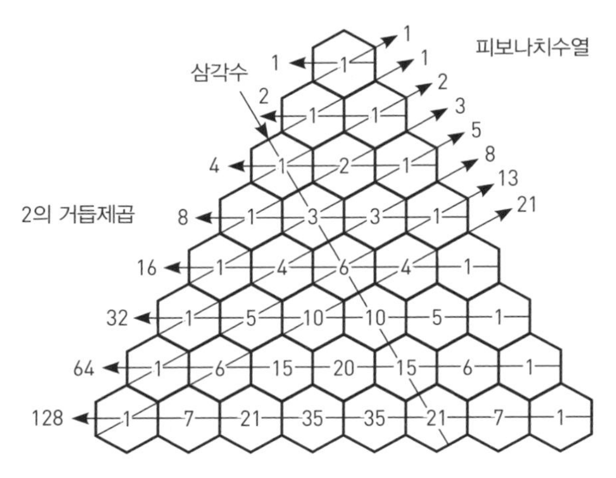

그림 1-6 파스칼의 삼각형에 숨어 있는 패턴들

데 있어서도 핵심적인 역할을 한다. 불확실한 미래를 헤쳐나가야 하는 비즈니스의 세계에서도 경쟁 우위를 점하기 위해 패턴 찾기는 필수적이다. 심지어 인류 역사의 진화에 대한 힌트를 주기도 한다. 요즘처럼 믿을 수 없을 정도로 많은 양의 데이터가 쏟아지는 시대에는 매일 1엑사바이트exabyte (10^{18})의 데이터가 인터넷에서 쌓인다. 전부 살펴보기에는 너무 거대한 데이터다. 하지만 이때에도 패턴을 이용하면 광활한 디지털 평야를 편하게 가로지르는 지름길을 찾을 수 있다.

패턴의 지름길을 발견한다는 것은 파악하려는 데이터가 생성될 때 핵심이 되는 알고리즘이나 규칙을 찾아낸다는 것을 뜻한다. 일단 이런 지름길을 발견만 하면 다루려는 문제의 규모가 감당할 수 없을 만큼 커져도 여전히 적용 가능하다. 계단의 수가 아무리 많아져도 여전히 정답에 이르는 길을 알려주는 것과 같은 이치인 것이다.

이러한 패턴은 단지 숫자에만 적용되는 것은 아니다. 우리 삶의 많은 부분에서 패턴을 발견할 수 있고, 이 패턴을 통해 하나의 영역에서 다른 영역으로 이해의 폭을 넓힐 수 있다. 어떤 악기를 마스터하기 위해 음악에 나타나는 패턴을 이해하는 것은 필수적인 부분이다. 세계적인 첼로 연주자인 나탈리 클라인Natalie Clein은 음악에 숨어 있는 이런 패턴을 찾아내어 악보에 표시된 음표를 읽기도 전에 곡이 어떻게 흘러갈지 예측할 수 있었다.

이 책의 후반부에 심리 치료 영역에서 쓰이는 지름길에 대해 정신분석의 수지 오바크Susie Orbach의 사례를 이야기할 기회가 있을 것이다. 그는 인간의 행동에서 관찰되는 많은 종류의 패턴을 치료에 이용한다. 이전에 치료했던 환자로부터 터득한 패턴을 새로 치료를 시작한 환자에게 적용해보는 것이다. 하지만 모든 패턴을 파악하기에 인간이라는 존재는 숫자보다 덜 정돈되어 있고 개별적이다. 이런 이유로 오바크가 찾아낸 패턴들은 좀 더 조심스럽게 다룰 필요가 있다. 세상이 숫자로 바뀔 때가 패턴을 찾아내기에는 가장 좋다. 현재 우리의 디지털 세상은 날이 갈수록 숫자로 표현되는 세상으로 바뀌고 있다. 우리가 남긴 디지털 흔적들이 점점 더 인간의 행동을 수치화할 수 있도록 돕는다. 그 숫자들로부터 패턴을 발견하면 사람들이 앞으로 무엇을 하게 될지 예측할 수 있는 지름길이 생긴 것이다.

생각의 지름길로 가는 길

패턴의 발견은 미래를 예측하는 훌륭한 지름길이 될 수 있다. 투자를 할 때 주가가 움직이는 패턴을 찾을 수만 있다면 그만큼 더 유리한 위치에 서게 된다. 만일 당신이 어떤 숫자를 얻게 된다면 그 속에 숨은 패턴이 있는지 데이터를 잘 분석해보라. 단지 숫자만이 이러한 패턴을 가지는 것은 아니다. 사람 역시 그렇다. 테니스를 칠 때 상대방이 어떤 패턴에 따라 공을 치는지를 파악할 수 있다면 상대방의 다음번 패싱샷에 잘 대응할 수 있을 것이다. 또 사람들의 먹는 습관에 숨은 패턴을 이해하면 식당은 쓸데없이 버려지는 음식물 쓰레기 없이 고객들에게 요리를 제공할 수 있을 것이다. 패턴을 찾아내는 능력은 인간이 처음으로 아프리카 사바나 지역을 벗어나는 발걸음을 떼는 순간부터 우리에게 매우 중요한 지름길을 제공해준다.

쉬어가기

악기를 배우는 지름길이 있을까?

몇 년 전 나는 첼로를 배우기로 마음먹었다. 그런데 첼로는 생각한 것보다 배우는 데 시간이 많이 걸리는 악기였다. 나는 첼로를 배우는 지름길이 없는지 유심히 살펴보았다. 수학이 패턴을 찾는 과학이라면 음악은 패턴을 이용하는 예술이다. 패턴을 이용하는 것이 첼로를 배우는 데 도움이 될까?

물론 첼로가 내가 가장 처음 배운 악기는 아니다. 수학시간에 베일슨 선생님이 어린 가우스의 이야기를 해준 그해에 음악 선생님이 악기를 배우고 싶은 사람이 있는지 물은 적이 있다. 세 명의 학생이 손을 들었고 수업이 끝난 후 선생님은 우리를 음악반 창고로 데려갔다. 거의 비어 있는 창고에는 세 개의 트럼펫만 층층이 쌓여 있었고, 내가 트럼펫을 첫 악기로 배우게 된 이유다. 나는 이 선택을 후회하지 않는다. 트럼펫은 변신이 매우 자유로운 악기이기 때문이다. 이후 지역 마을 밴드를 시작으로 지방 오케스트라단에서 연주하기도 했고, 심지어 재즈 영역까지 손을 댔다. 그런데 오케스트라 연주를 할 때면 내가 조용히 악보상에 쉬는 마디를 세는 동안 앞 줄의 첼로 연주자는 쉬지 않고 계속 연주했다. 그럴 때마다 첼로가 너무 부러웠음을 고백해야 할 것 같다.

어른이 된 후 돌아가신 할머니가 남겨주신 조금의 돈으로 첼로를 사기로 마음먹었다. 그리고 남는 돈으로는 레슨을 받을 참이었다. 하지만 어른이 되어 새로운 악기를 배우는 일이 가능할지 조금 걱정됐다. 어릴 때는 악기를 배우는 데 들이는 시간이 전혀 문제되지 않았다. 하지만 어른으로서는 시간이 많지 않다는 생각에 마음이 훨씬 조급해진다. 첼로 연주를 지금 당장 하고 싶은 것이지 7년 후에나 하려는 것은 아니기 때문이다. 악기를 배우는 지름길이 있기는 할까?

말콤 글래드웰은 《아웃라이어》를 통해 어떤 분야에서든 대가가 되기 위해서는 최소한 1만 시간의 연습이 필요하다는 이론을 널리 퍼트렸다. 그는 1만 시간을 들이면 각자의 분야에서 충분히 국제적으로 인정받는 전문가가 될 수 있다는, 다소 논란의 여지가 있는 주장을 펼쳤다. 실제 이 연구를 수행한 연구팀은 글래드웰이 그들의 연구 결과를 잘못 해석한 것이라고 했다. 바흐의 첼로 모음곡을 무대에서 연주하기 위해 1만 시간을 연습하지 않고, 바로 통달할 수 있는 지름길은 전혀 없는 것일까? 1만 시간을 채우기 위해 하루에 한 시간씩 연습한다면 무려 27년간 연습해야 한다!

나는 나탈리 클라인에게 조언을 구하기로 했다. 그는 내가 가장 좋아하는 첼로 연주자 중 한 사람으로, 1994년에 엘가의 첼로 협주곡 연주로 BBC가 수여하는 '올해의 젊은 음악인' 상에 최연소 수상자로 선정되어 국제적인 주목을 받는 음악가가 되었다. 그가 세계적인 명성을 얻기까지 어떤 길을 걸어왔을까? 나탈리는 여섯 살에 첼로 연주를 시작했다. 처음 몇 년은 심각하게 연습하지 않았다고 한다. 그는 열네다섯 살 때쯤부터 하루에 4~5시간 정도 연습하기 위해 노력했다. 물론 그보다 더 많이 연습하는 사람도 있었다. 나탈리는 "열여섯 살이면 하루에 8시간씩 연주하는 사람도 있어요. 더구나 러시아나 아시아 지역의 연주자들은 서양에서보다 훨씬 어린 나이부터 엄격한 환경에서 혹독한 연습을 하는 경우가 많죠."라고 말했다. 하나의 악기에 능숙해지려면 연주할 때 필요한 운동 기억과 제어 능력을 습득하기 위해 그 정도의 훈련은 필수라고 클라인은 설명했다. "악기를 배우기 위해 최소한 투자해야 하는 절대적인 시간이 분명 존재합니다. 십 대 때는 하루 3~4시간 정도 공을 들여야 하죠. 그렇지 않으면 물리적으로 악기를 연주하는 데 필요한 운동 능력을 갖출 수 없기 때문이에요." 야샤 하이페츠Jascha Heifetz를 예로 들어보자. 하이페츠는 역사상 가장 뛰어난 바이올린 연주자 중 한 사람이다. 그는 평생 동안 매일 아침마다 음계를 연습했다. 그가 오로지 음계 연습에만 들인 시간은 수천 시간이 넘을 것이다.

이런 의미에서 첼로 연주자는 운동선수와 비슷하다. 신체를 단련하기 위해 많은 시간을 투자하지 않고서는 마라톤 풀코스를 뛰거나 100미터 경주에서 이길 수 없다. 악절들을 빠르게 연주하기 위한 두뇌와 신체 조건을 갖추기 위해서는 혹독한 반복 훈련이 필요하다. 내가 직접 연습하며 깨달은 것은 하나의 악절을 계속해서 반복하는 것만이 어떤 곡을 연주할 때 뇌를 쓰지 않고도 몸이 저절로 무엇을 할지 아는 상태를 만들 수 있다는 것이다.

하지만 클라인은 혹독한 훈련만으로는 충분하지 않다는 점을 강조하고 싶어 했다. 그는 말했다. "중요한 것은 제대로 된 반복이에요. 1만 시간을 소화해내는 일은 누구에게나 어렵지 않습니다. 하지만 제대로 된 방법으로 1만 시간을 반복 연습하는 것은 쉬운 일이 아니에요. 내가 학생들에게 이야기하는 것은 1만 시간 동안 모든 정신, 육체, 영혼을 제대로 몰입해야 한다는 사실이에요."

연습을 부지런히 거듭하는 것이 무언가를 마스터하는 지름길처럼 보이지는 않는다. 하지만 사실 이것이 지름길이다. 우리는 얼마나 많은 시간을 잘못된 방식으로 훈련하거나 애쓴 노력의 효과가 최대치로 나타나지 않는 방식으로 쓰거나 홀컵에 공을 넣는 포인트를 놓치는 데 허비하고 있는가?

어떻게 하면 효과적인 훈련을 할 수 있는지를 고민해본 사람이라면 아마도 몰입flow에 대해 들은 적이 있을 것이다. 몰입은 1990년에 심리학자 미하이 칙센트미하이Mihaly Csikszentmihalyi가 만든 용어다. 어떤 일에 완전히 빠져든 심리학적 상태를 지칭하는 말로, 그는 다음과 같이 설명했다. "우리 삶에 있어서 최고의 순간은 수동적, 수용적으로 쉬고 있는 시간이 아니다. (…) 최고의 순간은 우리의 몸과 마음이 어렵고 도전할 가치 있는 일을 달성하기 위해 한계에 도전하려는 노력을 능동적으로 기울일 때 찾아온다." 최고의 기술이 극한의 도전과 만나는 순간에 몰입이 찾아온다는 것이다. 만약 기술 없이 너무 힘에 부치는 도전을 하면 심리적으로 불안감을 느끼는 상태에 빠진다. 반대로 가진 기술에 비해 너무 쉬운 일을 하면 지루함을 느낀다. 기술과 적당한 도전이 만나면 몰입 혹은 '경지에 이르는 지점'being in the zone에 다다르게 된다. 우리는 이 상태에 이르기를 원하고, 많은 사람이 몰입에 도달하는 방법으로 명상, 몰입용 사운드트랙, 식이보충제, 정신적 몰입 장치, 카페인 등을 말한다.

하지만 클라인은 단시간에 몰입하게 하는 팁에 대해 회의적이다. 그는 말한다. "몰입으로 가는 길에 지름길이란 있을 수 없어요. 어떤 규칙을 파괴하려면 먼저 그 규칙에 대해 알아야 하죠. 어떤 의미에서는 규칙을 넘어서는 바로 그때가 우리를 몰입하게 만드는 순간입니다. 영감을 주는 그 상태까지 우리를 이끌어주는 것은 다름 아닌 엄격한 훈련이죠."

악기 연주자가 되기 위해 거쳐야 하는 육체적 훈련에 지름길은 없다. 대신 연주자들은 음계와 아르페지오와 같은 기초적인 부분을 연습하는 데 많은 시간을 들인다. 실제 공연할 때 이런 연습이 매우 도움되기 때문이다. 악보를 볼 때 어떤 음계나 특정 아르페지오 패턴이 보인다면 음을 일일이 다 읽을 필요가 없어진다. 이미 수많은 시간을 들여 연습해서 닦아 놓은 그 지름길로 들어서기만 하면 되기 때문이다.

높은 난도의 곡을 연주하기 위해 육체적으로 필요한 세밀한 운동 기술을 빠르게 터득할 수 있는 지름길은 없어도 새로운 곡을 배우는 지름길은 있을 수 있다. 클라인은 음악 분석가 하인리히 쉔커Henrich Schenker의 작업에 대해 들려주었다. 우연히도 나는 쉔커를 다른 분야에서 접한 적이 있다. 컴퓨터 사이언티스트들은 AI가 가슴을 울리는 음악을 작곡하도록 프로그래밍하기 위해 쉔커가 이룩해놓은 업적을 이용했다. 쉔커식 음악 분석의 목적은 하나의 작품 속 저변에 깔린 기본 구조를 찾아내는 것이다. 이를 독일어로 우르사츠ursatz라 부른다. 마치 숫자들의 배열에 숨어 있는 패턴을 찾아내는 것과 비슷한 작업이다. AI가 음악을 만드는 과정은 쉔커식 분석 과정의 역순이라고 보면 된다. 우르사츠로부터 시작해 살을 붙여 나가는 식으로 음악을 만든다. 클라인의 경우, 쉔커식 분석으로 그가 연습하려고 하는 새로운 음악 작품을 매우 효과적으로 파악할 수 있었다고 말한다. 그는 말했다. "쉔커는 어떤 곡을 이해하기 위해 필요한 가장 단순한 공식을 만들려고 곡을 줄이고 또 줄였어요. 이것이 어떤 음악 작품의 구조를 이해하는 데 있어 지름길이라고 말할 수 있습니다. 미시적으로 곡을 보지 않고 거시적으로 보는 것이죠."

곡이 전개되는 패턴을 파악하는 일이 음악 작품이라는 복잡한 길을 헤쳐 나가는 데 있어 연주자들의 도구로 사용될 수 있다는 사실이 밝혀진 것이다. 하지만 그렇다고 이 방법이 곡을 기억할 때도 유용하게 쓰일 수 있을까? 이미 살펴보았듯이 숫자의 배열에 숨어 있는 구조를 파악할 수만 있다면 어떤 것을 기억하기 위해 반복에 의존해야 할 필요가 없다. 클라인이 협주곡을 기억하는 방법은 운동 기억이 될 정도까지 혹독한 반복 훈련을 하는 것이었다. 하지만 다른 사람들의 경우 곡의 패턴을 파악하는 것이 더 효과적일 수 있다. 이에 대해 클라인이 말했다. "바딤 콜로덴코Vadym Kholodenko라는 천재에 가까운 친구가 있어요. 어느 날 그가 이전에 한두 번 들어봤다는 곡의 악보를 보면서 그 자리에서 바로 연주하는 것을 본 적이 있습니다. 그리고 그날 저녁 그는 콘서트에서 오후에 연습했던 그 곡을 연주하는데 다른 사람이 몇 달에 걸쳐 연습한 것보다 훨씬 나은 연주를 했죠. 그는 곡의 전체 형태를 먼저 파악한 겁니다. 거기에 해낼 수 있다는 압도적 자신감도 있었죠. 그래서 남은 부족한 부분이 자연스럽게 채워졌어요. 그는 분명 작품의 거시적인 부분을 볼 수 있는 사람이었습니다. 그리고 미시적인 것보다 거시적인 부분에 더 믿음을 가지고 있었어요. 분명히요."

나의 첼로 선생님은 새로운 곡을 배울 때 쓸 수 있는 또 다른 흥미로운 지름길을 나에게 가르쳐주었다. 첼로에서는 하나의 악절을 연주하는 여러 가지 방법이 있다. 같은 음을 다른 줄로도 연주하는 것이 가능한 악기이기 때문이다. 종종 어떤 음을 연주하는 가장 흔하고 대표적인 방법이 오히려 비효율적인 경우가 많다. 이 때문에 악기의 이곳저곳을 뜀박질하듯 넘나들며 연주하는 수밖에 없는 것이다. 하지만 좀 더 전략적으로 생각하면 같은 악절을 연주하는 또 다른 방법을 발견할 수 있다. 즉 손을 위아래로 과하게 움직이지 않아도 된다. 어떤 곡을 어떻게 연주할 것인가가 마치 수학 문제를 푸는 일과 비슷하다. 어떻게 하면 가장 편안하게 연주할 수 있도록 효과적으로 줄에 손가락을 갖다 댈 것인가?

클라인은 말했다. "이 점에 있어서 매우 창의적일 수 있었어요. 누구도 내게 가르쳐준 적이 없었기 때문입니다. 저는 엄지손가락을 자주 사용할 수 있도록 훈련하는 것이 괜찮을 것 같다고 생각했어요. 결과적으로 이 방법은 매우 도움이 되었죠. 이런 기법을 사용하는 첼로 연주자가 저 말고도 두어 명이 더 있습니다. 위대한 다닐 샤프란Daniil Shafran도 그중 하나죠. 이런 기법을 내가 만들어냈다고 생각했지만 실상은 그렇지 않았어요. 이 모든 것이 결국은 문제를 풀어가는 것과 관련 있다고 생각합니다. 문제가 어려울수록 그 해답은 더 창의적일 수 있죠."

이렇게 음악의 길을 헤쳐나가는 유용한 방법이 있음에도 클라인이 말하고자 하는 요점은 '음악에 쉬운 지름길은 없다'는 것이다. 그는 말했다. "훌륭한 프로페셔널 첼리스트가 되는 것, 특히 솔로곡을 연주하고 대중에게 노출되어 스포트라이트를 받는 위치에 서는 데는 특별한 길이 없어요. 지름길이란 것은 존재하지 않습니다. 이것이 제가 첼로를 좋아하는 이유예요. 파블로 카잘스Pablo Casals는 평생 연습을 쉰 적이 없는 것으로도 유명합니다. 그가 95세가 되었을 때 누군가 물었어요. '마에스트로, 왜 계속 연습하세요?' 그가 답했죠. '이제야 좀 좋아지는 것 같으니까. 내 연주가 발전하고 있어.' 제가 생각하기에 이런 생각이 우리를 계속 움직이게 만드는 것 같아요. 연주자로 산다는 것은 무척 힘든 일이고, 계속해서 발전해야 하는 일이죠. 평생 계속하려면 이 일에 끊임없는 관심을 가져야 합니다. 연주자에게 정상에 오르는 것과 같은 일은 결코 일어나지 않죠."

이것이 바로 많은 대가가 지름길을 찾는 일에 관심을 두지 않는 이유다. 클라인이 말했듯 '지름길이라는 것이 단기간에는 매력적으로 보일 수 있다. 하지만 멀리 바라보면 그렇지 않다. 만약 우리 앞에 쉽게 갈 수 있는 많은 지름길이 존재한다면 아마 우리는 그 도전에 끌리지 않게 될 것이다'.

목표에 도달하려는 열망과 그것을 실현했을 때의 편안함 사이에는 묘한 긴장감이 느껴진다. 너무 쉬우면 만족감을 잃는다. 하지만 동시에 머리를 힘들게 쓰지 않고 고난의 길을 묵묵히 가고 싶지도 않다. 나에게 가장 만족스러운 지름길은 목적지에 어떻게 도착할지를 한참 고민하고 있을 때 불현듯 떠오르는 지름길들이다. 수학적 능력을 완성하기 위한 여정에서 만난 난제들을 돌파하고, 기가 막힌 해법을 발견하는 순간 수반되는 아드레날린의 분출에 나는 꽤 중독되어 있다. 하지만 첼로에서만큼은 패턴을 이용하는 것이 어느 정도 도움은 될 수 있지만 열심히 연습하는 것 외에 지름길이 없다는 사실을 깨달았다.

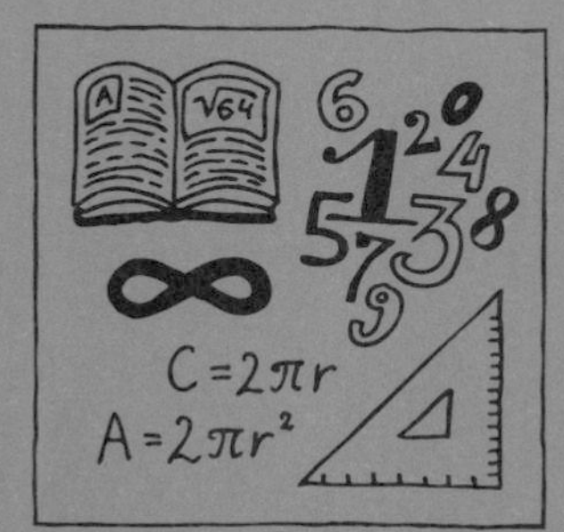

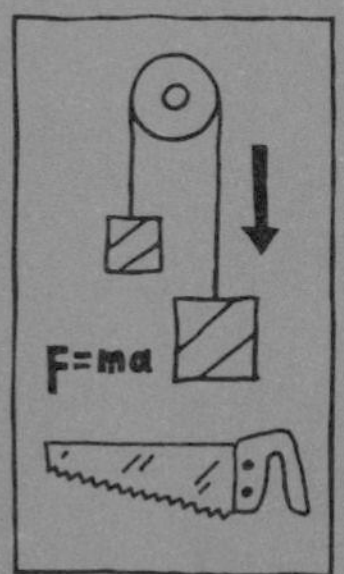

제2장

계산의 지름길

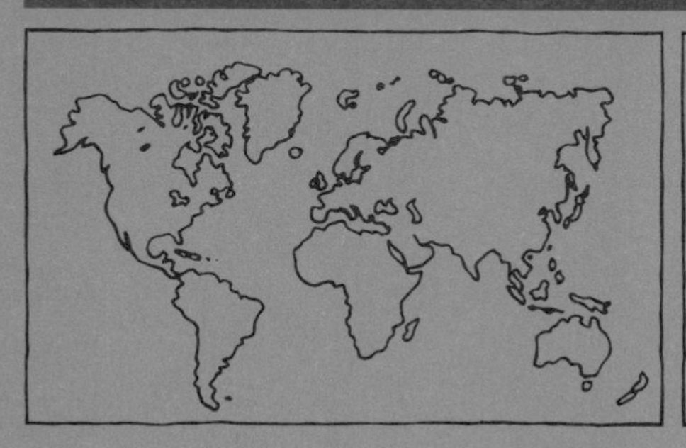
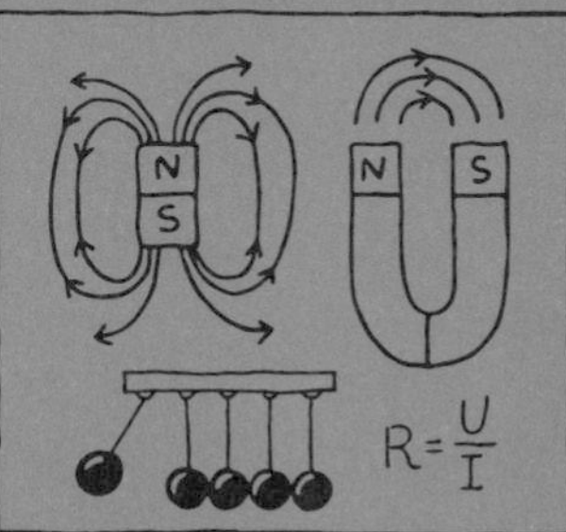

당신이 식료품점을 운영하고 있고, 천칭을 써서 1킬로그램에서 40킬로그램까지의 무게를 측정해야 한다고 가정해보자. 이를 위해 필요한 무게 추의 최소 개수는 몇 개이고, 그 무게는 얼마인가?

아이디어를 얻기 위해 올바른 이름을 찾는 것은 생각의 속도를 높이는 강력한 도구다. 우리는 100만이라는 수의 개념을 일곱 개의 기호인 '1,000,000'을 써서 표기하는 것을 당연히 생각한다. 이 표기법에 숫자를 탐색하고 효율적으로 계산하는 지름길을 찾기 위해 인류가 노력해온 흥미진진한 역사가 숨어 있다. 과거 역사를 통틀어, 심지어 오늘날에도 비즈니스, 건축, 금융 분야에 종사하는 사람이라면 경쟁자보다 빠르고 효율적으로 계산하는 방법을 알고 있을 때 경쟁 우위를 점할 수 있다. 이번 장에서는 숫자와 계산을 위해 발견한 몇 가지 지름길을 당신과 나누려고 한다. 흥미로운 것은 이 지름길들은 숫자가 관련되지 않는 경우에도 여전히 강력한 전략이 될 수 있다는 사실이다.

종종 사람들은 내가 수학자이기 때문에 늘 소수점 이하 많은 자릿수의 나눗셈을 할 거라고 생각한다. 그렇다면 계산기의 등장이 수학자들을 실업자로 만들었을까? 일반인들이 수학자를 슈퍼 계산기로 오해하는 것은 흔한 일이다. 그렇다고 해서 계산이 수학자가 하는 일의 일부가 아니라는 뜻은 아니다. 세상의 많은 훌륭한 수학 이론과 개념들이 어린 가우스가 발견한 지름길처럼 연산하는 영리한 방법을 찾으려는 도전에서 출발한 것이 사실이다. 역사적으로 수학의 모든 지름길은 계산을 좀 더 효율적으로 하려는 노력의 과정에서 발견되었다고 해도 과언이 아니다. 심지어 오늘날 우리가 사용하는 계산기도 수학자들이 오랫동안 고안해낸 몇 가지 영리한 지름길을 사용하여 프로그래밍되었다.

우리는 컴퓨터의 능력이 강력하기 때문에 어떤 일이든 할 수 있다고 생각한다. 하지만 컴퓨터에도 한계가 있다. 가우스가 했던 1에서 100까지 더하는 도전을 예로 들어보자. 그렇다. 이런 문제는 컴퓨터에게는 식은 죽 먹기다. 하지만 아무리 컴퓨터라고 해도 계산하기에 너무 큰 숫자도 있다. 그 숫자를 모두 더하라고 명령하면 컴퓨터마저도 불가능한 일이 된다. 일반적으로 컴퓨터는 더 빠른 계산을 해내는 데 필요한 알고리즘을 여전히 우리 인간에게 의존한다. 제2장에서는 '허수'imaginary number라고 불리는, 겉보기에 매우 난해한 수학적 개념의 놀라운 용도에 대해 밝히도록 하겠다. 비행기가 공중에서 추락하지 않고 빠르게 착륙하는 것을 포함해 수많은 다양한 종류의 작업을 컴퓨터가 수행할 때 허수가 중요한 지름길을 제공한다.

숫자를 세는 최초의 시도들

숫자를 표기하는 법 자체가 계산을 쉽게 만들 수 있고 혹은 쉽게 오류를 일으켜 복잡하고 고된 작업으로 만들기도 한다. 복잡한 아이디어를 기호로 표기하는 일이 더 나은 사고로 통하는 지름길임을 깨달은 것은 인류의 진보에 가장 중요한 순간이었다. 역사적으로 모든 문명에서 사람들의 말을 쓰고 기록하는 것이 새로운 아이디어를 보존하고, 소통하고, 이용하는 강력한 방법임을 깨달은 것으로 보인다. 언어에 사용된 모든 새로운 문자의 발전 과정을 보면 일반적으로 숫자의 개념을 기록하는 영리한 방법도 포함되어 있다. 숫자를 표기하는 더 나은 방법을 발견한 문명에서는 훨씬 빠르고 효율적인 계산과 데이터의 관리가 가능했다.

초기 수학자들이 발견한 지름길 중 하나는 숫자에서 자릿값 체계가 가진 힘이었다. 만약 당신이 양이나 날짜와 같은 것을 센다고 생각해보자. 가장 먼저 시도하는 방법은 각각의 양이나 날짜를 모두 표시하는 것이다. 아마도 이것이 최초의 인간들이 수를 세었던 방식인 것 같다. 옆면에 긁힌 표시가 있는 4만 년 전의 뼈들이 발견되었기 때문이다. 이 뼈들은 인간이 처음으로 수를 세어보려고 시도했던 증거로 여겨진다. 이는 인간의 역사에서 매우 중요한 순간이다. 숫자라는 추상적 개념이 나타나기 시작했기 때문이다. 고고학자들은 뼈에 남은 흔적들이 정확히 무엇을 세기 위해 표시된 것인지는 알 수 없지만 양이나 날짜 혹은 그 외의 무엇을 세든 모두 공통점이 있다고 말한다. 즉 뼈에 17과 18을 새기면 구분이 매우 어렵다는 점이다. 이를 제대로 구분하려면 처음부터 숫자를 다시 세어야 하는 경우가 많다. 거의 모든 문화권에서 뼈에 새긴 이 흔적들을 읽기 쉽도록 하는 특별한 방법을 고안해내는 노력을 어느 시점에서든 하게 되었다.

몇 년 전 과테말라에 살았을 때, 나는 지폐에 새겨진 이상한 점들과 짧은 줄들을 발견하고 관심을 가졌다. 이웃사람에게 그것이 지역 화폐에 숨겨진 이상한 모스 부호인지 물었다. 그는 일종의 코드이며 각 지폐의 고유번호에 해당하는 숫자를 나타낸다고 설명해주었다. 점과 짧은 줄은 마야 문명에서 숫자를 표현하는 기호였다. 마야인들은 인간의 뇌가 긁힌 흔적이 네 개 이상이 되면 이를 구별하기 어려워하는 것을 잘 알고 있었다. 그래서 많은 점을 기록할 때 다섯 개가 되면 네 개의 점들을 관통하는 선을 하나 긋는 방식을 사용했다. 마치 죄수가 석방일까지 얼마나 많은 날이 남았는지 매일 세는 것과 같은 방식이다. 이렇게 해서 줄은 숫자 5를 표현하는 기호가 되었다.

하지만 더 큰 숫자를 세야 하는 경우는 어떨까? 고대 이집트인들은 10의 배수를 나타내기 위해 재미있는 상형문자들을 사용했다. 그들은 소를 묶는 줄 모양으로 숫자 10을 표현했고, 100은 밧줄 묶음으로, 1,000은 수련으로, 1만은 구부러진 손가락으로, 10만은 개구리로, 마지막으로 100만은 한 남자가 무릎을 꿇고 마치 복권에 당첨된 것처럼 팔을 허공에 들고 있는 모습의 상형문자로 표기했다.

이것은 매우 영리한 숫자 표기법이다. 이집트에서는 100만을 표시하기 위해 뼈 위에 100만 개의 흔적을 내지 않고 단순히 무릎을 꿇은 사람의 모습을 파피루스에 그리면 되었기 때문이다. 큰 숫자를 효율적으로 기록할 수 있는 이러한 표기 체계는 이집트가 시민들에게 세금을 부과하고 효과적으로 도시를 건설할 수 있을 정도의 강력한 문명국가가 되는 데 있어서 중요한 요인으로 작용했다.

그러나 이집트의 숫자 표기법에도 다소 비효율적인 점이 있었다. 만약 이집트에서 서기가 9,999,999라는 숫자를 기록해야 한다면 자릿수가 다른 일곱 개의 9를 표기하기 위해 63개의 기호가 필요하다. 여기에 하나를 더하여 10,000,000이 되면 이 숫자를 나타내기 위해 또 다른 작은 그림을 만들어내야 한다. 반면 우리가 사용하는 현대의 숫자 체계에서는 9,999,999와 같은 큰 숫자를 기록할 때 일곱 개의 기호만 쓰면 된다. 그리고 0, 1, 2, 3… 9와 같은 열 개의 기호만으로 우리가 원하는 만큼의 큰 숫자를 얼마든지 표현할 수 있다. 이렇듯 숫자 표기의 핵심은 바로 자릿값 체계place-value system에 있다. 역사적으로 볼 때 서로 다른 세 문명은 각기 다른 시점에 자릿값 체계라는 매우 특별한 숫자 표기법을 찾아냈음을 알 수 있다.

자릿값 체계를 처음 생각해낸 것은 이집트인들과 경쟁 관계였던 바빌로니아인들이었다. 바빌로니아 문명은 흥미롭게도 이집트인들이나 오늘날의 우리처럼 10의 배수를 사용하는 10진법 문명이 아니었다. 그들은 60진법 수 체계를 가지고 있었다. 그들의 수 체계에서는 자릿수가 하나 올라가기 전까지인 59까지 개별적인 기호로 숫자를 표현한다. 바빌로니아인들은 1부터 59까지의 숫자를 단지 두 개의 기호를 사용해 표시했다. 1을 나타내는 기호 𒁹와 10을 나타내는 기호𒌋다. 이에 따르면 숫자 59를 표기하기 위해 다섯 개의 𒌋와 아홉 개의 𒁹, 즉 열네 개의 기호가 필요하다.

얼핏 봐도 이런 수 체계는 전혀 효율적이지 않다. 하지만 그들이 선택한 60진법 체계에는 매우 다른 종류의 지름길이 내재되어 있다. 60진법 체계하에서는 숫자를 나누는 것이 매우 쉽다는 점이다. 60이라는 숫자는 2×30, 3×20, 4×15, 5×12, 6×10과 같이 매우 다양한 방법으로 나눌 수 있다. 60진법을 사용하는 문명에서의 상인들은 상품을 다양한 방법으로 나눌 수 있다. 60진법이 가진 이러한 높은 분할성 때문에 오늘날에도 시간을 셀 때 여전히 60진법을 사용한다. 1시간은 60분에 해당하고, 1분이 60초인 것은 그 기원을 고대 바빌론 문명에서 찾을 수 있다.

그러나 바빌로니아인들이 찾은 진짜 혁신적인 아이디어는 59가 넘는 수를 셀 때다. 그들이 선택할 수 있었던 한 가지 방법은 이집트인들처럼 그에 맞는 새로운 기호를 만드는 것이다. 그러나 바빌로니아인들의 접근법은 달랐다. 다른 기호에 대한 상대적 위치에 따라 기호의 의미가 변하는 시스템을 고안한 것이다. 현대의 숫자 표기법에서 숫자 111은 같은 기호가 세 번 반복되는 것처럼 보이지만 오른쪽에서 왼쪽으로 숫자를 읽을 때 첫 번째 1은 1을 나타내지만 두 번째 1은 10을, 세 번째 1은 100을 의미한다는 것에 이 표기법의 영리함이 있다. 숫자를 하나씩 왼쪽 자리에 추가할 때마다 그 값이 열 배씩 증가하는 방식이다.

하지만 바빌로니아의 경우 10이 아니라 60을 기준으로 하는 수 체계를 가지고 있었기 때문에 왼쪽으로 한 자리씩 움직일 때마다 60의 배수로 값이 올라가게 된다. 그래서 바빌로니아에서의 111은 '$1\times60^2+1\times60+1$'을 계산한 3,661을 의미한다. 이러한 숫자 표기법은 매우 특별하고도 강력한 지름길이다. 두 개의 기호 𒁹와 𒌋를 사용하여 얼마든지 원하는 만큼 큰 숫자를 표현할 수 있기 때문이다. 하지만 문제는 이 표기법으로 모든 숫자를 표기할 수 없었다는 점이다. 따라서 새로운 기호의 도입이 필요했다. 60진법으로 3,601이라는 숫자를 기록한다면 어떻게 해야 할까? 이 숫자는 '$1\times60^2+1$'이므로 60의 자릿수에 수가 없다. 따라서 이 경우 아무것도 없음을 표현하는 기호가 필요하다. 바빌로니아 쐐기문자에서는 60의 자릿수에 수가 없음을 표현하기 위해 𒑱라는 기호를 사용한 것으로 밝혀졌다.

마야인 역시 큰 숫자를 쓰는 방법을 발견했다. 그들은 이미 5에 해당하는 기호는 가지고 있었다. 줄 하나가 5를 표현했으므로 세 개의 줄은 15를 의미하게 된다. 따라서 이 표기법에 따르면 세 개의 줄과 네 개의 점은 19를 나타낸다. 그러나 마야인들은 숫자가 이보다 더 커질 경우 상황이 복잡해진다는 것을 깨달았다. 그래서 20의 배수에 해당하는 값이 되면 자릿수가 달라지도록 하였다. 즉 마야 문명에서 111은 '$1 \times 20^2 + 1 \times 20 + 1$'을 계산한 4,041을 나타내는 것이다. 또한 그들도 종종 어떤 자릿수에는 아무것도 없음을 표시할 필요가 있다는 것을 깨달았고, 이를 위해 조개 껍데기 기호를 사용하였다.

마야인들은 위대한 천문학자였다. 그들은 거대한 시간의 흐름을 추적하는 데 익숙했다. 위치에 따라 다른 자릿값을 가지도록 하는 마야 문명의 효율적인 숫자 체계는 엄청나게 많은 기호를 쓰지 않고도 천문학적인 숫자를 이야기할 수 있게 해주었다.

그러나 바빌로니아와 마야 문명의 수 체계에는 여전히 중요한 무언가가 빠져 있었다. 그것은 아무것도 없음을 표현하는 기호였다. 이런 점에서 제3의 문명이 자릿수 체계를 표현하는 혁명적인 방법을 고안해 채택하였다. 바로 인도인이다.

오늘날 우리가 사용하는 숫자 체계를 종종 '아라비아 숫자'라고 표현하는데 이는 잘못된 것이다. 적어도 역사 전체를 모두 담고 있는 이름은 아니다. 힌두교 경전에 적힌 인도의 수 체계를 발견하고 이를 유럽으로 가지고 온 것이 아랍인들이었다. 따라서 오늘날의 숫자는 '인도-아라비아 숫자'로 부르는 것이 맞다. 인도의 숫자 체계에는 1에서 9에 해당하는 기호가 있고, 자릿수가 하나씩 왼쪽으로 옮겨갈 때마다 10의 배수로 커지도록 되어 있었다. 그리고 그들에게는 다른 문명에는 없던 아무것도 없는 상태를 표현하는 기호가 있었다. 그것은 바로 '0'이었다.

유럽인들이 처음 이 기호를 봤을 때 그 의미를 이해하지 못했다. 셀 수 없는 것에 왜 기호가 필요하단 말인가? 하지만 인도인들에게는 아무

것도 없음 혹은 비어 있음이라는 것은 철학적으로도 매우 중요한 개념이었다. 따라서 그들은 그 상태에 대해 이름을 붙이고 숫자로 세는 것이 자연스러운 일이었다.

당시 유럽에서는 여전히 로마 숫자와 주판을 사용해 계산하고 있었다. 하지만 주판을 사용하는 것은 기술과 함께 전문 지식이 필요한 일이었다. 따라서 계산은 일반 시민이 할 수 있는 일이 아니었다. 당시 기득권층은 계산 능력을 이용하여 권력을 유지할 수 있었다. 주판으로 하는 계산에는 기록이 남지 않는다. 결과만 있을 뿐이다. 이러한 숫자 시스템은 권력자들이 마음대로 이용하기에 더 없이 좋았다.

이것이 바로 당시 기득권층이 동쪽에서 들어온 아라비아 숫자 체계를 금지하려 한 이유다. 새로운 수 체계는 일반 시민도 얼마든지 계산을 할 수 있게 만들 뿐 아니라 계산 기록도 가능하게 했다. 숫자의 세계를 탐색하는 데 도움을 주는 이런 지름길의 도입은 인쇄기의 발명만큼이나 중요한 의미를 가지고 있었다. 대중도 비로소 수학이라는 학문에 접근이 가능했기 때문이다.

계산의 지루함을 없앤 마법사

오늘날 계산의 지름길은 컴퓨터와 계산기다. 만약 당신의 나이가 쉰 살이 넘는다면 과거 복잡한 연산을 할 때 도구로 썼던 로그표log tables를 기억할 것이다. 이것은 수 세기 동안 상인, 항해사, 은행가, 기술자들이 계산할 때 이용한 도구이자 손으로 직접 계산하려는 경쟁자보다 우위를 점할 수 있게 도운 도구였다.

로그값이 가진 잠재성은 영국 수학자 존 네이피어John Napier가 발견했다. 만약 같은 시대에 살았다면 네이피어를 만나보고 싶었을 것 같다. 그가 로그값이라는 영리한 지름길을 생각해냈기 때문이 아니라 그의 성격이 괴짜처럼 보이기 때문이다. 1550년에 태어난 네이피어는 신학과 신비주의에 빠진 사람이었다. 그는 작은 케이지 안에 넣은 검은 거미를 들고 자신의 사유지 주변을 걷곤 했다. 이웃들은 그가 악마와 한패라고 믿었다. 네이피어가 자신의 곡식을 먹어 치운다고 비둘기를 감옥에 넣겠다고 했을 때, 사람들은 그가 어떻게 비둘기를 잡겠냐며 코웃음 쳤다. 하지만 다음 날 아침이 되자 네이피어가 들판에서 돌아다니며 가만히 앉아 있는 비둘기들을 주워 자루 안에 집어넣는 모습이 목격되었다. 이를 보고 이웃들은 충격을 받았다. 비둘기들이 마법에라도 걸린 것일까? 훗날 네이피어가 브랜디에 담근 완두콩을 먹여 비둘기들을 취하게 만든 것이라는 사실이 밝혀졌다.

이처럼 네이피어는 자신이 마법사라는 주변 사람들의 믿음을 이용했다. 한번은 그의 직원 중에 도둑이 있음을 알고 그를 잡으려고 직원들에게 자신의 검은 수탉이 범죄자를 알아보는 능력이 있다고 말했다. 그리고 네이피어는 직원들에게 한 명씩 방으로 들어가 수탉을 쓰다듬으라고 말했다. 만약 도둑이 쓰다듬으면 수탉이 울 것이라고 말했다. 모든 직원이 수탉이 있는 방에 들어갔다 나오자 네이피어는 그들에게 손을 보여 달라고 말했다. 단 한 명을 제외하고는 모두 손에 그을음이 묻어 있었다. 진짜 도둑은 수탉을 쓰다듬지 못할 것을 알고 네이피어가 수탉을 검게 칠했기 때문이었다.

신학 연구에 골몰해 있었던 그는 수학에도 매료되었다. 그러나 숫자에 대한 그의 관심은 단지 취미에 불과했다. 네이피어는 신학 연구 때문에 수학적 계산에 쓸 시간이 충분하지 않다는 사실을 슬퍼했다. 그리고 결국 오랜 시간을 들여야 하는 긴 계산을 회피하고자 영리한 지름길을 생각해내는 데 성공했다.

그가 발표한 책에는 이 지름길에 대한 이야기가 쓰여 있다. '수학에 있어서 큰 수의 곱셈, 나눗셈, 제곱, 세제곱만큼 번거로우면서도 계산을 괴롭히고 방해하는 것이 없다. 더구나 이런 계산에 들이는 지루한 시간 동안 우리는 수많은 실수를 범할 위험에 쉽게 노출된다. 그래서 나는 어떤 확실하고 준비된 방법으로 그런 장애물들을 제거할 수 있을지를 마음속으로 고민하기 시작했다.'

네이피어가 발견한 방법은 두 개의 큰 수를 곱하는 것과 같은 복잡한 계산을 훨씬 더 간단한 계산인 두 수를 더하는 방식으로 바꾸는 것이었다. 다음 두 가지 계산식 중 어느 쪽을 더 빨리 풀 수 있겠는가?

$$379{,}472 \times 565{,}331$$

$$5.579179 + 5.752303$$

이런 마법 같은 변환의 핵심은 로그함수에 있다. 함수는 하나의 숫자를 입력하면 내부 규칙에 따라 숫자를 조작한 다음 그 결과를 출력하는, 일종의 작은 수학 기계와 같다. 로그함수의 경우 함수의 정의상 10의 몇 승이 되어야 입력한 숫자를 얻는지를 계산해 출력값으로 돌려준다. 예를 들어 100을 로그함수의 입력값으로 넣으면 출력값으로는 숫자 2를 돌려준다. 10의 2승을 계산하면 100이 되기 때문이다. 로그함수에 입력값을 100만으로 넣으면 출력값은 6이 나온다. 10의 6승이 100만이기 때문이다.

반면 10의 단순 거듭제곱이 아닌 숫자를 입력값으로 넣을 때는 로그 함수가 조금 더 까다로워진다. 예를 들어 379,472라는 숫자를 얻기 위해서는 10을 5.579179 거듭제곱해야 한다. 숫자 565,331을 얻으려면 10을 5.752303 거듭제곱해야 한다. 많은 다른 지름길이 그렇듯, 이 지름길을 찾기 위해서는 많은 작업이 미리 이루어져야 한다. 네이피어는 어떤 숫자의 로그값을 쉽게 찾을 수 있는 표를 준비하는 데 많은 시간을 보냈다. 하지만 일단 표를 만들고 나자 큰 수의 계산이 매우 쉬워졌다.

예를 들면 10^a과 10^b을 곱하는 계산을 할 때 로그함수를 쓰면 매우 간단해진다. 답은 10^{a+b}다. 10의 거듭제곱 수인 a와 b를 더하면 되는 것이다. 즉 379,472×565,331을 계산하는 대신 각 수의 로그값을 더하는 5.579179+5.752303을 먼저 계산해 11.331482라는 숫자를 얻는다. 그런 다음 네이피어가 만든 로그표를 써서 $10^{11.331482}$를 계산하면 두 수의 곱을 구할 수 있다.

계산표를 사용하여 연산의 속도를 높인다는 생각은 그다지 새로운 것은 아니다. 실제로 고대 바빌로니아인의 쐐기문자판 중 일부도 비슷한 용도로 사용됐던 것으로 보인다. 그들은 큰 수 간의 곱을 계산하기 위해 또 다른 공식을 이용했다. 만약 두 숫자 A와 B의 곱셈을 한다면 다음과 같은 대수학적 관계를 이용하여 곱셈 문제를 제곱 간의 뺄셈 문제로 바꿀 수 있다.

$$\mathbf{A \times B = \frac{1}{4} \times \{(A+B)^2 - (A-B)^2\}}$$

이런 대수학적 표기법은 9세기까지 등장하지 않았다. 그러나 바빌로니아인들은 곱셈과 제곱의 뺄셈 간에 위와 같은 연관성이 있음을 이해하고 있었다. 그들은 이를 이용하여 A와 B의 곱을 계산하는 지름길을 찾아낸 것이었다. 제곱 값의 경우도 일일이 직접 계산하는 대신 표에 이미 계산되어 있는 제곱 값을 손쉽게 찾아보기만 하면 된다.

네이피어는 저서《멋진 로그표에 대한 설명》A Description of the Wonderful Table of Logarithms에서 자신이 창안한 지름길에 대해 이야기했다. 이 아이디어가 널리 퍼지게 되자 그의 책을 읽은 독자들은 경이로움을 느꼈다. 옥스퍼드대학교의 수학자 헨리 브리그스Henry Briggs는 현재 내가 교수로 재직 중인 옥스퍼드 뉴칼리지에서 사빌기하학 교수직을 처음 맡았던 사람이다. 그는 네이피어가 발견한 로그의 힘에 매료되어 4일이나 걸리는 길을 여행하여 스코틀랜드에 있던 네이피어를 만나고 이렇게 말했다.

"나는 이 책보다 나를 더 기쁘게 하거나 더 놀라게 만든 책을 본 적이 없다."

수 세기 동안 로그표는 과학자들과 수학자들이 복잡한 계산을 할 때 지름길을 제공해주었다. 또 200여 년 후 프랑스의 위대한 수학자이자 천문학자인 피에르 시몽 라플라스Pierre-Simon Laplace는 로그함수가 '계산의 수고를 덜어내 천문학자의 수명을 두 배로 늘렸고, 긴 계산을 할 때 불가피하게 발생하는 실수와 싫증을 덜어주었다'라고 평했다. 라플라스는 좋은 지름길의 본질적인 자질이 무엇인지 포착했던 것이다. 그것은 더 흥미로운 일에 에너지를 쏟을 수 있도록 우리의 정신을 자유롭게 하는 것이다. 하지만 정작 계산의 지루함에서 과학자들을 진정으로 해방시킨 것은 기계의 출현이었다.

계산은 기계가 하면 된다

계산 영역에서 기계의 힘을 처음으로 깨달은 사람 중 하나는 17세기 위대한 수학자 고트프리트 라이프니츠Gottfried Leibniz다. 그는 "계산이라는 노동을 위해 뛰어난 사람들이 노예처럼 시간을 허비하는 일은 아무 가치도 없다. 기계를 사용할 수 있다면 계산은 누구에게든 시키면 될 것이다."라고 말했다.

라이프니츠는 만보계에서 훗날 자신이 만들게 될 기계에 대한 아이디어를 얻었다며 이렇게 말했다. "생각 없이 사람의 발걸음 수를 셀 수 있는 기계를 보았을 때 모든 연산도 비슷한 종류의 장치를 통해 이루어질 수 있다는 생각이 떠올랐다."

만보계는 열 개의 이빨이 있는 톱니바퀴가 한 번 회전할 때마다 열 발자국을 한 칸으로 기록하도록 톱니바퀴를 연결시키는 간단한 아이디어로 만들어졌다. 일종의 톱니바퀴를 이용한 자릿값 구현 사례라고 할 수 있다. 라이프니츠의 기계식 계산기는 이와 유사한 개념을 바탕으로 만들어졌으며 '단계식 사고 기계'Stepped Reckoner라는 이름이 붙여졌다. 아이디어만으로는 덧셈, 곱셈뿐 아니라 나눗셈까지도 가능했다. 그러나 물리적으로 실현하는 일은 쉽지 않을 것으로 보이자 그는 "내가 생각한 모델대로 누군가 기계를 만들어줄 때만 가능할 것이다."라고 말했다.

라이프니츠는 왕립학회 회원들에게 시범을 보이기 위해 나무로 만든 시작품을 런던으로 가져갔다. 이미 사람들에게 다루기 힘든 인물로 평판이 나 있던 로버트 훅Robert Hooke 은 그 기계에서 깊은 인상을 받지 못했을 뿐 아니라 기계를 분해한 후에 자신이라면 훨씬 더 간단하고 효율적인 기계를 만들 수 있었을 것이라고 선언했다. 라이프니츠는 단념하지 않고 숙련된 시계 제작자를 고용하여 결국 그가 장담했던 계산할 수 있는 기계를 만들었다.

사실 그는 그보다 훨씬 더 원대한 비전을 가지고 있었다. 단지 계산의 기계화에 그치는 것이 아니라 모든 생각을 기계화하기를 원했다. 심지어 철학적 주장을 기계에서 구현할 수 있는 수학적 언어로 바꾸고 싶어 했다. 두 명의 철학자가 어떤 아이디어를 놓고 의견이 일치하지 않을 때 단순히 기계가 그들의 차이를 분류하고, 누가 옳은지를 가려낼 수 있을 때가 올 것이라고 상상했다.

내가 라이프니츠의 고향인 하노버를 방문했을 때 운이 좋게도 그가 만든 기계 중 하나를 볼 수 있었다. 그 기계는 아름다웠고, 우리가 그런 물건을 갖게 된 것은 행운이라고 느껴졌다. 이 진품 기계는 오랫동안 가우스가 일했던 괴팅겐대학교의 한 다락방에 묻혀 있다가 1879년이 되어서야 발견됐다. 건물 지붕에 물 새는 곳을 고치던 중 구석에 숨겨져 있는 것을 일꾼들이 발견한 것이다. 라이프니츠가 만든 기계는 오늘날의 계산기와 컴퓨터로 이어지는 행보의 첫 시작이었다. 나는 여기서 컴퓨터의 능력에 한계가 없다는 점을 말하고자 하는 것은 아니다. 요즘 우리는 컴퓨터가 계산을 너무 잘하기 때문에 능력의 한계가 없는 것처럼 바라본다. 이러한 인식은 1984년《타임》에 실린 한 기사에도 드러나 있다. '컴퓨터에 올바른 종류의 소프트웨어를 넣기만 하면 당신이 원하는 모든 것을 해줄 것이다.' 그러나 컴퓨터에는 한계가 분명히 있다. 심지어 컴퓨터에 맡겨도 우주의 수명만큼 시간이 걸리는 계산의 경우, 지름길을 찾아낼 줄 아는 인간 프로그래머가 나서서 시간을 줄여야 하는 필요가 종종 발생한다.

인간이 컴퓨터에 제공한 가장 흥미로운 지름길 중 하나는 완전히 새로운 종류의 숫자를 이용하는 것이다. 이 숫자는 현실적 계산의 세계와는 전혀 무관하다. 그것은 바로 허수다.

거울 속 숫자, 허수의 발견

방정식 $x^2=4$를 풀 수 있는가? 2를 제곱하면 4가 되므로 미지수 x는 2임을 쉽게 알았을 것이다. x가 마이너스 2일 경우에도 방정식은 성립하므로 충분히 똑똑한 사람이라면 두 번째 답도 생각해냈을 것이다. 음수를 제곱하면 답이 양수이기 때문이다. 그래서 마이너스 2의 제곱도 4가 된다.

방금 푼 방정식은 꽤 쉬운 편이었다. 하지만 다음 방정식은 어떨까?

$$x^2-5x+6=0$$

아마도 많은 독자가 이 문제를 보고 식은땀이 났을 것이다. 이 방정식은 x의 제곱 항이 있는 2차 방정식 중 하나다. 학생들은 학교에서 이 방정식을 푸는 법을 배운다. 아직 자신들의 생각을 표현할 수 있는 대수학적 언어가 없었던 고대 바빌로니아인들도 이 문제의 해답을 풀 수 있는 알고리즘은 알고 있었다. 일반적인 2차 방정식 $ax^2+bx+c=0$의 해를 구하는 것을 오늘날의 표기법에 따르면 다음과 같은 근의 공식이 된다.

$$x=\frac{-b\pm\sqrt{b^2-4ac}}{2a}$$

따라서 방정식 $x^2-5x+6=0$을 풀기 위해 근의 공식에 a는 1, b는 마이너스 5, c는 6을 대입하면 미지수 x는 2 혹은 3이라는 답을 얻을 수 있다.

힘든 일을 간단히 해결하는 지름길로써 수학이 쓰이기 시작한 것은 바빌로니아 시대부터였다. 근의 공식이 발견되기 전까지는 모든 2차 방정식을 일일이 손으로 풀었을 것이다. 그러면 매번 숫자는 다르지만 계산은 근본적으로 같다는 사실을 인식하지 못한 채 동일한 일을 반복하게 된다. 그러다 어느 순간 숫자가 무엇으로 바뀌든 상관없이 공통적으로 작동하는 알고리즘이 있음을 알아차렸을 수 있다. 이 시점이 바로 수학이 시작되는 순간이다. 무한히 많은 방정식에 숨어 있는 공통 패턴을 파악하는 일 말이다. 패턴을 알아내면 같은 작업을 끝없이 반복하는 대신 꼭 필요한 일만 하면 된다는 것을 알게 된다. 방정식을 푸는 알고리즘 혹은 공식만 알면 무한히 많은 방정식을 푸는 지름길이 생기는 것이다. 바빌로니아 시대에 수학이 탄생했던 과정을 통해 우리는 수학이 왜 '지름길의 예술'인지를 알 수 있다.

하지만 근의 공식으로 모든 2차 방정식을 해결할 수 있을까? 예를 들면 $x^2=-4$와 같은 문제는 어떨까? 수 세기 동안 이 방정식은 풀 수 없는 문제로 여겨졌다. 우리가 물건의 수를 세는 데 사용하는 숫자들은 제곱하면 항상 양수가 되는 특성을 가지고 있다. 바빌로니아의 알고리즘은 이 방정식을 푸는 데는 도움이 되지 않았다. 왜냐하면 마이너스 4라는 음수에는 제곱근이라는 개념이 존재하지 않기 때문이다.

그런데 16세기 중반에 이상한 일이 일어났다. 1551년 이탈리아 수학자 라파엘 봄벨리Rafael Bombelli는 교황청에 속한 키아나계곡의 습지에서 물을 빼는 프로젝트를 진행하고 있었다. 공사가 중단되기 전까지는 모든 것이 계획대로 잘 이뤄졌다. 하지만 갑자기 공사가 중단되면서 할 일이 없어진 봄벨리는 대수학에 관한 책을 쓰기로 결심했다. 그는 같은 이탈리아 수학자 지롤라모 카르다노Gerolamo Cardano의 책에 실린 흥미로운 공식에 관심이 있었다.

바빌로니아인들은 2차 방정식을 푸는 공식을 생각해냈다. 하지만 $x^3-15x-4=0$과 같은 3차 방정식은 어떻게 풀 수 있을까? 많은 수학자가 3차 방정식을 푸는 공식을 발견했다고 발표했다. 당시의 수학자들은 새로운 발견을 학술지에 발표하기보다는 공개적으로 벌어지는 수학 대결을 통해 서로 논쟁하는 것을 즐겼다. 만약 그 시대에 살았다면 토요일 오후에 벌어지는 수학자들의 논쟁 대결에서 같은 지역 출신의 수학자를 응원하기 위해 마을 광장으로 향했을 것이라는 상상을 해보곤 한다. 당시 한 수학자의 수학 공식은 확실히 다른 모든 수학자보다 뛰어났다. 이 수학 챔피언은 타르탈리아Tartaglia라는 별명으로 더 잘 알려진 니콜로 폰타나Niccolo Fontana였다. 그는 자신의 비밀을 누설하는 일을 싫어했지만 카르다노가 절대 공표하지 않는다는 조건으로 그 공식을 알려달라고 설득해 알려주었다.

카르다노는 몇 년 동안은 폰타나와의 약속을 지키기 위해 노력했다. 그러나 그 약속을 끝까지 지키지는 못했다. 1545년에 펴낸 그의 유명한 저서《아르스 마그나》Ars Magna에 폰타나의 공식이 등장하기 때문이다. 카르다노의 책을 읽은 봄벨리는 방정식 $x^3-15x-4=0$에 폰타나의 공식을 적용해보았다. 이때 다소 이상한 일이 일어났다. 문제를 풀던 중 어느 단계에서 공식이 마이너스 121의 제곱근을 구하라고 요구한 것이었다. 물론 봄벨리는 121의 제곱근을 구하는 법은 알고 있었다. 간단하다. 그 답은 11이었다. 하지만 마이너스 121의 제곱근은 무엇일까?

물론 수학자들이 음수의 제곱근을 구해야 하는 이상한 상황에 부딪힌 것이 그때가 처음은 아니었다. 보통은 이런 상황에 부딪히면 포기하게 된다. 카르다노 역시 같은 문제에 부딪혔고 거기서 계산을 멈췄다. 그런 종류의 수는 존재하지 않았기 때문이다. 하지만 봄벨리는 포기하지 않았다. 그는 이 기묘한 가상의 수를 공식에 남겨둔 채 카르다노의 책에 실린 공식을 계속 연구했다. 그러던 어느 날 마술처럼 공식에 남겨진 가상의 수들이 서로 상쇄되면서 결국 미지수 x는 4라는 답을 얻었다. 그가 이 값을 다시 방정식에 넣었을 때 놀랍게도 식이 성립하는 것을 목격할 수 있었다.

x = 4라는 최종 목적지에 도달하기 위해서는 가상의 숫자 세계를 다녀오는 여행이 필요했던 것이다. 그것은 마치 마법의 거울 세계 안으로 들어가 그 너머에 있는 새로운 땅을 찾는 일과도 같았다. 그 길을 따라가다 보면 또 다른 출입구에 다다르게 되고, 그 문을 통과하면 정상적인 숫자가 존재하는 세계로 돌아와 원하는 목적지에 도착하게 된다. 이 상상의 세계에 발을 들여놓지 않고는 방정식의 답을 풀 수 있는 길은 존재하지 않는다. 봄벨리는 이것이 단순한 속임수가 아니라 거울 안에 있는 것 같은 이런 숫자들이 실제로 존재하는 것이 아닐까 추측하기 시작했다. 우리가 다루는 숫자의 세계에서 이 가상의 숫자라는 존재를 받아들이려면 약간의 용기가 필요했다.

결국 봄벨리의 노력은 허수의 발견으로 이어졌다. 그리고 허수 중에서 가장 기본적인 수인 마이너스 1의 제곱근에는 'i'라는 이름이 붙여졌다. 이때 i는 imaginary(이매지너리), 즉 허상을 뜻하는 기호였다. 사실 이 이름은 허수가 발견되고 몇 년이 지난 후 프랑스 철학자이자 수학자 르네 데카르트René Descartes가 이 이해하기 어렵고 이상한 숫자에 다소 경멸적인 뉘앙스를 담아 붙인 표기법이었다.

봄벨리는 허수가 가진 진정한 능력을 세상에 선보였다. 그는 자신의 책에서 허수를 다루는 방법을 완벽하게 설명한다. 마법의 거울을 통해 가상 숫자의 세계로 들어갈 준비가 되어 있는 경우에만 3차 방정식을 풀 수 있다. 수학자들은 이 수를 복소수complex number라는 특별한 이름으로 불렀다. 우리가 흔히 익숙하게 알고 익혀온 실수real number와는 전혀 다른 숫자라는 의미를 담고 있다.

라이프니츠는 이러한 봄벨리의 끈질김에 감명 받고 그를 '분석학의 위대한 대가'라고 선언하며 이렇게 말했다. "봄벨리라는 수학자가 있다. 그는 실질적으로 복소수라는 것을 제대로 이용한 사람이다. 복소수를 써서 유용한 결과들도 얻었다. 반면 카르다노는 음수의 제곱근을 쓸모없는 것이라고 결론 내렸다. 봄벨리는 처음으로 어떠한 복소수도 다룰 수 있는 방법을 제시한 사람이다. (…) 그가 복소수의 계산 법칙을 내놓았을 때 얼마나 철저하게 준비했는지에 놀랄 따름이다."

수 세기 동안 수학자들은 이 숫자에 강한 의심을 품고 있었다. 2의 제곱근은 비록 소수점 자리가 무한히 계속되는 숫자이기는 하지만 여전히 이 숫자를 줄자의 어느 지점에서는 볼 수 있다고 느낀다. 이 숫자의 크기가 1.4에서 1.5 사이에 위치하기 때문이다. 하지만 마이너스 1의 제곱근은 어디에 있을까? 줄자에서는 볼 수 없는 값이다. 상상 속의 이 수를 볼 수 있는 방법을 생각해낸 사람은 다름 아닌 가우스였다.

가우스 이전의 수학자들은 그들이 사용하는 숫자를 수평선상에서 음수 경우 왼쪽으로 움직이고, 양수의 경우 오른쪽으로 움직이는 것으로 표시했다. 그러나 가우스는 허수를 표시하기 위해 완전히 새로운 방향으로 움직이도록 영감 어린 결정을 내렸다. 이 새로운 숫자들은 기존의 수평선상이 아닌 수직 방향으로 움직인다고 가정한 것이다. 그가 제안한 그림에서 숫자는 1차원이 아니라 2차원으로 움직였다. 이 새로운 숫자 지도가 매우 강력한 힘을 가지고 있다는 사실이 여러 측면에서 증명되었다. 이 지도상에서의 기하학적 배치를 통해 복소수들을 대수학적으로도 처리할 수 있었다

가우스는 허수가 가진 평범하지 않은 특징을 증명하는 과정에 이 숫자들을 표현하는 데 적합한 다이어그램을 발견한 것이다(제5장에서 설명하겠지만 복잡한 아이디어를 설명하기 위한 매우 효과적인 방법 중 하나는 다이어그램을 이용하는 것이다). 단지 3차 방정식에 국한된 것이 아니라 x의 지수 항이 들어가 있는 어떤 방정식도 이 허수를 이용하면 해답을 찾을 수 있다. 새로운 숫자를 만들어낼 필요도 없다. 기존에 존재했던 모든 방정식을 풀어낼 수 있을 만큼 허수의 힘은 강력했다. 가우스가 이룩한 이 위대한 업적은 현재 대수학에서 기본 정리가 되어 있다.

그의 숫자 지도는 허수라는 신세계를 탐험하는 데 훌륭한 길라잡이 역할을 할 수 있었다. 하지만 이상하게도 가우스는 자신이 만들어낸 이 복소수 2차원의 그림을 사람들에게 비밀로 했다. 이 그림은 훗날 두 명의 아마추어 수학자로부터 각각 따로 재발견되었다. 처음은 카스파르 베셀Caspar Wessel이라는 덴마크인이, 두 번째는 장 아르강Jean Argand이라는 스위스인이 발견했다. 오늘날 이 그림은 '아르강 도표'로 알려져 있다. 현실에서는 공적이 공정하게 나뉘는 경우가 거의 없다는 사실을 보여주는 사례다.

프랑스 수학자 폴 팽르베Paul Painlevé는 저서《과학 연구의 분석》Analyse des travaux scientifiques에서 다음과 같이 썼다. "이 개념의 발전으로 곧 기하학자들도 자신들의 연구 과정에서 실수뿐 아니라 허수도 자연스럽게 받아들이게 되었다. 두 실수 영역을 이어주는 가장 쉽고 짧은 경로는 복

소수 영역을 통과하는 경우가 꽤 많은 것으로 나타났다."

내가 하는 연구에서도 복소수를 명시적으로 사용하지는 않더라도 복소수에 담긴 철학을 이용한다. 복소수는 공상과학 소설에서 우주의 한 쪽에서 다른 쪽으로 가기 위해 만든 웜홀과 비슷한 역할을 수학에서 맡고 있다. 따라서 당신이 어떤 환경에 있든 목적지까지 안내할 마법의 거울이 숨겨져 있는지를 한 번쯤 찾아볼 만한 가치가 있겠다.

수학 연구를 할 때 나는 보통 그 문제에서 찾아낼 수 있는 모든 대칭적 구조를 이해하려고 노력한다. 이상하게 들릴 수도 있겠지만 이 문제를 해결하기 위해 내가 찾은 방법은 제타함수zeta function라고 불리는 것을 만드는 일이었다. 제타함수의 기원은 수학의 전혀 다른 영역으로부터 유래한다. 제타함수는 만일 대칭성의 세계에만 집중했다면 결코 얻지 못했을 연구에 대한 다른 시각을 일깨워주었다. 이 장의 '쉬어가기'에서 영국 기업가 브렌트 호버먼Brent Hoberman에 대해 설명하겠지만 인터넷의 등장 역시 마법의 거울과 같은 역할을 했다. 이 세계에 발을 들여놓기만 하면 많은 상업 거래에서 중간 단계를 배제할 수 있기 때문이다.

해결책을 찾을 때 때때로 순간이동 웜홀이 도움을 주는 것은 우리가 탐험해야 하는 지형 자체를 바꾸는 것과도 관련이 있다. 수학 문제를 푸는 데 어려움을 겪을 때 나는 종종 음악을 듣거나 첼로를 연습한다. 이것은 내 생각이 방황하도록 내버려두는 한 가지 방법이다. 그 후 다시 책상으로 돌아오면 이상하게도 문제를 보는 나의 시각이 변해 있음을 자주 발견한다. 음악을 들으면서 완전히 다른 환경에 나를 노출시키는 일은 마치 팽르베가 제안했듯 허수의 세계를 방문하여 내가 원하는 목적지까지 더 빨리 도달할 수 있는 지름길이 있는지 살펴보는 것과 같다고 할 수 있다. 또 다른 길이 있는지를 실험해보는 것은 충분히 가치 있는 일이다. 그 길이 우리에게 새로운 사고법으로 통하는 교묘한 쪽문을 열어줄 수도 있기 때문이다.

오늘날 허수의 세계는 이 마법 거울 속의 지름길이 없었다면 이해하지 못할 개념들을 파악하는 데 핵심적인 열쇠 역할을 한다. 양자물리학은 극히 작은 입자들의 행동을 설명하는 학문이다. 이 학문의 세계는 허수를 이용해야만 설명 가능하다. 또한 전자기학에서 교류는 마이너스 1의 제곱근을 이용할 때 가장 쉽게 다룰 수 있다. 허수가 제공하는 지름길의 또 다른 놀라운 예는 전 세계 공항에서 비행기의 착륙을 돕는 컴퓨터에서 찾을 수 있다.

비행기 착륙 속에 숨은 숫자

몇 년 전 운 좋게도 영국 주요 공항의 관제탑을 방문할 기회가 있었다. 관제탑 컴퓨터 화면 속 작은 비행기 아이콘들이 춤추듯 움직이는 장면은 마치 컴퓨터 게임처럼 느껴졌다. 이내 곧 관제탑 시스템을 운영하는 사람들의 손에 수천 명의 목숨이 달려 있다는 것을 깨달았다. 구경하는 동안 아주 조용하게 있어야 한다는 주의사항도 들었다. 근무가 끝난 관제사 중 한 사람과 이야기 나눌 기회를 가졌다. 나는 공항으로 접근하는 비행기를 착륙시키기 위해 관제탑에서 사용하는 시스템에 허수를 쓴다는 것을 알고 매우 놀랐다. 레이더로 비행기를 추적하면서 이루어지는 계산의 속도를 높이기 위해서다.

전파가 금속 물체에 반사된다는 사실을 처음 발견한 사람은 독일 물리학자 하인리히 헤르츠Heinrich Hertz였다. 그는 1877년 전자기파의 존재를 증명하기 위해 실시한 실험 중에 이 사실을 발견했다. 그의 업적을 기리는 의미에서 파동의 진동 속도를 정하는 단위로 그의 이름인 헤르츠를 붙였다.

그러나 이 과학적 발견이 가진 실질적 응용 가능성을 깨달은 사람은 헤르츠의 동료였다. 크리스티안 휠스마이어Christian Hülsmeyer는 안개 때문에 시야가 확보되지 않을 때 다른 배의 존재를 탐지하는 데 필요한 전자기기를 독일과 영국에 특허 등록하였다. 전해지는 이야기로는 해상에서 두 척의 배가 충돌해 아들을 잃은 어머니의 슬픔을 목격한 일을 계기로 이 기기를 만들었다고 한다. 그는 1904년 5월 18일 라인강을 가로지르는 한 다리에서 진행한 실험에서 자신이 만든 발명품의 효과를 증명했다. 이 기기를 썼을 때 강물을 따라 내려오는 보트가 반경 3킬로미터 이내 영역에서 감지되면 알려준다. 하지만 이 기기는 시대를 너무 앞서가는 발명품이었다. 당시만 해도 보트가 얼마나 멀리 있고, 어느 방향으로 움직이는지를 알아낼 수 있는 수학적 도구가 없었기 때문이다. 그로부터 몇 년 후 이 아이디어는 프랑스 소설가 쥘 베른Jules Verne의 공상과학 소설에 등장했다. 이 아이디어가 실생활에 구현되기까지 수십 년이 걸렸고, 이를 위해 세계대전과 같은 결정적 계기가 필요했다.

전파 탐지와 거리 측정을 뜻하는 '레이더'radar를 누가 왜 발명했는가는 답하기에 상당히 까다로운 질문이다. 각 나라에서 진행되던 레이더 개발 과정이 전쟁 준비기간 동안에는 비밀에 부쳐졌기 때문이다. 성공적으로 레이더를 개발한 나라의 경우, 날아오는 비행기를 탐지하는 데 우위를 점할 것은 분명했다. 스코틀랜드 물리학자 로버트 왓슨-와트Robert Watson-Watt는 이 분야의 선구자 중 한 명이었다. 그는 전파를 기반으로 독일에서 살상 광선을 개발하고 있다는 루머에 대해 언급해 달라는 요청을 받았다. 그러자 즉시 말도 안 되는 생각이라고 무시했다. 하지만 이 일을 계기로 그는 그 기술이 어떻게 이용될 수 있을지를 조사하게 되었다. 그리고 접근하는 비행기를 추적하기 위해 라디오 신호와 수학을 어떻게 결합해야 하는지를 알아냈다. 얻은 결과를 바탕으로 북해에서 런던으로 접근하는 비행기를 탐지하기 위한 레이더 기지 시스템을 구축해냈다. 그가 구축한 레이더 방공망 덕분에 영국 공군은 브리튼 전투에서 결정적 우위를 점할 수 있었다고 알려져 있다.

전시든 평시든 날아오는 비행기를 추적하려면 속도가 가장 중요하다. 이를 위해 항공기에서 반사되는 전파를 사용하여 위치를 계산하는 방법을 찾아야 한다. 이와 관련된 기본 계산법은 삼각함수의 하나다(삼각함수는 제4장에서 자세히 설명한다). 전송된 후 다시 되돌아와 감지되는 파동의 형태는 사인sines과 코사인cosines 법칙으로 설명할 수 있다. 이와 관련된 계산은 매우 까다롭고 시간도 매우 많이 걸리는 것으로 드러났다. 이런 문제를 해결한 것이 바로 허수다.

18세기 스위스의 위대한 수학자 레온하르트 오일러Leonhard Euler는 지수함수(2^x와 같이 한 숫자를 x 거듭제곱하는 간단한 함수)에 허수를 대입하면 다소 기이한 결과를 얻는다는 것을 발견했다. 그것은 레이더에서 사용되는 파동과 매우 흡사한 파동함수의 조합이었다. 많은 수학자가 역사상 가장 아름다운 방정식으로 손꼽는 이 방정식의 핵심은 바로 '연결'에 있다. 이 연결 중 한 예는 파동과 지수함수의 연결로, 수학 역사상 가장 중요한 다섯 개의 수로 이루어졌다. 바로 0, 1, i(마이너스 1의 제곱근), 파이 π(3.14159 …), e(2.71828 …)다. 이때 e는 수학에서 π 다음으로 가장 유명한 수로써 제7장에서 자세히 소개한다.

이 숫자들로 구성된 방정식은 다음과 같다.

$$e^{i\pi}+1=0$$

i 곱하기 π를 e의 지수로 올린 다음 여기에 1을 더하면 마술처럼 모든 것이 상쇄되고, 그 결괏값은 0이 된다. 지수함수와 파동함수를 허수가 연결하여 나타나는 기이한 방정식이다.

복잡한 수학을 사용하는 파동함수를 계산하는 대신, 수학자들은 허수를 쓰면 모든 것을 풀처럼 붙여 계산을 단순화하고 또 속도도 높일 수 있다는 사실을 발견했다. 허수라는 이상한 숫자를 사용하면 단순한 지수 계산이 되므로 빠르고 효율적이 된다. 현대 컴퓨터가 놀라운 힘을 갖추고 있음에도 전 세계 공항의 항공 교통 관제사들은 컴퓨터 연산 대신 허수를 이용하는 지름길을 통해 수많은 비행기의 이동을 감지하고 착륙을 돕는다. 허수가 없었다면 미처 위치 계산이 완료되기도 전에 비행기들은 동체 착륙으로 불시착해야 하는 상황에 자주 봉착했을 것이다. 이것은 '두 실수 영역을 이어주는 가장 쉽고 짧은 경로는 종종 복소수 영역을 통과한다'라는 팽르베의 주장을 매우 생생하게 증명하는 사례다.

다양한 숫자 체계를 써보자

컴퓨터가 효율적인 계산을 위해 이용해온 또 다른 지름길이 있다. 그것은 매우 경제적인 방법으로 숫자를 쓰는 것이다. 앞에서 살펴보았듯 열 개의 기호를 써서 숫자를 나타내는 10진법 체계가 숫자를 쓰는 유일한 방법은 아니다. 어떤 수를 나타내기 위해 10진법처럼 10의 거듭제곱을 쓰지 않고 다른 숫자의 거듭제곱을 사용할 수도 있다. 바빌로니아인들은 60의 배수로 자릿값 체계를 표현했다. 그들은 0에서 59까지의 기호를 가지고 있었고, 이를 이용해 60진법으로 숫자를 표현했다. 마야인들은 0에서 19까지의 기호를 썼고, 20의 거듭제곱을 사용한 20진법 체계를 만들었다. 현대 문명이 10진법을 선택한 것은 순전히 인간이 가진 해부학적 특징 때문이었다. 바로 인간이 열 개의 손가락을 가지고 있다는 사실 말이다.

바빌로니아의 숫자 체계 역시 인간의 해부학과 관련이 있다. 엄지를 제외한 인간의 손가락에는 관절이 세 개씩 있다. 따라서 해부학적으로 볼 때 오른손 엄지는 나머지 손가락 네 개에 있는 열두 개 마디 중 어느 하나를 가리킬 수 있다. 일단 오른손에 있는 열두 개의 손가락 마디를 모두 세면 왼손 손가락 하나를 접어서 이 사실을 기록하고 다시 오른손 엄지로 열두 번을 센다. 왼손에는 다섯 개의 손가락이 있으므로 열두 개의 손가락 마디를 다섯 번까지 기록할 수 있을 것이다. 60이라는 숫자는 이렇게 해서 나온 것이다! 예를 들어 숫자 29를 나타내려면 왼손에 두 손가락을 접고 오른손 엄지를 써서 다섯 번째 마디(중지의 가운데 마디)를 가리키면 된다.

하지만 컴퓨터는 사용할 수 있는 손가락과 같은 존재가 하나밖에 없다. 반도체는 기본적으로 스위치가 켜지거나 꺼지는 원리에 따라 작동하기 때문이다. 따라서 컴퓨터는 꺼짐과 켜짐에 해당하는 두 가지 기호만 사용하는 숫자 시스템이 필요하다. 이때 꺼졌을 때는 0, 켜졌을 때는 1로 지정한다. 이 두 개의 기호만 사용해도 컴퓨터는 여전히 모든 숫자를 나타낼 수 있다. 10진법 체계에서는 각 자릿수가 10의 거듭제곱에 해당하지만, 2진법 체계에서는 각 자릿수가 2의 거듭제곱에 해당한다. 따라서 2진법 체계에서 11,011이라는 숫자는 다음과 같은 의미를 가리킨다.

$$1 \times 2^4 + 1 \times 2^3 + 0 \times 2^2 + 1 \times 2 + 1 = 27$$

현재 우리는 일상생활에서 일어나는 모든 대화나 그림, 음악, 책 등을 디지털화한다. 그런 점에서 본다면 2진법 체계는 주변 세계를 0과 1로 이루어진 숫자 배열로 바꾸었다고 해도 무방할 것이다.

2진법 체계는 제2장을 시작하며 주어졌던 퍼즐을 푸는 열쇠이기도 하다. 식료품점에서 1킬로그램에서 40킬로그램까지의 무게를 측정하기 위해 얼마나 적은 수의 무게 추를 사용할 수 있을까? 요령은 2진법이 아니라 3진법, 즉 3의 거듭제곱으로 생각하는 것이다. 천칭으로 무게를 잴 때 일어나는 일에는 세 가지 경우의 수가 있다. 오른쪽 저울에 무게추가 필요한 경우(+1), 왼쪽 저울에 무게추가 필요한 경우(-1) 그리고 무게추가 필요 없는 경우(0)다. 3진법에 입각해서 생각해보면 식료품점에서 1킬로그램에서 40킬로그램 사이의 모든 가능한 무게를 측정하기 위해서는 1, 3, 9, 27킬로그램의 무게 추 네 개만 있으면 된다.

예를 들어 16킬로그램짜리 자루를 측정하려면 천칭의 한쪽 팔에 자루와 함께 3킬로그램과 9킬로그램 무게 추를 같이 올린다. 그리고 다른 쪽에는 1킬로그램과 27킬로그램의 무게 추를 올리면 균형이 정확하게 맞는다. 3진법 체계에서는 숫자를 나타내기 위해 0, 1, 2를 사용하지만 이 퍼즐을 풀기 위해서는 마이너스 1, 0, 1을 사용하겠다. 이때 숫자 16은 다음과 같이 표현된다.

$$1(-1)(-1)1$$

이 숫자가 표현하는 것은 오른쪽 끝에서부터 차례대로 1, 마이너스 3, 마이너스 9, 27이다. 결과적으로 '27 − 9 − 3 +1'을 의미하고, 16이라는 결괏값이 나온다.

숫자든 혹은 다른 복잡한 아이디어든 무관하게 보이는 것에서 해당 개념을 표현하기 위한 최적의 표기법을 찾는 것이 해답으로 가는 지름길이 될 수 있다. 퍼즐 속 식료품점 주인이 3진법의 관점에서 생각할 수 있다면 무게를 재는 데 필요한 가장 최소한의 무게 추 네 개만 샀을 것이다. 반면 이런 지름길을 이해하지 못한 경쟁 식료품점에서는 불필요하게 많은 무게 추를 사느라 자원을 낭비하게 될 것이다.

생각의 지름길로 가는 길

복잡한 개념을 표현하는 좋은 표기법을 찾는 것이 문제 해결에 매우 중요한 지름길이 된다는 것은 역사적으로도 잘 증명된다. 이러한 사례는 단순히 숫자를 기록하는 일에 국한되지 않는다. 강의나 회의에서 메모를 하는 것도 반복해서 나타나는 핵심 아이디어를 기록하는, 일종의 지름길을 만드는 행위라고 봐야 한다. 아이디어를 좀 더 용이하게 다룰 수 있도록 도와주는 다른 표기법이 있을까? 종종 한 가지 표기법으로는 명확히 드러나지 않다가 표기법을 바꾸는 것만으로도 데이터에 대한 새로운 통찰을 얻게 될 때가 많다. 데이터를 종종 로그함수 형태로 표현하면 단순히 숫자 형태로 표기할 때보다 더 많은 사실이 드러난다. 지진을 측정할 때 로그함수 형식인 리히터 척도Richter scale를 사용하는 것도 같은 이유 때문이다. 지금 당신이 머무는 세상을 벗어나 원하는 목적지로 데려가줄 허수와 같은 마법 거울이 있는지 주의 깊게 살펴볼 필요가 있다.

쉬어가기

성공하고 싶다면 규칙을 깨뜨려라

"나는 마케팅 이사들에게 만약 당신들이 체포되는 일이 일어나면 당신은 정말 성공하게 될 것이라고 말했습니다. 물론 그들 중 누구도 그렇게 일하는 사람은 없었죠."

스타트업 인큐베이터 기업 '파운더스 팩토리'Founders Factory를 설립한 브렌트 호버먼이 최근 나를 방문했을 때 들려준 말이다. 물론 그도 아직 체포되지는 않았다는 말은 해야 할 것 같다. 호버먼은 1998년에 마사 레인 폭스Martha Lane Fox와 공동 설립한 유명 벤처기업 '라스트미닛닷컴'lastminute.com의 가장 큰 성공 요인은 법의 한계점까지 사업을 밀어붙인 것이라고 말했다. '게임의 규칙을 깨뜨리는 것'은 그가 생각하는 기업가적 사고방식의 일부이며 성공적인 비즈니스 벤처로 가는 지름길이다.

파운더스 팩토리의 사무실에는 유쾌함이 있다. 벽에 설치된 화이트보드는 미친 듯이 낙서된 흔적으로 뒤덮여 있다. 흔히 수학과 강의실에서 볼 수 있는 칠판과 크게 다르지 않다. 사무실 내 열린 형태의 공간 배치는 다른 스타트업과 서로 어깨를 맞대며 아이디어를 공유하는 중임을 보여준다. 사람들의 아이디어를 자극하기 위해 음식, 음료, 게임이 제공된다. 그러나 정작 파운더스 팩토리에서 양성되는 벤처들이 성공하기 위한 최고의 지름길은 게임의 규칙을 깨뜨리는 것이라고 호버먼은 믿는다. "역사적으로 많은 기업가가 법을 어기고 나중에 용서를 구했습니다." 그러면서 그는 이렇게 덧붙여 말했다. "그것이 우버가 걸어온 길이고, 에어비앤비가 택한 여정이죠. 두 기업 다 현행법을 어기는 길을 걸었습니다. 왜 사람들은 자신들의 집을 빌려줄 수 없는가? 그들이 일을 벌인 후에 사회는 이를 보고 '그래, 맞는 말이야. 왜 안 돼?'라고 말합니다. 법을 어기는 것이 성공한 기업들이 찾아낸 지름길이었던 것이죠."

당연한 것으로 여겨지는 규칙을 깨뜨리는 것은 꽤 많은 수학자에게도 도움을 준 전략이다. 과거 수학 법칙에서 숫자를 제곱한 결과는 양수가 아니면 안 된다고 명시했다. 하지만 봄벨리가 대담하게도 제곱이 마이너스 1이 되는 숫자를 가지고 고민을 거듭했다. 이처럼 게임의 규칙에서 한 발짝 벗어나기만 해도 아주 많은 새롭고 흥미로운 수학 분야에 접근할 수 있다. 고대 그리스 수학자 유클리드Euclid는 삼각형 내각의 총합은 180도라고 선언했다. 하지만 나중에 우리가 살펴보게 될 내용처럼 수학자들은 유클리드 법칙을 깨는 새로운 기하학을 생각해냈다. 다만 규칙을 깨뜨리는 행위에는 그 일로 얻는 이득이 충분한 가치가 있어야 한다는 전제조건이 필요하다.

호버먼은 힘주어 이렇게 말했다. "법을 어긴다는 것은 거의 법을 재정의하는 일과 같습니다. 때로는 법이나 규정이 시대에 뒤떨어져 있을 수 있어요. 혹은 너무 느릴 수도 있죠. 또 사람들이 자신들의 도덕적 기준을 재정의한 다음 그런 절충이 사회를 위해 가치 있는 일이라고 주장하는 위험한 일까지 생길지 모릅니다."

라스트미닛닷컴의 성공 비결은 항공사나 호텔, 렌터카 회사의 미사용 재고분을 묶음 상품으로 만들어 각각 따로 주문할 때보다 훨씬 저렴하게 만든 것이다. 이 아이디어는 호버먼이 학창 시절 친구와 주말을 즐겁게 보낼 방법을 찾던 중에 처음 떠오른 생각이었다. 그는 호텔에 전화를 걸어 그다음 날

밤에 예약 가능한 스위트룸이 얼마나 있는지 물어보곤 했다. 만약 호텔 측에서 대여섯 개의 방이 비어 있다고 말할 경우, 그 방들이 다 예약되지 않는다는 것을 알았던 그는 70퍼센트 할인된 가격으로 예약하겠다고 제안했다. 그리고 세 번 중 한 번은 효과가 있었다. 호버먼은 다른 사람은 왜 그렇게 하지 않는지 궁금했다. 그는 나에게 "사람들이 너무 영국인스럽게 굴었기 때문입니다. 영국인들은 그런 짓을 하지 않죠."라고 농담했다. 당시 그는 언젠가 자신의 아이디어를 사업화할 수 있을 것이라고 생각했다. 그리고 라스트미닛닷컴이 탄생했다. 그러나 사용되지 않는 재고를 상업적으로 찾아내려면 법이 허용하는 한계까지 정보에 접근해야 했다. 호버먼이 인정했듯 실질적으로 이 기업은 컴퓨터 정보 오남용법을 위반했다. 이는 잠재적으로 범죄 행위에 해당하는 것이었다.

하지만 법적 한계까지 사업을 밀어붙이는 것은 많은 신생 기업이 경쟁사들보다 우위를 점하기 위해 흔히 선택하는 지름길이다. 페이스북(현 메타meta)은 '빠르게 움직이고 파괴하라'Move fast and break things라는 모토로 유명하다. 마크 저커버그가 말했듯 '무언가를 깨뜨리고 있지 않다는 것은 충분히 빠르게 움직이지 않고 있다는 뜻'이다. 리처드 브랜슨도 창업 초기에 법을 어긴 것이 사업 성공의 도화선이 되었다고 생각한다. 1970년대 초반, 음반 판매 사업을 하며 저지른 세금 탈루 건으로 그는 약 7만 7,000달러의 벌금을 내야 했다. 브랜슨은 벌금을 갚을 돈을 벌기 위해 훨씬 더 체계적으로 사업에 접근해야만 했다. 그는 이렇게 말했다. "동기부여는 다양한 형태와 크기로 온다. (…) 감옥에 가는 일을 피하는 것은 지금껏 내가 경험한 것 중에서 가장 강력한 동기부여였다."

그러나 신생 기업들의 경우 의료 산업과 같은 규제가 심한 분야를 뚫고 들어가 무언가를 깨뜨릴 만큼 빠르게 움직이는 일이 점점 더 어려워지고 있다.

특히 의료 산업은 명백한 이유를 가지고 엄격한 규제하에 움직인다. 아이디어에 대한 신뢰를 쌓으려면 규칙 안에서 움직이는 것이 필요하다. '해를 끼치지 않는다'라는 규율은 무언가를 깨뜨리려는 욕구보다 더 중요하다. 성공을 향해 나아가기 위해 환자들에게 해를 끼치고 싶지는 않기 때문이다. 호버먼이 성공을 거둔 또 다른 이유는 사업 초기에 인터넷이 놀라운 지름길을 제공했기 때문이다. 인터넷은 시간을 절약하는 것뿐 아니라 중개상을 제거하는 일도 가능하게 했다. 라스트미닛닷컴은 일종의 여행 중개 사업이다. 호버먼의 또 다른 벤처기업인 '메이드닷컴'made.com도 비슷한 지름길을 썼다. 이 사이트의 아이디어는 소비자들이 높은 가격을 지불하지 않고도 디자이너의 가구를 접할 수 있도록 하는 것이었다. 호버먼의 공동창업자인 닝 리Ning Li는 4,000달러짜리 디자이너 소파에 눈독을 들이고 있었다. 그때 우연히 자신의 학창 시절 친구가 그 소파를 제조하는 공장에서 관리책임자로 일하는 것을 알게 되었다. 놀랍게도 그 공장에서 사고 싶었던 가구를 300달러 정도에 제작하고 있었다. 이 경험은 소비자와 제조자를 직접 연결해 값비싼 중개 채널을 배제할 수 있을 것이라는 아이디어로 이어졌다. 리는 "가구 산업에서는 4,000달러를 지불할 여유가 있는 고객만이 최신 유행의 고급 소파를 소유할 자격이 있다는, 일종의 엘리트주의적 사고방식이 있었습니다. 그런 생각에 어떠한 정당한 이유도 있을 수 없죠."라고 말했다. 인터넷은 가구 공급망을 단축할 수 있도록 해주었다.

호버먼은 두 기업을 설립하면서 또 다른 중요한 지름길이 있음을 발견했다. "'무시하는 것'입니다. 만약 내가 라스트미닛닷컴을 설립하는 일이 얼마나 어려울지 미리 알았다면 절대 시작하지 않았을 거예요. 너무 많이 알면 안 됩니다. 때로는 무시하는 것이 다른 생각을 할 수 있도록 돕죠." 그의 이런 철학은 내가 가장 좋아하는 오페라의 한 인물을 떠올리게 한다. 바그너의

〈니벨룽의 반지〉에서 어린 지그프리드는 드래곤 파프니르를 죽이는 데 성공하고 파프니르가 지키던 반지를 가져갈 만큼 두려움을 모르는 인물이었다. 그랬던 지그프리드가 처음으로 비로소 두려움이 무엇인지 알게 된 것은 여자를 만나게 되면서부터였다!

그동안 풀리지 않은 큰 수학적 난제를 푸는 데 성공한 사람 중에 나이 어린 젊은이들이 많았던 이유도 아마 그들이 두려움을 몰랐기 때문일 것이다. 나이 많은 사람들은 소수에 대한 문제를 다룬 리만 가설Riemann hypothesis과 같은 난제를 마주하면 두려워하는 법을 배운 경우가 많다. 그런 어려운 문제를 다루려고 하면 미친 짓이라고 여긴다. 그동안 여러 세대에 걸쳐 수많은 수학자가 풀어내는 데 실패했다면 자신이 할 수 있는 것이 뭐가 남았겠는가라고 생각하는 것이다. 이런 상황은 파프니르가 죽지 않고 리만 가설을 지키고 있는 것에 비유할 수 있다. 이때 우리에게 필요한 것은 약간의 무지와 오만함이다. 난제가 가진 오랜 역사에 주눅 들지 않고, 이 풀리지 않는 거대한 미스터리를 깨뜨리는 사람이 내가 될 수도 있다는 자기신뢰를 가져야 한다.

한편 호버먼은 완벽주의가 성공의 싹을 자르는 요인이 될 수 있다고 믿는다. 번쩍이는 궁전을 만들어 소비자들에게 '짠!' 하고 선보이려 하지 말라. 먼저 평범한 성을 쌓은 후 소비자가 들어와서 살게 하고 이를 개선하기 위해 무엇이 필요한지 그들에게 말하도록 하는 것이 아마존의 철학이다. 만약 당신이 판매하려는 제품의 준비가 70퍼센트 정도 되었다면 일단 먼저 출시하고 나머지 필요한 것은 진행하며 수정하라. 99퍼센트까지 준비되기를 기다린다면 너무 늦다. 물론 이 철학에도 한계는 있다. 예를 들어 페이스북이라는 플랫폼에 많은 회사가 의존하기 시작하면 일이 잘못된 경우 회복하는 데 너무 많은 비용이 든다. 신뢰성이 너무 낮으면 사용을 중단할 수도 있다. 2014년 저커버그는 새로운 모토를 도입했다. '안정적 인프라로 빠르게 움직인다.'Move fast with stable infrastructure 이에 대해 그는 웃으며 말했다. "물론 '빠르게 움직이고 파괴하라'와 같이 멋진 문구는 아닙니다. 하지만 지금은 이것이 우리의 운영 방식입니다."

수학에서는 완벽주의가 필수 요소로 여겨진다. 대부분의 수학자는 증명이 99퍼센트까지 완성되어도 의미 없다고 믿는다. 마지막 남은 1퍼센트가 치명적일 수 있기 때문이다. 그러나 수학자들이 너무 완벽주의에 집착하고 있는지도 모른다. 완성되지 않은 아이디어들을 깔고 앉아 혼자만 알고 있는 것보다 공표하고 공유하는 일이 더 가치 있을지도 모른다. 뉴턴과 가우스도 불완전하고 잠재적으로는 이단적이기도 한 새로운 생각을 공유하는 일에 두려움을 느꼈고 아이디어를 더 발전시키지 못한 채 한동안 정체된 적도 있었다.

과학 연구 영역에 팽배한 이런 분위기를 바꾸는 것이 저커버그와 그의 부인 프리실라 챈Priscilla Chan 박사가 함께 설립한 챈 저커버그 이니셔티브Chan Zuckerberg Initiative(이하 CZI)의 핵심 활동이다. CZI의 핵심은 서로 독립적인 연구 단체 간에 더 나은 네트워크를 조성하는 것이다. 한창 진행 중인 연구를 공유하는 것에 대한 두려움으로 발전이 지연되고 있는 의학적 과제 중 일부는 이를 통해 해결할 수 있다고 그들은 믿는다.

지금 호버먼은 새로운 스타트업에 투자하는 큰손이 되었지만 여전히 어떤 기업을 지원할지 결정하는 데 있어 완벽주의는 위험하다고 생각한다. 그가 말했다. "직관적인 느낌에 의존하는 것이 최선인 것 같습니다. (…) 기업에 투자할 때 우리는 이 지름길을 택하죠. 제가 내린 최선의 결정들은 대부분 회의가 시작된 지 5~10분 사이에 이뤄진 것들이었습니다. 요하네스 렉Johannes Reck은 현재 10억 달러가 훨씬 넘는 가치를 지닌 기업 '겟유어가이드'GetYourGuide의 CEO입니다. 저는 그를 만나고 얼마 뒤 동료들에게 연락해

"자네, 지금 당장 이 친구를 만나봐야 해."라고 말했죠. 렉에게는 무언가 특별한 점이 있었기 때문입니다. 프랑스의 성공한 디지털 건강 관련 기업 '알랭'alan도 비슷했습니다. 이 회사의 뒤에는 천재가 숨어 있다는 것을 알 수 있었어요. 더 이상 필요한 것은 없었죠. 친한 친구들에게 이 회사에 투자하라고 조언했지만 모두 회사를 지나치게 분석한 나머지 투자하지 못했습니다."

그의 말에서 호버먼은 자신을 또 다른 성공의 출구로 이끌어준다면 어떤 지름길이든 과감히 선택하는 사람임을 알 수 있다. 그는 마지막으로 말했다. "저는 지름길을 찾는 것이 중요하다고 생각합니다. 제 자식들이 지름길에 대해 생각하지 않을 때는 꾸짖곤 하죠. 종종 사람들이 줄 서 있는 장면을 보게 됩니다. 세 개의 줄이 있는데 많은 사람이 모두 첫 번째 줄에 서 있다고 가정해보죠. 거기서 3미터 떨어진 세 번째 줄로 이동하면 줄 서는 시간을 10분 절약할 수 있습니다. 하지만 사람들은 보통 세 번째 줄로 이동하지 않아요. 줄의 맨 앞으로 간다거나 다른 줄을 찾거나 아예 새로운 줄을 만들 수 있을지에 대한 생각을 하지 않는 겁니다. 인생은 이런 결정의 연속이니 항상 지름길을 찾으려고 노력해야 합니다."

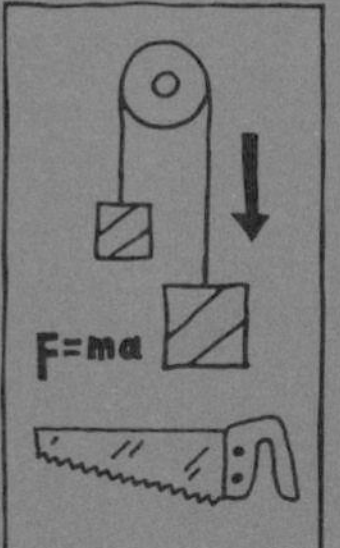

제3장

언어의 지름길

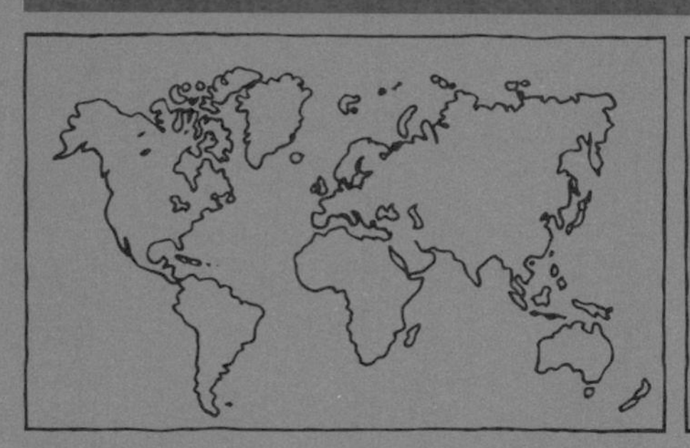

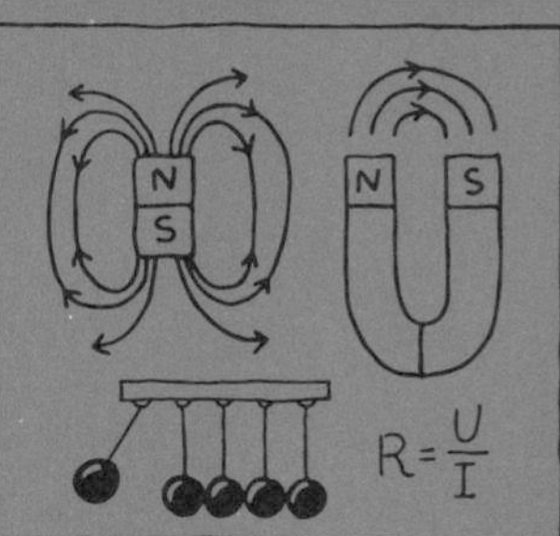

〈크리스마스의 12일〉The Twelve Days of Christmas이라는 노래가 있다. '크리스마스 첫째 날, 내 진정한 사랑이 나에게 선물을 보냈어요. 배나무에 앉아 있는 자고새 한 마리를.' 이렇게 시작하는 노래는 그다음 날부터 매일 전날 선물에 더해 또 다른 선물을 받는다는 이야기를 담고 있다. 말하자면 이런 식이다.

첫째 날: 자고새 한 마리

둘째 날: 자고새 한 마리+멧비둘기 두 마리

셋째 날: 자고새 한 마리+멧비둘기 두 마리+프랑스산 암탉 세 마리

…

자, 크리스마스 열두 번째 날이 됐을 때 내 진정한 사랑이 나에게 보낸 선물은 총 몇 개일까?

수학자로서 내가 발견한 가장 강력한 지름길 중 하나는 문제를 표현하기 위한 적절한 언어를 찾는 일이다. 모호한 언어 속에 문제들이 웅크리고 있을 때가 많기 때문이다. 이럴 경우 어떤 일이 진행 중인지 파악하기 어렵다. 그래서 문제를 다른 방식으로 표현하는 순간 해법이 명확해질 때가 많다. 문제를 표현하는 방법만 바꿔도 회사의 판매 데이터 내에 모호하게 가려져 있던 특이한 상관관계를 찾아낼 수도 있다. 인생의 많

은 부분을 게임에 비유할 수 있다. 만약 인생을 이기는 방법을 자신이 잘 아는 게임 중 하나로 바꿀 수 있다면 매우 유리한 위치를 점할 수 있을 것이다. 내가 초보 수학자로서 경험한 가장 신났던 발견 중 하나는 기하학을 숫자로 바꿀 때 '초공간'hyperspace 으로 가는 지름길이 열린다는 것이다. 내가 전문적으로 수학을 연구하기 시작한 후로 줄곧 탐구해온 초공간은 다차원 우주를 의미한다.

과학에는 점점 더 많은 개념이 등장하고 있다. 하지만 아무리 많은 새로운 개념이 나와도 묘사할 수 있는 적절한 언어를 찾지 못한다면 그 개념들은 존재하지 않는 것이나 마찬가지다. '창발 현상'emergent phenomena이라는 개념이 그 예 중 하나다. 창발 현상은 어떤 물질의 특성이 물질을 이루는 개별 구성요소가 어떻게 연결되어 있느냐에 따르는 현상을 가리킨다. 예를 들어 물에 젖는다는 것은 일산화이수소(H_2O) 분자 하나에 대해서만 논할 때는 포착하기 어려운 현상이다. 비록 과학이 기본 입자의 행동과 이를 결정하는 방정식으로 모든 현상을 설명할 수 있을 것처럼 보이지만, 실제로 포착되는 현상을 설명하기에는 종종 이 방법만으로는 부족하다. 새가 무리 지어 이동하는 현상을 새를 구성하는 원자의 이동 방정식으로는 설명할 수 없는 것과 같은 이치다. 거시경제학 역시 미시경제학의 언어에만 집착하면 좀처럼 이해할 수 없다. 미시경제적 변화가 거시경제적 변화의 원인이기는 하지만 금리 인상이 인플레이션에 미치는 영향은 개별 재화의 움직임만으로는 설명하기 어렵다. 심지어 자유의지와 의식 작용이라는 현상도 뉴런과 시냅스에 대해서만 이야기해서는 포착할 수 없는 현상이다.

감정 상태를 다른 방식으로 표현할 수 있는 언어를 찾는 것만으로도 감정을 느끼는 우리의 태도를 근본적으로 바꿀 수 있다. 예를 들어 슬픔과 자신을 동일시하는 공식에 따라 '나는 슬프다'라고 말하는 대신 '슬픔이 나와 함께 있다'라고 표현을 바꾸면 갑자기 슬픔은 극복할 수 있는 대상이 된다. 19세기 미국 심리학자 윌리엄 제임스William James는 이렇게 말했다. "우리 시대의 가장 위대한 발견은 인간이 자신의 마음가짐을 바꿈으로써 삶 자체를 바꿀 수 있다는 사실을 알게 된 것이다." 이러한 언어의 힘은 개인에게만 영향을 미치는 것이 아니다. 언어는 현실을 사회화하는 데 있어서도 중요한 역할을 한다. 사회는 어떤 현실에 이름을 붙여 수면 위로 드러나게 할 수 있다. 민족국가는 지리적인 특성이나 특정 사람들의 집합에 따라 만들어지지만 동시에 언어도 중요한 구성 요소다.

언어를 바꿔 쓸 경우 때때로 표현하기 어려웠던 어떤 아이디어가 다른 언어로는 설명 가능한 경우가 생긴다. 독일어의 명사에는 성별이 있어서 영어에서는 통하지 않는 언어로 하는 게임이 가능하다. 독일 시인 하인리히 하이네Heinrich Heine가 햇볕에 그을린 동양 야자수를 향한 눈 덮인 소나무의 사랑에 대한 시를 쓴 적이 있다. 독일어로 야자수는 여성성이고, 소나무는 남성성이라서 가능한 표현인데 영어로 번역하면 이 뉘앙스는 사라진다. 한편 어떤 것들은 다른 방식으로 사라지기도 한다. 영어로는 'his car and her car'(그의 차와 그녀의 차)를 구분하여 표현할 수 있지만 이를 프랑스어로 번역하면 'sa voiture et sa voiture'(그의 차와 그의 차)가 된다. 프랑스어에서는 차의 성별을 소유자의 성별보다 우선하기 때문이다. 또 러시아어에는 우리가 상상할 수 있는 모든 종류의 눈과 폭풍우에 대해 각각 개별적인 단어를 가지고 있다. 어떤 언어에서는 색을 나타내는 단어가 다섯 개밖에 없는 반면 영어에는 색을 표현하는 단어들이 매우 많다. 제1장에서 강조했듯 패턴은 매우 중요한 개념이다. 하지만 패턴이란 단어를 프랑스어로 번역하려면 영어에서는 표현

가능한 패턴의 다양한 측면을 담아내는 단어가 없음을 알 수 있다.

나의 영웅 가우스도 이러한 언어 간에 존재하는 차이의 중요성에 매료되었다. 학교 선생님들은 그의 라틴어 실력과 라틴 고전들을 번개 같은 속도로 습득하는 모습에 매우 깊은 인상을 받았다. 실제로 가우스는 브라운슈바이크 공작의 도움을 받아 시작한 학위 과정에서 수학이 아닌 언어의 역사를 연구할 수 있는 문헌학을 전공으로 선택할 뻔했을 정도였다.

수학자가 되기 위한 나의 여정 역시 가우스와 크게 다르지 않았다. 어렸을 때 나는 스파이가 되고 싶었다. 따라서 전 세계의 동료 요원들과 소통하려면 언어가 중요하다고 생각했다. 학교를 다닐 때 프랑스어, 독일어, 라틴어 수업을 신청했다. 심지어 BBC에서 방송하는 러시아어 수업을 듣기도 했다. 하지만 나는 새로운 언어들을 익히는 능력이 가우스만큼 뛰어나지는 못했다. 이 모든 언어에는 불규칙동사와 이상한 철자법들이 가득했다. 이렇게 스파이라는 꿈이 사라지자 매우 허탈함에 빠졌다. 그러다 베일슨 선생님이 《수학의 언어》The Language of Mathematics라는 책을 주었을 때 나는 비로소 수학도 하나의 언어라는 사실을 이해하기 시작했다. 선생님은 내가 갈망하는 언어가 불규칙동사 없이 모든 것이 완벽하게 맞아떨어지는 언어일 것이라고 생각한 것 같다. 또 주변 세계를 묘사하는 데 있어 수학이 얼마나 강력한 언어인지를 내가 깨닫게 될 거라고 예상한 것 같다. 이 책에서 나는 수학 방정식을 이용하여 밤하늘을 가로지르는 행성들의 이야기를 표현할 수 있다는 것을 발견했다. 대칭이론으로는 거품, 벌집, 꽃잎의 모양을 설명할 수 있다. 또 숫자는 음악적 화음을 구성하는 데 핵심적 역할을 한다. 만일 우주에 대해 묘사하고 싶다면 필요한 것은 독일어나 러시아어, 영어가 아니라 '수학'이다.

《수학의 언어》는 수학이 단순히 하나의 언어가 아니라 많은 다양한 언어로 이루어져 있음을 가르쳐주었다. 또한 수학은 하나의 언어를 다른 언어로 변환하는 사전을 만들어 보이지 않던 지름길을 다른 언어를 통해 나타나게 하는 데 매우 뛰어나다는 점도 깨닫게 했다.

수학의 역사는 이런 찬란한 순간들로 점철되어 있다.

대수학이라는 마법의 언어

지금까지 다루었던 많은 패턴을 설명하는 과정에 놀라운 수학적 지름길이 숨어 있다. 그것은 바로 대수학이다. 대수학이 택하는 전략은 개별적인 것에서 일반적인 것으로의 이동이다. 이렇게 일반화가 이루어지면 매번 다른 경우를 접할 때마다 새로운 길을 개척하지 않아도 된다. 특정한 숫자를 순서대로 대입하는 대신 알파벳 x를 사용하여 모든 숫자를 대표하도록 하는 전략이 바로 그것이다.

여기서 작은 속임수 하나를 소개하겠다. 머릿속으로 숫자를 하나 생각해보라. 그 수에 2를 곱한다. 그리고 14를 더하라. 계산한 결과 나온 숫자를 다시 2로 나누어라. 그 값에서 맨 처음 생각했던 숫자를 빼라. 이제 당신의 머릿속에 남은 숫자는 7일 것이다. 이는 내가 자문가로 참여한 연극 〈사라지는 숫자〉A Disappearing Number의 시작 부분에 등장시킨 속임수다. 이 연극은 인도 수학자 라마누잔과 영국 수학자 고드프리 해럴드 하디G. H. Hardy의 협업에 대한 이야기다. 매일 밤 관객들이 이 작은 속임수에서 변함없이 탄성을 내뱉는 일은 나를 항상 놀라게 했다. 관객들은 마치 마술처럼 자신의 마음이 읽혔다고 생각했다. 그 장면에서 일어난 일은 마술이 아니라 '수학'이다. 관객들이 수학적으로 자신이 어떻게 조종되었는지를 이해하려면 대수학을 알아야 한다.

대수학은 숫자가 계산되는 방법을 정의하는 일종의 문법이다. 컴퓨터 프로그램을 실행하기 위해 작성된 코드처럼 대수학은 어떤 숫자를 넣든 작동하는 컴퓨터 프로그램과 같다. 대수학은 바그다드에 소재한 도서관 '지혜의 집'House of Wisdom 원장 무함마드 이븐무사 알콰리즈미Muhammad ibn Musa al-Khwarizmi가 개발했다. 810년에 세워지기 시작한 지혜의 집은 당대 최고의 지식 활동의 중심지로 천문학, 의학, 화학, 동물학, 지리, 연금술, 점성술, 수학을 공부하고자 전 세계 학자들이 모여드는 곳이었다. 이슬람 학자들은 많은 고대 문헌을 수집하고 번역한 후 후대를 위해 효과적으로 보관했다. 그들이 그런 노력을 기울이지 않았더라면 지금의 우리는 그리스, 이집트, 바빌로니아, 인도의 고대 문화에 대해 알 수 없었을 것이다. 뿐만 아니라 지혜의 집 학자들은 다른 사람이 이룩해놓은 수학적 업적을 번역하는 것에만 만족하지 않고 자신만의 수학으로 발전시키고자 했다. 대수학이라는 수학적 언어가 창조된 것도 새로운 지식에 대한 이러한 열망 때문이었다.

자신이 대수학을 적용 중이라는 사실을 인지하지 못해도 스스로 대수학적 패턴을 발견할 수 있다. 나는 어렸을 때 구구단을 배우면서 몇 가지 신기한 패턴을 발견했다. 예를 들어 5×5를 계산해보자. 그리고 4×6을 계산해보자. 이 두 계산 사이에 무슨 관계가 있는가? 이제 6×6 다음에 5×7의 답을 구해보자. 그리고 7×7 다음에 6×8도 계산해보자. 지금쯤 두 번째 계산의 답이 첫 번째 계산의 답보다 항상 1이 적다는 사실을 알아차렸으리라. 이런 패턴을 발견하자 구구단을 공부하면서 느꼈던 지루함이 조금 흥미로운 것으로 바뀌었다. 나는 항상 패턴만 발견하면 암기할 때 도움이 되었다. 하지만 이런 패턴이 항상 적용될 수 있을까? 말하자면 어떤 숫자의 제곱값을 구할 때 항상 그 숫자의 양쪽에 있는 숫자들을 곱한 값보다 1만큼 더 많을까?

내가 구구단 계산 과정에서 발견한 패턴을 말로 설명했지만, 9세기 이라크에서 대수학이라는 새로운 수학적 언어가 만들어지면서 이 과정이 좀 더 명확하게 기술되었다. x는 어떤 숫자든 될 수 있다고 가정해보자. 그런 다음 x를 제곱하면 이것은 $x-1$과 $x+1$을 곱한 결과보다 항상 1만큼 더 많다. 이 내용을 다음과 같은 대수 언어로 표현할 수 있다.

$$\mathbf{x^2 = (x-1)(x+1)+1}$$

수학자들은 이런 대수 언어를 사용하여 x에 어떤 숫자를 넣든 이 패턴이 계속된다는 것을 보여줄 수 있었다. 식에서 $(x-1)(x+1)$을 풀면 $x^2-x+x-1$, 즉 x^2-1이 된다. 여기에 남은 1을 더하면 x^2이 되는것이다.

결괏값이 항상 7이 나오는 간단한 속임수의 열쇠도 어떤 숫자를 선택하든 그것을 x라고 부르는 데 있다. 그런 다음 차례로 지시한 내용을 대수 언어로 바꾸는 것이 요령이다.

하나의 숫자를 생각하라: x

그 수에 2를 곱하라: 2x

그리고 14를 더하라: $2x+14$

다시 2로 나누어라: $x+7$

맨 처음 생각한 숫자를 빼라: $x+7-x=7$

자, 이제 머릿속에는 7이라는 숫자가 남는다.

이 마술의 핵심은 어떤 숫자를 고르든 반드시 성립한다는 점에 있다. 설사 당신이 처음에 허수를 선택할 만큼 영리하더라도 결과는 마찬가지다. 나의 수학 마술사 친구 아서 벤저민Arthur Benjamin에게 배운 또 다른 마술이 있다. 이 속임수 역시 작동 원리를 이해하는 열쇠는 대수학에 있다. 먼저 두 개의 주사위 1, 2를 던진다. 이때 나온 두 숫자를 서로 곱한다. 그리고 동시에 각각의 주사위 바닥에 있는 숫자 두 개도 서로 곱한다. 그런 다음 주사위 1의 윗면 숫자와 주사위 2의 바닥면 숫자를 곱한다. 또 주사위 1의 바닥면 숫자와 주사위 2의 윗면 숫자를 곱한다. 이렇게 구한 네 개의 숫자를 모두 더한다. 이 계산의 결과는 항상 '49'가 된다. 이 마술에서 벤저민은 주사위의 윗면 숫자와 바닥면 숫자의 합이 항상 '7'이라는 사실을 이용했다.

이런 사실을 대수학과 결합하여 계산해보면 이 주사위 굴리기 문제에서는 항상 7의 제곱인 49라는 답이 나온다.

$$x \times y + (7-x) \times (7-y) + x \times (7-y) + (7-x) \times y = 7 \times 7 = 49$$

하지만 대수학이 이용되는 것은 마술만이 아니다. 대수학으로 새로운 엄청난 발견이 이어졌다. 이제 수학자들은 수학 문제를 다룰 때 단어에 의존하지 않고 그 단어들을 한데 묶을 수 있는 수학적 문법을 갖게 된 것이다. 심지어 우주가 어떻게 작동하는지를 설명할 수 있는 언어이기도 했다.

라이프니츠는 대수학의 힘에 대해 이렇게 말했다. "대수학은 정신력과 상상력을 덜 소모하게 한다. 정신력과 상상력은 우리가 무엇보다 아껴야 할 자원이다. 상상력에 주어지는 짐을 덜기 위해 개별 사물 대신 그것들을 대표하는 기호를 사용하여 작은 노력만으로도 논리적 추론이 가능하게 되었다."

자연의 힘을 해독한 수학

자연의 비밀을 해독하는 수학이라는 언어의 힘을 깨달은 사람은 16세기 이탈리아 과학자 갈릴레오 갈릴레이였다. 그는 다음과 같은 유명한 글을 썼다.

'언어를 이해하고, 언어를 표현한 문자를 읽는 법을 배우지 않고는 우주를 이해할 수 없다. 우주의 언어는 수학이며 사용된 문자는 삼각형, 원 그리고 다른 기하학적 도형들이다. 이런 것들 없이는 수학적 단어를 이해하는 일은 불가능하다. 그럴 경우 어두운 미로 속을 헤매야 한다.'

갈릴레오가 읽고자 했던 우주 이야기 중 하나는 '물체가 어떻게 땅으로 떨어지는가' 하는 문제였다. 물체가 땅에 떨어지거나 공중을 날아다니는 방식에 어떤 규칙이 있는지 궁금해했다. 하지만 높은 건물에서 떨어지는 물체로부터 어떤 데이터를 수집하기는 어렵다. 너무나 빨리 떨어지기 때문이다. 갈릴레오는 이 문제에 대해 필요한 데이터를 모을 수 있을 만큼 실험 시 속도를 느리게 만드는 영리한 방법을 고안했다. 공을 높은 곳에서 떨어뜨리는 대신 완만한 경사를 만들어 아래로 굴러 내려가게 만드는 방식을 썼다. 이 방식을 도입하자 매 초 공이 얼마나 굴러가는지를 기록할 수 있을 만큼 천천히 실험이 진행되었다.

여기서 경사면은 마찰로 공이 느려지는 일이 없도록 매끄러워야 했다. 갈릴레오는 가능한 한 공중에서 공을 떨어뜨리는 것과 유사한 실험

조건을 만들고 싶었다. 매끄러운 경사면을 준비하고 매초 공이 이동하는 거리를 기록하자 아주 분명한 패턴이 나타나는 것을 발견했다. 처음 1초 동안 공이 거리 단위로 1만큼 이동했다면 다음 1초 동안에는 3만큼 이동했다. 그리고 그다음 1초 동안에는 5만큼 이동했다. 이후 매초 공의 속도는 점점 더 빨라지고 더 긴 거리를 이동했다. 이때 이상한 것은 단위시간당 공이 이동한 거리가 늘 '홀수'였다는 점이다.

갈릴레오가 일정 시간 동안 공이 이동한 총 거리를 조사하자 물건이 땅을 향해 떨어지는 현상에 대한 비밀이 드러났다.

1초 후 총 이동 거리 = 1

2초 후 총 이동 거리 = 1+3=4

3초 후 총 이동 거리 = 1+3+5=9

4초 후 총 이동 거리 = 1+3+5+7=16

여기서 어떤 패턴이 보이는가? 바로 총 이동 거리가 항상 어떤 수의 거듭제곱이 된다는 사실이다. 그렇다면 거듭제곱과 단위시간당 이동 거리가 홀수인 것 사이에는 어떤 관계가 있을까? 이런 관계를 알아내기 위해서는 숫자를 도형으로 바꾸면 된다.

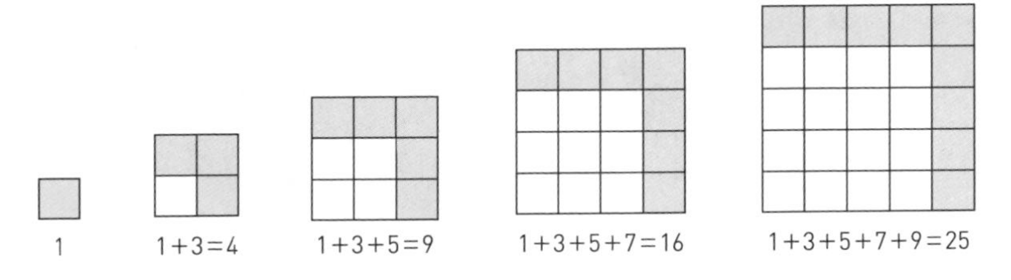

그림 3-1 거듭제곱과 홀수 사이의 연관관계

점점 더 큰 정사각형이 만들어지려면 앞에 있는 정사각형의 바깥쪽을 홀수 개의 칸으로 둘러싸야 한다. 이렇게 보니 거듭제곱과 홀수 사이의 연관성이 명백해졌다. 산술적이 아닌 기하학적으로 사물을 바라보는 이런 방식은 문제를 푸는 강력한 지름길로 작용한다.

실험을 끝내고 갈릴레오는 공이 땅으로 떨어질 때 공이 움직이는 총 거리를 표현하는 공식을 만들 수 있었다. t초 후 공이 이동한 총 거리는 t의 제곱에 비례한다는 공식이었다. 이 실험을 통해 중력의 기본 법칙이 스스로 모습을 드러낸 것이다. 이 공식의 발견으로 궁극적으로는 대포에서 발사된 공이 어디쯤 착륙할지, 또 행성들이 어떤 궤적으로 태양 주위를 공전할 것인지를 예측할 수 있게 되었다.

12일의 크리스마스에 받은 선물은?

거듭제곱과 홀수의 연결 지점을 기하학적으로 밝혀낸 방법은 이 장의 퍼즐을 푸는 데에도 적용할 수 있다. 12일간의 크리스마스에 받은 모든 선물을 계산하기 위해 일일이 더하는 힘든 방법을 선택할 수도 있다. 이 퍼즐을 푸는 요령은 문제 자체를 산술이 아닌 기하학으로 바꾸는 것이다. 지금부터 매일 늘어나는 선물의 총 개수를 파악하는 데 기하학적 관점이 어떻게 도움을 주는지 살펴보겠다. 결론적으로 늘어나는 선물의 개수는 패턴의 지름길을 설명하면서 다룬 삼각수에 해당한다. 가우스가 어떻게 숫자끼리 짝을 만드는 방식으로 답을 찾아냈는지는 이미 설명한 바 있다.

힘든 일을 손쉽게 해결하는 또 다른 방법은 문제를 기하학적 시각에서 바라보는 것이다. 삼각형의 맨 윗부분에 멧비둘기를 배치하는 방식으로 선물을 배열해보자. 선물을 삼각형 형태로 배치해 개수를 세는 방식은 조금 까다로울 수도 있다. 그렇다면 두 개의 삼각형을 붙이면 어떨까? 그러면 좀 더 다루기 쉬운 직사각형이 된다. 삼각형에 비해 상대적으로 직사각형 안에 있는 선물을 세는 것이 더 쉽다. 밑바닥과 높이를 곱하기만 하면 되기 때문이다. 그리고 그 값을 반으로 나누면 삼각형이 된다.

기하학적인 접근으로 해답을 찾는 이 방식은 본질적으로 두 개의 수를 짝지어 해답을 찾는 가우스식 지름길의 약간 변형된 형태다. 이런 기하학적 접근법을 통하면 수열에 있는 어떤 숫자든 계산할 수 있는 간단한 공식을 만들 수 있다. 만약 n번째의 삼각수를 구하려면 $n \times (n+1)$ 크기의 직사각형이 되도록 두 개의 삼각형을 붙이면 된다. 그 값을 2로 나누면 $\frac{1}{2} \times n \times (n+1)$이 되고, 이는 삼각형으로 배열된 선물의 개수에 해당한다.

12일의 크리스마스 동안 매일 받은 선물을 모두 더하면 총 몇 개일까? 첫째 날부터 받은 선물의 수를 배열하면 다음과 같다.

1, 4, 10, 20, 35, 56 …

다음에 이어지는 숫자는 삼각수를 순서대로 더하면 얻을 수 있다. 일곱 번째 숫자를 얻기 위해서는 일곱 번째 삼각수를 이전 숫자에 더하면 된다. 일곱 번째 삼각수는 28이므로 이 수열의 일곱 번째 숫자는 56에 28을 더해서 84가 된다. 삼각수를 순서대로 더하지 않고도 12일의 크리스마스 동안 받게 될 선물의 총 합계, 즉 열두 번째 숫자를 구할 수 있는 지름길이 있을까? 힌트는 숫자를 기하학적 도형으로 바꾸는 것이다. 모든 선물은 같은 크기의 상자에 들어 있다고 가정하자. 선물 상자를 바닥 모양이 삼각형인 피라미드 형태로 쌓을 수 있다. 맨 꼭대기 박스 안에는 자고새 한 마리가 들어 있다. 그 아래층에는 세 개의 상자가 있는데, 그중 하나에 자고새 한 마리가 들어 있고 다른 두 개의 박스에는 각각 멧비둘기 한 마리가 들어 있다. 매일 새로운 선물이 도착할 때마다 피라미드의 제일 밑층에 배치한다. 이처럼 숫자 문제를 도형 문제로 바꾸어 놓은 상태에서 이 피라미드를 만드는 데 총 몇 개의 상자가 사용되었는지 알 수 있는 방법이 있을까?

놀랍게도 방법이 있다. 앞에서 삼각형 두 개를 붙여 직사각형을 만든 것처럼 같은 크기의 삼각 피라미드 여섯 개를 붙이면 직육면체 상자를 만들 수 있다(물론 이 작업을 위해서 각 삼각 피라미드에 쌓인 선물들의 위치를 조금씩 움직여야 한다). 만약 피라미드가 n개의 층으로 이루어져 있다면 직육면체의 크기는 $n \times (n+1) \times (n+2)$다. 이 직육면체 구조물은 여섯 개의 삼각 피라미드로 구성되어 있다. 따라서 각 삼각 피라미드에 들어 있는 선물 개수를 구하는 공식은 다음과 같다.

$$\frac{1}{6} \times n \times (n+1) \times (n+2)$$

그렇다면 열두 번째 크리스마스 날에 받게 될 선물의 개수는 얼마일까? 위 공식에서 n에 12를 대입하여 $\frac{1}{6} \times 12 \times 13 \times 14$를 계산하면 364개라는 답을 얻게 된다. 일 년 동안 하루만 빼고 매일 하나씩 선물을 받는 것과 같다는 사실을 알 수 있다.

그림 3-2 여섯 개의 삼각 피라미드로 만드는 직육면체

기하학과 대수학을 변환해낸 데카르트

나는 항상 숫자로 표현했을 때 가려졌던 무언가를 그림으로 표현해 드러나게 하는 방식을 좋아한다. 하지만 이때 조심해야 할 것이 있다. 가끔 눈을 속이는 경우가 있기 때문이다. 다음의 그림을 보자.

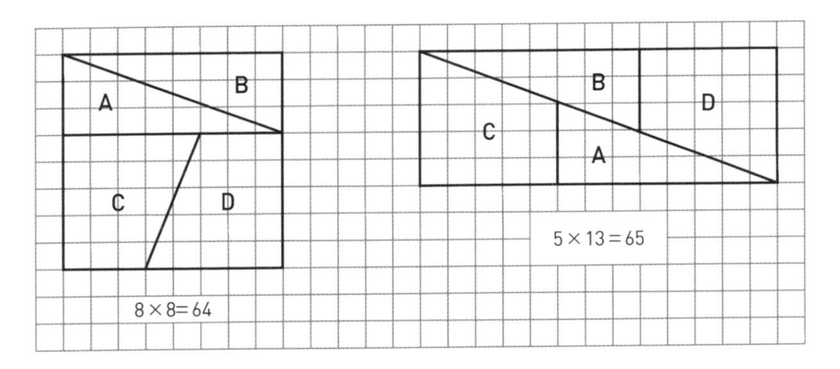

그림 3-3 조각 재배치로 또 다른 사각형을 만드는 방법

얼핏 보면 정사각형을 만든 조각들을 멋지게 직사각형으로 재배치한 것 같다. 여기서 잠깐! 정사각형의 넓이는 64인데 직사각형의 넓이는 65다. 여분의 면적은 도대체 어디서 온 것일까? 이 그림만으로는 직사각형을 가로지르는 대각선이 실제로는 '직선이 아니다'라는 사실을 파악하기 어렵다. 조각들의 가장자리가 정확히 정렬되지 않은 공간에 넓이 1에 해당하는 면적이 생긴 것이다. 데카르트의 유명한 말이 떠오른다. '감각 지각은 감각 기만이다.' 나는 이 속임수를 마주한 이후로 다시는 내 눈을 믿지 않았다. 패턴이나 연관성은 대수학이라는 수학적 언어를 통해 설명할 수 있을 때에만 만족을 느낀다. 만약 이런 속임수가 앞서 다루었던 정사각형의 크기를 키우는 '훌수'에 숨어 있다면 어떨까?

이러한 종류의 시각적 속임수를 찾아내기 위해서는 지름길을 뒤집는 것도 좋은 방법이다. 즉 기하학을 숫자로 다시 바꿔보는 것이다. 데카르트는 숫자와 기하학을 서로 변환해주는 일종의 사전을 고안한 수학자 중 한 사람이다. 이 사전은 대수학과 함께 우주 탐구의 지름길을 만든 위대한 언어적 발견 중 하나였다.

평소 우리가 지도나 GPS를 볼 때 데카르트의 사전을 사용하고 있다. 도시나 국가를 그리드 모양의 좌표계 위에 겹치면 어떤 지점의 위치도 표시할 수 있다. 두 개의 숫자를 써서 격자상의 위치를 정확하게 가리킬 수 있는 것이다. GPS 좌표계에서 수평축은 적도를 지나는 선이고, 수직축은 그리니치를 통과하는 경도선이다. 예를 들어 데카르트 마을에 있는 데카르트의 생가를 방문하고 싶다면 위도 46.9726497, 경도 0.7000201이라는 GPS 좌표가 우리를 그곳에 데려다줄 것이다. 지구상의 모든 위치는 이처럼 두 개의 숫자로 표시될 수 있다. 즉 지구상에서 기하학은 단 두 개의 숫자에 의존한다.

그의 책《기하학》La Géometrie 에서 데카르트는 좌표를 사용해 기하학을 다루는 매우 강력한 아이디어를 소개했다. 이런 아이디어를 제안한 그의 이름이 붙은 '데카르트 좌표계'는 지구 표면뿐 아니라 모든 이미지상에 기하학적 위치를 숫자로 표시할 수 있게 한다. 데카르트 좌표계는 기하학과 대수학이라는 서로 다른 언어를 번역해주는 일종의 사전 역할을 한다. 데카르트 좌표계가 가진 힘은 공간에서 무언가가 움직이는 것을 묘사할 때 분명히 드러난다. 공을 던졌을 때 공의 높이는 두 개의 숫자로 표현될 수 있다. 이 두 숫자를 하나로 묶어주는 수학 방정식이 있다. 공이 수평으로 이동한 거리를 x라고 하자. 공을 던졌을 때 수직 방향의 속도를 v, 수평 방향의 속도를 u라고 지칭한다. 그리고 지면으로부터의 공의 높이를 y라고 하면 이 요소들로 구성된 공식은 다음과 같다.

$$y=\left(\frac{v}{u}\right)x-\left(\frac{g}{2u^2}\right)x^2$$

위의 공식에서 g는 중력 상수라고 불리는 숫자다. 중력 상수는 각 행성에서 공이 얼마만큼의 중력으로 땅으로 당겨지는지를 결정하는 값이다.

공을 아무리 빠르고 높게 던져도 그 높이를 결정하는 방정식은 똑같다. 우리가 바꿀 수 있는 데이터는 u와 v 값뿐이다. u와 v 값을 바꾸면 공이 날아가는 궤적의 모양을 조절할 수 있다. 공중을 날아가는 공의 패턴을 발견할 수 있다면 공이 어디에 착륙할 것인지도 예측할 수 있다. 공중을 날아가는 공을 지배하는 방정식은 x의 2차 방정식이다. 만약 당신이 축구선수이고, 어디에 서 있어야 머리 위로 날아오는 공을 헤딩해 골을 넣을 수 있을지 알고 싶다면 x에 대한 2차 방정식을 푸는 법을 알아야 한다. 제2장에서 설명했지만 고대 바빌로니아인은 이미 2,000년 전에 이 문제를 푸는 알고리즘을 발견했다.

하지만 이러한 2차 방정식으로 설명할 수 있는 것은 공의 궤적뿐만이 아니다. 수요와 공급이 변할 때 상품 가격의 변화도 같은 2차 방정식으로 설명할 수 있다. 수요와 공급이 같은 점에서 가격이 결정되는 것처럼 경제학에서는 숫자를 방정식으로 표현할 수 있으면 평형점이 어디인지도 알아낼 수 있다. 방정식이라는 수학적 언어를 사용하여 데이터를 지도화하는 데 실패하는 회사는 경쟁사가 이익을 긁어모으는 동안 갈릴레오의 말처럼 '어두운 미로 속을 헤매게 될 것'이다.

데이터의 집합이 있다면 이를 묶을 수 있는 방정식을 찾는 것은 매우 중요한 작업이다. 그런 방정식을 발견할 수만 있다면 앞으로 어떤 일이 일어날지 예측할 수 있는 놀라운 지름길이 열리기 때문이다. 이러한 패턴은 놀라울 만큼 보편적으로 적용 가능하다. 공을 던질 때 누가, 어떻게, 어디에서 던지든 상관없이 적용된다. 공을 바꾸더라도 방정식은 여전히 동일한 형태를 유지한다.

하지만 데이터에 맞는 방정식을 구할 때는 조심할 필요가 있다. 지난 세기 미국 인구수의 변화는 공의 궤적을 추적하는 데 사용되었던 2차 방정식으로도 훌륭하게 나타낼 수 있다. 하지만 2차 방정식에서 나아가 x에서 x^{10}까지의 거듭제곱으로 이루어진 10차 고차 방정식을 사용하면 데이터에 맞는 값을 구할 수 있다. 이 결과만 놓고 보면 더 복잡한 고차 방정식을 사용할수록 더 나은 예측이 가능하다고 믿을 수 있다. 하지만 문제는 이 고차 방정식으로 계산했을 때 2028년 10월 중순경에 미국 인구가 0으로 급감할 것이라고 예측한다는 점이다. 우리가 모르는 비밀스러운 사실을 이 고차 방정식은 알고 있는 것일까?

과학 대신 빅데이터의 힘을 이용하기만 해도 된다고 생각하는 이들에게 이 사례는 일종의 경고가 될 수 있다. 데이터에서 어떤 패턴을 발견할 수는 있겠지만 여전히 우리는 분석적 사고를 동원하여 그런 패턴에서 특정 방정식이 나오는 이유를 알아낼 필요가 있다. 갈릴레오의 중력 실험 결과가 2차 방정식을 따른다는 사실은 훗날 뉴턴의 이론적 분석 덕분에 설명되었다. 왜 중력 실험 결과를 설명하는 데 2차 방정식이 적합한지, 그 이론적 뒷받침이 제공된 것이다.

고차원에 있는 지름길을 찾아라

도형을 숫자로 바꾸는 아이디어는 3차원 우주 공간을 더 효율적으로 탐험하게 해줄 뿐 아니라 우리가 결코 볼 수 없었던 세계로 통하는 통로를 제공하기도 한다. 지름길의 예술을 탐구하는 수학적 여정 속에서 가장 흥미로웠던 순간 중 하나는 고차원적 공간도 연구할 수 있다는 것을 깨달았을 때였다. 4차원 공간에서 정육면체를 만들어내는 방법에 관한 글을 처음 읽은 날이 지금도 여전히 기억에 생생하다. 그 글은 4차원에 존재하는 지름길을 이용하면 우주선이 우주의 한쪽 끝에서 다른 쪽 끝으로 여행하는 것도 가능하다고 설명했다. 그러면 우주에 벽이 존재하지 않으면서도 왜 유한할 수 있는지에 대한 의문도 해결된다. 심지어 3차원에서는 풀 수 없는 매듭도 4차원에서는 풀 수 있다.

그러나 이런 지름길은 단순히 우주여행 이상의 일들도 가능하게 만든다. 데이터를 더 높은 차원의 세계에서 매핑하면 데이터에 숨은 구조가 드러나게 되기 때문이다. 어떤 데이터를 평면상의 그래프로 나타낸다는 것은 실제로는 더 높은 차원의 공간에 그려져야 하는 어떤 실체의 2차원적 그림자를 본다는 것이다. 데이터를 더 높은 차원에서 그리면 2차원 그림자에 가려져 있던 데이터의 보다 더 정교한 상세 특징이 잘 드러날 수 있다. 지금부터 당신을 초공간으로 데려가겠다. 안전벨트부터 꽉 매기 바란다.

4차원으로 가려면 우선 2차원에서 시작해야 한다. 정사각형을 데카르트의 좌표계를 통해 설명한다고 가정해보자. 이 경우 정사각형은 네 개의 꼭짓점이 좌표상에 점 (0,0), (1,0), (0,1), (1,1)에 위치해 있는 모양이라고 말할 수 있다. 평평한 2차원의 세계에서는 각 위치를 표시하기 위해 두 개의 좌표만 있으면 된다. 반면 해수면 위의 높이까지 표시하고 싶다면 세 번째 좌표가 필요하다. 마찬가지로 정육면체를 3차원에서의 좌표계로 설명하려고 해도 세 번째 좌표가 필요하게 된다. 정육면체의 여덟 개의 꼭짓점은 좌표상에 (0,0,0), (1,0,0), (0,1,0), (0,0,1), (1,1,0), (1,0,1), (0,1,1), (1,1,1) 자리에 표시된다.

데카르트의 사전에는 한쪽 페이지에 형태와 기하학이 있고, 다른 페이지에는 숫자와 좌표가 있다. 문제는 물리적 세계에는 4차원이라는 것이 없기 때문에 3차원 형태를 넘어서려고 하면 더 이상 시각적으로는 표현할 수 있는 길이 없다는 것이다. 19세기 독일 수학자 베른하르트 리만Bernhard Riemann 은 괴팅겐대학교에 근무하던 가우스의 학생이었다. 그는 데카르트의 사전에서는 숫자와 좌표로 표시된 페이지가 계속해서 확장되고 있다는 놀라운 사실을 깨달았다.

3차원과 마찬가지로, 4차원 공간에서 어떤 물체를 묘사하기 위해서는 네 번째 좌표를 추가하기만 하면 된다. 그럴 경우 물체가 이 새로운 방향으로 얼마나 멀리 이동하고 있는지 추적할 수 있다. 비록 물리적으

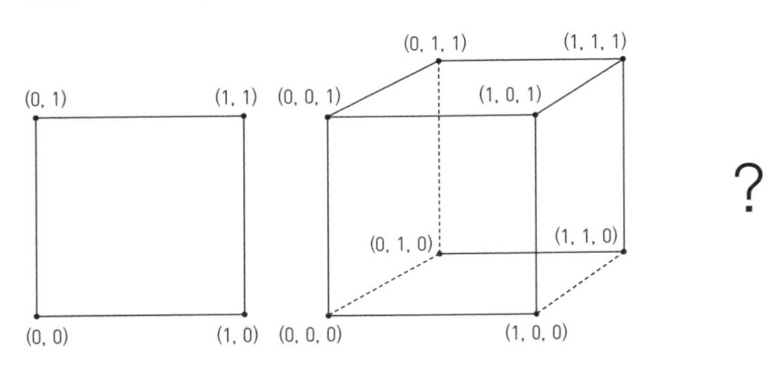

그림 3-4 좌표계를 이용한 하이퍼 정육면체

로 4차원 정육면체를 만들 수는 없지만 숫자만으로는 여전히 정확하게 설명할 수 있다. 그 물체는 열여섯 개의 꼭짓점이 좌표상에 점 (0,0,0,0)에서 시작하여 (1,0,0,0), (0,1,0,0)… 그리고 가장 먼 점인 (1,1,1,1)에 위치한 형태가 된다. 여기에서는 모양을 묘사하기 위해 숫자를 코드로 사용하게 된다. 그리고 이 코드를 쓰면 형태를 물리적으로 직접 보지 않고도 다룰 수 있다.

그리고 이 일은 여기서 멈추지 않는다. 5차원, 6차원 또는 그 이상의 차원에서도 하이퍼 정육면체를 만들 수 있기 때문이다. n차원에서의 하이퍼 정육면체에는 2^n개의 꼭짓점이 존재한다. 각각의 꼭짓점으로부터 n개의 변이 뻗어 나오는데 변은 모두 다른 꼭짓점에도 연결되므로 변의 총 개수를 셀 때 중복이 발생한다. 따라서 n차원 정육면체에 존재하는 총 변의 개수는 $n \times 2^{n-1}$개가 된다.

일단 4차원 정육면체를 맛보고 나자 나는 이 이상한 다차원 공간에서 더 많은 모양을 그리고 싶은 욕구가 생겼다. 그리고 그 공간에서 새로운 대칭적 모양을 만들겠다는 희망사항이 생겼다. 스페인 그라나다에 있는 아름다운 알람브라 궁전을 방문해본 적 있는 사람이라면 아마도 그 궁전에 펼쳐져 있는 대칭적 문양의 향연을 만끽했을 것이다. 그 대칭성을 수학적으로 이해하는 것이 가능할까? 매우 시각적인 대상을 처음 한눈에 이해하는 지름길은 대칭성을 표현하는 언어의 형태로 바꾸는 것이다.

대칭성을 이해하는 새로운 언어라고 할 수 있는 '그룹 이론'group theory이 19세기 초에 등장했다. 이는 비범하고 혁명적인 프랑스 수학자 에바리스트 갈루아Évariste Galois의 발명품이다. 불행히도 그의 인생은 그가 발견한 이론의 잠재력을 완전히 깨닫기도 전에 비극적으로 끝났다. 사랑과 정치 때문에 벌어진 결투에서 20세의 젊은 나이로 총에 맞아 죽었기 때문이다. 알람브라 궁전의 두 벽에 서로 다른 그림이 그려져 있어도 대칭성의 수학 덕분에 두 벽이 사실상 같은 대칭적 속성을 갖는다는 것을 파악할 수 있다. 갈루아가 발명한 새로운 언어의 힘 덕분이다.

대칭성은 어떤 행위를 하기도 전에 이미 그 행위가 이루어진 것처럼 보이도록 만든다. 갈루아가 이해한 대칭성의 본질적 특징은 개별 대칭성이 서로 상호작용을 한다는 것이다. 개별 대칭성에 이름을 붙이면 모든 대칭성의 관계를 설명할 수 있는 기본적 문법이 생긴다. 이 문법이 바로 대칭성의 세계를 여는 지름길이 된다. 이 문법이 생겨나면서 그림은 사라지고 대신 그 자리에 대칭성의 상호작용을 표현할 수 있는 일종의 대수학이 나타난다.

19세기 말 수학자들은 그룹 이론을 이용하여 인간이 그릴 수 있는 대칭적 형태의 디자인은 열일곱 가지 종류밖에 없다는 것을 증명해냈다. 그러한 사실은 알람브라 궁전의 벽뿐 아니라 다른 어떤 곳에서든 마찬가지로 적용된다. 내 연구는 이러한 그룹 이론을 초공간으로 확장하려는 것이다. 알람브라 궁전의 타일을 다차원 공간에 붙이는 방법으로 이해하려는 노력이라고 볼 수 있다. 이때의 알람브라 궁전은 벽돌이 아닌 수학적 언어로 만들어진 건물이 된다.

우리가 살고 있는 3차원 세계에서도 이러한 초현실적 도형들의 단면을 얼핏 엿볼 수 있다. 덴마크 건축가 요한 오토 본 스프레켈슨Johan Otto von Spreckelsen이 지은 프랑스 라데팡스의 라 그랑드 아치La Grande Arche는 정육면체 안에 또 다른 정육면체가 들어 있는 형태다. 마치 3차원 공간에 비친 4차원 정육면체의 그림자로도 볼 수 있는 작품이다. 또 살바도르 달리Salvador Dalí는 그의 작품 〈십자가형〉Crucifixion(코퍼스 초입방체Corpus Hypercubus)에서 3차원 그물 구조로 연결된 4차원 정육면체 위에 예수가 못 박힌 모습을 묘사한다.

심지어 게임 유저들에게 4차원 우주 공간에서 사는 경험을 제공한다는 컴퓨터 게임도 있다. '미에가쿠레'Miegakure라고 불리는 이 게임은 10년 넘게 하이퍼 게임을 만들어온 디자이너 마르크 텐 보슈Marc ten Bosch의 작품이다. 이 게임은 3차원 환경에서 앞으로 전진하는 길을 막는 벽이 스크린에 나타나면 4차원으로 방향을 전환할 수 있다. 새로운 차원으로 방향을 전환하면 벽을 우회하는 지름길이 존재하는 평행 세계로 들어선다. 매우 신선하게 들리는 아이디어이기에 게임의 출시가 기다려진다. 아직 출시되지 않고 오래 지연되는 이유 중 하나는 3차원 마인드를 가진 개발자가 4차원 세계를 만들어내는 일이 어렵기 때문이라고 생각한다.

인생을 게임하듯 승리하라

나는 괴상한 4차원 게임뿐 아니라 일반 게임

도 무척 좋아한다. 세계여행을 하면서 게임을 수집하는 것이 나의 취미다. 세계의 각기 다른 지역에서 만든 게임은 서로 매우 다른데도 불구하고 사실상 같은 게임이라는 사실을 느낄 때마다 항상 놀랍다. 어떤 게임을 외관상 달라 보이는 다른 게임으로 바꿀 수만 있다면 많은 게임이 플레이하기에 훨씬 간단해진다는 것을 깨달았다.

인생에서 우리가 겪는 많은 도전 역시 기본적으로 겉보기에는 달라 보이지만 사실은 같은 게임이다. 두 라이벌 회사 사이에 이루어지는 잠재적 협력관계는 '죄수의 딜레마'라는 게임의 변형된 사례로 생각할 수 있다. 반면 세 회사 간의 경쟁관계는 가위바위보 게임과 같다. 영화 〈뷰티풀 마인드〉에서 주인공이자 '게임 이론' 창시자 존 내시가 술집에 있는 아름다운 여성을 꼬시는 일을 게임으로 바꾸어 상상하는 장면을 기억할 것이다. 모든 게임에는 수학이 강점을 발휘할 수 있는 규칙이란 것이 존재한다. 게임에서 승리하기 위해 수학이 발견한 위대한 지름길 중 하나는 하나의 게임을 완전히 다른 게임으로 바꾸어보는 것이다. 그러면 승리를 위한 전략이 훨씬 더 명확하게 드러나기 때문이다.

이런 사례로 내가 가장 좋아하는 게임 중 하나는 '15'라는 게임이다. 각 플레이어는 더하면 15가 되는 세 개의 숫자를 1~9 사이에서 차례대로 선택한다. 누군가가 일단 고른 숫자는 다른 사람이 선택할 수 없다. 그리고 정확히 세 개의 숫자로 15를 만들어야 한다. 예를 들어 1+9+5와 같다. 반면 6+9는 안 된다. 보기보다는 꽤 까다로운 게임이다. 숫자를 고르면서 15를 얻어낼 수 있는 다양한 방법을 생각해야 하고, 동시에 상대방이 먼저 15를 만드는 것도 막아야 하기 때문이다. 다양한 가능성을 계속 고려하면서 상황을 파악하는 것이 얼마나 어려운 일인지 알기 위해서는 직접 이 게임을 해보는 것이 좋다.

이 게임을 이기는 지름길은 완전히 다른 종류의 게임으로 바꿔보는 것이다. 말하자면 이 게임을 '3목 두기'noughts and crosses 혹은 '틱택토'tic-tac-toe라고 불리는 게임으로 바꾸면 된다. 이 게임들이 '15' 게임과 다른 점은 매직 스퀘어magic square 위에서 게임을 한다는 점이다. 매직 스퀘어의 특징은 모든 행과 열 또는 대각선의 숫자 합이 15가 되는 것이다(아래 그림 참고). 만약 이 매직 스퀘어 위에서 3목 두기 게임을 한다면 실질적으로는 15 게임을 하는 것이 된다. 3목 게임으로 바꾼 후 보드 위에서 기하학적으로 생각하는 일은 단순히 산술적으로 숫자를 더하면서 15를 만드는 방식보다는 훨씬 쉽다.

2	7	6
9	5	1
4	3	8

'오버리프'Overleaf라는 게임 역시 올바른 관점만 발견하면 쉽게 플레이할 수 있는 또 다른 예다. 지도상에 도시끼리 다음 그림과 같은 도로로 연결된 경우를 생각해보자. 도로는 직선으로 나 있으며, 도로 위에는 2~4개의 도시가 존재할 수 있다.

이 게임에서는 순서대로 돌아가면서 도로를 점유한다. 가장 먼저 세 개의 도로가 한 도시를 통과하는 사람이 승리하는 게임이다. 이 게임에서 어떠한 전략이 가능한지 알아보려면 직접 게임을 해보는 것이 좋다.

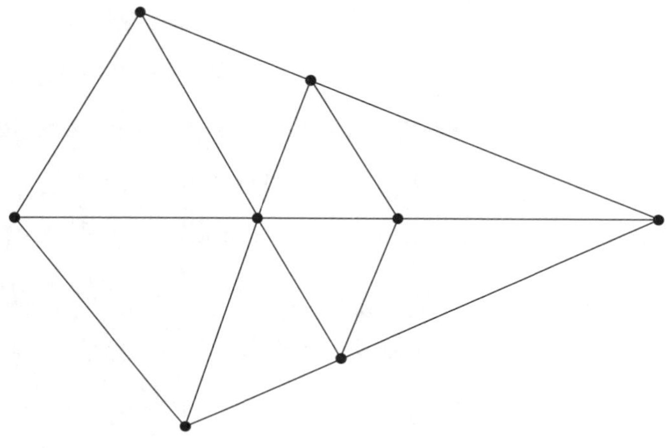

그림 3-5 도로 네트워크

이 게임은 사실상 다른 모습을 한 3목 두기 게임이라고 할 수 있다. 도로에 번호를 붙여놓고 보면 이 게임이 매직 스퀘어에서 틱택토 게임을 하는 것과 같음을 알 수 있다(그림 3-6 참고).

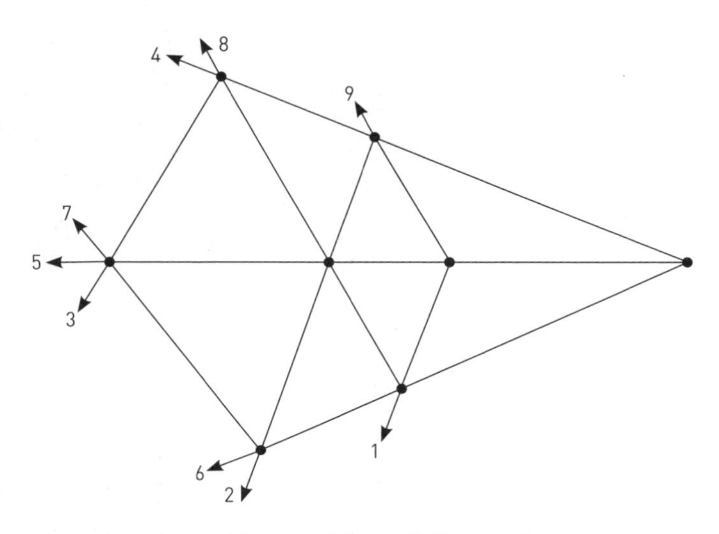

그림 3-6 매직 스퀘어처럼 번호를 붙인 도로 네트워크

다른 방식으로 게임을 바꾸었을 때 전략이 쉽고 분명해지는 또 다른 고전 게임은 '님'Nim 이다. 세 무더기의 콩이 있고, 게임 참가자들은 순서대로 한 무더기에서 원하는 만큼의 콩을 가져간다. 마지막에 콩을 가져가는 사람이 승자가 된다. 콩은 세 무더기에 원하는 만큼 쌓고 시작할 수 있다. 예를 들어 세 개의 콩 더미가 4~6개의 콩으로 이루어져 있다고 가정하자. 이 게임을 이길 전략은 무엇일까? 바로 각 콩 더미에 있는 콩의 개수를 2진법으로 바꾸는 것이다. 제2장에서 알아본 내용을 기억하라. 2진법의 자릿값은 10진법에 사용된 10의 거듭제곱 대신 2의 거듭제곱으로 구성된다. 2진법상 100은 2^2 자리에 1이 있기 때문에 그 값은 4를 의미한다. 마찬가지로 5는 2^2+1이므로 2진법으로 표현하면 101이다. 6은 2^2+2이며 2진법으로는 110이다. 이제 이 숫자들을 더하는 이상한 규칙에 대해 살펴보자. 이 규칙은 플레이어가 승리할 수 있는 위치에 있는지 여부를 알려준다. $1+1=0$이라는 규칙을 사용하여 열에 있는 숫자들끼리 더한다. 그러면 다음과 같다.

100
101
110
———
111

이때 사용할 수 있는 전략은 이 합계가 000이 되도록 콩 무더기에서 콩을 빼내는 것이다. 이 전략은 언제든 사용 가능하다. 예를 들어 다섯 개의 콩이 있는 무더기에서 세 개의 콩을 제거하면 두 개의 콩이 남는다. 2는 2진법에서 010이다. 이렇게 콩을 뺀 후 다시 한번 남은 수들을 더하면 이번에는 000이 나온다.

$$
\begin{array}{r}
100 \\
010 \\
110 \\
\hline
000
\end{array}
$$

이 전략의 좋은 점은 일단 내가 000이라는 합계만 선점한다면 상대가 다음에 어떤 수를 두든 합계에 반드시 1이 나타난다는 것이다. 만약 1이 남아 있다면 확실히 상대방은 아직 게임에서 이기지 못하고 있는 것이다. 반면 나는 항상 합계를 000으로 리셋하는 전략을 취할 수 있다. 이렇게 게임이 계속되면 어느 시점에선가 내가 먼저 테이블 위의 모든 콩을 치우게 되면서 게임을 이기게 될 것이다.

2진법이라는 수학적 언어만 안다면 이 게임은 항상 이길 수밖에 없다. 콩의 개수나 콩 더미의 수가 바뀌어도 여전히 마찬가지다. 필요한 것은 2진법만 이해하고 있으면 된다. 만약 처음에 시작할 때 콩의 총 개수가 '0'으로만 이루어진 2진법 수라면 두 번째로 시작하라. 그렇지 않으면 먼저 시작해서 합계를 0으로 만들면 된다.

게임에 처한 현 상태를 확인하기 위해 2진법으로 변환해보는 전략을 사용하면 유사한 종류의 많은 게임을 이길 수 있다. '거북이 뒤집기'turning turtles 게임도 한번 해보라. 거북이들이 무작위로 줄지어 있을 때, 어떤 거북이는 바로 서 있고 어떤 거북이는 뒤집어져 있다(이 게임은 동전을 사용할 수도 있다. 앞면은 거북이가 바로 서 있는 것이고, 뒷면은 거북이가 뒤집어져 있는 상태로 따지면 된다). 게임을 시작하면 서로 번갈아 가면서 거북이를 뒤집거나 혹은 동전의 뒷면이 나오도록 동전을 뒤집는다. 또한 원한다면 뒤집어 놓은 거북이(혹은 동전)의 왼쪽에 있는 거북이를 뒤집을 수도 있다. 이때 그 거북이는 바로 서 있을 수도 있고, 뒤집혀 있을 수도 있다. 동전의 경우라면 앞면Head일 수도 있고, 뒷면Tail일 수도 있다. 예를 들어 열세 개의 동전이 다음과 같은 순서로 되어 있다고 가정해 보자.

THTTHTTTHHTHT

이때 가능한 동작 중 하나는 아홉 번째 동전을 앞면에서 뒷면으로 뒤집는 것이다. 그리고 네 번째 동전을 뒷면에서 앞면으로 뒤집는다. 이 게임은 마지막으로 남은 거북이의 발이 위를 보도록 뒤집거나 동전을 앞면에서 뒷면으로 뒤집는 사람이 이기는 게임이다. 언뜻 보면 이 게임은 님Nim 게임처럼 보이지는 않지만 사실은 다른 모습의 같은 게임이다. 바로 서 있는 거북이의 수는 콩 더미의 수에 해당하며 왼쪽에서부터 매겨지는 거북이의 위치는 각 콩 더미에 있는 콩의 개수에 해당한다. 위에서 열세 개의 코인으로 구성된 동전 배열의 경우, 앞면인 동전의 수가 다섯 개이므로 다섯 개의 콩 더미가 있는 것이다. 그리고 동전 배열에서 앞면이 있는 위치를 보면 각각의 콩 더미에 두 개, 다섯 개, 아홉 개, 열 개, 열두 개의 콩이 있는 것과 같다. 아홉 번째 거북이를 뒤집거나(혹은 동전을 뒷면으로 뒤집거나) 네 번째 거북이를 바로 세우는 것(뒷면 동전을 앞면으로 뒤집는 것)은 아홉 개의 돌로 이루어진 콩 더미에서 다섯 개의 콩을 가져가는 것과 같다. 님 게임을 이기는 데 사용한 2진법 전략이 거북이 뒤집기 게임을 승리하기 위한 전략으로도 사용 가능하다는 것을 알 수 있다. 언뜻 보기에 두 게임은 전혀 관련 없어 보이지만 말이다.

비록 거북이 뒤집기 게임을 해본 적이 없을 수도 있지만 이 게임을 이기는 전략의 중심에 다음과 같은 철학이 있다는 사실은 기억할 만한 가치가 있다. 어떤 도전에 직면했을 때 당신이 이미 해법을 잘 아는 다른 문제로 적용할 방법은 없는가? 문제를 해법이 좀 더 명확하게 드러나는 다른 언어로 번역할 수 있는 사전이 있는가? 지금 생각하는 언어로는 벽에 부딪혀 해답을 찾지 못하고 갇혀 있을 수도 있다. 하지만 문제를 다른 언어를 써서 바라보면 벽을 우회하여 통과할 수 있는 숨은 지름길을 평행 우주에서 발견할지도 모른다.

생각의 지름길로 가는 길

문제에 대한 답이 보이지 않는다면 문제를 다른 종류의 언어로 표현할 방법을 찾아보라. 새로운 언어로 문제를 표현하면 답이 좀 더 쉽게 보일 수 있다. 만약 원하는 대로 결과가 잘 나오지 않는다면 그리려고 하는 그림을 숫자로도 바꿔볼 필요가 있다. 원하는 대로 일이 잘 진행되지 않는 이유를 이 수치들이 알려줄 수도 있다. 숫자로 가득 찬 도표로 만든 사업계획서가 보는 사람들에게 그 중요성을 제대로 전달하지 못한다고 느낄 때가 많다. 이때는 숫자를 그림이나 그래프로 바꾼 후 비전이 좀 더 쉽게 파악되는지 확인해보라. 대수학의 힘을 조금 빌리면 회사의 재무 정보를 다른 스프레드시트에 입력하는 시간을 절약할 수 있을까? 경쟁사와 치열한 경쟁을 벌이고 있다면 그 싸움을 이기는 전략이 무엇인지 잘 아는 게임으로 변환해 접근할 수 없는가? 이 장에서 전하고자 하는 메시지는 좀 더 나은 사고를 할 수 있도록 도와주는 적합한 언어를 찾으라는 것이다.

쉬어가기

기억력 천재가 되고 싶나요?

수학이라는 언어는 성공적으로 배웠지만, 프랑스어나 러시아어 같은 난해한 언어들은 정복하기 어렵다는 사실이 항상 나를 좌절하게 했다. 가우스 역시 언어에 대한 그의 열정을 뒤로 하고 수학에서 직업적 진로를 찾으려 했지만, 말년에는 산스크리트어와 러시아어 등 새로운 언어를 배우는 도전으로 돌아왔다. 그리고 2년간의 공부 끝에 64세의 나이에 푸시킨의 원문을 읽을 수 있을 정도로 러시아어를 통달했다.

가우스의 도전에서 영감을 받고 러시아어를 배우려 했던 나의 도전을 다시 시작하기로 했다. 하지만 내가 부딪힌 단순한 문제는 처음 보는 낯선 단어를 기억하는 일이었다. 내가 쓰는 기억의 지름길은 패턴을 찾는 것이다. 하지만 패턴이 없는 경우에는 어떻게 해야 할까? 이런 경우 다른 사람들은 어떤 지름길을 쓰는지 알고 싶었다. 이 주제를 이야기할 때 기억력의 거장이자 '멤라이즈'Memrise 라는 언어 학습 기업의 설립자 에드 쿡Ed Cooke 보다 더 적합한 사람이 있을까?

'기억력 그랜드 마스터'라는 타이틀을 얻기 위해서는 1,000자리의 숫자를 한 시간 안에 외워야 한다. 그다음 한 시간 동안에는 카드 열 팩의 순서를 외워야 한다. 그리고 마지막으로는 2분 동안 카드 한 팩을 외워야 한다. 사실 처음에는 이 모든 것이 배워서 별로 쓸모없는 기술처럼 들렸다. 하지만 이 기술을 터득한다면 러시아어 단어 목록을 기억하는 일쯤은 아주 쉬울 것이라는 사실을 깨달았다.

1,000자리의 숫자는 무작위로 생성되므로 패턴을 찾아 외우는 나의 전략은 큰 도움이 되지 않을 것이다. 그렇다면 무작위로 생성된 1,000자리 숫자를 외우는 쿡의 비법은 무엇일까? 그것은 '기억의 궁전'memory palace이라는 기법이다. 그는 "기억하기 어려운 대상을 기억하기 쉬운 대체물로 바꾸는 것이 지름길"이라고 말한다. "우리는 보통 감각적인 것, 시각적인 것, 촉각적인 것, 감정을 불러일으키는 것들을 더 쉽게 기억합니다. 이것이 기억을 촉진하기 위해 우리가 주목해야 할 것들이죠. 즉 외울 대상을 기억하기 쉬운 것들로 바꿈으로써 우리 두뇌의 힘을 끌어모으는 겁니다."

그는 이렇게 묘사해주었다. "1,000자리 숫자를 기억하기 위해 해야 할 일은 어떤 공간에 이미지들을 배열하는 것입니다. 이때 모든 이미지는 그마다 각각 상징하는 숫자가 있어요. 7,831,809,720과 같은 숫자를 단순히 외우려면 매우 어렵습니다. 이것은 단지 숫자일 뿐이고 거의 비슷하게 들리는 데다가 특별한 의미도 없기 때문이에요. 제 머릿속에서 78은 학교에서 나를 괴롭히던 사람을 떠올리게 합니다. 그는 사각팬티를 입고 있던 나의 한쪽 다리를 잡고 계단에 거꾸로 매달아놓곤 했죠. 매우 기억에 남는 순간이에요. 그렇게 단순한 숫자 78보다는 훨씬 더 기억에 남는 대상으로 연상하는 거예요."

쿡의 머릿속에서 두 자리 숫자는 모두 특정 문자로 바뀐다. 그의 언어 세계에서 숫자 31은 모델 클라우디아 시퍼다. "그녀는 기억에 남는 노란색 속옷을 입고 시트로엥 광고에 등장합니다." 이미지에 약간의 색상을 추가하는 것도 중요한 포인트다. 쿡은 이미지가 더 생생하고 기괴할수록 기억하기에 더 좋다고 말한다. 그에게 숫자 80은 매우 재미있는 얼굴을 한 친구다.

또 97은 크리켓 선수 앤드루 플린토프다. 20은 쿡의 아버지다. 그는 말했다. "나만의 숫자 사전을 열여덟 살 즈음에 완성했습니다. 그래서 이 숫자 사전에 십 대의 상상력, 유머, 잡지에서 본 아름다운 사람들, 가족, 나와 가장 친한 친구들이 화석화되어 남아 있죠."

대부분의 사람에게 하나의 숫자는 다른 숫자와 특별히 다를 게 없어 보인다는 쿡의 말은 사실이다. 하지만 점점 더 많은 시간을 수의 세계에서 헤매며 보내는 수학자들은 각 수가 가진 고유한 특징들을 알아채기 시작한다. 숫자마다 자신만의 개성을 가지기 시작하는 것이다. 라마누잔은 모든 숫자를 자신이 개인적으로 알고 있는 친구처럼 받아들였다고 한다. 한번은 그의 동료 하디가 아파서 병원에 입원한 라마누잔을 병문안 겸 방문했다. 그에게 전할 위로의 말이 궁했던 하디는 좀 전에 타고온 택시가 1729라는 다소 재미없는 번호였다고 말했다. 그러자 라마누잔이 즉시 대답했다. "하디, 아니야. 1729는 매우 흥미로운 숫자야. 그 숫자는 '12^3+1^3', '9^3+10^3' 이렇게 세제곱의 합으로 표현할 수 있는 방법이 두 가지인 숫자 중에서 가장 작은 숫자거든." 사실 대부분의 사람은 숫자와 이런 정도의 친밀한 감정 관계를 가지고 있지 않다. 보통 사람들에게는 노란색 속옷을 입은 클라우디아 시퍼가 세제곱의 합보다는 더 기억에 남는다.

그렇다면 쿡은 어떻게 숫자마다 부여된 캐릭터들을 사용하여 1,000자리 숫자를 기억할까? 핵심은 그 캐릭터들을 적절히 공간에 배치하는 것이다. "사물에 대한 정보들을 엮어 매우 긴 사슬을 만들기 위해서는 이미지를 투사할 수 있는 뼈대가 필요합니다. 이렇게 함으로써 공간에 대한 엄청난 기억력을 갖게 되죠. 포유류는 진화 과정에서 다양한 공간을 탐색하고 기억하는 놀라운 능력을 개발했어요. 인간도 스스로 그렇게 생각하지 않더라도 이 방면에서 정말 뛰어난 능력을 가지고 있습니다. 우리는 복잡한 건물을 몇 분

동안 돌아다니기만 해도 건물이 어떻게 배치되어 있는지 외울 수 있어요. 숫자를 상징하는 이미지들을 공간에 배치하는 데 이 강력한 능력을 사용하는 겁니다. 그 과정이 바로 기억의 궁전을 짓는 것이죠."

기억의 궁전은 단순한 이야기가 아니라 공간 사이를 움직이는 이야기다. 여기서 '공간 사이를 움직인다'는 것이 핵심이다. 쿡은 이렇게 설명한다. "단순한 스토리에 비해 기억의 궁전이 가지는 장점이 있습니다. 단순 스토리의 경우 정보 사슬이 더 쉽게 끊어져요. 또 공간적 위치를 이용하는 것보다는 이야기가 서술되는 논리를 만들어야 한다는 추가적인 부담이 주어집니다. 따라서 단순한 이야기를 만드는 방법은 우리의 상상력에 더 부담을 지우게 되죠."

몇 년 전 실제로 쿡이 기억의 궁전을 짓는 과정을 본 적이 있다. 런던 서펜타인 갤러리에서 주최하는 '기억 마라톤'에 참가했던 때였다. 이 행사의 취지는 기억이라는 개념을 여러 각도에서 탐구해보는 것이었다. 그는 관객들을 갤러리의 이곳저곳으로 데리고 다닌 후 투어 중에 본 것을 이용하여 어떻게 기억의 궁전을 구성하는지 보여주었다. 관객들은 이 기억의 궁전을 이용하여 미국의 모든 대통령 이름을 기억할 수 있었다. 먼저 각 대통령의 이름은 매우 생생한 이미지로 대치되었다. 예를 들어 존 애덤스 대통령은 변기 위에서 균형을 잡는 아담과 이브의 이미지로 바꾼다. 영어로 '존'John이 변기를 나타내는 은어인 점을 이용한 것이다. 그런 다음 이러한 이미지들을 상상 속 갤러리 내 공원 여기저기에 배치되도록 했다. 관객들이 대통령의 이름을 기억하기 위해 해야 할 일은 단지 상상의 갤러리 공원을 걸어보는 것이다. 이것은 우리 두뇌가 매우 능숙하게 잘해내는 작업이다. 걷는 경로상의 여러 장소에 배치해놓은 우스꽝스러운 이미지들을 통해 대통령들의 이름을 기억해내기만 하면 되는 것이다.

공간 기억을 사용하는 방법은 매우 많은 양의 정보를 기억하는 데 훌륭한 지름길로 보인다. 기억해야 할 대상이 숫자, 대통령 또는 어떤 종류의 리스트든 상관없다. 그 방법은 참으로 환상적인 지름길이다. 기계적으로 외우는 것은 암기 대상의 수가 늘어날수록 그 난도가 기하급수적으로 높아진다. 처음 열 개는 쉽고 다음 열 개는 더 어려워지다가 100개 이상이 되면 거의 기억하기가 불가능해진다. 반면 쿡의 말처럼 공간 기억이 참으로 놀라운 점은 기억해야 하는 대상이 늘어나도 그 난도는 단지 선형적으로 높아질 뿐이라는 것이다. 그는 이렇게 말했다. "저는 카드 한 팩을 1분 안에 기억할 수 있어요. 다시 확인이 필요할 때는 2분 정도가 소요됩니다. 여기서 핵심은 암기 대상의 수가 늘어날수록 난도가 선형적으로 증가한다는 점이에요. 따라서 30개 팩의 카드를 기억하는 데는 한 시간 정도 소요할 뿐입니다."

카드를 기억하는 일이 사람들이 반드시 습득하고 싶은 기술은 아니라는 이야기를 했을 때, 쿡은 카드가 중요한 것이 아니라는 점을 강조했다. 그 전략은 기억하고자 하는 모든 것에 적용할 수 있다는 것이다. 그는 자신이 메모 없이 강연을 할 때도 정확히 같은 전략을 사용한다고 설명했다. 강연 자체를 집과 같은 익숙한 장소를 돌아보는 여정으로 바꾼 후 각각의 방에 강조하고 싶은 요점을 배치한다. 상상 속에 쌓은 기억의 궁전을 돌아다님으로써 발표할 내용을 훨씬 더 쉽게 기억할 수 있다는 것을 직접 해보면 알게 될 것이다. 쿡은 "기억의 궁전에서 여정을 떠날 때는 끊임없이 앞으로 전진하면서 행동이 수반된 장면이 벌어지기 때문에 기억이 서로 간섭되는 위험은 줄어듭니다. 새로운 기억을 자극할 맥락이 계속 새롭게 나타나기 때문이죠."라고 덧붙였다.

내 수학 마술사 친구 아서 벤저민이 선보이는 놀라운 계산 능력의 핵심도 두 자리 숫자를 시각적인 이미지로 변환하는 기술이다. 벤저민은 두 개의 여섯 자리 숫자를 머릿속에서 곱할 수 있도록 스스로를 훈련시켰다. 그가 사용한 기술 중 하나는 여섯 자리 숫자를 각각 따로 곱할 수 있는 숫자 조각들로 대수학을 이용하여 나누는 것이다. 하지만 계산을 계속 이어가기 위해서는 이 숫자 조각들을 기억 속에 저장해두었다가 나중에 사용할 때 다시 꺼내야 하는 문제가 있다.

그가 발견한 것은 숫자를 기억해내려는 일이 계산 과정에 방해된다는 것이었다. 마치 숫자를 기억하는 일과 계산하는 능력이 뇌의 한 장소에서 일어나는 것처럼 보였다. 그래서 그는 숫자를 단어로 변환시키는 방법을 생각해냈다. 단어를 암기하는 것은 계산을 방해하지 않는 뇌의 영역에서 일어나는 일처럼 보였기 때문이다. 이를 이용하면 필요할 때 단어들을 기억해내 숫자로 다시 변환할 수 있었다.

내가 쿡과 대화를 나눈 시기는 코로나 위기로 영국이 전면 봉쇄된 기간이었다. 그는 자신이 십 대 때 3개월 동안 병원에 입원해 있으면서 아무 할 일 없이 보냈던 시기를 떠올렸다. 바로 그 기간 동안 기억의 달인이 되리라 마음먹고 도전에 착수했다고 회상했다. "이런 생각을 하게 된 부분적인 동기는 제가 가진 기술을 논리적으로 완성시키는 즐거움이었어요. 학창 시절, 술집에서 사은품으로 내건 샴페인을 차지하기 위해 제가 내세운 묘기는 긴 숫자와 카드 팩을 기억하는 것이었습니다. 룸메이트들에게 '내가 세상에서 가장 빨리 카드 팩을 기억하는 사람'이라고 자랑했죠. 그러자 그들은 말만 하지 말고 증명해보라고 쏘아붙였는데 그 일이 제가 기억력 선수권 대회에 참가하도록 한 계기가 되었습니다."

기억의 궁전 기법이 긴 숫자를 외우거나 메모 없이 강연을 하는 데는 좋을지 모르겠다. 하지만 러시아어를 배우려는 나의 희망사항과 관련이 있을까? 그것이 쿡이 개발한 멤라이즈 앱에서 제공하는 언어 학습 비법의 일부일까? 드디어 새로운 언어를 배울 수 있는 지름길을 찾은 것일까? 이런 내 질문에 쿡은 "중요한 것은 반복과 테스트예요."라고 답했다. "반복을 통해 우리는 뇌에 그것이 기억할 만한 가치가 있다는 것을 깨우쳐 줍니다. 중요한 일은 반복되는 경향이 있기 때문이죠. 기억은 마음의 운동이므로 테스트 또한 매우 중요합니다. 테스트를 통해 더 많이 훈련할수록 마음의 운동 능력은 더욱 강해질 겁니다."

솔직히 말해서 이런 방법이 나에게는 지름길은 아닌 것 같았다. 하지만 쿡은 말을 이어갔다. "세 번째는 기억술입니다. 러시아어 중에 '오스타노프카' ostanovka 라는 단어가 있는데 버스 정류장이라는 뜻이죠. 어떻게 하면 이 단어를 기억할 수 있을까요? 이미 아는 단어와 연결해서 기억해볼까요? 만약 마음속에 무언가를 새기고 싶다면 기존에 존재하는 연관 네트워크 속에 같이 엮어서 넣어야 합니다. 우선 단어 중 'osta'(오스타)는 영국 자동차 제조업체인 'Austin'(오스틴)처럼 들리네요. 'novka'(노프카)는 'enough car'(이너프 카)라는 발음과 비슷하니 그들은 차를 충분히 만들었고 나는 버스를 타기로 했다고 기억하면 자연스럽게 버스 정류장이 떠오르겠죠."

듣고 보니 매우 유용한 기술 같다. 하지만 반복과 테스트가 필요하다는 점이 확실히 의미하는 것은 한 시간 안에는 러시아어를 배울 수 없다는 사실이다. 쿡이 알려준 기억술이 이전에는 잘 기억하지 못했던 러시아 단어 목록을 기억하는 데는 지름길로 쓸 수 있을지도 모른다. 그는 언어를 배우는 지름길의 마지막 조언을 들려주었다. 그의 할머니로부터 배운 것이라며 이렇게 말했다.

"언어를 배우는 가장 좋은 방법은 '깊이 빠져드는 것'입니다. 말하자면 당신이 언어에 매료되고 배우려는 의욕에 넘쳐 많은 관심을 기울이고 오직 그것에 몰입만 한다면 매우 빠르게 언어를 배우게 될 거예요."

THINKING BETTER

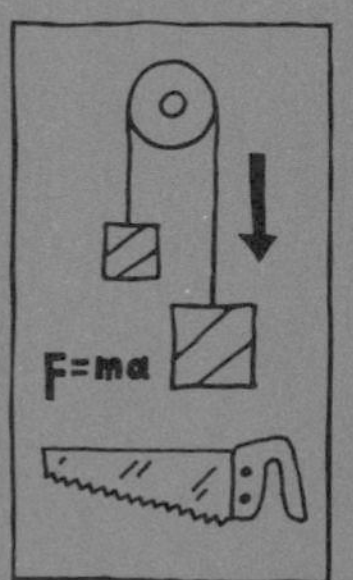

제4장

기하학의 지름길

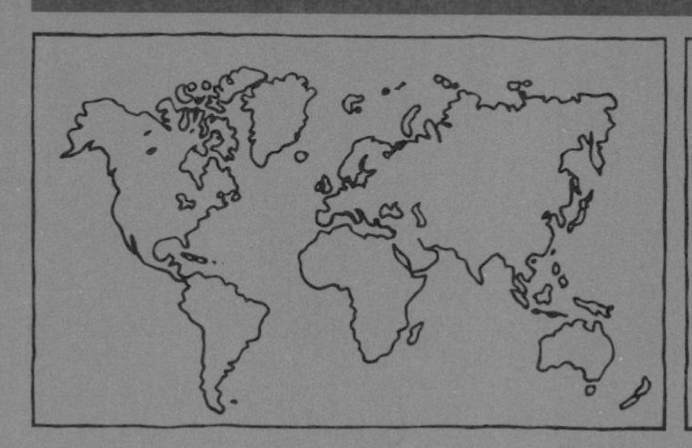

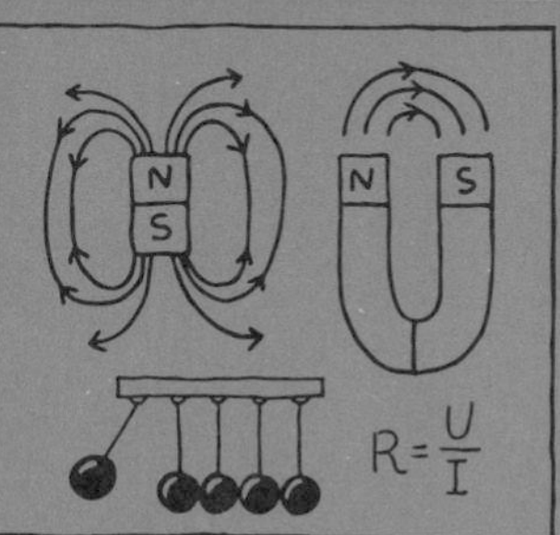

에든버러에 열 명, 런던에 다섯 명의 사람이 있다. 두 도시 사이의 거리는 약 640킬로미터다. 어디에서 만나야 이 사람들의 총 이동 거리가 가장 짧아질까?

이 책에서 소개하는 지름길은 대부분 목적지까지의 여정에서 관념적인 정신 활동을 줄이는 것이다. 이 장에서는 물리적인 지름길을 몇 가지 살펴보고자 한다. 실제 지형상의 지점 A에서 B까지 이동할 때 지형의 기본 구조를 이해하면 더 빠른 도착 경로를 설계하는 데 도움이 된다. 처음에는 엉뚱한 방향 같아 보여도 결국 더 빨리 도착할 수 있다.

실제로 여행을 떠나는 경우가 아니더라도, 우리가 직면한 도전도 기하학적 언어로 바꿀 수 있다. 이 경우 기하학적 터널이나 우회로가 도전 과제를 해결하는 지름길이 된다. 나중에 설명하겠지만 지형적으로 가장 빠른 지름길을 찾기 위해 수많은 사람을 이용하여 집단지성으로 찾는 방법을 페이스북이나 구글 같은 디지털 기업들이 쓰고 있다. 말하자면 우리가 일상적으로 지나다니는 디지털 환경에서 사람들이 많이 고르는 지름길을 찾아내는 것이다.

가우스는 말년에 물리적 지름길을 발견하는 주제에 빠져들었다. 학생 시절에는 숫자를 가지고 노는 것으로 수학에 매몰되었지만 그 후에는 기하학적 도전을 즐긴 것이다. 도전의 대상은 유클리드 원과 삼각형 같은 추상적인 것만이 아니었다. 가우스가 수학의 추상적 측면을 좋아했다는 점을 감안했을 때, 40대의 나이에 하노버 왕국의 토지 측량을 준비하는 매우 실용적인 작업에 참여한 일은 매우 의외다. 더구나 그는 그전에 "세상에 존재하는 모든 측정은 과학이라는 영원한 진리를 진정으로 발전시키는 공리 하나만큼의 가치도 없다."라는 생각을 밝힌 적도 있었다. 그가 참여한 측량 작업은 학교에서 가우스를 매혹시켰던 정확하고 아름다운 숫자 이론과는 거리가 멀었다. 오히려 잘못된 도구나 인간의 실수로 지저분하고 부정확한 오류가 가득 찬 작업이었다. 그가 최종 결과물로 내놓은 하노버 지도는 모든 면에서 볼 때 결코 특별히 정확한 지도도 아니었다.

그러나 그가 하노버주를 측정하는 데 들인 시간 동안 새로운 종류의 혁명적인 기하학 발전이 이루어졌다.

지구 동쪽으로 향하는 길을 찾아서

1492년 콜럼버스는 인도로 가는 지름길을 찾기 위해 출항했다. 전통적으로 이용됐던 긴 거리의 위험한 육상 무역로는 한 번의 여정에서 이동해올 수 있는 상품이 제한적이었다. 이런 이유로 상인들은 배를 타고 갈 수 있는 해상로를 찾고 있었다. 아프리카를 도는 코스가 있다고 믿는 사람들이 있는 반면 어떤 사람들은 인도양이 육지로 둘러싸여 있어서 배로는 도달할 수 없다고 생각했다. 방법이 있다 해도 시간이 너무 오래 걸릴 것이라는 의견도 많았다. 콜럼버스는 서쪽으로 가다보면 반대편에 있는 중국과 인도를 만날 것이라고 믿었다. 그러면 아시아로부터 들여온 향신료와 비단을 가지고 유럽으로 돌아올 수 있는 더 쉬운 지름길을 찾게 될 것이라고 생각했다.

그는 가만히 앉아서 계산해보았다. 카나리아 제도에서 동인도 제도로 가기 위해서는 서쪽으로 68도 기울어진 방향으로 계속 가기만 하면 됐다. 콜럼버스는 이 여정이 3,000해리(약 5,556킬로미터)를 조금 넘는 거리일 거라고 믿었다. 런던에서 아프리카를 돌아 아라비아만까지 항해하는 지름길이 11,300해리임을 감안하면 새로운 경로는 지름길인 것이 틀림없었다. 그러나 불행하게도 그는 계산 과정에서 몇 가지 중요한 실수를 저질렀다. 이 때문에 새로운 여정에서 가야 할 실제 거리를 엄청나게 과소평가한 결과를 낳게 되었다.

지구의 둘레를 추정하려는 노력은 고대부터 계속 이어져왔다. 기원전 240년에 그리스 출신의 수학자 에라토스테네스Eratosthenes는 지구 둘레가 대략 25만 스타디아stadia라고 계산했다. 그렇다면 스타디아라는 단위의 길이는 얼마나 될까? 사실 이것이 당시 콜럼버스의 거리 계산이 가진 가장 큰 문제점 중 하나였다. 어떤 측정 단위를 기준으로 사용하는가에 따라 측정 결과가 달라지기 때문이다. 에라토스테네스 시대에는 스타디아를 거리 측정의 기본 단위로 사용했는데 이는 육상 경기장의 길이를 가리켰다. 문제는 그리스에서는 육상 경기장의 길이가 185미터인 반면 에라토스테네스가 일했던 이집트에서는 157.5미터로 그리스보다 훨씬 짧았다는 것이다. 에라토스테네스가 그리스 대신 이집트 경기장의 길이로 지구 둘레를 계산했다면 실제 값인 40,075킬로미터에서 2퍼센트 차이밖에 나지 않았을 것이다.

콜럼버스는 서양에서 알프라가누스Alfraganus라는 이름으로 알려진 중세 페르시아 지리학자 아부 알아바스 아마드 이븐 무함마드 이븐 카티르 알파르가니Abu al-Abbas Ahmad ibn Muhammad ibn Kathir al-Farghani가 추정한 값을 사용하여 지구 둘레를 계산했다. 알프라가누스가 계산에 사용한 측정 단위인 마일이 4,856피트(약 1.48킬로미터)의 길이를 가진 로마 마일이라고 가정하여 계산한 것이다. 하지만 실제로 알프라가누스는 이보다 훨씬 더 긴 7,091피트(약 2.16킬로미터)의 길이에 해당하는 아랍 마일을 썼다.

콜럼버스는 이 잘못된 계산 덕분에 가야 할 거리의 반밖에 안 되는 바다 한가운데에서 음식과 보급품이 바닥날 수밖에 없는 운명에 처했다. 하지만 다행히도 산살바도르라는 바하마의 작은 섬에 우연히 발을 디디게 되었다. 그는 실수를 깨닫지 못한 채 자신이 동인도 제도에 도착했다고 생각했다. 그리고 그는 그 섬의 주민들을 인도 사람들이라는 뜻의 인디언이라고 불렀다.

지구의 동쪽으로 가는 진정한 지름길은 훗날 인간이 인위적으로 만들게 되었다. 나폴레옹은 이집트에 있는 동안 지중해와 홍해 사이에 운하를 내는 일을 놓고 고민했다. 그러나 몇몇 잘못된 계산 때문에 그는 홍해가 지중해보다 10미터 더 높다고 믿게 되었다. 그 값이 사실이라면 지중해와 국경을 접한 나라들은 홍수를 겪게 되고, 이를 피하려면 먼저 복잡한 시스템을 구축해야만 했다. 그렇다면 이 아이디어는 프랑스에게 너무나 감당하기 힘든 난이도의 과제였다.

하지만 후에 두 바다의 수위가 실제로는 같다는 것이 밝혀졌다. 그러자 운하를 만들려는 아이디어 추진에 탄력이 붙었다. 1869년 11월 17일, 드디어 지중해와 홍해를 잇는 지름길이 개통되었다. 재미있는 사실은 수에즈운하가 프랑스 통제하에 있었지만 그곳을 가장 먼저 통과한 것은 영국 국적의 배였다. 영국 군함 뉴포트호의 선장은 운하가 개장되기 전날 밤 어둠이 내리고 불빛이 전혀 없는 틈을 타서 대기하고 있던 배들을 앞질러 전열의 맨 앞으로 가서 자신의 배를 정박시켰다. 운하의 개장을 축하하기 위해 모두 깨어났을 때는 이미 홍해로 가는 길목을 뉴포트호가 차지했다. 이런 상태에서 기다리고 있던 배들을 운하로 통과시키는 유일한 방법은 제일 앞자리를 차지하고 있던 영국 배를 먼저 통과시키는 것이었다. 뉴포트호의 선장은 공식적으로는 영국 해군의 질책을 받았지만 개인적으로는 해군본부로부터 엄청난 홍보 효과를 거두었다고 칭찬을 받았다.

수에즈운하는 런던에서 아라비아만까지의 거리를 8,900킬로미터가량 단축시킴으로써 기존의 여정보다 43퍼센트 더 빠르게 끝낼 수 있게 해주었다. 이 지름길이 갖는 중요성은 역사적으로 얼마나 많은 분쟁이 이 운하를 두고 일어났는지를 통해 알 수 있다. 가장 유명한 사건은 1956년 이집트의 대통령 가말 압델 나세르가 영국의 통제로부터 운하를 탈취함으로써 수에즈 사태를 촉발시킨 케이스다. 오늘날 세계 선박의 7.5퍼센트가 이 운하를 통과한다. 그에 따라 이집트 정부가 소유한 수에즈운하 당국은 연간 50억 달러를 벌어들이고 있다.

세계적으로 매우 중요한 또 다른 지름길인 파나마운하는 1914년에 열렸다. 이 지름길을 통하면 배들이 남미의 케이프 혼을 항해하지 않아도 된다. 대서양과 태평양을 연결하는 파나마운하는 배가 통과하는 몇 개의 수문으로 이루어져 있다. 이런 구조는 해수면이 서로 달라서가 아니라 공사에 너무 많은 비용이 들어 수심을 깊게 팔 수 없었기 때문에 만들어진 것이었다. 선박들은 인공적으로 만들어진 호수를 지나 파나마

운하를 통과하게 된다.

최초로 지구 둘레를 측정하다

지구를 한 바퀴 도는 세계 일주 항해가 16세기 초까지 불가능했는데 에라토스테네스는 어떻게 기원전 240년에 지구의 둘레를 정확하게 측정해냈을까? 분명 줄자로 잴 수는 없었을 것이다. 그가 쓴 방법은 지구 표면에서 잴 수 있는 짧은 거리를 먼저 측량한 다음 몇 가지 수학적 도구를 영리하게 사용하여 이 거리를 확장시켜 지구의 전체 거리를 측정하는 것이었다.

에라토스테네스는 알렉산드리아 도서관의 사서였다. 그는 수학에서 천문학, 지리학에서 음악에 이르기까지 많은 분야에서 뛰어난 과학적 기여를 한 사람이다. 그러나 이러한 혁신적 업적에도 불구하고 그와 동시대를 산 사람들은 그의 능력을 무시했다. 아직 최고의 사상가 반열에 오르지 않았다는 인식을 주려고 그에게 '베타'Beta 라는 별명을 붙이기까지 할 정도였다.

그의 기발한 아이디어 중 하나는 소수 목록을 체계적으로 만드는 방법이었다. 에라토스테네스는 1부터 100까지의 숫자 중에서 소수를 구하기 위해 다음과 같은 알고리즘을 제안했다. 먼저 2를 제외하고 2의 배수인 모든 수를 제거한다. 이는 두 칸씩 이동하면서 다음에 나오는 숫자를 계속 지우면 되는 단순한 작업이다. 그런 다음 2보다 크면서 아직 지워지지 않은 다음 수로 이동한다. 그 수는 3일 것이다. 이제 3을 제외한 3의 배수를 모두 차례대로 지워나간다. 이쯤되면 에라토스테네스가 제안한 숫자를 지우는 알고리즘이 무엇인지 알 수 있을 것이다. 그다음 숫자 목록에서 지워지지 않고 남아 있는 숫자는 5다. 지금까지 적용한 방법을 반복한다. 다섯 칸씩 이동하면서 숫자를 지워가는 것이다.

이것이 소수 목록을 구하는 에라토스테네스 알고리즘의 핵심이다. 즉 제거되지 않고 남아 있는 그다음 숫자로 이동한 다음 그 숫자의 배수에 해당하는 수들을 차례로 지우는 것이다. 체계적으로 이런 작업을 반복하여 마지막으로 7의 배수를 삭제하고 나면 1부터 100까지 숫자 중에서 소수만 남는다.

매우 영리한 알고리즘이다. 이러한 지름길을 이용하면 그다지 많은 생각을 하지 않아도 되기 때문이다. 컴퓨터가 실행하기에도 매우 적합한 알고리즘이다. 문제는 이것이 소수 목록을 만들어내는 매우 느린 방법이라는 점에 있다. 이 방법이 지름길인 유일한 이유는 소수 목록을 별 생각 없이 기계처럼 만들어낼 수 있기 때문이다. 내가 칭송하고 싶은 지름길은 이런 종류의 지름길이 아니다. 내가 원하는 지름길은 바로 소수를 알아내는 더 영리한 전략이다.

하지만 에라토스테네스가 찾아낸 지구 둘레 계산법에는 높은 점수를 주고 싶다. 이 계산 뒤에는 확실히 어떤 영감이 있었기 때문이다. 에라토스테네스는 매년 특정 날짜에 태양이 바로 머리 위에 온다는, 도시 시에네에 소재한 한 우물에 대한 이야기를 듣게 되었다. 그 이야기에 따르면 매년 하짓날 정오에는 태양이 바로 머리 위에 뜨기 때문에 이 우물에 그림자가 생기지 않는다는 것이었다. 시에네는 오늘날 아스완으로 불리며 북위 23.4도에 위치한 도시다. 그곳은 가장 북쪽으로 태양이 올라오는 위도인 북회귀선으로부터 얼마 멀지 않은 곳이다. 따라서 이 위치에 서 있으면 태양이 바로 머리 위까지 올라오게 된다.

에라토스테네스는 특정 일자에 태양이 어디에 위치하는지만 알면 지구의 둘레를 계산할 수 있다는 것을 깨달았다. 그 실험을 하기 위해 지구 전체에 줄자를 댈 필요는 없지만 약간 걷는 정도의 수고는 필요했다. 그는 하지에 알렉산드리아에 기둥을 하나 세웠다. 그 기둥의 위치가 시에네에서 볼 때 정북에 해당한다고 믿었다. 사실은 경도 기준으로 2도 정도 어긋나 있었기 때문에 완전한 정북 방향은 아니었지만 어쨌든 그의 실험정신에는 박수를 보내고 싶다.

머리 위에 태양이 올라오는 하지가 되면 시에네의 우물에는 그림자가 생기지 않는다. 반면 알렉산드리아에 세운 기둥에는 북쪽으로 그림자가 생긴다. 기둥의 그림자 길이와 기둥의 길이를 측정한 후 에라토스테네스는 이를 이용하여 같은 비율의 삼각형을 만들고 삼각형 내부의 각도를 측정하였다. 이 정보를 이용하면 지구 둘레상에서 알렉산드리아가 시에네로부터 얼마나 멀리 떨어져 있는지를 알 수 있었기 때문이다. 그가 측정했던 삼각형의 각도는 7.2도로, 전체 원의 50분의 1에 해당하는 각도였다. 이제 그가 지구 둘레를 구하기 위해 남은 것은 알렉산드리아에서 시에네까지의 거리를 구하는 일이었다.

자신이 직접 그 거리를 걷는 대신 베마티스트bematist라고 불리는 전문 측량사를 고용했다. 베마티스트는 두 도시 사이를 직선으로 걸으며 거리를 측정하였다. 이 측정에서 오차가 발생하면 계산 결과에 심각한 영향을 미치게 된다. 측정 결과는 당시 존재하던 길이 측정 단위 중 비교적 큰 단위인 스타디아로 기록되었다. 측정 결과, 알렉산드리아는 시에네에서 북쪽으로 5,000스타디아 거리에 위치하는 것으로 밝혀졌다. 앞선 계산에 따르면 이 거리는 완전한 지구 둘레의 50분의 1에 해당하는 거리여야 한다. 따라서 지구 둘레는 25만 스타디아가 된다. 오늘날 우리는 에라토스테네스가 고용한 측량사가 1스타디아를 측정하기 위해 몇 걸음을 걸었는지는 정확히 알 수 없지만, 지구 둘레에 대한 그의 측정 결과는 꽤 놀라울 정도로 정확했다. 약간의 기하학적 원리를 이용함으로써 지구 전체를 걸어다닐 사람을 고용할 필요가 없었다.

기하학이라는 단어도 이 실험에서 유래되었다. 기하학을 표현하는 단어는 그리스어로 'geo'는 지구, 'metry'는 측정을 가리키며 지구를 측정한다는 뜻이다.

삼각법, 세상의 거리를 재는 도구

고대 그리스인들은 수학을 지구를 측정하는 일에만 사용하지 않았다. 그들은 밤하늘을 측정할 때도 수학을 쓸 수 있다는 것을 깨달았다. 그리고 이를 가능하게 한 도구는 망원경이나 정교한 줄자가 아니라 '삼각법'trigonometry 이었다.

에라토스테네스가 지구의 둘레를 계산한 방법에 이미 삼각법이 적용된 흔적이 있다. 삼각법은 삼각형의 각도와 변의 길이 사이의 관계를 설명하는 수학이다. 삼각법은 고대의 수학자들이 지구 표면에서 살아가는 안락함을 굳이 포기하지 않고도 우주를 측정할 수 있는 특별한 지름길을 제공해주었다.

예를 들어 기원전 3세기에 사모스의 아리스타르코스Aristarchus 는 삼각법을 사용하여 지구에서 태양까지의 거리를 계산했다. 이 계산에서는 지구에서 달까지의 거리가 비교 기준이 되었다. 이 계산을 하기 위해 달이 반쯤 찬 날에 달과 지구, 태양 사이의 각도(삼각형의 세 점 사이의 각도)

를 측정하기만 하면 된다. 달이 반쯤 찼을 때는 지구와 달, 태양이 이루는 각도가 정확히 90도가 된다(그림 4-1 참고). 이렇게 측정된 각도를 이용하여 삼각형을 그리면 지구에서 달까지의 거리와 지구에서 태양까지의 거리 사이의 비율을 계산할 수 있다. 삼각법에 따라 같은 비율이 종이 위에 그린 작은 삼각형에서도 동일하게 나타난다. 이 계산은 삼각형의 크기가 크든 작든 상관없이 동일한 비율이라는 점을 영리하게 이용하고 있다. 아리스타르코스가 측정했던 이 비율을 현대수학에서는 코사인이라고 부른다.

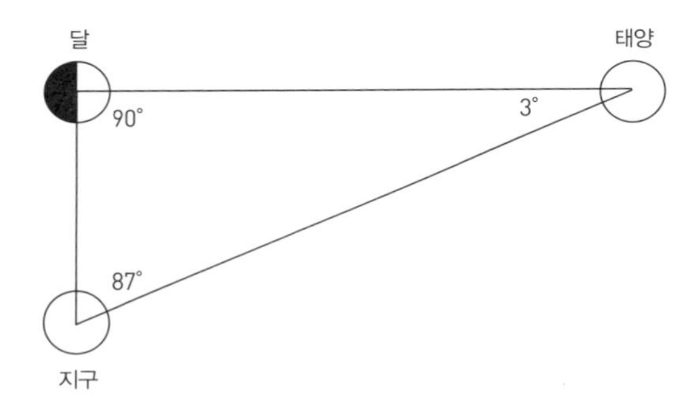

그림 4-1 삼각형을 이용한 태양계의 측정

비율이 아닌 실제 거리를 계산하기 위해서는 하나의 각도와 하나의 길이를 측정하면 된다. 삼각법의 창시자라고 일반적으로 알려진 히파르코스Hipparchus는 지구와 달, 태양 사이의 실제 거리를 알아내는 영리한 방법을 발견했다. 그가 이용한 것은 일식과 월식 현상이었다. 특히 기원전 190년 3월 14일에 일어난 일식을 이용했다. 에라토스테네스와 마찬가지로 히파르코스는 지구의 두 지점에서 이루어진 관측 값을 이용했다. 이날 헬레스폰투스에서는 태양이 모두 가려지는 개기일식이 관측

되었지만 알렉산드리아에서는 달이 태양의 5분의 4 정도만 가리는 부분일식이 관측되었다. 에라토스테네스의 경우와 동일하게 히파르코스는 지구에서 측정할 수 있는 값인 두 도시 사이의 거리를 알고 있었다. 그는 자신이 알고 있던 두 도시 사이의 거리와 일식 현상을 통해 측정한 각도를 써서 달이 지구로부터 얼마나 떨어져 있는지를 삼각법으로 계산할 수 있었다.

이 삼각법의 힘은 대단했다. 히파르코스는 이 과정을 거치면서 첫 번째 삼각함수표를 만들었다. 이 삼각함수표를 이용하면 직각 삼각형에서 한쪽 꼭짓점의 각도만으로도 삼각형을 이루는 세 변의 상대적 비율을 알 수 있다. 이 삼각함수표는 수학자들에게 매우 중요한 지름길이 되었다. 더 이상 수많은 삼각형을 그린 다음 일일이 변의 길이와 각도를 측정할 필요가 없어졌기 때문이다.

모든 변의 길이가 같고, 세 꼭짓점의 각도가 60도인 정삼각형을 예로 들어보자. 꼭짓점의 각도를 30도로 나눈 후 아랫변과의 각도가 90도가 되는 선을 아래쪽로 그어라. 그 결과 새로 생긴 직각삼각형에서 각도

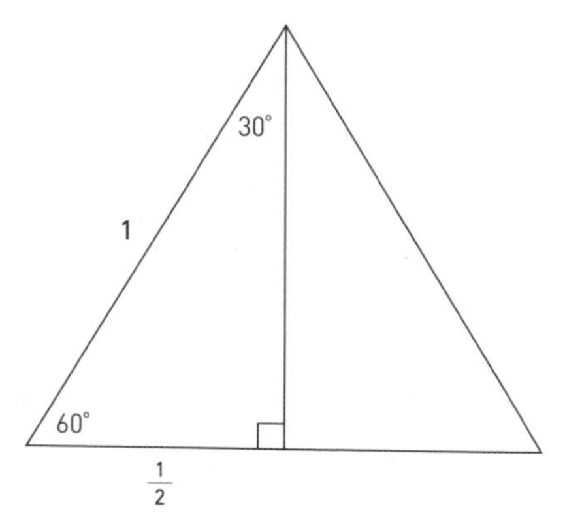

그림 4-2 코사인 60의 값을 구하는 법

60도를 이루는 두 변 간의 길이 비율이 바로 코사인 60이다. 다음의 그림을 보면 코사인 60의 값을 쉽게 구할 수 있다. 그 값은 2분의 1이다. 새로 그려진 직각삼각형의 밑변 길이가 정삼각형의 밑변 길이의 절반이기 때문이다.

하지만 수학자들은 하나의 삼각형에서의 코사인과 그 각도의 절반인 삼각형에서의 코사인을 연결하는 영리한 공식을 발견했다. 이 공식으로 우리는 더 많은 계산을 할 수 있게 되었다.

$$\mathbf{Cos(x)^2 = \frac{1}{2} + \frac{1}{2}Cos(2x)}$$

이 공식을 사용하면 다양한 각도에서의 코사인 표를 작성할 수 있었다. 그리고 이 표는 밤하늘을 가장 효과적으로 측정하는 도구가 되었다. 뿐만 아니라 지구상에서의 측량에서도 중요한 역할을 했다. 가우스가 하노버 토지 측량에 참여했을 때에도 이 표를 사용했을 것이다. 오늘날에도 측량 기사들은 이러한 수학적 지름길을 사용하고 있다. 예를 들어 나무의 높이를 측정할 때 나무의 밑부분에서 꼭대기까지 줄자를 대는 것은 어려운 일이다. 대신 나무로부터 일정 거리를 걸은 다음 그 지점에서 나무 꼭대기까지의 각도를 측정하면 된다. 그 지점으로부터 나무 밑부분까지의 거리를 측정한 다음 이전에 측정했던 각도의 탄젠트tangent 값을 찾으면 되기 때문이다. 탄젠트는 직각삼각형에서 직각을 끼고 있는 두 변 사이의 비율을 의미한다. 이 경우에는 나무의 높이와 나무 밑부분으로부터 각도를 측량한 지점까지의 거리 사이의 비율이 되겠다. 이렇게 삼각법을 이용하면 사다리를 놓고 올라가지 않아도 나무의 높이를 알아낼 수 있다.

삼각법의 힘은 미터 단위를 측정함에 있어서도 훌륭하게 증명되었다. 미터는 길이의 기본 단위이므로, 1미터를 측정하는 것이 뭔가 이상하다고 생각할 수도 있겠다. 그러나 이 이야기는 1미터라는 것이 무엇을 의미하는지 정의하는 것에서부터 시작된다.

좌충우돌 미터의 역사

최초의 고대 문명이 도시를 건설하기 시작한 이래로 건축을 계획하려면 먼저 측정 단위가 필요하다. 가장 최초의 측정 단위에 대한 이야기는 신체의 일부를 사용했던 고대 이집트 시대로 거슬러 올라간다. 이집트 시대에 사용되었던 길이를 측정하는 단위인 '큐빗'cubit 은 팔꿈치에서 가운뎃손가락 끝까지의 길이를 의미했다. 미터법 이전에는 이처럼 신체 부위를 사용한 측정 단위가 많이 쓰였다. 예를 들어 '풋'foot 이라는 측정 단위의 정의는 굳이 말하지 않아도 짐작하겠지만 발의 길이다. 많은 유럽 언어에서 인치inch와 엄지thumb는 같은 뜻의 단어다. 야드yard는 인간의 보폭과 밀접한 관련이 있다. 흥미로운 사실 중 하나는 앵글로색슨 시대에 땅을 측정하는 데 사용된 측정 단위인 로드rod는 일요일 아침에 교회 문을 나선 16명의 왼발 길이를 모두 더한 값으로 정의되었다는 것이다. 우리가 모두 다른 모양과 크기의 발을 가지고 있다는 것을 고려하면 측정된 로드의 길이는 사람마다 달라질 것이다.

헨리 1세는 이런 문제를 해결하기 위해서는 왕의 신체가 측정 단위들을 표준화하는 데 사용되어야 한다고 주장했다. 그는 야드를 왕의 코 끝에서부터 팔을 쭉 뻗었을 때의 엄지손가락 끝에 이르는 거리로 정한다고 법령을 발표했다. 그러나 이 역시 새로운 군주가 왕좌에 오를 때마다 야드의 길이가 바뀌는 문제가 발생한다는 점에서 분명 문제가 있는 법이었다. 프랑스혁명의 지도자들은 모든 사람이 접근할 수 있는 좀 더 보편적인 도량 체계가 마련되어야 한다고 믿었다. 갈릴레오는 진자의 흔들림이 추의 무게나 진폭이 아니라 길이의 영향이라는 사실을 증명했다. 이 사실을 이용하여 갈릴레오는 앞뒤로 흔들리는 데 2초가 걸리는 진자의 길이를 1미터로 정의하자고 제안했다. 하지만 진자의 흔들림이 중력의 세기에도 의존한다는 것이 후에 밝혀졌다. 게다가 중력의 세기는 전 세계에서 위치에 따라 모두 다르게 나타난다는 점도 문제였다.

1미터의 정의는 결국 적도에서 극점까지의 거리를 1,000만 분의 1로 나눈 값을 사용하는 것으로 결정되었다. 이론적으로는 누구나 이 거리를 측정할 수 있겠지만 실제 거리를 측정하는 단위로 이것을 사용하는 일이 비현실적이라는 것은 명백했다. 프랑스 천문학자 피에르 메생Pierre Méchain과 장바티스트 들랑브르Jean-Baptiste Delambre는 적도에서 극점까지의 거리를 측정함으로써 1미터에 대한 표준을 정립한 후 파리로 돌아왔다. 지구 둘레를 직접 측정할 필요가 없다는 것을 깨달았던 에라토스테네스처럼 두 과학자는 대략 같은 경도에 위치하고 있는 됭케르크에서 바르셀로나 사이의 거리만 측정하기로 결정했다. 그런 후 에라토스테네스가 했던 것처럼 계산에 따라 거리를 확장함으로써 적도에서 극점까지의 거리를 얻었다.

들랑브르는 북쪽의 됭케르크에서, 남쪽을 맡은 메생은 바르셀로나에서 각각 출발했다. 두 사람은 중간 지점인 프랑스 남부의 로데즈에서 만나기로 약속했다. 그렇다면 그들은 어떤 식으로 계산을 하여 미터를 구했을까? 우선 두 사람이 공통으로 거리 측정에 사용할 표준 길이가 필요했다. 하지만 문제는 표준 길이가 있어도 됭케르크에서 바르셀로나까지 가는 모든 길에 이 표준 길이를 깔아놓을 수는 없다는 점에 있었다.

이때 삼각법과 삼각형의 힘이 발휘된다. 들랑브르는 됭케르크에 있는 한 교회의 탑 꼭대기에서 건너편 쪽에 삼각형의 다른 두 꼭짓점이 될 수 있는 높은 지점을 찾았다. 그들이 해야 할 일은 이 두 지점 중 하나와 교회의 탑 사이의 거리를 측정하는 것이었다. 이것은 피할 수 없는 일이었다. 일단 한 지점까지의 거리만 측정하면 그다음에는 삼각형에서 이 변을 중심으로 양쪽 끝에서 생성되는 두 개의 각도를 측정하여 삼각형의 나머지 두 변의 길이를 계산할 수 있다. 각도를 측정하는 데는 보르다 반복 원Borda repeating circle이라고 불리는 장비가 사용되었다. 이 장비는 눈금이 붙어 있는 공유 축에 둘 사이의 각도를 측정할 수 있는 두 개의 망원경이 장착된 구조를 갖는다. 들랑브르는 이 장비를 이용하여 교회의 탑 꼭대기에서 정한 두 개의 높은 지점에 망원경을 맞추고 망원경 사이의 각도를 간단하게 읽을 수 있었다.

그는 계속해서 삼각형을 이루는 다른 점들 중 하나로 망원경을 옮겨 삼각형의 두 번째 각도를 얻었다. 그런 다음에는 삼각법을 이용하여 삼각형의 나머지 두 변의 길이를 구했다. 하지만 이런 측정법에는 정말 영리한 점이 있다. 이런 식으로 삼각형의 세 변의 길이를 알게 되면, 이 삼각형의 세 변 중 하나와 됭케르크의 교회 탑 꼭대기에서 고른 또 다른 두 개의 높은 지점을 연결하여 또 다른 새로운 삼각형을 만들 수 있기 때문이다. 이 경우 새롭게 만들어진 삼각형의 한 변의 길이는 이미 알고 있는 셈이 된다. 그럴 경우 보르다 반복 원을 이용하여 두 개의 각도를 측정하고 삼각법을 통해 새로운 삼각형의 나머지 두 변의 거리를 계산할

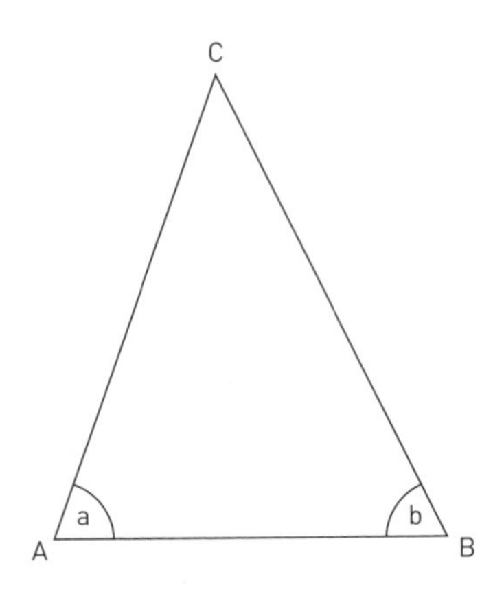

그림 4-3 A, B 사이의 거리와 a, b의 각도를 알면 삼각법을 이용해 C에서 A, B까지의 거리를 계산할 수 있다.

수 있었다.

이것은 거리 측정에서 매우 훌륭한 지름길이라고 할 수 있다. 이렇게 되면 됭케르크에서 바르셀로나까지의 거리 중 과학자들은 단 하나의 거리만 측정해도 충분하기 때문이다. 그다음부터는 계속해서 삼각형으로 연결하면서 각도 측정만으로도 나머지 거리를 구할 수 있었다. 삼각 측량법은 땅에서의 거리를 측량하는 데 있어서도 매우 편리한 지름길을 제공한다. 높은 곳에서 내려다보며 필요한 삼각형의 꼭짓점을 정하기만 하면 거리를 측량하는 데 요구되는 각도를 편안하게 구할 수 있기 때문이다. 이렇게 되면 어떤 지점 사이를 일일이 걸어서 발걸음으로 거리를 재거나 거리 막대기를 매번 들이댈 필요가 없어지게 된다.

하지만 높은 곳에 올라 망원경을 통해 지형을 내려다보는 작업에 전혀 위험성이 없는 것은 아니었다. 당시 망원경과 이상한 장비로 지형을 측량하기에 적당한 시대 상황은 아니었기 때문이다. 그 시기는 프랑스 혁명이 맹위를 떨치던 때였다. 프랑스 전체를 가로지르며 탑과 나무 꼭대기에서 망원경으로 측량을 하는 이 두 과학자를 현지인들은 스파이로 의심하고 공격하기도 했다. 실제로 들랑브르는 파리 북쪽의 벨 아시즈에서 스파이 혐의로 체포되기도 했다. 도대체 스파이가 아니라면 왜 그런 이상한 장비를 들고 탑 꼭대기에 올라가겠는가? 그는 과학 아카데미를 위해 지구의 크기를 측정하고 있다고 설명했지만 술 취한 군인이 끼어들며 말했다. "이제 더 이상 아카데미 같은 곳은 없다. 우린 이제 모두 평등하다. 너를 체포하겠다." 측량을 시작한 지 7년이 지난 후 들랑브르와 메생은 마침내 거리 측정의 표준이 될 미터 단위와 함께 의기양양하게 파리로 돌아왔다.

두 과학자의 측량 결과로 얻은 미터 단위에 해당하는 길이의 백금 막대가 주조되었다. 그리고 1799년부터 이 표준 미터 막대는 프랑스의 기록보관소에 보관되었다. 하지만 미터 단위의 경우에도 어떤 면에서는 헨리 1세가 법령을 공포했던 야드와 비슷한 문제를 겪었다. 단 하나의 표준 막대만 존재하기 때문이다. 야드와 달리, 미터는 보편적 정의에 따라 만들어졌음에도 불구하고 과학자들은 보편적 정의를 이용하여 미터를 직접 측정하는 대신 좀 더 쉬운 방법을 택했다. 적도에서 극까지의 거리를 직접 측정하는 것보다는 프랑스로 가서 표준 막대의 복제본을 얻어오는 방법을 선택한 것이다.

이동 거리를 최소화하려면

들랑브르와 메생이 나중에 만날 장소로 됭케르크와 바르셀로나의 중간 지점을 고른 것은 분명 합리적인 결정이었다. 하지만 제3장을 연 퍼즐 속에 등장하는 15명의 사람들은 어떻게 해야 할까? 이들 중 다섯 명은 런던에 있고, 열 명은 에든버러에 있다. 모든 사람의 총 이동 거리를 최소화하려면 어디에서 만나야 할까? 좀 이상하게 들릴지 모르겠지만 결론적으로 그들은 모두 '에든버러'에서 만나야 한다. 얼핏 보면 전체 인원이 2대 1로 나뉘기 때문에 그에 비례하여 런던에서 에든버러까지 가는 길의 3분의 2 지점에서 만나야 한다고 생각할지도 모르겠다. 그러나 에든버러를 벗어나게 되면 어디에서 만나든지 에든버러에서 멀어지는 1마일마다 열 명의 스코틀랜드인은 총 10마일을 더 걷게 되고, 다섯 명의 영국인은 5마일을 더 적게 걷는다.

이번에는 좀 더 일반적인 문제로 바꿔서 15명이 런던에서 에든버러 사이에 무작위로 흩어져 있는 경우를 생각해보자. 이때의 정답은 런던(또는 에든버러)으로 이동하는 도중에 만나게 되는 여덟 번째 사람, 즉 가장 가운데에 위치한 사람이 있는 곳으로 향하는 것이다. 그렇지 않고 만나는 위치를 여덟 번째 사람이 있는 곳으로부터 1마일 떨어진 곳으로 정할 경우, 한쪽 그룹은 7마일을 더 걸어야 하고 다른 쪽 그룹은 7마일을 덜 걷게 된다. 이 경우 양쪽을 합하면 합은 0이 된다. 하지만 여덟 번째 사람은 굳이 필요없이 1마일을 더 걷게 되는 일이 발생한다.

이보다 더 일반적인 경우를 살펴보기 위해 이번에는 15명이 길이 가로세로 격자 모양으로 배치된 뉴욕시에 흩어져 있다고 생각해보자. 동쪽에서 서쪽으로 훑어봤을 때 여덟 번째에 해당하는 사람이 서 있는 '애비뉴'avenue (남, 북을 잇는 세로로 나 있는 도로—옮긴이)에서 만나야 한다. 반면 남쪽에서 북쪽으로 훑었을 때 여덟 번째에 해당하는 사람이 서 있는 '스트리트'street (동, 서를 잇는 가로로 나 있는 도로—옮긴이)에서 만나야 한다(일반적으로는 동서로 훑었을 때 만나게 되는 여덟 번째 사람과 다르다).

이러한 접근 방법은 인터넷 케이블상의 네트워크 교환기의 최적 위치를 찾아 소모되는 케이블의 양을 최소화하기 위한 경우에도 필요하다. 그런데 물리적 공간과 디지털 공간을 가리지 않고 공통적으로 지름길을 찾는 또 다른 흥미로운 전략이 있다. 이 전략은 역사적으로 꾸준히 이용되어 왔으며 오늘날과 같은 기술적 지형에도 적용된다.

진짜 길은 누가 만드는가

15세기 탐험가들은 지구의 한쪽 끝에서 다른 쪽 끝으로 효율적으로 갈 수 있는 기하학적 지름길을 찾고자 노력한 사람들이다. 우리는 평소 일상생활에서도 목적지에 더 빨리 도착하는 지름길을 찾으려 노력한다. 나의 경우, 런던에 우리 집에서 가장 가까운 공원을 보면 지역주민들이 공원 한쪽에서 반대쪽으로 이동할 때 이용할 수 있도록 십자형의 포장도로가 도시계획에 따라 놓여 있다. 이 도로는 겉보기에는 완벽하게 잘 배치된 것처럼 보인다. 그러나 공원에서 실제로 관찰한 바에 따르면 현실은 그렇지 않다. 포장도로 외에 잔디 위를 가로지르는, 사람들이 지나다녀서 생긴 마른 흙길이 발견되기 때문이다. 이 길은 공원의 양 끝을 이동하는 훨씬 더 빠른 경로라고 생각한 사람들 때문에 자연적으로 만들어진 길이다.

종종 도시계획을 맡은 담당자들은 직각을 이루도록 배치된 포장도로를 선호한다. 하지만 일상생활에서 우리가 이동할 때 길을 직각이 아니라 대각선으로 걷는 것이 훨씬 더 편하다. 일반적으로 인간은 두 개의 지점을 이동하는 길의 경로로 직각보다 대각선을 선호한다. 사람들이 이런 식으로 지름길을 골라서 만들어진 길을 주변에서 흔히 볼 수 있다.

직각으로 된 도로를 대각선으로 가로지르는 지름길의 흥미로운 예는 뉴욕 맨해튼에서 찾아볼 수 있다. 맨해튼의 도로가 애비뉴와 스트리트로 수직 배치된 것은 분명 이 도시가 인간으로부터 계획되었다는 증거다. 그러나 희한하게도 이런 격자식 도로망 시스템에 엉뚱하게도 대각선으로 가로지르는 거리가 하나 있는 것을 볼 수 있다. 그 거리는 바로 브로드웨이다. 이 도로는 맨해튼의 격자식 도로망을 가로질러 왼쪽 위에서부터 오른쪽 아래까지 이어져 있다. 사실 이 도로는 옛날 유럽에서 이주한 정착민들이 등장하고 맨해튼이 생기기 훨씬 전부터 이 지역 원주민들이 사용하던 길인 것으로 밝혀졌다. 브로드웨이는 윅콰스겍 트레일Wickquasgeck Trail을 따라 나 있다. 이 길은 미국 원주민들이 습지와 언덕을 피해 거주지 사이를 이동할 때 썼던 가장 짧은 지름길로 추정된다. 유럽 정착민들도 맨해튼에 도착한 후 도시를 가로지를 때 이 지름길을 계속 사용했다. 섬의 한쪽에서 다른 쪽으로 이동하는 사람들의 발걸음이 모여 자연적으로 생겨난 이 길은 현재 자동차와 보행자가 이용할 수 있도록 포장된 도로 형태로 보존되고 있다.

이런 식으로 많은 사람이 이용하여 자연적으로 만들어진 지름길을 '필요 경로'desire paths라고 부른다. 이 길을 가리켜 '황소길'이나 '코끼리길'이라고도 부른다. 종종 이런 길들은 가축들을 몰고 다니면서 형성되었기 때문이다. 《피터팬》의 작가 제임스 매슈 배리는 그 길들을 '스스로 만들어진 길'이라고 묘사했다. 누군가가 그 길을 만드는 장면이 결코 목격된 적이 없기 때문이다. 어느 누구도 그 자리에 풀을 고르고 길을 내야 한다는 의식적 결정을 한 적이 없다. 스스로 만들어진 길이라고 배리가 묘사한 것처럼 이런 길들은 서서히 그 자리에 나타나게 된다.

이러한 필요 경로 중 일부는 필요 이상으로 길이 길게 나 있는 것처럼 보여서 흥미롭다. 그 길들은 전혀 지름길처럼 보이지 않는다. 하지만 자세히 들여다보면 무언가를 피하기 위해 더 길게 만들어졌음을 알 수 있다. 피해야 할 것이 무엇인지 명확하지 않은 경우도 종종 있다. 하지만 그 지역 문화를 조금 더 깊이 들여다보면 그 이유가 미신 때문이라는 것을 발견할 수 있다. 예를 들어 어떤 지역의 사람들에게 사다리는 불운의 상징으로 여겨진다. 그런 이유로 사람들은 사다리 아래로는 걷지 않으려 한다. 이럴 경우 사다리를 피해 돌아가는 길을 선호하게 될 것이다. 물론 보통의 경우에는 영구적인 필요 경로가 생길 정도로 한 자리에 오랫동안 사다리가 설치되어 있는 경우는 없다. 러시아에서는 서로를 향해 기울어져 있는 두 기둥에 대해서도 비슷한 미신이 존재한다. 하지만 러시아의 오래된 가로등들은 종종 이런 기둥들 위에 설치된 경우가 많다. 따라서 이런 지역에서는 기울어진 기둥 사이로 지나가지 않기 위해 필요 경로가 만들어지기도 한다. 일부 도시계획자들은 이러한 현상을 도시를 계획하는 지름길로 이용할 수 있다는 것을 깨달았다. 포장된 길을 깔고 나서 뒤늦게 사람들이 이용하지 않는다는 것을 깨닫는 대신 가려는 목적지에 이르는 필요 경로를 지역주민들이 직접 선택하도록 하는 것은 매우 영리한 아이디어다. 이런 식으로 스스로 길이 나타나면 도시계획자들은 그 길 위에 포장도로를 만들기만 하면 되기 때문이다.

2011년 미시간주립대학교는 새롭게 세운 대학 건물을 통과하는 길을 어디에 배치할지 결정하기 위해 학생들의 발을 이용했다. 공중에서 보면 학생들이 지나다닌 길은 마치 파스타면이 복잡하게 얽힌 것처럼 보였다. 어떤 디자이너라도 그대로 길을 디자인하지 않았을 것이다. 최종적으로 학생들의 발을 통해 결정된 길은 캠퍼스를 가로질러 다니며 강의를 들어야 하는 모든 학생을 만족시키는 거미줄 같은 길이었다. 건축가 렘 콜하스Rem Koolhaas도 시카고에 있는 일리노이공과대학교 캠퍼스를 디자인할 때 비슷한 전략을 사용했다.

보행자와 운전자들이 도시를 어떻게 이용하는가는 눈이 내리는 날에 가장 효과적으로 파악할 수 있다. 도시 대부분의 장소는 사람들이 지나다녀 길이 보이지만 일부 장소는 발길이 닿지 않아 눈이 계속 쌓여 있기 때문이다. 이렇게 눈이 남아 있는 도로나 공원의 땅은 사람들이 도시를 가로지르는 목적에서 사용하지 않는다는 점을 확인해주는 증거다. 이런 땅들은 도로 한가운데 보행자를 보호하기 위한 교통섬으로 사용하거나 도시 예술작품을 설치하는 용도로 쓸 수 있다.

상업 영역에서도 이런 종류의 지름길을 이용한다. 즉 대중에게 스스로 데이터를 생성하게 하고 기업들은 이 정보를 가공함으로써 가치를 창출하는 것이다. 어떤 면에서 페이스북, 아마존, 구글 같은 기업들은 대중이 자주 밟고 다니는 디지털 필요 경로를 사람들이 생성한 디지털 데이터로 확인한 다음 그중 잘 다져진 지름길만 골라 상업적으로 이용하는 회사들에 불과하다. 예를 들어 트위터(현 엑스x)의 해시태그 아이디어도 기업 내부에서 먼저 제안한 것이 아니다. 트위터 사용자들이 스스로 트윗을 분류하기 위해 사용한 것에서 아이디어를 얻은 것이다. 해시태그는 2007년 8월 트위터 사용자로서 처음 그 방법을 제안한 크리스 메시나라는 사람으로부터 유래된 것으로 보인다. 그는 평소 트위터를 할 때 같은 주제에 관심이 있는 다른 사용자들을 찾는 방법을 원했다. 해시태그는 관심 있는 대화를 트위터에서 엿들을 수 있도록 하는 영리한 방법이었다. 점점 더 많은 사람들이 메시나를 따라 해시태그라는 디지털 필요 경로로 다니게 되었다. 곧 트위터 직원들은 사용자들이 스스로 낸 지름길이 있다는 사실을 알아차렸고, 2009년 트위터의 공식 기능으로 만들었다. 즉 사람들이 다니던 흙길이 포장도로가 된 것이다.

가장 짧은 길을 찾는 과학

세계지도상에 마다가스카르에서 라스베이거스까지 가장 짧은 비행 경로를 표시한다고 생각해보자. 이 경우 첫 번째 직감은 지도를 가로질러 두 장소를 연결하는 직선을 그려보는 것이다. 언뜻 보기에는 그 길이 사람들이나 새들이 실제로 이용할 것 같은 필요 경로로 보인다. 하지만 이 길은 지구의 곡률을 전혀 고려하지 않은 상태에서 생각해낸 길이다. 구의 표면에서 봤을 때의 진정한 필요 경로, 즉 가장 짧은 길은 영국과 그린란드를 거쳐 가는 항로다. 이 경로는 평평한 지도상에서 두 지점을 직선으로 이은 경로와는 전혀 다른 길이다.

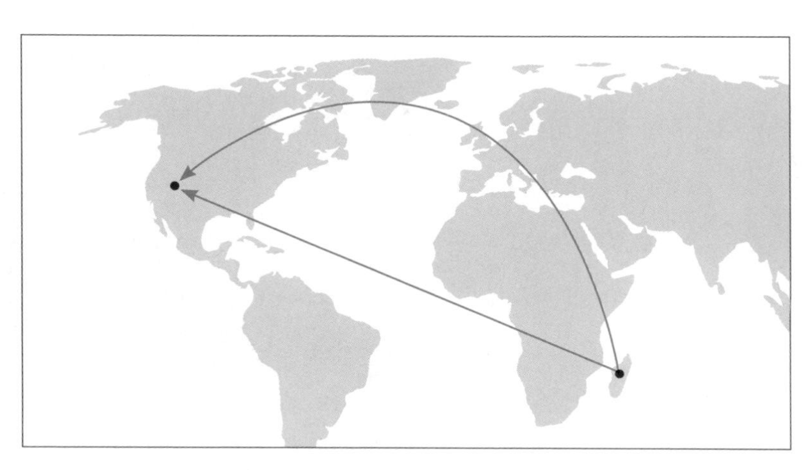

그림 4-4 마다가스카르에서 라스베이거스로 이르는 가장 짧은 길은 영국을 통과하는 항로다.

구상에서 고른 두 점 사이를 잇는 최단 경로를 '대권'이라고 한다. 지구의 경우에는 두 극점을 연결하는 경도선이 대권이다. 두 지점을 연결하는 대권을 그리려면 임의의 경도선을 하나 그린 다음 연결하려는 두 지점을 통과하는 선이 나올 때까지 지구본을 이리저리 돌려가면서 맞추면 된다. 전 세계를 대상으로 이런 지름길들이 가진 특징을 탐구해보면 몇몇 흥미로운 점들이 나타난다. 북극점과 에콰도르의 키토, 케냐의 나이로비 세 지점을 예로 들어보자. 후자의 두 도시는 적도에 꽤 가까이 있다. 이 세 지점 사이를 가장 짧은 경로로 연결하면 지구 표면상에 삼각형이 형성될 것이다. 유클리드 기하학에서는 전통적으로 삼각형의 내각의 합은 180도다. 하지만 구형인 지구 표면에 그린 삼각형은 내각의 합이 180도보다 훨씬 크다. 삼각형의 각 중 키토와 나이로비에서 형성된 각도는 둘 다 90도다. 극점에서 그은 경도선이 적도를 90도로 지나가기 때문이다. 반면 이 두 도시를 관통하는 경도선이 북극점에서 만날 때의 각도는 115도다. 결과적으로 이 삼각형의 내각의 합은 '90+90+115', 즉 295도가 된다.

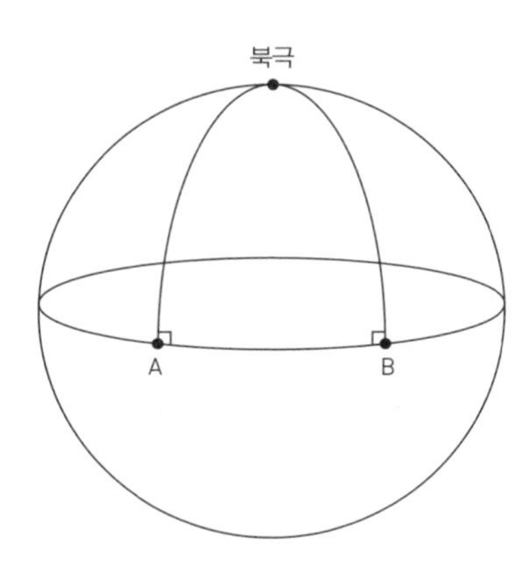

그림 4-5 구상에서의 삼각형은 내각의 합이 180도보다 크다.

삼각형 내각의 합이 180보다 작은 도형도 있다. 휘어진 변으로 이루어진 원뿔 형태의 도형을 '반구'라고 부른다. 반구의 표면에 있는 세 점을 가장 짧은 경로로 연결하여 삼각형을 만들어보자. 내각의 합이 180도보다 작은 기이한 삼각형이 나올 것이다. 반구의 경우 음의 곡률을 보이는 반면 지구와 같은 구들은 양의 곡률을 가지게 되기 때문이다. 반면 지도와 같은 평면 도형에서는 곡률이 0이 된다.

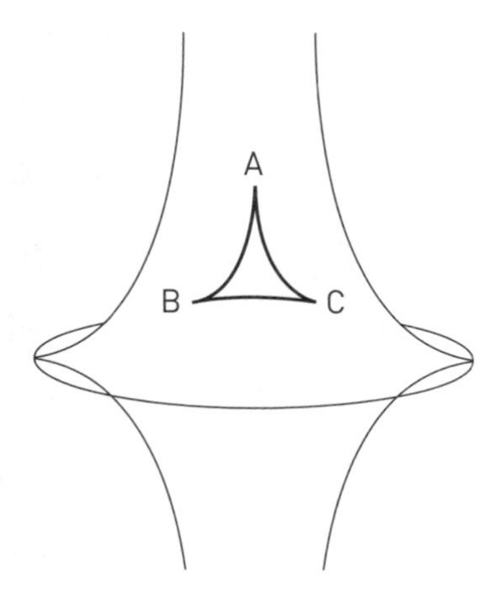

그림 4-6 반구상에서의 삼각형은 내각의 합이 180도보다 작다.

곡선 기하학은 19세기 초에 이뤄진 흥미로운 수학적 발견 중 하나다. 하지만 이 곡선 기하학을 먼저 발견했다고 주장하는 세 명의 수학자 사이에 싸움이 벌어졌다. 1830년대에 러시아 수학자 니콜라이 이바노비치 로바쳅스키Nikolai Ivanovich Lobachevsky와 헝가리 수학자 야노시 보여이János Bolyai가 거의 동시에 이 새로운 기하학을 제안했기 때문이었다. 특히 보여이의 아버지는 아들이 발견한 새로운 기하학에 감명받은 나머지 그의 친구 가우스에게 자랑하기도 했다. 그러나 가우스는 보여이의 아버지에게 다음과 같이 가시 돋친 답변을 담은 편지를 보냈다. '만약 내가 당신 아들의 업적을 칭찬할 수 없다는 말로 시작하면 당신은 분명히 한참 동안 놀라게 될 것입니다. 하지만 달리 말할 수는 없습니다. 당신 아들의 업적을 칭찬하는 것은 내 자신의 업적을 칭찬하는 것과 같기 때문입니다. 실제로 그 일의 전체 내용, 아드님이 걸어온 길, 그 결과물은 지난 30년에서 35년 동안 부분적으로 제 마음속에 있던 생각과 거의 완벽하게 일치합니다.'

실제로 가우스는 이미 수년 전 하노버를 측량하는 과정에서 지표면을 가로지르는 이상한 지름길을 포함하는 곡면 기하학을 창안했다. 여기에는 메생과 들랑브르가 표준 미터를 측정하기 위해 사용했던 삼각 측량법이 포함되어 있었다. 측량 작업 자체는 위대한 수학자에게 다소 지루해 보이는 일이었지만 다른 한편으로는 깊은 이론적 통찰을 얻는 데 촉매제 역할도 했다고 볼 수 있었다. 가우스는 지구의 표면뿐 아니라 우주도 기하학적으로는 휘어져 있을 것이라고 생각했다. 그는 괴팅겐에 자신의 집 주변에 있는 언덕 꼭대기 세 곳을 빛으로 연결해서 생기는 삼각형 내각의 합이 180도가 되는지, 아닌지를 삼각 측량법으로 측량해보기로 했다.

빛은 지름길을 좋아한다. 따라서 항상 두 점 사이에 존재하는 최단 경로를 찾아 날아다닌다. 만약 측정한 결과 삼각형 내각의 합이 180도가 아니라면 결론적으로는 빛이 곡선 경로를 따라 공간을 날아가고 있음을 증명하는 것이었다. 가우스는 3차원 공간 역시 실제로는 지구의 표면처럼 휘어져 있다는 것을 증명할 수 있게 되기를 기대했다. 하지만 실험 결과 기존의 생각을 뒤엎는 어떤 불일치도 발견하지 못하자 그는 자신의 새로운 가설을 포기했다. 그가 창안한 곡선 기하학의 경우, 수학이 우리 주변의 우주를 묘사하기 위해 존재한다는 그의 믿음과는 반대의 결과를 내놓았기 때문이다. 가우스는 자신의 아이디어를 공유했던 몇몇 친구에게 곡선 기하학은 비밀로 간직하겠노라고 맹세했다.

물론 오늘날의 우리는 당시 가우스가 측정하기에는 너무 작은 크기의 각도를 다루는 바람에 공간이 휘어져 있다는 것을 감지하기는 힘들었을 거라는 사실을 안다. 하지만 아인슈타인이 발표한 새로운 중력 이론과 시공간에 관한 기하학은 가우스의 아이디어를 다시 한번 확인해 보고자 하는 새로운 동기를 유발시켰다. 아인슈타인은 우주에 있는 두 물체 사이의 거리는 그것을 관찰하는 사람에 따라 달라질 수 있다는 사실을 발견했다. 만약 당신이 빛의 속도에 가깝게 여행한다면 그 거리는 짧아질 것이다. 시간 또한 마찬가지로 그것을 지켜보는 관찰자가 누구인가에 달려 있는 것처럼 보였다. 즉 사건이 일어나는 순서도 관찰자가 어떻게 움직이는지에 따라 달라질 수 있다는 의미다. 이 문제에 대한 아인슈타인의 획기적 해법은 3차원 공간과 1차원 시간이 합해진 4차원 기하학을 통해 시간과 공간을 함께 고려하는 것이었다. 이 새로운 시공간에서 기하학적으로 거리를 측정하려면 곡선 형태의 도형을 다룰 수 있어야 했다.아인슈타인의 통찰에 따라 중력은 뉴턴이 말한 힘의 개념이 아닌 시공간 기하학상에서의 휘어짐으로 재정의되었다. 아인슈타인 이론의 핵심은 질량이 큰 물체는 시공간을 휘어지게 만들어 우주의 구조를 뒤틀리게 한다는 것이다. 더 이상 중력은 단순히 물체를 끌어당기는 힘이 아니라는 것이다. 따라서 기존과는 다른 방식으로 이야기를 풀어가야만 했다. 새로운 기하학에 따르면 중력은 물체들이 이 기하학적 시공간을 통과하는 지름길이라고 정의할 수 있다. 즉 물체가 자유 낙하하는 것은 지구가 끌어당기는 것이 아니라 한 지점에서 다른 지점으로 가는 기하학적 최단 경로를 찾는 현상에 불과한 것이다. 따라서 태양 주위를 도는 행성은 보이지 않는 끈과 같은 힘의 영향으로 끌어당겨지는 것이 아니라 단순히 이 4차원 시공간상에 만들어진 경사를 따라 굴러 내려오는 것이라고 이해하면 된다. 말도 안 되는 생각처럼 보이지만 아인슈타인은 자신의 주장을 입증할 해법을 가지고 있었다. 행성과 마찬가지로 빛 역시 우주를 이동할 때 가장 짧은 길을 찾아야만 한다. 만약 빛이 질량이 큰 물체 주위를 지나가야 한다면 선택할 수 있는 가장 짧은 경로는 그 물체를 감싸듯 휘어져 돌아가는 길이 될 것이다.

영국 천문학자 아서 에딩턴Arthur Eddington은 아인슈타인의 이론이 옳은지 시험하는 방법이 있다는 것을 깨달았다. 그것은 1919년 지구에 닥칠 개기일식을 이용하는 것이었다. 아인슈타인의 이론에 따르면 먼 별에서 나온 빛이 태양을 지날 때는 중력의 영향으로 휘어져야 한다. 이런 사실을 확인하기 위해 태양의 눈부심을 차단하고 별빛을 볼 수 있게 해주는 개기일식이 필요했던 것이다. 결국 이날의 개기일식을 통해 실제로 큰 질량의 둥근 물체 주위에서 빛이 휘어진다는 사실이 확인되었다. 빛이 택하는 가장 짧은 경로는 직선이 아니라 아인슈타인의 이론대로 휘어진 경로라는 것이 증명된 것이다.

아인슈타인의 상대성 이론이 암시한 대로 질량에 따라 공간이 구부러지고 뒤틀린다면 먼 거리의 우주를 가로질러 갈 수 있는 지름길을 발견할 수 있을지도 모른다. 아인슈타인은 우주여행에는 속도 제한이 있다는 사실을 발견했다. 우주여행을 할 때 낼 수 있는 속도의 한계는 진공에서의 빛의 속도다. 우주에서 어떤 것도 빛의 속도보다 빠를 수 없다는 뜻이다. 이런 속도의 한계가 존재하기 때문에 우리가 은하의 한쪽에서 다른 쪽으로 이동하려 할 경우 문제가 심각해진다. 엄청나게 오랜 시간이 소요되기 때문이다. 이는 많은 공상과학 작가가 직면한 난제였다. 어떻게 극 속 캐릭터를 몇 년씩 오랜 시간을 들이지 않고도 우주의 한 장소에서 다른 장소로 이동시킬 수 있을까? 이 문제에 대해 종종 등장하는 해결책은 웜홀을 이용하는 것이다. 웜홀은 아인슈타인의 중력장 방정식을 풀 때 얻을 수 있는 특수한 해다. 시공간 기하학의 틈바구니에 존재하는 일종의 상상 속 지름길인 것이다. 웜홀은 산을 통과하는 터널에 비유할 수 있다. 다만 이 터널은 우주 공간에 존재하는 지름길로써 이동하는 데 수백만 년 걸릴 우주의 두 지점을 순식간에 연결시켜 준다.

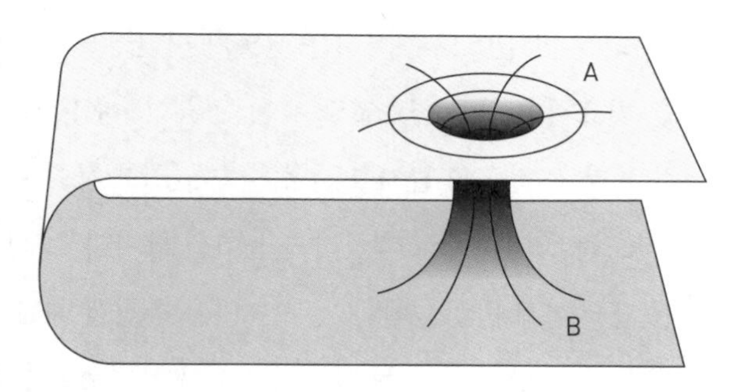

그림 4-7 우주의 A 지점에서 B 지점으로 가는 경로에는 멀리 돌아가는 길과 웜홀을 통과하는 지름길이 있다.

결론적으로 괴팅겐의 언덕 한쪽 꼭대기에서 다른 쪽 꼭대기로 빛이 이동할 때 직선이 아닌 휘어진 경로를 따라갈 것이라는 가우스의 생각은 옳았다. 다만 그런 현상을 확인하려면 훨씬 더 큰 규모에서 관찰했어야 했다. 즉 하노버가 아닌 우리 은하를 대상으로 관찰해야 하는 문제였던 것이다. 아인슈타인은 항상 자신의 상대성이론이 19세기의 수학자들이 만들어놓은 기하학에 기초한 것이라는 점을 인정하며 이렇게 말했다. "현대 물리 이론의 발전과 특히 상대성이론의 수학적 기초에 대한 가우스의 공로는 실로 압도적이다. (…) 사실 나는 순수 기하학 문제에 몰두함으로써 큰 즐거움을 찾을 수 있었다고 고백하기를 주저하지 않겠다."

생각의 지름길로 가는 길

만약 어떤 지역 A에서 B로 여행을 계획한다면 이때 빛이 어떻게 가장 빠른 길을 찾는지를 생각해보는 일이 도움이 된다. 때때로 거리는 더 길어도 우회하는 경로가 시간상으로는 더 빠르기 때문에 빛은 필요한 대가를 치르고도 빠른 길을 선택한다. 물론 실제 지형을 측정하는 것은 단순히 줄자를 사용할 수 없기 때문에 어려운 작업이다. 반면 각도는 상대적으로 측정하기 용이한 값이다. 이런 이유로 사인과 코사인 값은 항상 밤하늘이나 지구 표면을 측정할 때 훌륭한 지름길 역할을 해왔다. 뿐만 아니라 처음에는 도저히 접근하기 힘들 것 같은 대상을 측량할 때도 환상적인 지름길로 사용될 수 있다. 많은 사람이 스스로 지름길을 찾게 하는 도시설계자들의 전략은 단지 공원을 가로지르는 지름길을 찾는 용도에서만 적용되는 것은 아니다. 대중이 스스로 최적의 해법을 찾도록 하는 것은 당신이 직접 해야 할 모든 일에 들일 수고를 생략할 수 있는 잠재적 지름길이다.

쉬어가기

산을 오르듯 지름길을 찾아라

나는 걷기를 좋아한다. 느리게 걷다보면 빠르게 돌아가는 우리 삶에서 종종 지나쳐 버리는 풍경과 자연을 새로운 눈으로 바라볼 수 있기 때문이다. 나에게 산책은 단순히 A에서 B로 이동하는 일이 아니다. 그것은 종종 A에서 다시 A로, 먼 길을 돌아 처음 장소로 되돌아오는 것을 즐기는 일이다. 내게는 걷는 것 자체가 일종의 지름길이다. 시속 3마일은 무언가를 생각하기에 완벽한 속도다. 루소가 《고백록》Confessions에 썼듯 '나는 걸을 때만 생각할 수 있다. 걷다가 멈추면 생각도 멈춘다. 내 정신은 내 다리가 움직일 때만 작동한다'. 걷기는 수학적 발견으로 가는 나만의 지름길이다. 나의 잠재의식이 새로운 방식으로 주어진 문제를 살펴볼 수 있도록 내가 반드시 돌아가야 할 우회 경로다.

로버트 맥팔레인Robert Macfarlane은 저서《오래된 길》The Old Ways에서 걷기와 사고 사이의 연관성에 대해 이야기한다. 그는 비트겐슈타인이 어떻게 노르웨이의 시골길을 걸으면서 자신의 연구에서 중요한 돌파구를 발견했는지를 이렇게 묘사한다. "'내 안에 새로운 사상을 낳은 것 같다'라고 철학자는 썼다." 비트겐슈타인이 그의 생각을 묘사하기 위해 선택한 단어는 맥팔레인이 지적한 것처럼 시사하는 바가 크다. 비트겐슈타인은 '생각의 길'로 번역되는 'Denkbewegungen'(덴크브비곤)이라는 단어를 사용했다. 맥팔레인이 묘사한 대로 '길weg을 따라 걷는 과정에서 구체화된 아이디어'라는 뜻이 되는 것이다.

맥팔레인은 산책, 트레킹, 여행, 풍경 속에 파묻히기를 좋아했다. 그의 책들은 도보 여행에 대한 아름다운 찬양이라고 할 수 있다. 나는 그가 지름길에 대해 어떻게 생각하는지 대화를 나누어보고 싶었다. 우리가 항상 지름길만 찾는다면 무엇을 놓치게 될까? 맥팔레인은 이렇게 말한다. "저는 스코틀랜드 북동부에서 제가 가장 사랑하는 산맥인 케언곰산의 정상까지 산악 열차를 타고 올라갈 수 있습니다. 그럴 경우 산악 열차가 정상에 오르는 가장 짧은 지름길이라는 사실은 느낄 수 있겠지만 그 과정에서 아무런 만족과 즐거움을 발견할 수는 없을 겁니다. 반면 이틀에 걸쳐 산 정상까지 걸어서 올라간다면 그곳은 내가 가본 가장 특별한 장소 중 하나가 되겠죠."

맥팔레인은 스코틀랜드의 신비주의자이자 산악가인 윌리엄 허치슨 머리W. H. Murray에 대해서도 소개했다. 머리의 글은 이러한 장소에 도달하는 것이 가진 힘을 묘사하는데 그가 제2차 세계대전 중 전쟁 포로 수용소에 수감된 동안 모은 휴지에 이런 말을 썼다. '어떤 사람의 영혼이 무거워지거나 가벼워질 때 사람들은 자연스럽게 높은 곳으로 올라가려 한다.' 포로 수용소에 갇힌 몸으로는 그런 여행을 할 수 없었기에 머리는 마음속으로 스코틀랜드의 고지대를 가로질러 걸었다. 맥팔레인의 또 다른 영웅은 모더니스트 작가이자 시인 낸 셰퍼드Nan Shepherd다. 셰퍼드는 1940년대에 쓴 《살아 있는 산》The Living Mountain의 결말에서 울프와 워즈워스 등이 얘기했던 소위 '존재의 순간'이 어떻게 만들어지는지에 대해 썼다. 그는 '존재의 순간은 걸을 때만 만들어진다. 한 시간, 두 시간 걷다보면 감각이 살아나고 우리의 육체는 투명해진다'라고 말했다. 이에 맥팔레인은 정말 놀라운 문장이라고 찬사를 보내며 이렇게 말했다. "'이 언덕에서는 서두를 일이 없다.' 그는 이렇게 말하고 싶었던 것 같습니다. 여기에서의 지름길은 어떤 것을 빨리 발견하는 것과는 완전히 반대되는 개념이죠."

맥팔레인은 오늘날 우리가 즐거움을 느끼기 위해 걷는 많은 길이 신석기 시대때부터 존재해온 길이라는 사실을 상기시켜준다. 그 길들은 지름길이었다. 모든 것이 척박했던 환경에서 생활하던 신석기 시대 사람들은 에너지 소비와 자원 간에 균형을 맞추는 일이 중요했다. 따라서 그들이 더 짧은 지름길을 찾고도 그 길을 이용하지 않았을 확률은 매우 낮다. 멀리 돌아가는 길들이 사색의 기회를 주느냐 하는 것은 당시에는 전혀 중요하지 않은 문제였을 것이다.

하지만 항상 그런 것은 아니다. 맥팔레인이 지적하듯 때때로 신석기 문화는 생존과 무관한 프로젝트에도 과도한 자원을 소비했다. 이 점을 설명하기 위해 그는 영국 레이크 지방의 컴브리아주에 위치한 리틀 랭데일에서 발굴된 손도끼에 얽힌 놀라운 이야기를 들려주었다. 이 손도끼는 신석기 시대에 만들어진 모든 길이 효율성을 추구하기 위해 만들어진 것은 아니라는 사실을 보여주는 증거다. 이를 설명하는 맥팔레인의 말이다. "그 계곡의 낮은 지층에서도 손도끼용 바위들이 완벽하게 노출되어 있었습니다. 따라서 그들이 원하는 도구를 만드는 데 전혀 문제가 없었을 겁니다. 그럼에도 불구하고 그들은 기머 크랙Gimmer Crag이라고 불리는 험준하고 높은 바위산 위까지 올라갔다는 사실은 명백하죠."

나는 그들이 얼마든지 쉽고 안전한 곳에서도 구할 수 있는 돌을 얻기 위해 힘든 곳까지 왜 올라갔는지 궁금했다. 맥팔레인은 "어떤 장소로부터 물건을 분리해내어도 그 장소가 가진 기운은 물건에 여전히 남기 때문입니다."라고 말하며 이렇게 덧붙였다. "이런 이유로 선사 시대에는 지름길뿐 아니라 어렵고 힘든 길도 함께 이용되었을 거예요."

이번에는 맥팔레인이 나에게 질문을 던졌다. "수학에서도 생산적인 측면에서 보면 비정상적일 정도로 굳이 멀리 돌아가는 길에 해당하는 예가 있나요?" 나는 추론이 하나의 예라고 생각했다. 추론은 마치 산봉우리를 오르는 일과 같다. 교재의 뒷부분에 정답이 있지만 굳이 답을 찾아보고 싶지 않아 하는 것도 산을 오르는 일과 마찬가지이기 때문이다. 답을 찾아보는 일은 케언곰산의 꼭대기까지 산악 열차를 타고 오르는 것과 같다. 산 정상에 도착했을 때의 만족도는 오를 때까지 얼만큼의 시간이 걸렸는지에 달려 있다. 그렇다고 하더라도 지루하기만 한 풍경을 참고 견디며 정상에 오르고 싶지는 않다. 고된 일처럼 느껴지는 산책도 있다.

수학에는 너무 쉬워서 지루한 것과 너무 복잡해서 이해할 수 없는 것 사이에 감도는 이상하고도 묘한 긴장감이 있다. 존 카웰티John Cawelti는 저서《모험, 미스터리 그리고 로맨스》Adventure, Mystery and Romance에서 이러한 종류의 긴장을 문학적으로 묘사하고 있는데 이는 수학에서도 동일하게 적용된다. '만약 우리가 질서와 안전만을 추구한다면 결과는 지루함과 단조로움이 될 가능성이 높다. 반면 변화와 새로움을 추구하며 질서를 거부할 경우 위험과 불확실성이 나타난다. 문화의 역사는 질서에 대한 추구와 권태로부터의 탈피 사이에 일어나는 역동적인 긴장으로 해석될 수 있다.'

때때로 정상에 오르기 위해 먼 길을 가야 하는 일이 즐거움의 일부가 된다. 페르마의 마지막 정리는 350년간 수 세대에 걸쳐 수학자들을 이상하고 난해한 땅으로 떠나도록 만들었고, 마침내 목적지에 도달하는 길이 발견됐다. 그 과정에 만난 여러 우회로와 기나긴 여정은 페르마의 정리를 증명하는 과정에서 우리가 찾을 수 있었던 즐거움의 일부다. 통과하기에 어려운 수학적 수렁에 떠밀리지 않았다면 우리가 결코 손대지 않았을 매혹적인 영역이 수학 세계에 있음을 페르마의 정리를 통해 발견할 수 있었기 때문이다.

증명하는 과정이 짧고 쉬웠다면 페르마의 마지막 정리에 별다른 의미를 부여하지 않았을지를 생각해보는 것도 흥미로운 일이다. 리만 가설과 같은 거대한 미해결 난제는 우리에게 던지는 숙제와 풀어내기 위해 쏟아야 할 노력 그 자체로부터 아우라를 얻는다. 우리는 이런 난제를 에베레스트에 오르는 일에 비유한다. 정상에 도달하는 것이 어렵지 않다면 우리는 아마도 해법에 도달한 성과 자체를 높게 평가하지 않을 것이다.

내가 수학에서 즐기는 것은 황무지를 고단하게 건너가는 것이 아니라는 점을 맥팔레인에게 설명하기 위해 노력했다. 오히려 내가 즐기는 것은 험준한 산에 가로막히는 것 자체다. 그럴 때 나는 산을 통과하기 위한 길을 찾기 위해 애쓴다. 그 과정에 발견하게 되는 샛길, 터널, 지름길로 느낄 수 있는 특별한 흥분을 즐기는 것이다. 나의 설명에 맥팔레인은 이렇게 말했다. "당신이 무엇을 해야 하는지에 대해 당신의 손이 어떻게 묘사하는지를 지켜보고 있었습니다. 당신 손은 등반가처럼 보입니다. 당신은 걷는 사람이 아니라 암벽등반가처럼 보여요. 내가 뜻하는 등반가는 등산가라기보다는 기계체조 선수에 가까운 암벽등반가입니다. 언덕을 오르는 것과는 또 다른 영역이죠."

맥팔레인은 암벽등반을 즐겼을까? 그는 이렇게 답했다. "비록 실력이 형편없기는 했지만 몇 년 동안 암벽등반에 빠져 살았습니다. 그리고 등반가들이 말하는 고비에 대해 이야기하길 즐겼지요. 모든 위대한 등반에는 고비가 있습니다. 이것은 난제를 해결하기 위해 노력하는 과정에서 겪게 되는 일과 매우 유사한 듯합니다. 등반가들은 이를 볼더링bouldering 문제라고 부릅니다. 쉬운 지점에서 시작해 반복하다 보면 어느새 고난도 지점에 이르게 되고 여기에서 몇 번이고 미끄러지게 되죠. 이 지점은 우리를 좌절시키고 원하는 역동적 도약을 할 수 없게 만듭니다. 그렇게 여러 번의 실패를 겪은 후 결국 그 구간을 통과해냈을 때에는 정말 짜릿한 기분을 느끼게 됩니다. 볼더링은 일종의 문제를 푸는 활동이에요."

수학적 난관에 부딪히면서 느끼는 좌절감 뒤에 그것을 극복해내고 느끼는 희열이 따라온다는 것을 잘 알고 있다. 맥팔레인과 만나기 전, 나는 다큐멘터리 영화 〈프리 솔로〉Free Solo를 봤다. 이 영화는 유명 등산가 알렉스 호놀드Alex Honnold가 요세미티국립공원의 엘 캐피턴을 로프 없이 올라가는 과정을 기록한 것이다. 엘 캐피턴은 정상에 오르기까지 여덟 곳 정도의 고비가 있는데 이것은 수학으로 치면 리만 가설에 해당하는 구간이다. 그중 가장 어려운 고비에 해당하는 구간을 '볼더링 문제'라고 부른다. 폭이 연필보다 넓지 않은, 멀리 떨어져 있는 얇은 핸드홀드를 붙잡고 건너가야 하는 구간이다. 수직에 가까운 벽을 건너가기 위해 엽기적인 가라테 킥 동작이 필요하다. 몸을 묶고 있는 로프 없이 하는 등반이기 때문에 만약 실패하면 그 순간 죽음을 맞게 된다. 계속해서 미끌어지거나 떨어지는, 이런 사치스러운 일은 절대 누릴 수 없다. 이 등반에서 가장 인상 깊었던 것 중 하나는 정상으로 가는 가장 짧은 길이 직선이 아니라는 점이었다. 호놀드가 최종적으로 정상으로 올라가기 위해 선택한 길은 중간중간 자주 아래로 내려와야 하는 경로였다. 암벽등반의 지름길은 산 표면을 구불구불 올라가는 이상한 경로다.

나는 당신이 산 정상에 오르는 길을 어떤 기준으로 결정하는지 궁금하다. 제일 빠른 길? 경치가 가장 좋은 길? 가장 힘든 길? 에베레스트 정상까지 오르는 길에 이름이 붙여진 경로만 열여덟 개가 있다. 그중 몇 개는 지금까지 한 번도 등반된 적이 없는 길이다. 대부분의 등반가는 사우스콜South Col과 노스콜North Col, 두 가지 경로를 이용한다. 영국 등산가 조지 맬러리George Mallory는 노스콜을 통해 오르려다 죽었다. 그는 에베레스트의 여러 경로 중 '아름다운 경로'에 대해 말하곤 했다. 그것은 가장 어려운 경로는 아니다. 난이도보다는 아름다운 경치로 유명한 길이다. 수학자들도 아름다운 증명에 대해 자주 이야기한다는 점을 비추어 볼 때 이런 이름이 붙여진 것은 흥미롭다. 어떤 특징이 길을 아름답게 만드는 것일까? 맥팔레인은 이렇게 말했다. "아름다움은 움직임이나 선 자체가 연속적일 때 나타나죠. 아름다운 경로에서는 굳이 왼쪽으로 건너가서 다음 능선을 택할 필요가 없도록 선이 이어져 있습니다. 혹은 바위의 특징과 관련 있을 수도 있습니다. 바위가 잘 부서지지 않고 단단한 경우가 이에 해당합니다. 말 그대로 우리가 아름다움을 설명하려고 허공에 그리는 선의 우아함이 아름다운 경로의 특징이 될 겁니다. 물론 여기에는 위험도 따르죠. 아름다운 경로는 이 모든 것을 하나로 묶고 있습니다. 반면 가장 어려운 경로도 있죠. '타이거 라인'이라고 합니다. 그리고 가장 직선 코스인 '디레티시마'diretissima 도 있습니다."

'가장 직접적인 선'이라는 뜻을 가진 이 단어는 이탈리아 등반가 에밀리오 코미치Emilio Comici가 한 말에서 유래되었다. 코미치는 "언젠가는 나도 나만의 경로를 만들고 싶다. 정상에서 물 한 방울을 떨어뜨렸을 때 물이 흘러내리는 경로가 나의 길이 될 것이다."라고 말했다. 이러한 경로는 일종의 낙하 라인이라고도 할 수 있다. 경사면에서 가장 완벽한 내리막 경로에 해당하는데 한 줄기 물이 자유 낙하할 때 택하게 되는 길이기 때문이다.

이런 특징들은 맥팔레인이 기상 조건이 불안해지거나 밤이 가까워질 때 산에서 빨리 내려오기 위해 고려하는 지름길의 핵심 조건이었다. "나쁜 기상 조건이 다가오고 있거나 특히 몸 상태가 급격히 나빠져서 최대한 빠르게 산에서 내려와야 할 때는 낙하 라인을 찾게 됩니다. 이론상으로는 그 경로가 낮은 고도의 땅으로 가는 가장 빠른 길이며 그곳에 안전과 쉼터가 있기 때문입니다." 그러나 낙하 라인에 놓여 있는 위험요소도 고려해야 한다. 맥팔레인의 설명은 이랬다. "낙하 라인을 따라 내려가면 균열된 틈에 갇히게 될 수도 있어요. 누구도 그런 위기 상황에 놓이고 싶지는 않을 겁니다. 빠르게 내려가야 하는 경우에는 고려해야 할 것들이 매우 많습니다. 낙하 라인을 따라 내려가면서 취하는 위험한 움직임 속에 균형을 유지하기 위해 바빠지죠. 그 과정에서 좋은 결정을 하기도 하고, 나쁜 결정을 하기도 합니다. 지름길은 경이로울 수 있지만 위험하기도 한 거죠."

나는 이런 지름길이 맥팔레인의 생명을 구했던 경우가 있었을지 궁금했다. 그는 "제가 선택한 낙하 라인 중 가장 최고의 경험은 작은 눈사태를 만나 서핑하듯 내려온 것이었습니다."라고 답했다. "우리는 스코틀랜드산에서 내려오는 중이었습니다. 시간은 너무 늦어졌는데 가파른 눈 비탈에 이르게 됐죠. 그 지점은 눈이 덮여 있지 않았다면 절대 도달할 수 없는 곳이었어요. 하지만 눈이 땅을 평평하게 만들고 또 발밑의 많은 문제를 해결해주었습니다. 눈은 알갱이가 큰 설탕처럼 부드러웠어요. 그래서 문제가 될 정도의 눈사태는 일어나지 않으리라는 것을 눈을 보고 알았습니다."

그가 이 이야기를 들려줄 때 여전히 무섭게 들렸다는 점은 인정해야겠다. 일반적으로 산비탈에서 결코 마주치고 싶지 않은 것이 눈사태이기 때문이다. 맥팔레인의 이야기는 이렇게 마무리됐다. "우리는 눈사태를 이용하면 200피트 정도를 안전하게 하강할 수 있다는 걸 알았습니다. 그래서 눈 비탈에 엎드려서 눈이 우리를 데려가도록 몸을 맡겼죠. 눈은 출발한 곳에서 200피트 아래쪽으로 우리를 물에 젖은 상태로 안전하게 내려놓았습니다. 엄청난 경험이었어요. 우리가 내렸던 리스크에 대한 판단은 훌륭했습니다. 지금껏 발견했던 것 중 가장 신나는 지름길이었습니다."

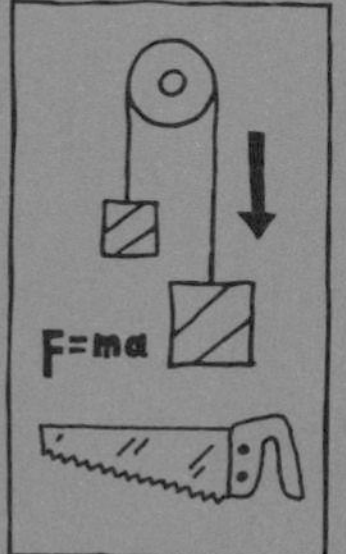

제5장

다이어그램의 지름길

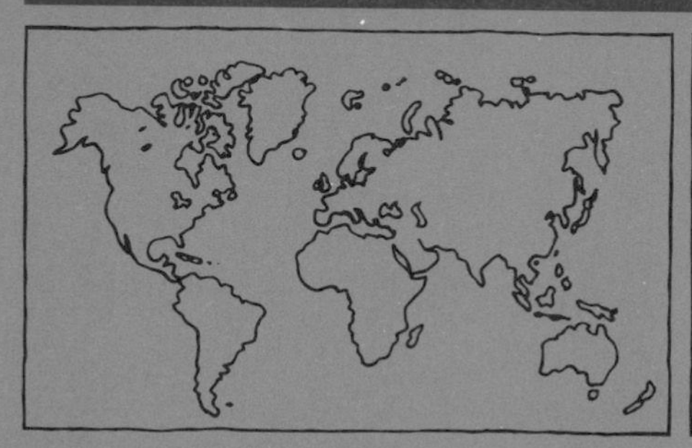

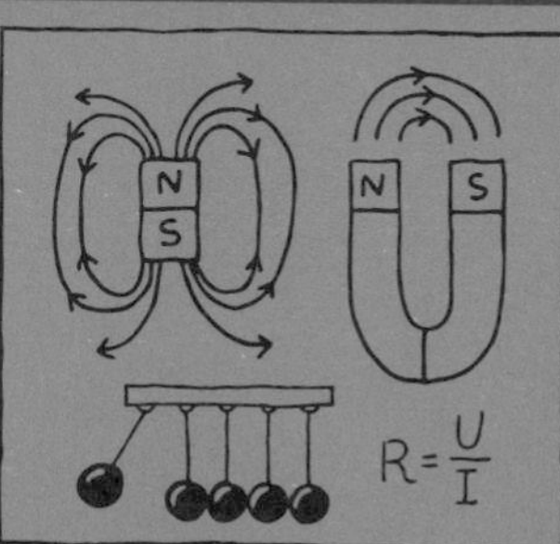

다음은 쿠엔틴 타란티노 감독의 영화 〈저수지의 개들〉에 나오는 노래를 다이어그램으로 표현한 것이다. 이 노래는 과연 무엇일까?

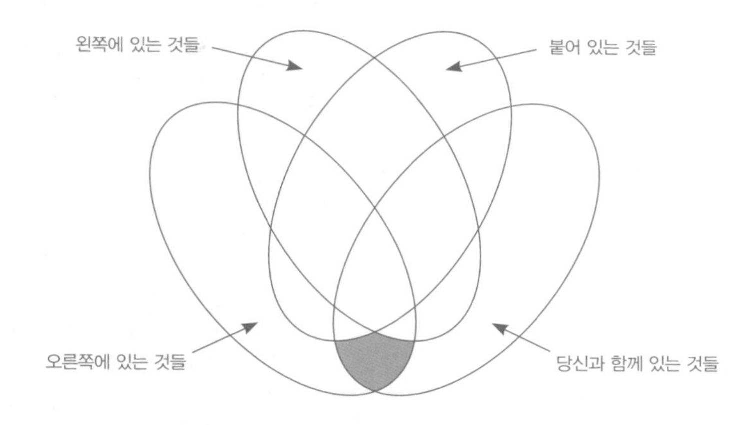

한 장의 사진이 천 마디 말의 가치가 있다면 이를 궁극의 지름길이라고 불러도 무방하다. 레오나르도 다빈치도 그렇게 생각한 것 같다. “화가라면 순식간에 그릴 수 있는 어떤 것을 시인은 말로 묘사하기 위해 수면과 배고픔을 극복해야 한다.” 인류 역사상 말을 옮기는 문자가 비교적 새로운 발명품인 반면 인간이라는 생물학적 종으로 진화한 이래로 줄곧 우리는 시각적 이미지에 담긴 의미를 해석하는 능력을 개발해왔다.

예를 들어 트위터 사용자들이 텍스트만 있는 트윗보다는 이미지나 동영상이 포함된 트윗에 반응할 확률이 세 배나 더 높다는 사실이 밝혀졌다. 이런 이유 때문에 빠르고 효과적으로 콘텐츠를 전달하려는 기업들의 경우, 인스타그램 같은 시각 지향적 소셜미디어 앱을 핵심 플랫폼으로 점점 더 많이 선택하고 있다. 잘 디자인된 이미지가 몇몇 단어보다는 훨씬 더 효과적으로 메시지를 전달하는 놀라운 도구로 사용될 수 있기 때문이다.

때때로 수학에서도 방정식으로 전달하지 못한 아이디어를 그림을 통해 소통할 수 있다. 마이너스 1의 제곱근이라는 개념은 수 세기 동안 수학자들에게 비정상적 일탈로 여겨져왔다. 이 수를 결국 주류 수학계로 끌어들인 것은 허수를 2차원 지도로 묘사한 가우스의 그림이었다. 숫자를 그림으로 나타냈을 때 정치적 힘이 생긴다는 사실은 1855년 가우스가 죽기 직전에야 증명되었다.

숫자보다 강렬한 충격을 준 그림

1854년 11월, 나이팅게일이 튀르키예의 스쿠타리 지역에 있는 병원에 도착했을 때 그는 눈앞에서 목격한 장면에 충격을 받았다. 크림전쟁은 1년 동안 격렬하게 벌어지는 중이었고 전쟁에서 부상당한 수많은 영국군을 돌봐야 했다. 그런데 병원 건물은 오물로 가득 찬 웅덩이 위에 지어져 있었고, 위생시설도 제대로 갖추지 못한 채 열악한 환경에 노출되어 있었다. 지저분할 뿐 아니라 환자들로 초만원을 이룬 상태였다.

나이팅게일은 즉시 환경 개선부터 세탁소 설치, 보급품 관리, 영양가 있는 음식 제공에 착수했다. 하지만 개선 효과는 즉시 나타나지 않았다. 최선의 노력을 다했음에도 사망률은 계속해서 증가했다. 정성 어린 간호만으로는 충분하지 않은 무언가가 있었다. 나이팅게일이 이렇게 승산 없는 전투를 수 개월째 벌이고 있을 때, 콜레라 전문가 존 서덜랜드John Sutherland 박사와 위생전문가 로버트 롤린슨Robert Rawlinson이 현장에 도착했다. 그들은 현장조사를 통해 근본적 문제가 '식수'에 있다는 사실을 발견했다. 물탱크가 죽은 동물들로 막혀 있었고 화장실에서 새어 나온 배설물들도 탱크로 스며들고 있었다. 서덜랜드와 롤린슨은 일단 물탱크를 깨끗하게 씻어냈다. 그러자 확실한 변화가 나타나기 시작했다. 소위 '위생위원회'의 이러한 조치로 모든 군병원의 상황이 급속도로 호전되었다. 한 달 만에 전염병 사망자 수가 절반으로 줄었고, 일 년이 됐을 때는 98퍼센트가 감소했다. 1855년 1월에 2,500명이 훨씬 넘었던 사망자 수가 1856년 1월에는 42명으로 줄어들었다.

전쟁이 끝난 후, 나이팅게일은 지난 18개월 동안 자신이 겪은 일을 돌아보았다. 전쟁 중에 많은 사람이 목숨을 잃는 것은 어쩔 수 없는 일이다. 하지만 그가 받아들일 수 없었던 사실은 질병으로 죽는 사망자 수가 전투 부상으로 죽는 사람보다 훨씬 더 많다는 점이었다. 질병으로 1만 8,000명이 넘는 사람들이 죽었다. 이들이 살려낼 수도 있었던 생명이었다는 점에 그는 절망감을 느꼈다. 전쟁이 끝난 후 그가 몰두한 과제는 어떻게 하면 다시는 이런 비극이 일어나지 않도록 군병원을 개선할 것인가 하는 것이었다. 그러나 그는 군병원을 상대로 급진적 개혁의 시급함을 설득하는 일이 결코 쉽지 않은 일임을 잘 알고 있었다.

나이팅게일은 어렵게 빅토리아 여왕과 그의 참모들을 접견할 수 있었다. 그 만남에서 나이팅게일은 많은 군인이 병원에서 죽은 원인에 대한 조사가 필요하다는 점을 각인시켰다. 사실 여왕과 정부는 전쟁과 관련해서 더 이상 어떤 조사도 벌이고 싶지 않았다. 하지만 그러기에는 나이팅게일의 명성이 너무도 전설적이었다. 그래서 정부는 새롭게 구성된 왕실위원회에 비밀 보고서를 작성하여 제출하도록 그에게 요청했다. 나이팅게일도 정부를 도와주고 싶었지만 과연 무엇을 보고서에 써야 할까? 더 중요한 것은 자신이 현장에서 직접 본 공포와 비극을 어떻게 하면 생생하게 전달할 수 있는가였다.

나이팅게일은 그가 제시하게 될 각종 수치를 정부가 무시할까 봐 두려웠다. 동시에 전달하고자 하는 핵심적 사실은 물론이고 당장 실행에 나설 것을 요구하는 메시지가 그들의 눈에 충격적으로 비춰져야 한다는 점도 깨달았다. 그래서 그는 '장미도표'rose diagram라고 불리는 일종의 다이어그램을 만들었다. 숫자 뒤에 숨겨져 있는 메시지를 더 분명하게 드러내기 위해서였다.

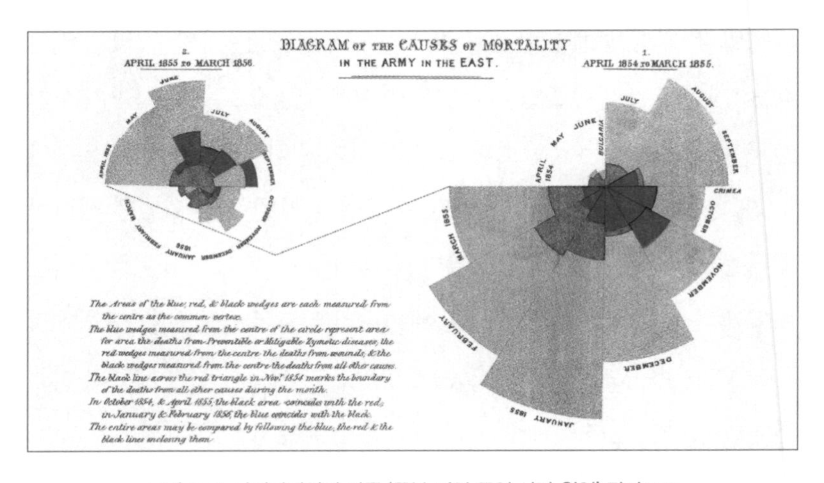

그림 5-1 나이팅게일이 만든 '동부 지역 군인 사망 원인' 장미도표

장미도표는 두 송이의 장미 모양으로 구성되어 있다. 오른쪽에 그린 장미는 전투가 일어났던 1854년부터 1855년까지 일 년간 병사들의 죽음을 매월 사망 원인에 따라 표시했다. 왼쪽의 작은 장미는 1855년에서 1856년 사이의 통계를 보여준다. 중요한 것은 각각의 색이 점유하고 있는 면적이다. 그가 붉은색(그림 5-1에서는 파란색) 색상으로 표기한 부분은 전쟁 부상으로 발생한 죽음을 의미했고, 검은색은 동상이나 사고와 같은 부상 이외의 다른 원인으로 생긴 죽음을 나타냈다. 현실에서는 이질이나 발진티푸스 등 전염병에 따른 사망이 믿기 어려울 만큼 많이 발생했기 때문에 파란색 영역(그림 5-1에서 밝은 회색으로 보이는 부분)이 가장 큰 꽃잎처럼 보인다.

사망자 수가 표시되어 있지 않음에도 파란색 꽃잎이 차지하는 면적은 보는 사람에게 충격적인 인상을 심어주었다. 1854년의 겨울이 깊어갈수록 그 면적은 점점 더 커지고 1855년 1월에만 무려 2,500명 이상의 사람이 죽었다. 반면 왼쪽의 장미는 상황이 그렇게까지 악화될 필요가 없었음을 대비적으로 보여준다. 파란색 꽃잎이 차지하는 영역이 훨씬 줄어들었음을 알려준다. 이는 병원 내 위생 개선으로 감염병 사망자 수가 극적으로 감소한 것을 의미했다.

군의 잘못된 의료 행정으로 발생한 수천 명의 군인의 불필요한 죽음을 영국 기득권층이 강렬하게 인식하도록 만든 것은 보고서에 쓰인 단어들이 아니었다. 바로 이 한 장의 다이어그램이었다. 놀랍도록 눈에 띄는 다이어그램의 시각적 효과는 보는 즉시 사람들의 마음을 사로잡았고, 앞으로 의료계를 영원히 변화시킬 급진적 개혁을 시작하게 해주었다.

다이어그램을 사용하는 목적은 우선 보는 사람들의 시선을 붙잡는 데 있다. 사람들의 뇌를 끌어들이는 것은 그다음이다. 나이팅게일은 말에 둔감한 귀를 가진 대중의 두뇌에 말로는 전달하지 못한 것을 다이어그램을 써서 눈으로 '감화'해야 한다고 말했다. 다이어그램은 숫자에 숨겨져 있는 메시지를 드러내는 지름길을 제공한다.

나는 최근 나이팅게일의 보고서처럼 의료와 관련해 정부를 설득하는 데 유용한 현대 버전의 시각적 효과에 대해 콜롬비아대학교 전염병학 교수 이안 립킨Ian Lipkin에게 배울 기회가 있었다. 그는 수년 동안 유행병 대응책에 관해 정부측에 조언해왔다. 하지만 미 정부에 전염병의 잠재적 위험성을 설명했던 그의 첫 시도는 냉냉한 침묵만이 반응으로 돌아왔다. 아마 700페이지에 달하는 그의 심층 보고서를 아무도 읽지 않았을 것이다. 그래서 립킨은 다시 매우 압축된 버전의 보고서를 준비해 제출했다. 여전히 아무런 반응이 없었다. 그는 결국 전달 방식을 바꿀 필요가 있다는 것을 깨달았다. 립킨은 수백 페이지의 보고서 대신 영화를 만들기로 결심했다. 영화의 이름은 〈컨테이젼〉Contagion이었다. 맷 데이먼과 귀네스 팰트로가 주연을 맡은 이 영화는 바이러스가 많은 사람을 사망케 하는 상황을 시각적으로 생생하게 묘사하고 있다. 이 영화를 본 미 정부는 깜짝 놀라 전염병 방지에 필요한 대책을 마련하기로 결정했다. 빅토리아 시대에 나이팅게일의 장미도표로 거둔 성과와 같은 결과를 얻어낸 것이다.

장미도표는 복잡한 문제를 시각적으로 표현해 전달하려는 메시지를 쉽게 이해할 수 있도록 해주었다. 사실 그런 종류의 다이어그램이 그때가 처음은 아니었다. 나이팅게일은 아마도 스코틀랜드 공학자 윌리엄 플레이페어William Playfair에게서 영감을 얻었을 것이다. 1786년에 플레이페어가 펴낸《상업과 정치 지도》The Commercial and Political Atlas에는 44개의 그래프가 실려 있다. 대부분은 익숙한 x, y 형식의 그래프로, 시간에 따른 특정 값의 변화를 나타낸 것이었다. 하지만 그중 하나는 약간 달랐다. 그것은 매우 초기 형태의 막대표였고, 스코틀랜드의 수출과 수입 실적을 기록하고 있었다. x, y 그래프가 아니라 각각의 값을 막대 모양으로 나타낸 표였다. 나이팅게일은 이 표를 본 후 이를 응용하여 직접 자신만의 다이어그램을 생각해냈을 것으로 생각된다. 플레이페어는 우리의 뇌가 그림 형태로 특정 메시지를 접할 때 훨씬 더 정확하게 해독하도록 진화했다고 믿었다. 그는 이렇게 밝혔다. "모든 감각기관 중에서 눈은 감지하는 대상에 대한 정보를 가장 생생하고 정확하게 뇌에 전달한다. 특히 그 대상이 여러 수치 사이의 비율일 경우, 눈은 다른 감각기관에 비해 탁월한 우월성을 가진다."

요즘과 같은 비주얼의 시대에는 많은 숫자가 시각적으로 표현된다. 자료 속에 숨겨진 비밀을 풀어서 설명해주는 다이어그램은 강력한 정치적 도구이자 상업적 도구다. 좋은 다이어그램은 정보의 이해에 지름길을 제공하는 반면 나쁜 다이어그램은 완전히 다른 결론으로 사람들을 오도할 수 있는 위험을 내포하고 있다. 몇몇 뉴스 매체는 정치적 메시지를 전달할 때 다이어그램을 악용하는 것으로 유명하다.

다음 페이지의 그림 5-2에 표시된 막대그래프를 살펴보라. 이 다이어그램은 미국 조지 부시 대통령의 감세 정책이 끝날 경우 세금에 어떤 재앙적 결과가 나타나게 될지를 설명하기 위해 작성되었다. 왼쪽 막대그래프를 보면 언뜻 보기에 엄청난 차이가 나는 듯 보인다. 적어도 세로축의 수치가 0이 아니라 34에서부터 시작한다는 것을 깨닫기 전까지는 그렇다. 하지만 세로축이 0에서 시작하도록 다시 그린 오른쪽 막대그래프를 보면 실제로 그 차이는 훨씬 작다는 것을 알 수 있다.

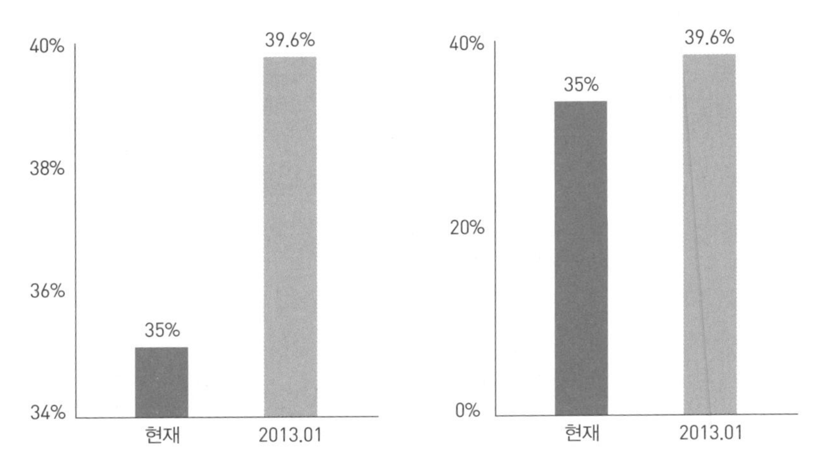

그림 5-2 세금 감면 효과를 다르게 나타내는 막대그래프

막대그래프의 또 다른 악용 사례는 다음과 같다.

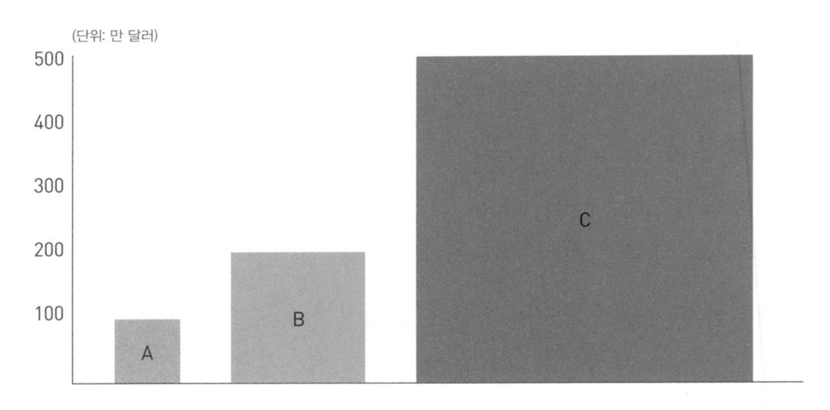

그림 5-3 기업 매출 도표의 악용 사례

이 표는 회사 C의 매출이 B 또는 A에 비해 높다는 것을 보여주는 목적을 갖고 있다. 이런 종류의 데이터를 도표로 표현할 때 중요한 것은 막대의 높이다. 그러나 이 사례에서는 막대의 높이뿐 아니라 동시에 폭

도 넓혔다. C사의 매출을 과장하기 위한 의도가 있는 것이다. 막대그래프의 높이로만 보면 C사의 매출은 A사의 다섯 배지만, 넓이로 보면 C사의 막대그래프는 A사의 것보다 25배에 달한다.

나이팅게일의 장미도표가 어떤 면에서는 한 가지 놓치고 있는 것이 있다. 그는 꽃잎의 면적이 숫자를 대신하도록 만들었다. 그러나 꽃잎이 모든 방향으로 뻗도록 배치하여 오히려 시각적인 충격 효과를 감소하는 결과를 낳았다. 장미꽃 형태를 단순한 막대그래프로 대체했더라면 파란색 영역에 해당하는 부분의 높이가 다른 영역과 비교할 때 좀 더 극적으로 대비되지 않았을까 싶다.

지도는 어떻게 만들어지는가

다이어그램을 지름길로 쓰는 완벽한 예가 바로 지도다. 지도는 나타내려는 지형의 정확한 복제본은 아니다. 지도를 살필 때 우선 고려해야 할 사항은 지도가 토지를 일정한 비율로 축소한 것이라는 점이다. 뿐만 아니라 지도에는 실제 지형의 많은 특징이 생략되어 있다. 필요한 지형을 잘 매핑한 후 꼭 필요한 특징은 남기고 불필요한 것들을 버리면 이 지도는 길을 찾는 데 있어 놀라운 지름길로 쓸 수 있다.

나는 루이스 캐럴의 마지막 소설《실비와 브루노 완결편》Sylvie and Bruno Concluded에 나오는 지도를 만들 때 정보를 생략하는 것을 인정하지 않는 나라에 대한 이야기를 좋아한다. 그 나라 사람들은 그들의 지도가 얼마나 정확하게 만들어지는지에 대해 자부심을 가지고 있었다.

'우리는 1마일 대 1마일의 실 축척으로 온 나라의 지도를 만들었습니다.'
'그럼 그 지도를 많이 쓰나요?'
'아직 지도를 펴본 적은 없습니다. 농부들이 반대했기 때문입니다. 지도가 온 나라를 덮으면 햇빛을 막을 거라면서요! 그래서 우리가 만든 지도 대신 지금은 실제 지형을 지도 대신 사용하고 있습니다. 실제 지형도 나름 지도로서의 기능을 잘하고 있다고 자신 있게 말씀드릴 수 있습니다.'

캐럴이 유쾌하게 지적했듯 지도는 무엇을 생략할지에 대한 선택을 할 필요가 있다.

인간이 만든 최초의 지도 중 일부는 지구가 아닌 밤하늘의 지도다. 프랑스 남서부의 라스코Lascaux 동굴의 벽화는 일 년 주기의 시작을 알리는 데 종종 사용되었던 플레이아데스성단을 지도화하여 표현한다. 반면 지구를 대상으로 만든 첫 번째 지도 중 하나는 기원전 2,500년 전 바빌로니아의 한 서기가 만든 점토판이다. 점토판은 두 언덕 사이 계곡을 흐르는 강을 표현하고 있다. 언덕은 반원으로 표현되었고 강은 선으로, 도시는 원으로 그려졌다. 그리고 지도를 어느 쪽으로 놓고 봐야 하는지 방향도 표시되어 있다. 전 세계를 지도화하려는 첫 번째 시도 역시 바빌로니아인들로부터 기원전 600년 전쯤에 이루어졌다. 그들이 만든 지도에는 기호가 표시되어 있었다. 바빌로니아인들은 지구를 물로 둘러싸인 둥근 물체로 표현했다. 땅이 놓인 모습에 대한 그들의 생각을 나타낸 것이었다.

그러나 지구가 평평하지 않고 구 형태라는 사실이 알려지면서 지도 제작자들은 구형의 지구를 2차원 지도로 만드는 흥미로운 도전을 마주했다. 16세기 네덜란드 지도 제작자 헤라르뒤스 메르카토르Gerardus Mercator는 이에 대해 영리한 해결책을 제시한 인물로 알려져 있다. 당시는 바다를 통해 지구를 탐사하는 붐이 일었던 대항해시대였다. 따라서 메르카토르의 주된 목표는 선원들이 지구의 한 지점에서 다른 지점으로 이동하는 데 필요한 지도를 만드는 것이었다. 선원들이 항해할 때 쓰는 핵심 도구는 나침반이었다. 배를 몰고 지점 A에서 B로 가는 가장 쉬운 방법은 목적를 가리키는 나침반의 방향을 알고 그 쪽으로 계속 배를 몰고 가는 것이었다.

항해 경로는 남북으로 이어지는 경도선에 일정한 각도를 가진다. 이 항해 경로를 항정선rhumb line이라고 부르며 지구본 위에 항정선을 그리면 나선형으로 돌며 북극점을 향해 들어가는 것을 볼 수 있다. 지점 A에서 B로 가는 최단 경로는 아니지만 항로를 이탈하지 않는 것이 더 중요할 경우, 이 선을 따라 가는 것이 단연코 가장 좋은 길이다. 메르카토르의 지도는 이러한 곡선 경로를 직선으로 바꾸는 놀라운 장점을 가지고 있다. 만약 A에서 B로 가는 경로를 설정하기 위해 정확한 항해 각도를 찾고 싶다면 메르카토르 지도에서 두 지점 사이를 직선으로 연결하기만 하면 된다. 선원들이 바다를 항해할 때는 메르카토르 지도상에 그어진 두 지점 사이의 직선과 경도선이 이루는 각도로 배의 방향을 유지하기만 하면 됐다(그림 5-4 참고).

구를 직사각형 모양으로 투영하는 것을 '등각사상'conformal mapping이라고 한다. 이런 이름으로 불리는 이유는 지도를 만드는 과정에서 실제 지구의 경도선이 이루는 각도가 잘 유지되기 때문이다. 구를 직사각형 모양으로 투영하는 작업은 다음과 같은 방식으로 이루어진다. 표면이 온

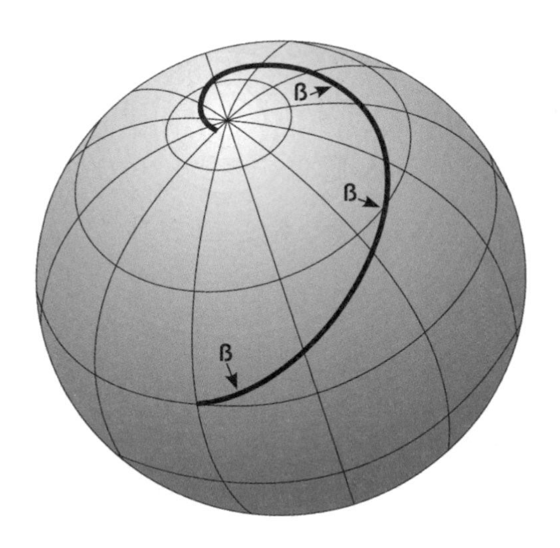

그림 5-4 항정선은 경도선에 대해 일정한 각도를 유지한다.

통 젖은 잉크로 뒤덮인 풍선을 지구라고 상상해보자. 이 지구 풍선의 둘레를 종이 한 장으로 감싼다. 그러면 원통 모양이 된 종이가 적도를 따라 닿아 있다. 그다음에는 지구 풍선을 부풀린다. 그러면 점차 적도 외의 지구 표면도 원통과 접촉하게 된다. 풍선이 팽창하면서 잉크가 묻은 지구의 전 표면이 종이에 찍히는 원리다.

그리고 원통형 종이를 펼치면 우리가 잘 아는 형태의 지도가 나온다. 하지만 이런 방식으로는 극점을 지도에 표시할 수 없다. 극점은 지구 풍선을 부풀려도 종이에 닿지 않기 때문이다. 따라서 극점과 가까운 위도선이 이 지도에서는 맨 윗부분이 될 것이다. 이 지도의 특징은 적도로부터 북쪽 또는 남쪽으로 갈수록 위도선들이 실제보다 더 늘어나서 표현된다는 점이다. 그렇지만 이 지도는 바다를 항해하는 사람들에게는 훌륭한 도구가 된다. 이는 메르카토르가 이 지도를 만든 목적이기도 하다. 그는 만든 지도에 '항해에 사용할 목적으로 조정된 더 새롭고 완벽한 지구본'이라는 이름을 붙여 자신의 의도를 분명히 드러냈다.

메르카토르 지도의 경우, 지구본상의 선들이 이루는 각도는 잘 유지된 반면 지리적인 면적과 거리 측면에서는 그렇지 않았다. 그리고 이러한 특징은 정치적으로도 큰 영향을 미쳤다. 지도가 가진 엄청난 효용성 때문에 수 세기 동안 지도는 지구가 어떻게 생겼는지를 공식적으로 인정하는 기준이 되었다. 그러나 메르카토르 지도가 만들어지는 원리 때문에 어쩔 수 없이 적도에서 멀리 떨어져 있는 네덜란드와 영국 같은 나라들의 크기는 실제보다 훨씬 더 부풀려졌다. 예를 들어 적도 근처에 원을 하나 그려넣고 그린란드 위에 같은 크기의 원을 그린 후 메르카토르 투영법에 따라 지도를 만들면 두 번째 원의 크기가 처음보다 10배로 커진다. 이는 아프리카 대륙의 면적이 실제로는 그린란드보다 14배 더 큰데도 불구하고 메르카토르 지도상에서는 두 면적이 거의 같은 크기로 보이게 된다는 것을 의미한다.

이런 원리 때문에 메르카토르 지도는 탈식민지 정책에 반하게 되었다. 그 대안으로 골-피터스 지도Gall-Peters map가 유네스코에 채택되었다. 현재 이 지도는 영국 학교에서 널리 쓰이고 있다. 반면 미국에서는 2017년이 되어서야 보스턴 학교 시스템에 속한 교실에서 기존의 메르카토르 지도를 대체하기 시작했다. 하지만 여전히 많은 다른 미국 학교가 이를 따르지 않고 있다. 지도에서 미국의 크기가 줄어드는 것이 전 세계에 미국이 미치는 영향력의 비중에 대한 미국인들의 인식과 잘 맞지 않기 때문일 것이다.

여기서 기억해야 할 점은 어떤 지도라도 일정 부분의 타협은 필요하다는 사실이다. 가우스는 도형의 곡률 특성을 연구할 때 이런 사실을 발견했다. 자칭 '놀라운 정리'(라틴어로 'Theorema Egregium'(테오레마 에 그레기움)이라고 표현했다)라고 불렀던 이 발견에서 그는 거리가 왜곡되지 않고는 구형의 지구 주위를 평평한 지도로 모두 감쌀 수 없다는 것을 증명했다. 지구상에 존재하는 어떤 지도라도 이런 종류의 타협은 있을 수밖에 없다. 골-피터스 지도의 경우, 면적은 정확할지 모르겠지만 각 나라의 모습은 정확하지 않다. 골-피터스 지도에서 아프리카 대륙의 길이가 폭의 약 두 배가 될 정도로 길쭉한 모양으로 표현되어 있다. 하지만 실제로 아프리카 대륙은 네모에 가까운 모양이다.

대부분의 지도는 항상 북반구를 위쪽에, 남반구를 아래쪽에 배치해 왔다. 사실 구는 대칭적인 도형이기 때문에 지도를 반대 방향으로 돌리면 안 될 이유가 전혀 없다. 지도의 방향이 대체로 북반구를 위쪽으로 배치한 것은 북반구에 사는 사람들이 지도를 제작했다는 사실을 의미한다. 호주에 살고 있는 스튜어트 맥아더Stuart McArthur는 남반구를 위쪽에 배치하여 지도 업계에 팽배한 북반구 편향에 대응하기로 결정했다. 내가 실제로 남반구가 위에 있는 지도를 처음에 봤을 때 꽤나 충격적으로 느껴졌다. 마치 잘못 그려진 지도처럼 보였다. 하지만 이것은 우리가 북반구 중심으로 지구를 바라보는 메르카토르식 시각에 얼마나 익숙해졌는지를 말해주는 증거일 뿐이다.

지도에는 당신이 얻고자 하는 것이 무엇인지 전부 표현되어 있다. 항해를 위한 것인가? 땅 크기를 비교하기 위한 것인가? 대부분의 지도는 기하학적 특징 중 특히 관심 있는 부분을 표현하는 데 목적을 둔다. 어떤 지도는 지도상의 거리가 실제 지구상의 거리와 일치하도록 제작된다. 또 다른 지도는 지도상에 표시된 선 사이의 각도가 실제 각도와 동일할 수도 있다. 하지만 때때로 정말 좋은 지도는 이 모든 기하학적 특징들을 다 생략하고, 가장 중요한 목적이라고 할 수 있는 A에서 B로 가는 방법만 보여주는 지도다.

내가 가장 좋아하고 또 평소 이용하는 지도 중 하나는 런던의 지하철 노선도다. 지하철 역의 정확한 지리적 위치와 실제 경로가 표시된 지하철 지도는 지하철을 이용해서 도시를 돌아다니는 여정을 계획하는 데는 그다지 도움이 되지 않는다. 대신 1933년에 나온 해리 벡Harry Beck의 지하철 지도는 지하철역의 지리적 위치는 완전히 무시하고, 단지 철도 네트워크가 서로 어떻게 연결되었는가에 집중했다. 이 지도에 담긴 생각이 너무 혁명적이어서 처음에는 지하철 운영 회사로부터 사용을 거절당했다. 당시 런던 시민들이 지하철을 많이 이용하지 않았기 때문에 지하철 회사가 많은 적자를 보고 있는 상황이었다. 적자의 원인을 알아내기 위해 실시한 조사 결과에서 런던 사람들이 지하철 노선도를 읽기 어려워한다는 사실이 발견됐다. 당시 지하철 회사에서 제작한 노선도는 지하철역의 위치를 지리적으로 정확히 표시하려고 노력한 지도였다. 그렇다보니 정작 지하철을 이용하는 사람들이 읽기에 어려운, 비좁게 뒤엉켜 있는 지하철 노선도가 만들어질 수밖에 없었다. 벡은 기존 지하철 노선도가 가진 문제점을 정확히 파악했다. 그리고 이를 개선하기 위해 지리적 정확성을 포기하기로 결정했다. 대신 그는 기존 노선도의 선을 밀거나 당겨서 펴고, 노선끼리는 깨끗한 각도로 교차하게 만들고, 정거장 간격은 일정하게 서로 벌려 놓았다. 이렇게 만든 지도는 지하철 노선도라기보다는 전자회로기판 설계도와 비슷해 보였다. 이렇게 디자인하게 된 것도 아마 벡의 전공이 전자공학이라는 점이 영향을 주었을지도 모르겠다.

사람들이 지하철 노선도를 잘 읽을 수 있게 하려면 더 나은 지도가 필요하다는 사실을 깨달은 회사 측에서 결국 벡이 제안한 새로운 노선도를 채택하기로 결정했다. 75만 부에 달하는 지하철 노선도가 인쇄되어 승객들에게 배포되었다. 이제 런던의 지하철 노선도는 런던을 대표하는 국제적 상징이 되었다. 뿐만 아니라 이 지하철 노선도는 많은 예술가에게 영감을 주기도 했다. 사이먼 패터슨Simon Patterson이 런던 지하철 노선도를 모티브로 만든 작품은 현재 런던의 테이트모던 미술관에 걸려 있다. 이 작품에서는 지하철 역명을 엔지니어, 철학자, 탐험가, 행성, 언론인, 축구선수, 음악가, 영화배우, 성인, 이탈리아 예술가, 중국 학자, 코미디언, 프랑스 국왕 '루이'로 대체했다. 또 세계적인 작가 조앤 롤링은 덤블도어 교수의 왼쪽 무릎에 런던 지하철 노선도 모양의 흉터를 새겼다. 이는 그가 《해리 포터》 시리즈 아이디어를 지하철을 타고 다니며 생각해냈다는 사실을 보여주는 증거다.

런던 지하철 지도가 가진 특징은 지리적 위치를 나타내는 지도가 아니라 단순히 A에서 B로 가는 방법에 더 초점을 맞춘 지도라는 점이다. 노선도상에서 보면 코번트가든과 레스터스퀘어를 연결하는 선의 길이가 킹스크로스와 캘리도니언로드 사이의 길이와 같다. 하지만 이것이 곧 두 역 사이의 거리가 물리적으로 같음을 의미하는 것은 아니다. 지하철을 이용하여 통근하는 사람들에게는 역 사이의 거리보다는 그러한 연결 노선이 존재한다는 사실이 훨씬 더 중요한 정보라는 것에 초점을 맞춘 지도인 것이다.

이것은 19세기 중반에 등장한 세상을 바라보는 새로운 방법의 한 사례라고 할 수 있겠다. 물체 사이의 정확한 거리는 중요하지 않다. 그보다는 그들끼리 어떻게 연결되었는지가 형태의 정체성을 결정하는 중요한 열쇠가 된다. 가우스는 표면의 성질이 물리적 형태보다는 그 위의 점들이 어떻게 연결되었는지에 더 의존한다는 생각을 가장 먼저 한 사람이다. 그는 이런 생각을 발표하지는 않았다. 1847년에 처음 위상 기하학이라는 이름으로 세계를 보는 새로운 관점을 발표한 요한 베네딕트 리스팅Johann Benedict Listing의 연구 결과는 실은 가우스의 아이디어로부터 영감을 얻은 것이었다. 제9장에서는 위상 지도가 런던 지하철뿐 아니라 네트워크상의 길을 찾는 데 얼마나 유용한 지름길이 될 수 있는지를 알아보도록 하겠다.

다이어그램은 런던 내 지역들이 물리적으로 어떻게 연결되어 있는지를 보여주는 데 국한할 필요는 없다. 머릿속에 떠오르는 아이디어를 연결하는 지도가 많은 사람에게 매우 효과적으로 활용되고 있다. '마인드맵'Mind map의 목적은 어떤 주제에 대해 머릿속에 떠오른 다양한 아이디어들 사이에 흥미로운 연결점을 알아내는 것이다. 마인드맵은 시험을 보기 위해 벼락치기 공부를 하는 학생들이 주로 사용하는 도구이기도 하다. 말로 표현하기에는 너무 어렵게 느껴질 수 있는 주제에 대해 통합된 스토리를 만드는 데 도움이 된다. 어떤 면에서 마인드맵은 에드 쿡의 기억의 궁전 기법을 이용한 것이기도 하다. 여러 아이디어가 뒤죽박죽으로 엉켜져 있는 상태를 마인드맵으로 종이 한 장에 담아내어 쉽게 탐색 가능한 물리적 여정으로 바꿀 수 있기 때문이다.

이런 식의 다이어그램들은 아주 오랜 역사를 가지고 있다. 뉴턴도 케임브리지대학교 학부생이었을 때 철학적 질문들이 서로 어떻게 연결되어 있는지를 표현하기 위해 노트에 낙서를 끄적거렸다. 이것도 일종의 마인드맵이다. 교과서가 아이디어를 제시하는 방식이 다소 선형적인 반면 마인드맵과 같은 지도의 핵심은 우리의 정신이 생각을 처리하는, 보다 다차원적인 방식을 모방한다는 점에 있다.

크고 작은 것들의 지도

레오나르도가 분명히 밝혔듯 시각적인 도구는 단어로는 절대 표현할 수 없는 것들을 묘사할 수 있다. 단어나 방정식의 복잡성 뒤에 숨겨진 간단한 기본 패턴을 단 하나의 이미지로 표현할 수 있다. 다이어그램은 단순히 물리적으로 눈에 보이는 것을 옮기는 것 이상의 의미를 갖고 있다. 다이어그램의 진정한 힘은 세상을 바라보는 새로운 관점을 끌어내는 데 있다. 루이스 캐럴이 유머스럽게 묘사했던 실물 크기의 지도가 시사하는 바처럼 핵심적인 것에 초점을 맞추고 필요 없는 정보들은 과감히 버릴 수 있어야 한다. 어떨 때는 과학적 아이디어를 시각 언어로 바꾸면 문제를 기하학적 관점에서 다룰 수 있게 된다. 그러면 당면한 과학적 과제를 탐색하는 새로운 지도를 갖게 되는 것이다.

폴란드 수학자이자 천문학자 니콜라우스 코페르니쿠스Nicolaus Copernicus는 좋은 그림이 가진 힘을 확실히 이해하고 있었다. 그는 죽기 직전인 1543년에 출간한《천구의 회전에 관하여》De Revolutionibus orbium coelestium에서 405페이지에 걸쳐 단어, 숫자, 방정식을 사용해 태양이 중심이 되는 자신의 지동설을 설명하였다. 그러나 그의 혁명적인 생각, 즉 태양계의 중심에 지구가 아닌 태양이 있다는 아이디어를 가장 잘 포착해낸 것은 책의 첫머리에 그린 단순한 그림이었다.

이 그림에는 최고의 다이어그램들이 갖고 있는 몇 가지 필수 요소들이 압축되어 있다. 그림에서 보이는 동심원은 행성들의 정확한 궤도를 묘사하기 위한 목적으로 사용된 것이 아니다. 코페르니쿠스는 행성들의 궤도가 완전한 원을 그리지 않는다는 사실을 알고 있었다. 또 원 사

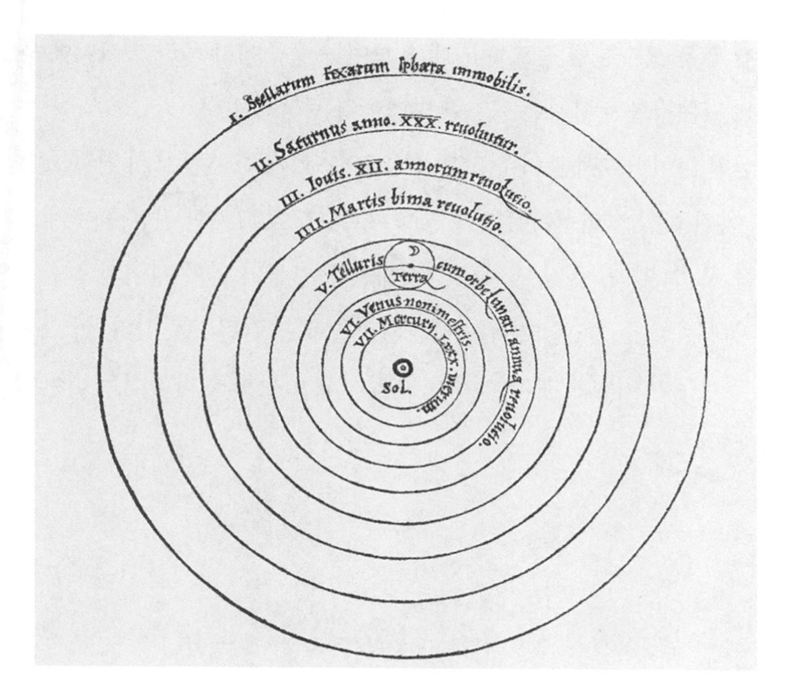

그림 5-5 코페르니쿠스가 그린 태양 중심의 태양계 다이어그램

이의 거리가 동일한 그림으로 행성들이 태양으로부터 얼마나 떨어져 있는지 혹은 서로 얼마만큼의 거리에 있는지를 알려주기 위한 것도 아니다. 이 그림은 '지구가 태양계의 중심이 아니다'라는 단순하면서도 충격적인 생각을 전달하는 데 모든 초점을 맞추고 있다. 오직 우주에서 지구가 차지하고 있는 위치에 대한 인식과 관점을 변화시키기 위해 그려진 것이다.

오늘날의 우주학자들은 다이어그램을 많이 사용한다. 138억 년의 우주 역사를 나타낸 다이어그램, 거대한 블랙홀의 활동을 포착하기 위한 다이어그램, 4차원 시공간에서의 복잡성을 탐색하기 위한 다이어그램 등이 그것이다. 우주의 광대함을 표현하는 지름길로써 다이어그램이 가진 힘은 불가능할 정도로 거대해 보이는 우주에서 우리가 어디에 위치해 있는지를 상상하는 유일한 방법이라는 점에 있다.

한편 다이어그램은 아주 작은 것을 볼 수 있게 하는 돋보기 역할도 한다. 어떤 화학 실험실이든 가보면 화이트보드에 그려진 같은 종류의 그림을 볼 수 있다. 특정 원자를 상징하는 문자들이 원자 사이의 결합을 표시하는 한 줄, 두 줄 때로는 세 줄의 선으로 연결된 그림이다. 이 그림은 원자들이 어떻게 분자 세계를 구성하고 있는지를 나타내는 다이어그램이다.

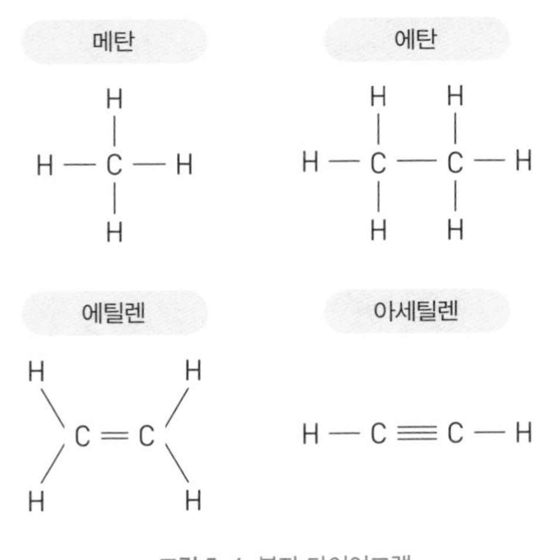

그림 5-6 분자 다이어그램

메탄을 나타내는 다이어그램을 보자. 탄소 원자 한 개와 수소 원자 네 개로 이루어진 CH_4 분자 구조를 묘사하기 위해 가운데 C(탄소)에서 네 개의 선이 뻗어나오는 형태로 그린다. 무색 가연성 가스인 에틸렌(C_2H_4)의 경우, 구조가 약간 다르다. 두 개의 C가 이중선으로 연결되어 있고 네 개의 H(수소)가 둘씩 나뉘어 붙어 있다. 이런 다이어그램을 통해 분자가 어떻게 반응하고 변화하는지를 탐색할 수 있다. 이중 결합은 종종 단일 결합을 가진 분자에 비해 반응성이 더 높다. 오늘날 화학 분야에서는 이러한 다이어그램을 이용하여 화학 반응을 표현하는 데 너무 익숙해져 있다. 따라서 현미경으로도 포착하기 어려울 만큼 작은 스케일에서 일어나는 특별한 화학 반응을 표현하는 지름길로 이런 다이어그램이 쓰이고 있다는 사실을 잊기 쉽다. 지금도 다이어그램은 분자 세계 안에 숨어 있는 새로운 화학 구조를 발견하는 데 도움을 준다.

메탄 다이어그램을 보면 알 수 있듯 탄소는 자신으로부터 네 개의 선이 뻗어나오는 것을 좋아한다. 반면 수소는 선이 하나뿐이다. 하지만 1825년 영국 화학자 마이클 패러데이Michael Faraday가 벤젠 분자를 처음 추출하여 이것이 여섯 개의 탄소 원자와 여섯 개의 수소 원자로만 이루어진 분자라는 사실을 밝혀냈을 때 모두 혼란에 빠졌다. 벤젠 분자를 표현하는 다이어그램을 그리려는 여러 시도가 있었으나 도무지 이 숫자들이 서로 맞지 않았다. 여섯 개의 수소 원자만으로는 네 개의 선이 필요한 욕심 많은 여섯 개의 탄소 원자를 만족시키는 것이 불가능했기 때문이다.

마침내 이 미스터리를 푼 것은 런던에서 일하고 있던 독일 화학자 아우구스트 케쿨레였다. 그는 당시 상황을 이렇게 이야기했다. "어느 화창한 여름날 저녁, 평소처럼 집으로 가는 마지막 버스를 타고 인적이 드문 거리를 지나 도시 밖으로 빠져나오고 있었다. 잠깐 잠에 빠졌고 꿈속에서 원자들이 내 눈앞에서 장난을 치고 있었다. 그러다 버스 운전수가 외치는 '클래펌가입니다'라는 소리에 깨어났다. 나는 집에 돌아가 그날 밤 늦게까지 꿈속에서 보았던 분자식들을 종이에 스케치하며 시간을 보냈다."

당시 벤젠의 구조는 계속해서 미스터리로 남아 있었다. 케쿨레도 많은 밤을 벤젠 분자식을 이해하기 위해 보냈다. 그러던 중 마침내 그 비밀을 푸는 또 다른 꿈을 꾸었다. "그때 난 의자를 난로 쪽으로 돌려놓고 졸고 있었다. 다시 원자들이 내 눈앞에서 장난을 치듯 춤을 추고 있었다. (…) 가끔 긴 줄의 원자들이 가깝게 붙어서 뱀처럼 꼬이고 비틀어지기도 했다. 하지만 한순간 내 눈에 띈 것이 있었다! 그 뱀 중 한 마리가 자기 꼬리를 물고 나를 조롱하듯 내 눈앞에서 빙빙 도는 것이 아닌가! 그 순간 나는 마치 번개를 맞은 듯 잠에서 깼다."

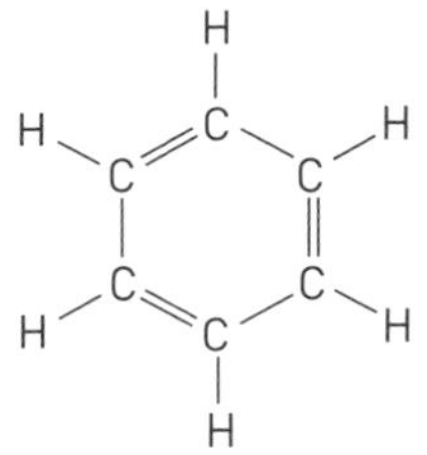

그림 5-7 벤젠의 고리 구조

드디어 벤젠의 미스터리가 풀렸다! 탄소로부터 나온 네 개의 팔을 모두 쓰는 방법은 탄소 원자를 고리 구조로 연결시키는 것이었다. 그러면 탄소 원자는 그들끼리 서로 악수하는 데 세 개의 팔을 쓰고 나머지 하나는 수소 원자와 악수하기 위해 사용하면 된다. 벤젠의 고리 구조뿐 아니라 다른 분자에서도 유사한 종류의 고리 구조가 발견됨으로써 화학계는 새로운 발전의 전기를 맞았다. 이러한 고리 구조가 많이 포함된 분자 중에 냄새가 나는 방향족 물질이 많은 것으로 밝혀지기도 했다. 예를 들어 벤젠의 수소 원자 중 하나를 산소와 두 개의 수소가 결합된 탄소로 바꾸면 그 결과 벤젠은 아몬드 냄새를 풍기는 물질이 된다. 혹은 벤젠의 수소 원자 하나를 탄소 원자 세 개, 산소 원자 한 개, 수소 원자 세 개로 구성된 조금 더 긴 분자로 바꾸면 계피 냄새가 나는 물질로 바뀐다.

이런 분자들의 구조는 2차원 평면상에 다이어그램으로 나타낼 수 있을 정도로 간단하다. 하지만 헤모글로빈과 같은 복잡한 분자들은 평면의 다이어그램으로 표현하기는 매우 어렵다. 영국 생화학자 존 켄드루John Kendrew는 많은 2차원 엑스선2D x-rays 촬영 기법을 이용하여 단백질의 3차원적 결정 구조를 성공적으로 밝혀냈다. 그는 이 놀라운 연구로 1962년에 노벨화학상을 수상했다. 헤모글로빈 분자 하나는 2,600개 이상의 원자로 구성되어 있다. 하지만 이마저도 단백질 중에서는 작은 축에 속한다. 1957년 켄드루는 헤모글로빈의 분자 구조를 그리는 데 성공했다. 하지만 자신이 발견한 것을 보다 정확하게 묘사하기 위해 전문적인 데생 화가의 도움을 빌리기로 결심했다. 그는 훈련된 건축설계사이자 훌륭한 예술가였던 어빙 가이스Irving Geis에게 도움을 요청했다. 6개월 동안 켄드루의 논문과 모델을 자세히 검토한 가이스는 1961년 6월 《사이언티픽 아메리칸》Scientific American에 실리는 헤모글로빈의 수채화 이미지를 그렸다. 이 놀라운 이미지는 가이스를 유명하게 만들어주기는 했지만 실제로 분자의 성질을 탐색하는 데 지름길을 제공하기에는 너무나도 복잡한 그림이었다.

분자를 표현하는 다이어그램과 관련된 궁극의 도전은 아마도 DNA를 그리려는 시도였을 것이다. 거듭 강조했듯 좋은 다이어그램을 얻는 비결은 필요 없는 정보를 과감히 버리는 것이다. 생물학자 프랜시스 크릭Francis Crick과 제임스 왓슨James Watson은 DNA의 이중나선구조에 대한 논문을《네이처》에 발표했다. 이 논문에서 그들은 완벽한 분자적 설명과 함께 엄청나게 복잡한 DNA 이미지를 사용할 수도 있었다. 그러나 그들이 이룬 발견의 본질은 DNA가 두 가닥의 분자로 구성되어 있다는 점과 우리의 유전자가 어떻게 다음 세대로 유전되는지를 설명하는 데 있었다. 그들이 평소 자주 가던 케임브리지의 한 술집에서 DNA의 발견을 알린 것은 유명한 일화다. 크릭이 마침내 생명의 비밀을 찾았다고 말하기 위해 집으로 달려 들어갔을 때 아내 오딜의 반응은 미덥지 않다 하는 것이었다. 그는 "이전에도 항상 집에 와서 그런 말을 하곤 했거든요." 라고 회상했다.

그러나 훈련된 직업화가였던 오딜은 이후 《네이처》에 실릴 DNA의 그림을 그려 남편의 논문이 전 세계인의 주목을 받는 데 큰 역할을 했다. 크릭은 오딜에게 자신이 원하는 DNA 스케치 몇 장을 보여주긴 했지만 DNA 발견의 의미를 강조하여 드러낼 만큼의 예술적 능력이 없었다. 반면 오딜은 30대에 비엔나에서 공부했고 런던 세인트마틴과 왕립예술대학을 다닌 사람이었다. 그는 가끔 남편의 초상화도 그렸지만 대부분의 작품은 여성 누드화였다. 분자 구조를 그리는 일은 그의 전공은 아니었다. 그러나 크릭이 다소 서툴게 스케치를 그려가며 그가 해낸 발견에 대해 설명하자 오딜은 금세 요점을 파악했다. 그런 다음 크릭이 머릿속에 가지고 있던 DNA에 대한 모호한 이미지를 인상적인 그림으로 그려냈다. 오딜은 자신이 그린 DNA 그림의 힘을 당시에는 깨닫지 못했다. 그 그림 속 DNA의 이중나선은 이후 단순히 DNA를 표현하는 것에서 벗어나 생물학, 심지어는 과학적 발견을 상징하는 이미지가 되었다. 또 이 이중나선 그림은 등장 초기부터 많은 예술가에게 영감을 주었다. 살바도르 달리는 자신의 그림 속에 과학을 뜻하는 상징물로 DNA 이미지를 재빨리 추가했다. 그리고 자신이 이런 그림을 그렸던 시기를 '핵 신비주의' 시대라고 명명했다. 그는 DNA 이미지를 사용해 그의 그림이 가진 놀랍도록 보수적이고 종교적인 측면을 드러냈다.

하지만 나에게 시각적 표현의 가장 놀라운 예는 파인먼 다이어그램이다. 이 다이어그램은 현미경으로도 포착할 수 없는 장면을 우리에게 보여줄 뿐 아니라 몇몇 놀랍도록 복잡한 계산을 해낼 수 있는 지름길로 우리를 안내하기 때문이다. 화학자의 칠판이 선으로 연결된 C, H, O로 가득 차 있다면 물리학자들의 칠판에서는 원자를 구성하는 기본 입자들이 어떻게 상호작용하는지를 나타내는 다이어그램을 쉽게 찾아볼 수 있다. 이러한 동적 다이어그램을 이용하면 시간에 따라 전자와 양전자가 상호작용할 때 일어날 수 있는 현상을 보여줄 수 있다.

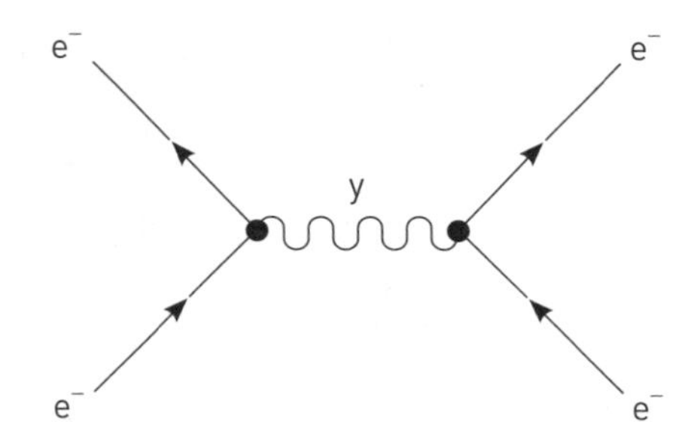

그림 5-8 전자와 양전자 사이의 상호작용을 표현하는 파인먼 다이어그램

미국 물리학자 리처드 파인먼Richard Feynman은 매우 복잡한 계산 과정을 표현하기 위한 방법을 연구하다가 기본 입자들의 속성을 이해하기 위해 이러한 동적 다이어그램을 고안해냈다. 1948년 봄, 미국 펜실베이니아 시골에 있는 포코노마노 호텔에서 열린 이론물리학자 학회에서 파인먼은 자신의 동적 다이어그램을 이용한 계산 과정 표현법을 처음 공개했다.

빛과 물질의 상호작용을 다루는 분야인 양자전기역학Quantum Electrodynamics(이하 QED) 이론을 논의하기 위한 이 비공개 회의에서 하버드 대학교 출신의 신동 줄리언 슈윙거Julian Schwinger는 QED를 복잡한 수학적 관점에서 설명하는 데 하루를 다 썼다. 비록 중간중간 커피와 식사를 위해 몇 번의 휴식시간을 가지긴 했지만 하루 종일 마라톤 강의가 이어진 덕분에 오후 늦은 시간이 되자 청중들은 머리에 쥐가 날 지경이었다. 공교롭게도 파인먼의 발표 순서는 오후 가장 늦은 시간에 배정되어 있었다. 그가 자신의 접근 방식을 설명하며 칠판에 그림을 그리기 시작했을 때 사람들은 그의 다이어그램이 어떻게 계산 과정에 도움을 줄 수 있는지 이해하지 못했다. 발표 시간 내내 자리를 지키고 있던 폴 디랙Paul Dirac과 닐스 보어Niels Bohr와 같은 양자역학계의 거물들도 파인먼이 그린 그림에 혼란스러워하며 결국 이 젊은 미국인이 양자역학을 전혀 이해하지 못하고 있다고 결론을 내렸다.

파인먼은 실망스럽고 우울한 마음으로 회의장을 떠났다. 하지만 그가 그린 다이어그램들의 진가를 알아본 사람은 물리학계의 또 다른 거물이었던 프리먼 다이슨Freeman Dyson이었다. 그는 파인먼의 다이어그램이 슈윙거의 복잡한 수학적 계산과 동일한 내용을 표현하고 있다는 것을 알아차렸다. 다이슨이 강의에서 파인먼 다이어그램의 통찰력에 대해 설명하면서 물리학계는 이 다이어그램을 진지하게 받아들이기 시작했다. 후에 다이슨이 쓴 논문은 파인먼 다이어그램을 그릴 때 필요한 단계별 지침과 수학적 방정식과 다이어그램을 어떻게 연결해야 하는지에 대해 구체적 방법을 제공했다.

파인먼이 발견한 다이어그램은 오늘날 이론물리학자들이 입자 간 상호작용에서 어떤 일이 일어나는지 알아내려 할 때 반드시 거치게 되는 첫 번째 관문이다. 물리적 우주의 가장 밑바닥에서 일어나고 있는 입자 간 상호작용을 표현하는 놀라운 지름길이 파인먼 다이어그램에 숨어 있는 것이다. 그때까지 어떤 실험에서도 쿼크quark(양성자, 중성자와 같은 소립자를 구성하고 있다고 생각되는 기본적인 입자—옮긴이)를 분리해 관측에 성공한 적이 없었다. 하지만 파인먼 다이어그램을 통하면 칠판 위에서 이 기본 입자가 주변 환경과 상호작용하며 어떻게 진화하는지 탐색할 수 있게 됐다.

옥스퍼드대학교에서 일하는 나의 동료 로저 펜로즈Roger Penrose는 기초 물리학의 가장 복잡한 몇 가지 아이디어를 표현할 수 있는, 파인먼 다이어그램과 비슷한 콘셉트의 강력한 시각적 표현법을 창안했다. 1967년에 그가 제안한 트위스터 이론theory of twistors은 극소 물리학인 양자물리학을 매우 큰 규모의 물리적 힘인 중력과 통일하려는 시도의 일환이었다. 이것은 수학적으로 매우 거대한 프로젝트였다. 이렇게 복잡한 수학적 프로젝트를 탐색할 때 가장 좋은 방법은 바로 그림을 그리는 것이다. 다행히도 펜로즈는 꽤 솜씨 좋은 화가였다. 그는 네덜란드 시각예술가 에셔M. C. Escher와도 교류를 하고 있었다. 펜로즈의 예술적 기질은 아마도 그의 이론에 없어서는 안 되는 복잡한 수학을 다룰 때 가장 효율적인 다이어그램을 창조해내는 데 도움을 주었을 것이다.

비록 1960년대 후반에 소개되긴 했지만 펜로즈의 아이디어는 오늘날 주류 이론이 되었다. 현재의 이론과 과거 그의 이론을 연결하려는 최근의 노력 덕분이다. 이러한 새로운 접근법으로부터 만들어진 다이어그램 중 하나에 '증폭면체'amplituhedron라는 이름이 붙여졌다. 이 다이어그램은 쿼크끼리 강한 힘으로 붙어 있도록 만드는 여덟 개의 글루온gluon(쿼크 사이에 강한 작용력을 매개하는 입자—옮긴이)의 상호작용과 관련된 물리학을 이해하는 데 놀라운 지름길을 제공했다. 파인먼 다이어그램을 사용하더라도 같은 계산을 하려면 대략 500페이지에 달하는 대수 계산이 필요할 정도다. 하버드대학교의 이론물리학자이자 이 아이디어를 개발한 연구원 중 한 사람인 제이컵 보르제이리Jacob Bourjaily가 말했다. "이 다이어그램이 가진 효율성은 상상을 초월한다. 이전에는 컴퓨터로도 불가능했던 계산을 이제는 손으로도 쉽게 할 수 있게 만들었기 때문이다."

관계의 비밀을 보여주는 그림

이제 아마도 이 장을 시작할 때 냈던 퍼즐에 있는 다이어그램이 어떤 역할을 하는지 감을 잡았을 것 같다. 그 그림은 벤 다이어그램Venn diagram이라고 불리는 것으로, 정보를 시각적으로 정리하기 위한 매우 효과적인 방법 중 하나다. 벤 다이어그램에서 각 원은 하나의 특정 개념에 해당한다. 각 원에 독립적으로 속하거나 원끼리 교차하는 지점에 속하는 영역들을 통해 각 개념이 서로 어떤 논리적 가능성으로 연결되는지 알아보는 것, 이것이 벤 다이어그램의 목적이다. 예를 들어 숫자를 소수, 피보나치수열, 짝수로 분류한다고 가정해보자. 1부터 21까지의 숫자를 분류할 때 이들이 각각 어떤 카테고리에 속하는지 그림 5-9와 같이 벤 다이어그램으로 나타낼 수 있다. 벤 다이어그램은 다양한 가능성을 그림으로 나타내는 영리한 방법이다. 위와 같이 분류할 때 숫자 2가 유일하게 소수이면서도 짝수임을 알 수 있다. 수학자들은 2가 짝수인 소수이기 때문에 '이상한odd (이 영단어는 '홀수'라는 뜻도 있음) 소

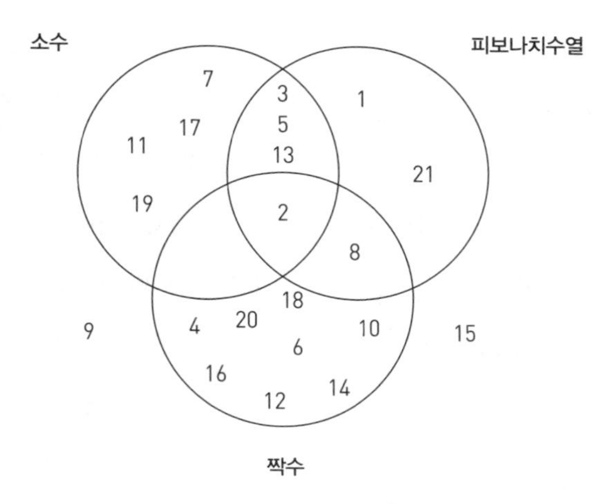

그림 5-9 소수, 피보나치수열, 짝수를 분류한 벤 다이어그램

수'라고 표현하는 것을 즐긴다. 벤 다이어그램을 보면 짝수이면서 소수인 숫자 중에 피보나치수열이 아닌 경우는 없다.

이런 다이어그램의 이름은 1880년 다이어그램을 처음 소개한 영국 수학자 존 벤John Venn의 이름을 따서 명명되었다. 그는 이 다이어그램을 '명제와 추론의 다이어그램적 혹은 기계적 표현에 관하여'라는 제목의 논문에 함께 실었다. 처음에 이 다이어그램은 그의 동료 조지 불George Boole이 개발하던 논리 언어 연구를 도우려 고안한 것이었다. 한편 벤은 크리켓 선수들의 타격 연습을 돕는 공을 던져주는 기계를 만드는 데 있어서도 전문가였다. 호주 크리켓 팀이 케임브리지를 방문했을 때 그의 기계를 시험해보고 싶다고 요청했는데 결과적으로 팀의 주장이 그 기계에 네 번 연속 아웃 당해서 큰 충격을 받기도 했다. 하지만 벤이 남긴 다이어그램은 그 기계보다 훨씬 더 오래 사람들의 뇌리에 남았다.

그는 벤 다이어그램에 관해 이렇게 말했다. "이전에는 내가 강의해야 할 주제나 책을 우선 파고들었다. 하지만 지금은 특정 명제를 포괄하거나 이와 관련 없음을 표현하는 원으로 된 다이어그램을 그리는 일부터 먼저 시작한다. 물론 이러한 다이어그램은 과거에도 존재했었다. 해당 주제에 수학적인 측면으로 접근한 모든 사람이 특정 명제를 어떻게 시각화하는지를 다이어그램은 분명하게 나타내고 있었다. 따라서 나도 즉시 이런 다이어그램을 그려보지 않을 수 없었다." 논리적 가능성을 표현하기 위해 그래픽 이미지를 사용하고자 하는 것이 전혀 새로운 발상은 아니라는 벤의 말은 옳았다. 실제로 13세기에 철학자 라몬 률Ramon Llull이 비슷한 작업을 했다는 증거가 있다. 그는 다른 종교들과 철학적 속성 간의 관계를 이해하기 위한 도구로써 다이어그램을 사용했다. 토론을 통해 논리와 이성으로 이슬람교도들을 기독교 신앙으로 끌어들이기 위해 만든 것이었다.

하지만 이 다이어그램에는 최종적으로 벤의 이름이 붙었다. 벤 다이어그램은 대부분 세 가지 범주를 고려한다. 왜냐하면 이 경우가 종이에 모든 가능성을 나타내기에 가장 쉽기 때문이다. 만약 네 가지 범주를 대상으로 다이어그램을 그린다면 모든 논리적 가능성이 표현되도록 원을 배치하는 것이 매우 어려워진다. 예를 들어 다음과 같은 다이어그램으

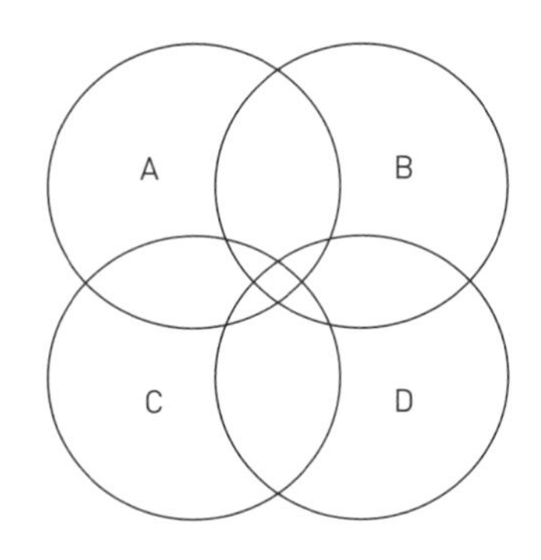

그림 5-10 네 가지 범주를 다룬 다이어그램

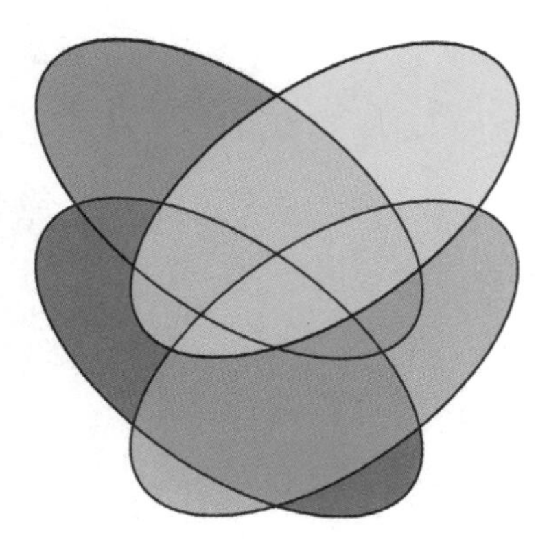

그림 5-11 네 가지 범주를 다룬 벤 다이어그램

로는 충분하지 않은 것이다.

이 그림으로는 A와 D에 속하지만 C, D에는 속하지 않는 것을 표현할 방법이 없다. 그러한 영역을 표시하려면 대신 그림 5-11과 같은 모양의 다이어그램이 필요하다.

만약 일곱 가지 범주에 대한 벤 다이어그램을 다음과 같이 그린다면 쉬운 이해를 돕기 위한 다이어그램의 고유한 기능은 더 이상 잃게 된다.

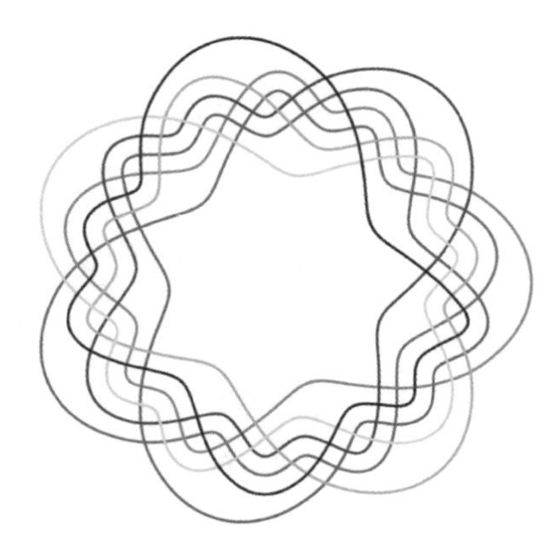

그림 5-12 일곱 가지 범주를 다룬 벤 다이어그램

내가 가장 좋아하는 책 중 하나는 앤드루 바이너Andrew Viner의 《음악을 위한 벤 다이어그램》Venn That Tune이다. 그는 노래 제목을 정할 때 벤 다이어그램을 이용했다. 앞에서 낸 퍼즐은 그의 책에 실린 내용이다. 퍼즐 속 다이어그램은 영국 포크록 밴드 스틸러스 휠Stealers Wheel의 〈너와 함께 갇혀 버렸어〉Stuck in the Middle with You라는 제목의 노래를 표현한 것이다.

생각의 지름길로 가는 길

전달하고 싶은 메시지나 데이터를 그림이나 다이어그램으로 어떻게 표현할 수 있을까? 많은 다양한 장르에 이런 기법을 적용할 경우, 내용을 이해하는 지름길이 될 수 있다. 간단한 그래프가 연중 다른 시기에 발생하는 사업 수익 간에 어떤 연관성이 있는지 보여줄 수 있다. 막대 그래프로는 특정 카페에서 가장 인기 있는 음식이 무엇인지를 추적할 수 있다. 정치 영역에서는 정당 간 의견이 중복되는 점과 차이를 설명할 때 벤 다이어그램을 사용할 수 있다. 런던 지하철과 같은 네트워크 다이어그램을 이용하면 말로 표현할 때 오히려 더 복잡해지는 여러 아이디어 간의 연관성을 분명하게 드러낼 수 있다.

쉬어가기

21세기에 경제학이 유의미함을 되찾는 법

'경제학에서 가장 강력한 도구는 돈도, 대수학도 아니다. 그것은 연필이다. 연필을 가지고 세상을 다시 그릴 수 있다.'

옥스퍼드대학교의 경제학자 케이트 레이워스Kate Raworth의 저서《도넛 경제학》에 나오는 첫 줄이다. 그는 이 책을 통해 20세기 경제에 대한 각종 도전을 새로운 다이어그램을 이용하여 설명한다(그림 5-13 참고).

나는 레이워스의 책을 매우 좋아한다. 이유 중 하나는 도넛(수학에서는 '토러스'torus라고 부른다)이 내가 좋아하는 모양이기 때문이다. 단순히 맛있어서가 아니라 도넛 모양과 연관된 수학이 매우 매력적이기 때문이다. 도넛과 연관된 연산을 이해하는 것은 페르마의 마지막 정리를 증명하는 일에서도 핵심적이다. 또 도넛의 위상 기하학은 우주의 모양을 파악할 때도 매우 중요하다. 레이워스의 책에서 알 수 있듯이 경제 혁명을 위한 개념에 있어서도 유용하다. 나는 경제적 사고의 지름길로써 도넛 경제 다이어그램이 게임의 판도를 바꾸었다고 레이워스에게 말하고 싶다.

경제학 도서나 강의, 관련 영상을 보면 늘 두 개 정도의 다이어그램이 등장한다는 것을 알 수 있다. 하나는 선이 위로 구부러지면서 기하급수적으로 증가하는 성장 그래프다. 생산이 무한히 증가할 것처럼 보이는 곡선이다. 다른 하나는 두 개의 직선 또는 곡선이 X자 모양으로 교차하는 그래프다. 이

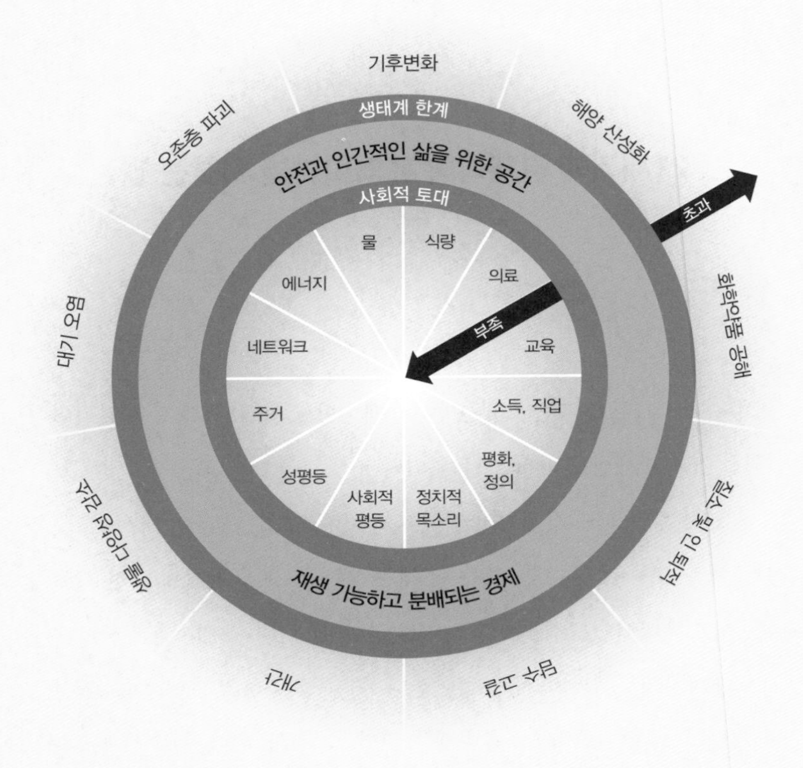

그림 5-13 도넛 경제 다이어그램

것은 가격과 판매량에 따라 수요와 공급이 어떻게 바뀌는지를 그린 것이다. 수요 곡선의 경우, 가격이 쌀수록 더 많은 사람이 구매한다는 사실을 보여준다. 반대로 공급 곡선은 가격이 올라야 공급자의 생산량이 늘어난다는 것을 보여준다. 이 두 개의 곡선을 서로 포개면 어느 지점에서 경제적 균형이 이루어지는지 알 수 있다. 즉 가격은 수요량과 공급량이 같아지는 지점에서 결정된다.

이 다이어그램들이 미치는 영향력이 너무나 강력했던 나머지, 사람들의 마음속에 경제란 오직 공급과 수요에 따라서만 움직인다는 생각이 뿌리 깊게 박혔다. 그러나 레이워스는 바로 이 오래된 모델에 도전하고자 했다. 세계 경제를 이해하는 데 중요한 환경, 인권 등과 같은 많은 요소가 수요-공급 모델에는 빠져 있기 때문이다. 영국 환경운동가이자 저널리스트 조지 몽비오George Monbiot가 저서《잔해 밖으로》Out of the Wreckage에 썼듯 '한 스토리에 대항하는 가장 좋은 방법은 다른 스토리로 맞서는 것'이다. 레이워스의 철학도 이와 비슷하다. 그는 이렇게 말한다. "이 오래된 다이어그램은 마음에 새겨진 낙서와 같습니다. 지우기가 매우 힘들죠. 우리가 할 수 있는 가장 좋은 방법은 그 위에 새로운 낙서를 덧칠하는 것입니다."

레이워스는 항상 복잡성을 이해하는 가장 좋은 방법이 시각적으로 표현하는 것이라고 생각했다. "어릴 때 저는 책의 여백에 그림을 그린다고 학교에서 많이 혼났어요. 지금은 다양한 형태의 지능이 있고 그중 하나가 시각 지능이라는 사실을 사람들이 잘 이해하고 있죠. 십 대 때에는 파인먼의 책을 읽는 것을 좋아했습니다. 그의 책들은 그림으로 가득 차 있었기 때문이었죠. 아마도 그 때문에 다른 사람들은 제가 낙서를 하고 있다고 여겼지만 저는 낙서라는 것이 이해 과정의 일부라고 생각했던 것 같습니다." 그는 경제학을 공부하기 위해 학교를 다녔지만 정작 경제학이 인간 사회가 어떻게 돌아가는지를 정확히 이해하지 못한다고 느꼈다. 그래서 자신이 배운 개념들이 정말 부끄럽게 여겨졌다고 말했다.

배심원 의무를 이행하는 기간 동안 레이워스는 세계은행에서 일하던 경제학자 허만 데일리Herman Daly가 고안한 다이어그램에 대해 알게 되었다. 그것은 그가 새로운 경제적 통찰력을 얻게 된 씨앗이었다. 데일리는 당시 경제학이 당연시했던 무한 성장 모델에 도전 중이었다. 그래서 데일리는 경제학자들이 통상적으로 그리는 그래프의 바깥에 또 하나의 원을 추가하고 '환경'이라는 이름을 붙여야 한다고 주장했다.

레이워스는 "훌륭한 다이어그램의 힘은 일단 한 번 보면 잊히지 않는다는 것입니다. 그 영향으로 생각이 한 걸음 더 나아가고 사물을 보는 패러다임이 달라지죠."라고 말했다. 그가 국제 구호개발기구 옥스팸에서 일하는 동안 데일리의 다이어그램은 마음 한구석에 늘 자리 잡고 있었다. 그러던 중 데일리로부터 영감을 얻은 또 다른 다이어그램이 다이어그램에 대한 그의 시야를 깨웠고, 경제학에 대한 레이워스의 관점을 송두리째 바꿨다. 그것은 바로 스웨덴 환경학자 요한 록스트룀Johan Rockström이 그린 다이어그램으로, 인류가 안전하게 지낼 수 있는 공간을 나타내는 아홉 개의 행성 경계층을 그린 것이었다. 이 다이어그램에는 데일리가 그렸던 원도 있었지만 중앙에서 뻗어나온 크고 붉은 영역이 추가된 것이 특징이었다. 각각 오존층, 물의 순환, 기후, 해양 산성화와 같은 항목들에 해당하는 붉은 영역이 표시되었다. 문제는 그중 많은 수가 안전한 영역의 바깥쪽에 과도하게 분포하는 것으로 표시되었다는 점이다. 이에 레이워스는 "이 다이어그램을 보는 순간 저는 제 안에서 어떤 본능적 직관이 일어났음을 느꼈습니다. 제가 느낀 것은 이것으로 21세기 경제학이 시작될 거라는 예감이었습니다."라고 말했다.

이 다이어그램은 단지 예쁜 그림에 그치는 것이 아니었다. 확실한 숫자가 뒷받침됐다. 경제학자들은 보통 모든 것을 달러로 환산하여 비교한다. 이는 외견상 서로 도저히 비교할 수 없는 양을 간접적으로 비교 가능하게 만드는 매우 영리한 지름길이다. 모든 것을 지배하는 하나의 숫자가 되는 셈이다. 그러나 레이워스는 이러한 일차원적 접근에 회의적이었다. 그는 이것을 속도, 온도, 회전수, 탱크에 남은 연료량에 대한 모든 정보가 단 하나의 수치로 표시되는 자동차를 운전하는 일에 비유했다. 누구도 절대 그런 차를 운전하지 않을 것이다. 레이워스는 "당신이 원하는 것은 계기판입니다. 사람들은 계기판에 익숙하죠. 우리는 복잡한 시스템 속에서 살고 있습니다. 복잡함을 숨긴다고 해서 그 방법이 더 유용한 의사결정 도구가 된다고 할 수는 없죠. 오히려 위험한 길로 가는 지름길이 될 겁니다."라고 목소리를 높였다.

이러한 이유에서 록스트룀의 새로운 다이어그램의 등장이 흥미로운 것이다. 이 다이어그램은 더 이상 단 하나의 측정 기준으로써 달러를 사용하는 방법을 쓰지 않고 있다. 대신 다양한 측정 기준을 사용한다. 이산화탄소 발생량, 비료 사용량, 오존 농도 등이 기준이다. 하지만 레이워스는 여전히 이 다이어그램에도 가장 중요한 요소가 빠져 있다고 봤다. 그것은 바로 인간이었다.

"저는 옥스팸에서 사하라 사막의 긴급 가뭄에 대응하거나 인도 아이들을 위한 건강과 교육 캠페인을 벌이는 사람들에게 둘러싸여 었습니다. 그리고 생각했습니다. 만약 인류가 지구에 가할 수 있는 압력의 한계를 나타내는 외부 원이 필요하다면 거의 70년 동안 인권이라고 우리가 불러왔던 내부적 한계에 해당하는 원도 필요하다고요. 모든 사람이 매일 필요로 하는 음식의 양, 물의 양, 사회의 일부가 되기 위한 최소한의 주거와 교육이 바로 그런 인권에 해당합니다. 지구의 한계를 나타내는 원이 바깥쪽에 있다면 안쪽에는 최소한의 인권을 나타내는 원이 있어야 한다고 생각했어요." 레이워스는 이렇게 말하면서 내 사무실의 화이트보드로 향했다. 그리고 환경조건에 해당하는 외부 원과 최소한의 인권을 나타내는 내부 원을 담은 도넛 그림을 그렸다.

처음에 레이워스는 도넛 다이어그램을 혼자 간직하고 있었다. 그러다 2011년에 지구 시스템 과학자들이 모인 회의에서 아홉 개 항목의 지구적 한계에 대해 논하던 중 일이 벌어졌다. 누군가가 옥스팸의 대표로 참석한 레이워스에게 "지구의 한계를 보여주는 이 다이어그램의 문제는 그 안에 사람이 없다는 겁니다."라고 말한 것이다. 그때 그는 "제가 그림을 하나 보여드려도 될까요?"라고 말하고 단상에 있는 화이트보드로 가서 도넛 그림을 그리며 설명하기 시작했다. 인간이 환경에 미치는 영향을 제한하기 위해 외부에 원이 필요한 것처럼 지구상의 모든 인간이 필요로 하는 최소한의 조건을 나타내는 내부 원도 필요하다고 말이다. 그 최소한의 조건은 바로 식량, 물, 의료, 교육, 주거였다.

레이워스는 당시 상황을 묘사하며 이렇게 말했다. "우리는 모든 사람의 필요를 충족시키는 목적으로 지구의 자원을 사용해야 하지만 지구의 한계를 넘어설 정도로 과도하게 써서는 안 됩니다. 따라서 우리가 있고 싶은 공간은 그 사이 어디쯤이죠. 이런 제 생각을 말하며 청중들이 이제 그만하라고 말할 것 같아서 아주 빨리 그림을 그렸습니다. 걱정과 달리 청중들은 자신들이 줄곧 놓치고 있던 것을 제가 보여주었으며 중요한 것은 원이 아니라 도넛이라는 것을 깨달았다고 흥분했어요."

이후 그는 자신의 다이어그램을 토론 논문 형식으로 작성하여 옥스팸에 제출했고, 즉시 이를 발표해 열광적인 반응을 끌어냈다. 레이워스는 "그때가 이미지가 가진 지름길로써의 힘을 충격적으로 느낀 순간이었습니다."라고 고백했다. "도넛 다이어그램에 포함된 식량, 물, 직업, 소득, 교육, 정치적 목소리, 성평등, 기후변화, 해양 산성화, 오존층 파괴, 생물다양성 감소와 같은 단어들을 하나씩 열거한다면 아무도 그 말에 주의를 기울이지 않을 겁니다. 대신 한 쌍의 동심원 안에 그 단어들을 서로 연관시켜 표현하자 사람들은 이 다이어그램이 패러다임을 바꾸었다고 말해주었죠." 존 버거John Berger가 《다른 방식으로 보기》에서 말했듯 '보는 것이 말보다 우선이다. 아이는 말하는 법을 터득하기 전에 보는 것으로써 알아챈다'.

레이워스에게 다이어그램은 세상을 파악하는 지름길이면서 동시에 세계관을 압축하여 표현하는 방법이다. 이것이 바로 다이어그램이 가진 위험성이기도 하다. 왜냐하면 당신의 다이어그램에 당신이 세상을 바라보는 시각이 담기기 때문이다. 말하자면 당신의 관점에서 중요하지 않다고 생각되어 다이어그램에 표시하지 않은 것이 다른 사람들의 관점에서는 근본적인 문제일 수도 있다. 예를 들어 한 기업이 단기적 수익에만 관심 갖고 있다면 기하급수적 성장 그래프를 사용하는 것에 만족할지도 모르겠다. 하지만 환경을 중요시하는 사람들에게는 경제성장이 기후에 미치는 영향을 포함하지 않는 성장 그래프는 굉장한 문제다. 그런 다이어그램은 원하는 목적지까지 가는 데 있어 사람마다 다르게 작용하는 지름길이 될 것이다. 즉 환경을 중요하게 생각하는 집단이 이 지름길(기하급수적 성장 그래프)을 이용하면 그들이 가고자 하는 지점에서 훨씬 멀리 떨어진 곳에 도착하게 될 것이다.

다이어그램 작성은 관련 없는 데이터를 생략하는 과정이 포함되어 있기 때문에 일을 편법적으로 대충 처리하는 것과 비교할 때 종이 한 장 차이이다. 레이워스는 데이터를 생략하는 행위에 세상을 바라보는 관점이 반영된다고 믿는다. 한 경제학자에게는 자신의 생각을 설명하기 위해 유용한 지름길로 쓴 다이어그램이 다른 경제학자에게는 완전히 잘못된 길로 나아가게 만드는 도구가 되는 것이다. 올바른 목적지라고 믿는 곳에서 사람들을 멀어지게 할 수 있다. 그래서 레이워스는 경고한다. "지름길은 당신을 극도로 위험한 함정에 빠뜨릴 수도 있습니다. 저는 수학자 조지 박스George Box가 한 이 말을 좋아합니다. '결국 모든 모델은 정확하지 않다. 하지만 그중 일부는 쓸 데가 있다.'"

도넛 다이어그램은 레이워스가 새로운 경제학적 목적지로 인도하는 지름길로써《도넛 경제학》에 발표한 일곱 개의 다이어그램 중 하나다. 그는 책을 집필했던 당시의 기억을 떠올리며 "이런 지름길을 만들어내는 것이 산을 통과하는 터널을 파는 것만큼이나 힘들었다."라고 인정했다. 하지만 현재 지구와 인류가 나아가고 있는 방향을 고려할 때 이런 다이어그램을 창조해 내는 것은 분명 매우 시급한 일이다. 레이워스도 당부의 말을 덧붙였다. "경제학을 21세기에 적합한 도구가 되도록 다시 쓰기 위해서는 우리가 가용 가능한 모든 지름길을 사용할 필요가 있습니다. 이제 우리에게는 시간이 별로 없기 때문입니다!"

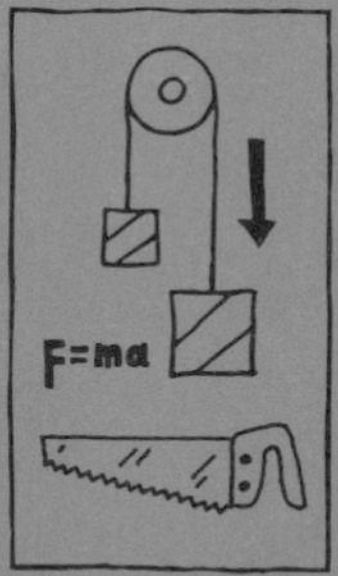

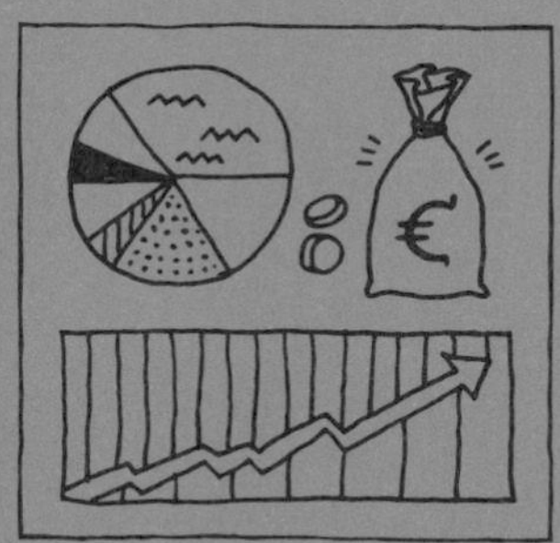

제6장

미적분의 지름길

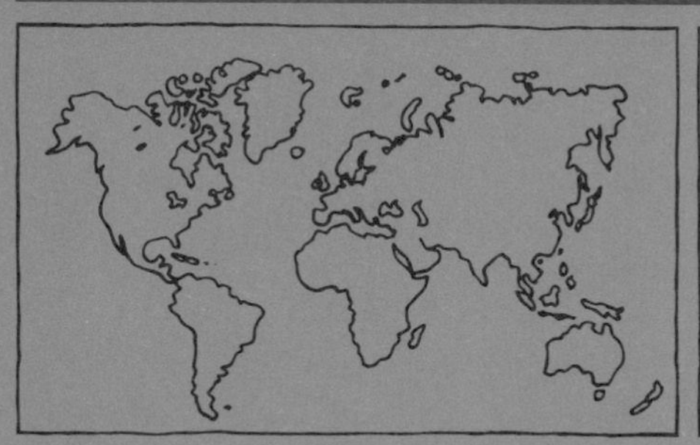
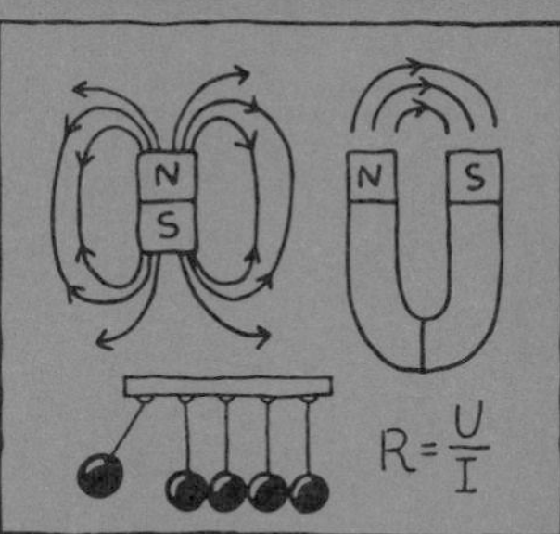

만약 당신이 다음의 경사면에서 공을 굴린다면 어느 경로가 목적지까지 가장 빠르게 도착하는 길일까? A, B, C 중 어느 것이 지름길일까?

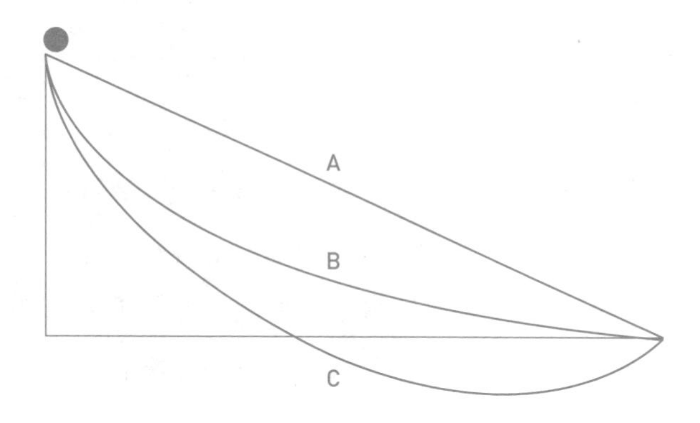

지구의 궤도를 세 바퀴 돌고난 후 존 글렌John Glenn 중령은 우주선을 대기권으로 재진입시키기 위한 준비를 시작했다. 1962년 2월 20일, 글렌은 지구 궤도를 선회한 최초의 미국인이 되었다. 하지만 임무를 성공적으로 마치려면 안전하게 지구로 귀환해야 했다. 이를 위한 지구 대기권 재진입 시 궤적이 매우 중요하다. 하강하는 각도를 잘못 잡으면 우주선은 불타버리게 된다. 혹은 너무 먼 바다에 착륙하게 된다면 해저로 추락하기 전까지 해군이 도착하지 못할 것이다.

글렌의 목숨은 숫자를 토해내는 계산기들에 달려 있었다. 그러나 1962년 당시의 계산기는 기계가 아니었다. 영화 〈히든 피겨스〉에 나온 바로 그 여성들이었다. 영화에서 글렌은 발사 스위치를 켜기 전 발사대에 앉아 "소녀에게 숫자를 확인하도록 하라!"라고 통제 본부에 요청한다. 이 소녀는 다름 아닌 나사NASA 내 계산팀에서 근무하는 캐서린 존슨Katherine Johnson이었다. 소녀가 모든 상황이 정상인지 확인하는 계산을 하는 데 25초가 걸리는 것으로 묘사된다.

실제로는 발사되기 몇 주 전에 이미 존슨의 계산은 진행됐고 전체 계산 과정은 2~3일 정도 걸리는 양이었다. 그토록 복잡한 범위의 경로와 발사 시나리오를 계산하는 데 그 정도 시간 안에서 해낸 것도 사실 매우 빠른 것이었다. 그러나 존슨에게는 그 복잡한 계산을 빠른 시간에 끝낼 수 있는 지름길이 있었다. 나사는 물론이고, 우주로 무언가를 보낸 적 있는 모든 기관이 그 지름길로 우주선이 어디로 가게 될지를 예측했다. 그것은 바로 '미적분학'이다. 아마도 미적분학은 수학자들이 발명한 것 중 지름길을 찾는 데 있어서는 가장 강력한 도구일 것이다. 혜성에 탐사선을 착륙시키는 것부터 행성에 우주선을 보내는 일에 이르기까지 미적분은 우주선이 목적지에 안전하게 도달하도록 방향을 알려주는 표지판이 된다.

이 수학적 지름길의 강력한 힘을 이용하는 분야는 우주 산업만이 아니다. 많은 기업이 제품을 만들 때 생산량을 극대화하면서도 비용은 최소화하는 가장 효율적인 방법을 모색한다. 항공우주 관련 산업에서는 최소한의 저항력을 가진 날개를 만들어 되도록 연료가 낭비되지 않는 것을 목표로 한다. 대형 수송선들은 소용돌이치는 난류를 통과하는 가장 빠른 경로를 찾아야 한다. 주식중개업자들은 주가가 폭락하기 전 최고가를 기록하는 순간을 포착해내려 한다. 건축가들은 주변 환경의 제약을 감안하면서도 내부 공간을 극대화하는 건물을 설계하고자 한다. 토목 엔지니어는 구조적 안정성을 손상시키지 않으면서도 재료 사용을 최소로 하는 다리를 건설하고자 한다. 이 모든 과제의 공통점은 각각의 목표를 이루기 위해 미적분학이 필요하다는 것이다. 만약 당신이 경제나 에너지 소비 혹은 그 외에 관심 있는 문제를 설명하는 방정식을 갖고 있다면 미적분은 그 방정식을 분석해 결괏값이 가장 크거나 가장 적은 지점을 찾아준다.

미적분학은 17세기 과학자들이 움직이고 있는 세상을 이해할 수 있도록 도움을 준 도구였다. 사과가 떨어지거나 행성들이 궤도를 돌거나 액체가 흐르거나 가스가 소용돌이칠 때 과학자들은 이 모든 역동적 장면의 스냅샷을 찍을 수 있기를 원했다. 세상의 모든 움직임의 순간을 포착할 수 있는 방법을 제공한 것이 바로 미적분학이다. 17세기 예술가들의 관심사도 순간을 포착해내는 데 있었다는 점은 놀라운 일이다. 바로크 화가들은 병사가 말에서 떨어지는 순간을 그렸고, 건축가들은 역동적인 곡선의 건물을 설계했으며, 조각가들은 다프네가 아폴로의 품에서 나무로 변신하는 순간을 돌에 새겼다.

17세기 후반에 일어난 과학 혁명은 당시 활동했던 위대한 수학자 두 사람으로부터 시작되었다. 바로 뉴턴과 라이프니츠다. 이 두 위인으로부터 이루어진 미적분학의 발전은 역동적 우주를 파악할 수 있는 가장 놀라운 지름길을 제공했다. 이에 파인먼은 미적분학을 '신의 언어'라고 표현했다. 그러니 만일 당신이 아직 미적분을 배우지 않았다면 지금이 적기다. 몇 가지 방정식을 이해해야겠지만 장담하건대 충분히 공부할 만한 가치가 있다.

뉴턴, 찰나의 움직임을 포착하다

존 글렌이 임무를 완수하기 이미 훨씬 전에 미적분학은 그를 지구 궤도 위에 올려놓는 방법을 알려주었다. 발사대에 앉아 있을 때 그는 지구가 우주선을 끌어당기는 중력을 벗어나기 위해서는 우주선이 특정 속도에 도달해야 한다는 사실을 알고 있었다. 바로 '탈출 속도'escape velocity 말이다. 하지만 우주선이 지구 밖으로 날아가는 동안 모든 지점에서의 우주선 속도를 아는 것은 쉬운 일이 아니다. 연료를 태우는 동안 우주선의 무게는 줄어들고, 지구로부터 점점 더 멀어질수록 중력의 크기가 감소하기 때문이다. 매 순간 제트 엔진의 추진력과 중력의 끌어당김이 서로 경쟁하기 때문에 이 모든 문제를 한꺼번에 푸는 일은 불가능한 퍼즐처럼 보인다. 하지만 미적분학이 가진 진정한 강점은 매우 복잡한 범위에서 변화하는 변수들을 모두 포함하여 특정 순간에 일어나는 일들을 스냅샷으로 찍을 수 있다는 것이다.

이 모든 것은 링컨셔주 울스소프 매너 소재 뉴턴의 정원에 있던 사과나무에서 사과가 떨어지면서 시작되었다. 뉴턴은 전염병이 창궐하자 케임브리지대학교를 떠나 그의 고향집으로 돌아왔다. 전염병으로 시행된 봉쇄 정책은 확실히 몇몇 사람에게는 매우 생산적인 시간이 되었던 것 같다. 셰익스피어도 글로브 극장이 폐쇄된 기간 동안《리어왕》을 완성했다고 알려져 있다. 뉴턴은 정원에 앉아 사과가 나무에서 땅으로 떨어지는 동안 통과하는 모든 지점에서 보여주게 될 속도를 계산하는 과제에 도전 중이었다. 속도는 주행 거리를 그 거리만큼 이동하는 데 걸리는 시간으로 나눈 값이다. 속도가 일정한 경우에는 계산이 그리 어렵지 않다. 문제는 중력이 끌어당기는 힘 때문에 사과가 떨어지는 속도가 매 순간 계속 변한다는 것이었다. 뉴턴이 어떤 값을 측정하더라도 그것은 측정 시간 동안 사과가 나타내는 속도의 '평균'일 뿐이었다.

매 순간 사과의 속도를 계산하려면 측정 간격을 점점 더 잘게 쪼개야만 했다. 찰나의 순간 속도를 정확하게 구하려면 무한히 작은 시간 간격으로 나누어야 한다. 즉 궁극적으로는 0에 해당하는 시간으로 거리를 나누어야 순간 속도를 구할 수 있게 된다. 하지만 어떻게 해야 0으로 나눌 수 있을까? 이 문제를 해결한 것이 바로 뉴턴의 미적분학이었다.

사실 이미 그 이전에 일정 시간 동안 사과가 떨어지는 거리를 계산하는 공식을 갈릴레오가 발견해놓았다. 그의 공식에 따르면 사과는 t초 후에는 $5t^2$미터의 거리만큼 떨어지게 된다. 여기에서 '5'는 지구가 가진 고유 중력으로 정해지는 값이다. 달에 사과나무가 있다면 달의 중력은 지구보다 작기 때문에 갈릴레오의 방정식에는 더 작은 숫자를 대입해야 하고, 그러면 사과는 더 천천히 떨어지게 된다. 글렌의 우주선 또한 지구에서 멀어질수록 이 숫자가 어떻게 변하는지 계속 추적해야 한다.

이번에는 사과를 위로 던져보자. 나는 사과가 내 손에서 떠나는 속도를 초속 25미터로 가정하려 한다. 보통 야구에서 투수들이 공을 던질 때의 속도가 초속 40미터 정도이므로 내가 정한 수치가 아주 불합리해 보이지는 않는다. 사과를 던진 후 내 손으로부터 사과가 얼마나 높이 올라갈지를 구하는 공식은 $25t-5t^2$이 된다. 이 공식을 써서 사과가 위로 올라갔다가 내 손 위에 다시 떨어지는 순간까지 걸리는 시간을 계산할 수 있다. 즉 내 손에서부터 사과의 거리를 계산하는 공식 $25t-5t^2$이 다시 0이 되는 시간을 구하면 된다. t에 5를 대입하면 이 방정식의 값은 0이 된다. 즉 사과가 위로 던져졌다가 다시 내 손 위로 내려오는 데까지 총 5초의 시간이 걸린다는 뜻이다.

하지만 정작 뉴턴이 알고 싶었던 것은 사과의 이동 궤적을 따라 각 지점에서 순간 속도가 어떻게 변하는가였다. 사과의 속도가 느려지고 빨라짐에 따라 매 순간의 속도도 계속해서 변하게 된다. 사과를 던지고 3초 후의 속도를 계산해보자. 거리 공식을 통해 구해진 거리를 시간으로 나누면 된다. 먼저 3초에서 4초 사이에 사과가 이동한 거리는 다음과 같다.

$$[25 \times 4 - 5 \times 4^2] - [25 \times 3 - 5 \times 3^2] = 20 - 30 = -10\text{m}$$

값이 마이너스로 나왔다는 것은 사과가 던진 방향과 반대로 이동하고 있음을 나타낸다. 즉 이 시간에 사과는 벌써 아래쪽으로 떨어지고 있음을 뜻한다. 계산 결과에 따르면 3초에서 4초 사이의 평균 속도는 초속 10미터다. 하지만 이것은 3초에서 4초 사이에 사과가 보여주는 평균 속도일 뿐이다. 딱 3초가 되는 지점의 속도는 아니다. 그렇다면 시간 간격을 좀 더 작게 하면 어떻게 될까? 시간 간격을 계속 줄이면서 평균 속도를 구하면 그 값이 점점 초속 5미터에 가까워지는 것을 알 수 있다. 그러나 뉴턴이 구하고 싶었던 것은 이 시간 간격이 0일 때의 순간 속도였다. 뉴턴의 분석에 따라 우리는 왜 3초에서의 순간 속도가 초속 5미터가 되는지 이해할 수 있게 되었다.

시간 경과에 따른 거리를 보여주는 그래프로부터 두 시점 사이의 평균 속도를 구해낼 수 있다. 3초에서 4초 사이의 평균 속도는 그래프상에서 3초와 4초에 해당하는 두 점 사이에 그려진 선의 기울기가 된다. 여기서 시간 간격을 점점 더 줄이면 이 선은 그래프상의 3초에 해당하는 점에 살짝 닿는 선에 가까워진다. 뉴턴의 미적분학에서 계산되는 것은 바로 이 점에 접하는 선의 기울기다. 소위 '접선'이라고 부르는 선의

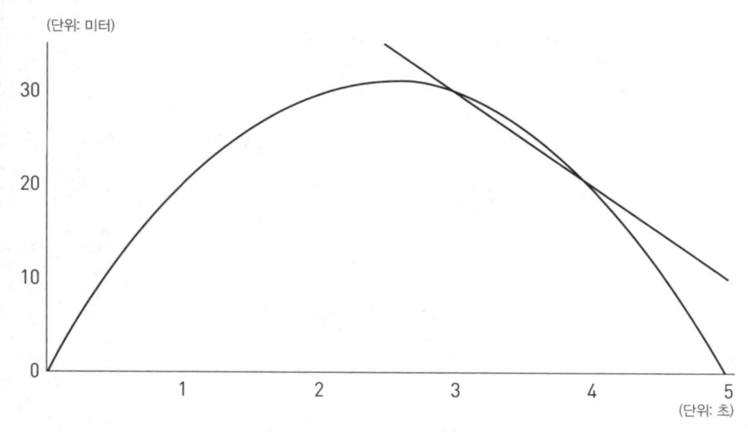

그림 6-1 시간 경과에 따른 사과의 높이를 나타낸 그래프. 두 시점 사이에 사과가 나타내는 평균 속도는 각 시점의 그래프를 잇는 선의 기울기다.

기울기를 구할 수 있게 되는 것이다. 미적분학에 따르면 사과의 속도와 기울기는 다음의 공식으로 구할 수 있다.

$$25-10t$$

다음은 그 이유에 대한 설명이다. 시간 t에서의 속도를 계산하는 경우를 가정해보자. 우선 사과가 t 다음에 이어지는 짧은 시간 간격, 즉 t에서 t + d 사이에 이동한 거리는 다음과 같다.

$$[25(t+d)-5(t+d)^2]-[25t-5t^2]$$
$$=25t+25d-5t^2-10td-5d^2-25t+5t^2$$
$$=25d-10td-5d^2$$

이제 이 거리를 시간 간격 d로 나누어보자.

$$(25d-10td-5d^2) \div d = 25-10t-5d$$

여기서 시간 간격 d가 매우 작아져서 0에 가까워진다고 가정하면 속도는 다음과 같은 함수로 귀결된다.

$$25-10t$$

우리는 이것을 방정식 $25t-5t^2$의 미분함수라고 부른다. 이 영리한 알고리즘을 이용하면 시간에 따른 이동거리를 구하는 방정식으로부터 모든 시점에서의 순간 속도를 구하는 새로운 방정식을 얻을 수 있다. 이 알고리즘의 장점은 사과와 우주선에만 적용되는 게 아니라는 것이다. 움직이는 모든 것을 분석하는 데 적용할 수 있다.

제조사는 제품을 만드는 비용을 아는 것이 중요하다. 그것을 기준으로 이익이 나는 가격을 정할 수 있기 때문이다. 보통 첫 번째 제품을 만드는 데 드는 비용은 공장 설치 비용과 인건비 등으로 매우 높을 수밖에 없다. 하지만 점점 더 많은 제품을 만들수록 제품 하나를 만들 때 소요되는 한계비용marginal cost은 낮아진다. 점점 더 효율적으로 제품을 만들 수 있게 되기 때문에 한계비용이 낮아지는 것이다. 하지만 생산을 너무 무리해서 많이 하다보면 한계비용은 다시 올라갈 수 있다. 생산량 증가는 결국 연장 근무, 오래되고 비효율적인 공장 가동 그리고 부족한 원자재를 놓고 벌이는 경쟁과 같은 현상을 초래하기 때문이다. 그 결과 추가 제조에 대한 비용이 증가하게 된다. 이것은 마치 공중에 공을 던지는 것과 비슷하다. 처음에는 공이 멀리 이동하지만 이후 매초 느려지고 이동하는 거리도 줄어든다. 생산량이 변함에 따라 재화의 원가가 어떻게 달라지는지 이해하고, 한계비용을 가장 최소화할 수 있는 생산량을 찾아내는 데 미적분학이 도움된다.

뉴턴이 움직이는 세상을 포착하기 위해 찾아낸 미적분학이라는 지름길로부터 현대과학이 시작되었다고 해도 과언이 아니다. 나는 뉴턴을 가우스와 함께 역사상 최고의 지름길 발견자로 꼽고 싶다. 실제로 그의 저택을 방문한 적이 있는데 뉴턴이 미적분학이라는 영감 어린 지름길을 찾아낸 사과나무가 여전히 살아 있는 것을 보고 깜짝 놀랐다! 심지어 저택을 안내해준 사람은 그 나무에서 사과 두 개를 따서 가져가는 것도 허락했다. 그때 가져온 두 개의 사과 중 하나에서 싹을 틔워 우리 집 정원에 뉴턴의 사과나무가 자라게 하는 데 성공했다. 지금도 나는 그 사과나무 아래에 앉아 골몰하고 있는 문제의 반대편으로 안내해줄 지름길이 떠오르기를 바라며 많은 시간을 보낸다.

가우스도 뉴턴의 열렬한 팬이었는데 그가 직접 이렇게 말했다. “지금까지 새로운 시대를 열었던 수학자는 단지 세 명 있었다. 바로 아르키메데스Archimedes, 뉴턴, 아이젠슈타인.” 마지막 이름은 오타가 아니다. 고트홀트 아이젠슈타인Gotthold Eisenstein은 프로이센 출신의 젊은 숫자이론가로서 가우스가 풀지 못했던 두어 개의 문제를 풀어내어 가우스에게 강한 인상을 심어주었던 인물이다. 가우스는 뉴턴의 일화에서 항상 사과가 중심이 되는 일에 대해 회의적으로 말했다. “사과와 관련된 이야기는 너무나도 터무니없다. 단순히 사과가 떨어짐으로써 그런 위대한 발견이 빨라지거나 느려진다는 것을 어떻게 믿을 수 있겠는가? 의심할 여지없이 그 이야기는 이런 해프닝에서 만들어진 거라고 믿는다. 한번은 멍청하고 고집 센 한 남자가 뉴턴을 찾아와 어떻게 그런 위대한 발견을 했냐고 물었다. 뉴턴은 지금 자신이 얼마나 멍청한 사람과 마주하고 있는지 깨닫고 어떻게든 빨리 돌려보내고 싶었다. 그래서 사과가 그의 코에 떨어져서 그런 발견을 하게 되었다고 말했다. 이 대답이 찾아온 남자를 충분히 납득시켰고, 그제서야 만족하며 돌아간 것이다."

뉴턴이 그의 발견을 발표할 시간이 거의 없었던 것은 사실이다. 그에게 미적분학은 해답을 최적화하는 도구는 아니었다. 그보다는 《프린키피아》Principia (원제는 '자연철학의 수학적 원리'Philosophiae Naturalis Principia Mathematica다)에 기록된 과학적 결론에 도달하는 데 도움을 주는 개인적 도구였을 뿐이다. 《프린키피아》는 1687년 중력과 운동의 법칙에 대한 뉴턴의 생각을 기술한 위대한 논문이자 저서다. 그는 미적분학이 논문에 포함된 과학적 발견의 열쇠라고 설명했다. "미스터 뉴턴은 이 새로운 분석 도구의 도움으로 《프린키피아》에 포함된 대부분의 명제를 발견했다." 이렇게 뉴턴은 자신을 3인칭으로 칭하며 다소 거창하게 표현하는 것을 좋아했다. 그러나 그는 정작 이 '새로운 분석 도구'에 대한 논문을 출판하지는 않았다. 대신 개인적으로 친구들에게 자신의 아이디어를 퍼뜨렸을 뿐이다. 다른 사람들이 평가하도록 출판하는 일에 흥미를 느끼지 않았던 것이다. 미적분학에 대한 그의 아이디어를 공식적으로 발표하지 않기로 한 이 결정은 후에 복잡한 결과를 초래하게 되었다. 뉴턴이 미적분학을 발견한 지 몇 년이 지나 다른 수학자도 같은 아이디어에 도달했기 때문이다. 그는 바로 라이프니츠였다. 그리고 라이프니츠의 접근법은 이 도구가 가진 최적화 능력을 강조하는 것에 맞춰져 있었다.

최대 이익을 계산하는 최고의 도구

뉴턴이 자신을 둘러싸고 변화하는 물리적 세계를 이해하기 위해 미적분이 필요했던 반면, 라이프니츠는 더 수학적이고 철학적인 방향에서 이 문제에 접근하여 최종적으로 미적분학에 도달했다. 논리와 언어에 매료되었던 라이프니츠는 유동적인 상태에 있는 모든 것을 포착한다는 아이디어에 끌렸다. 그는 큰 야망을 가지고 있었다. 그것은 세상에 대한 매우 합리적 접근이 가능하다는 믿음이었다. 말하자면 만약 이 세상의 모든 것을 모호하지 않은 수학적 언어로 변환할 수 있다면 인간 세상의 모든 갈등을 끝낼 수 있을 것이라는 희망이었다. "우리의 이성을 바로잡는 유일한 방법은 그것을 수학적으로 다룰 수 있는 형태로 만드는 것이다. 그럴 경우 우리는 한눈에 논리적 오류를 발견할 수 있게 된다. 그리고 사람들 간에 논쟁이 생겼을 때 우리는 단순히 이렇게 이야기하면 된다. '복잡하게 말할 필요 없이 누가 옳은지 계산해보자.'"

문제를 해결하기 위한 보편적 언어를 갖는 그의 꿈은 결국 실현되지 않았다. 하지만 라이프니츠는 움직이고 있는 사물을 포착하는 문제를 해결할 수 있는 자신만의 언어를 만드는 데 성공했다. 그의 새로운 이론의 중심에는 방대한 미해결 문제들을 해결하는 데 쓸 수 있는 컴퓨터 프로그램이나 기계적 규칙 집합 같은 알고리즘이 있었다. 라이프니츠는 자신이 창안해낸 새로운 이론에 매우 만족해하며 이렇게 말했다. "미적분학에서 가장 좋은 점은 이 도구로 고대인들에 비해 아르키메데스 기하학에서 우가 유리한 고지를 점하게 되었다는 것이다. 이것은 프랑수아 비에트Viète와 데카르트가 유클리드 혹은 아폴로니우스Apollonius 기하학을 통해 더 이상 상상력으로 문제를 해결하지 않아도 되게 한 일과 같다." 데카르트가 좌표라는 개념을 창안하여 기하학을 숫자로 바꾼 것처럼 라이프니츠의 미적분학은 움직이는 세계에서 찰나의 순간을 명백하게 포착할 수 있는 새로운 언어를 제공했다.

미적분이 오늘날 학교에서 가르칠 정도로 중요한 과목이 된 것에 뉴턴과 라이프니츠가 큰 역할을 하기는 했지만 문제에 대한 최적의 해답을 찾는 도구로 미적분을 인식한 사람은 페르마였다. 그는 다음의 난제를 해결할 방법을 찾는 데 골몰해 있었다.

'왕이 충직한 신하에게 그의 업적을 치하하는 의미로 바닷가의 땅을 하사할 것을 약속했다. 그리고 바다에 접한 땅에 직사각형 모양으로 표시하라는 의미로 신하에게 10킬로미터 길이의 울타리를 주었다. 신하로서는 분명 자신이 받을 땅의 면적을 최대로 키우고 싶을 것이다. 이때 그는 어떻게 울타리를 쳐야 할까?'

신하가 바꿀 수 있는 것은 한 가지 변수다. 바로 땅에 표시해야 하는 직사각형에서 바다와 수직인 변의 길이다. 이 변을 X라고 부르자. X의 길이를 늘릴수록 해변과 평행한 변의 길이는 점점 더 짧아진다. 이 두 변 사이의 균형을 어떻게 해야 울타리가 둘러싸고 있는 땅의 면적을 가장 크게 만들 수 있을까? 처음 떠오르는 생각은 정사각형 모양으로 만드는 것이다. 종종 해결책을 향한 지름길을 찾는 좋은 전략 중의 하나가 가능한 한 조건들을 대칭적으로 만드는 것이기 때문이다. 예를 들어 비누 거품은 표면적을 최소화하기 위해 대칭적 모양의 구가 되어 내부 공기를 감싼다. 하지만 이 문제의 경우에도 정사각형의 대칭성이 신하가 택할 수 있는 정답일까?

변의 길이 X를 바꾸었을 때 땅의 면적을 구하는 매우 간단한 공식이 있다. 해변과 평행한 변의 길이는 10-2X가 되므로 직사각형 땅의 면적은 다음과 같다.

$$X \times (10-2X) = 10X - 2X^2$$

그렇다면 이 값을 최대로 만드는 X는 무엇일까? 한 가지 전략은 면적을 가장 크게 만드는 X를 얻을 때까지 값을 바꿔가며 계속 계산하는 것이다. 이 방법은 문제에 대한 해답을 구하기 위해 먼 길을 돌아가는 전략이다. 페르마는 이보다는 더 쉬운 방법이 있다는 것을 깨달았다. 그 지름길은 바로 면적을 구하는 방정식을 그림으로 바꾸는 것이었다. 먼저 $10X-2X^2$ 방정식을 그래프로 그린다. 궁극적인 지름길은 그림을 그리는 과정마저도 생략할 수 있게 하지만 그런 지름길을 찾기 전에 먼저 우회 경로를 택해야 하는 경우도 있다. 면적을 나타내는 그래프의 모양은 'X=0'에서는 0이었다가 중간에 최대치로 상승한 다음 'X=5'인 곳에

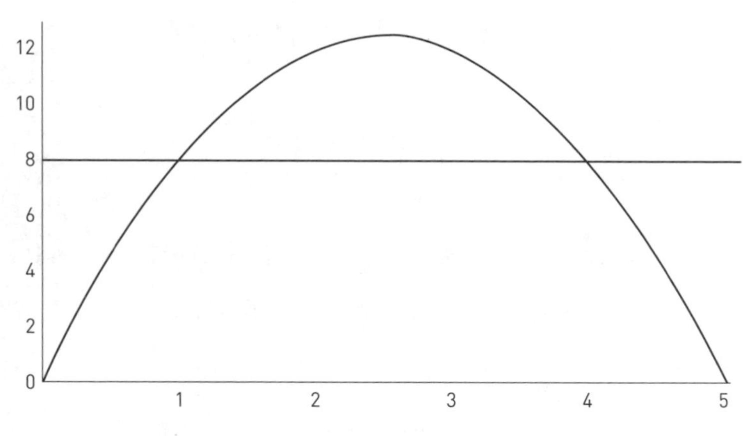

그림 6-2 한 변의 길이가 변할 때의 면적 그래프. 수평선이 그래프와 두 점이 아닌 한 점에서 만날 때 면적이 최대가 된다.

서 다시 0이 될 때까지 감소하는 곡선이다. 여기서 핵심적인 문제는 그래프의 꼭짓점이 어디인지를 알아내는 것이다. 그 지점에서의 면적이 가장 크기 때문이다. 그래프가 가장 높을 때의 X값은 얼마일까?

우선 그래프에 수평선을 그린다. 일반적으로 수평선은 그래프의 두 지점을 절단한다. 단 수평선이 그래프의 맨 꼭대기에 위치하는 경우에는 예외적으로 그래프와 한 지점에서만 닿게 된다. 이 지점이 바로 우리가 찾는 곳이다. 즉 그래프의 맨 꼭대기로써 면적이 가장 큰 지점이 된다. 페르마는 그래프를 그릴 필요 없이 이 점을 찾아낼 수 있는 방법을 발견했다. 그의 전략에 따르면 X가 2.5일 때 땅의 면적이 최대가 된다. 이때의 도형은 정사각형이 아니라 직사각형으로써 긴 면이 짧은 면의 두 배가 된다. 만약 당신이 약간의 대수 계산을 감당할 수 있을 만큼 용감하다면 페르마가 사용했던 다음의 전략을 자세하게 살펴보길 바란다.

X=a로 설정하고 이 점을 통과하는 수평선이 반대쪽 점인 X=b에서 그래프와 만나게 된다고 가정하자. X=b와 X=a 지점에서 면적은 동일하다. 따라서 다음과 같은 등식이 성립한다.

$$10a-2a^2=10b-2b^2$$

이 등식은 약간의 대수적 원리를 이용하면 다음과 같이 단순화할 수 있다. 모든 제곱 항을 한쪽으로 모은 후 식을 정리한다.

$$2a^2-2b^2=10a-10b$$

제곱 항이 있는 왼쪽은 다음과 같이 인수분해 할 수 있다.

$$2(a-b)(a+b)=10(a-b)$$

방정식을 인수분해 한다는 것은 대수식을 곱셈으로 표현할 수 있음을 의미한다. 이 경우 두 제곱 항의 차이는 (a-b)와 (a+b)의 곱으로 표현될 수 있다. 식을 이렇게 정리하면 이 새로운 방정식의 양쪽에 동일하게 (a-b)가 곱해진 것을 볼 수 있다. 그러면 양쪽을 (a-b)로 나누어서 이 항을 제거할 수 있다.

$$(a+b)=5$$

페르마가 관심 있는 것은 a와 b가 같아지는 순간이다. 왜냐하면 그것이 그래프의 정점에 해당하기 때문이다. 즉 b=a가 되는 지점이다. 이 조건을 다시 방정식에 대입한다.

$$2a=5$$

따라서 그래프가 최고점이 되는 것은 a가 2.5일 때다. 즉 이 값이 땅의 면적이 최대가 될 때의 직사각형의 변의 길이가 된다. 이때 만들어지는 직사각형은 변의 길이가 각각 2.5와 5다.

위의 계산에서 흥미로운 순간은 등식의 양쪽을 (a-b)로 나누는 때다. 이 나눗셈은 a=b가 되어 (a-b)의 값이 0이 되는 경우를 제외하고는 나누는 데 아무 문제가 없다. 잠깐! 그런데 페르마는 a=b가 되는 지점을 찾는 것이 아니었는가? 그렇다면 이 불가능해 보이는 나눗셈으로 지금까지 모든 과정이 무효화되는 것일까?

미적분학의 핵심이 여기에 있다. 바로 미적분학이 0으로 나누는 것을 정당화하는 방법이다.

대수적 계산을 한 것은 분명한데 도대체 미적분학은 어디에 있는가? 곡선 위의 각 점에서 접하는 접선의 기울기를 제공하는 학문이 미적분이다. 이 문제에서 페르마는 접선의 기울기가 수평이 되는 점을 찾아 최대 면적을 구했다. 그 점에 접한 접선의 기울기, 즉 '도함수'derivative 는 0이 된다. 페르마는 방정식의 결괏값이 최적이 되는 해를 찾기 위해 미적분을 사용하였다. 즉 주어진 방정식의 도함수가 0이 되는 점을 찾는 것이 전략이 되겠다.

땅의 면적을 묘사하는 곡선은 뉴턴이 사과의 높이를 나타내기 위해 그린 곡선과 매우 흡사하다. 사실 땅의 면적을 나타내는 방정식 $10X-2X^2$과 내 손에서 사과까지의 거리를 나타내는 방정식 $25t-5t^2$은 본질적으로는 같은 방정식이다. 간단하게 말하자면 후자의 방정식은 전자의 방정식에 2.5를 곱한 것이다. 이 사례는 수학이 가장 좋은 지름길이라는 사실을 보여준다. 동일한 방정식으로 다양한 시나리오를 다룰 수 있기 때문이다. 사과를 던지는 경우, 공중에 떠 있는 높이의 최대 지점은 속도가 0에 도달한 후 사과가 아래쪽 방향으로 움직이기 시작하는 순간이다.

이러한 형태의 방정식은 에너지 소비, 건축 자재의 양, 목적지까지의 소요 시간 등 많은 다른 것을 표현할 때에도 사용될 수 있다. 이렇게 다양한 수량을 최대·최소화할 수 있는 최적의 방법을 찾는 도구가 있다는 것은 획기적인 일이다. 다양한 요인에 따라 달라지는 회사의 이윤을 구하는 공식이 있을 경우, 가변 요인들을 어떻게 설정해야 이윤이 극대화되는지를 알려주는 도구가 있다면 누가 원하지 않겠는가? 바로 미적분학이 최대의 이윤을 얻는 법을 알려주는 지름길이다.

성당의 돔을 완성한 수학의 예술

원래 미적분학은 시간에 따라 변하는 세상을 분석하기 위한 도구로 만들어졌다. 하지만 여러 다른 변화를 분석할 때도 유용하게 쓸 수 있다. 특히 건물을 설계하는 다양한 방법을 살펴보고 그중 에너지 효율성이나 방음 상태, 건축 비용을 최적화하면서 동시에 시간을 견뎌내는 튼튼한 구조의 건물을 만드는 데 미적분학은 매우 강력한 도구가 되었다. 이렇게 지은 건물이 내가 사는 런던에서 그리 멀지 않은 곳에 우뚝 서 있다. 바로 1710년에 완공된 세인트 폴 대성당이다. 이 건물에 특별한 애착을 느끼는 이유는 내가 다닌 옥스퍼드대학교 출신의 수학자가 설계했기 때문이다. 크리스토퍼 렌Christopher Wren은 영국의 선도적 건축가 중 한 사람으로 워덤칼리지에서 수학을 배우기 시작했다. 그는 학생때 이미 전국에 훌륭한 건물들을 짓기 위해 필요한 모든 종류의 기술을 갖추고 있었다.

그가 남긴 위대한 작품 중 하나는 현재 학생들이 학위를 받는 건물로 쓰이는 옥스퍼드 내 셸도니언 극장Sheldonian Theatre이다. 이 극장의 아름다움은 웅장한 지붕을 지지하는 기둥이 없다는 점에 있다. 이런 구조는 학부모가 사랑하는 자식들의 수여식을 잘 볼 수 있게 하려는 목적이 아니었으리라. 원래 이 공간은 주로 춤을 추는 용도로 사용되었다. 눈에 보이는 지지대 없이 거대한 지붕을 건물에 얹을 수 있었던 것은 렌이 지붕보에 격자 구조를 응용했기 때문이다. 이 구조는 지붕의 하중을 건물의 외벽으로 이동시켰다. 렌은 격자 배열을 만들어내기 위해 25개의 선형 연립방정식을 풀어야 했다. 수학자로서 훈련을 받았음에도 그는 이 문제에 백기를 들고 당시 옥스퍼드대학교 사빌기하학 교수 존 월리스John Wallis에게 도움을 구했다. 도움을 요청하는 일은 종종 중요한 지름길이 된다!

렌의 수학은 세인트 폴 대성당의 돔 건물로 다시 태어났다. 성당에 다가갈 때 눈에 보이는 돔은 구형이다. 구는 멀리서 보았을 때 아름다움과 완벽함을 돋보이게 한다. 특히 구는 교회를 설계할 때 우주의 모양을 대표하는 상징적인 도형으로서 고려 대상이 된다. 하지만 구는 건축에 적용하기에는 결정적 결함을 안고 있다. 바로 혼자서는 서 있을 수 없다는 점이다. 실제로 구는 스스로 서 있기에 너무 불안정하다. 따라서 지지물 없이 방치될 경우 돔은 성당의 중심부로 굴러 내려갈 수도 있다. 이런 이유로 세인트 폴 대성당에 있는 돔은 하나가 아니라 세 개다.

성당 내부에 있을 때 보이는 것은 외부 돔의 안쪽 면이 아니다. 이것은 사실은 두 번째 돔이다. 이 돔의 모양은 '현수선'caternary이라고 불리는 곡선 형태를 띠고 있다. 이 곡선은 후에 라이프니츠가 미적분학을 이용하여 명백하게 규명해낸 것이다. 현수선 모양의 구는 외부의 지지 없이도 혼자 서 있을 수 있다. 이 곡선은 양 끝이 묶인 사슬이 늘어뜨려져 만든 모양이다. 산 위에서 굴러 내려가는 공은 자연적으로 가장 낮은 에너지를 가진 저점을 찾아간다. 마찬가지로 늘어뜨려진 사슬은 자신이 갖고 있는 위치 에너지를 최소로 하는 형태를 취한다. 자연 만물은 이런 방식으로 에너지가 가장 낮은 상태를 찾아낸다. 여기서 렌과 같은 건축가들은 최저 에너지 상태에 있는 현수선의 모양을 뒤집으면 자체적으로 무게를 지탱할 수 있는 돔 형태가 된다는 사실을 이용하였다.

그렇다면 이 곡선은 어떤 모양일까? 라이프니츠는 곡선을 여러 가지 모양으로 변화시키면서 각각의 곡선이 갖는 위치 에너지를 계산하는 방정식을 만들었다. 이어서 그는 위치 에너지가 가장 낮은 곡선을 찾아내기 위해 미적분을 사용했다. 이때의 곡선은 사슬이 걸려 있을 때와 같은 모양이 될 것이다. 이 곡선의 형태가 수학적으로 밝혀지면서 다음 세대의 건축가들은 구르지 않고 혼자 서 있을 수 있는 돔을 만드는 데 이 곡선을 사용할 수 있었다. 실제 설계하는 공간에 일부러 커다란 사슬을 걸어 이 곡선을 구할 필요도 없어졌다. 렌은 특히 현수선 모양의 돔을 선호했다. 강제적 원근 효과로 위를 올려다봤을 때 돔이 실제보다 더 높아 보였기 때문이다. 착시현상을 일으키기 위해 수학을 이용하는 것은 바로크 시대의 건축이 골몰하던 주제였다.

그럼에도 외부 돔이 성당 안으로 무너져 이 아름다운 내부 돔이 파괴되는 일을 어떻게 막을 수 있을까 하는 문제는 여전히 남아 있었다. 이것이 바로 우리 눈에 보이는 두 개의 돔 사이에 세 번째 돔이 숨겨져 있는 이유다. 최근 세인트 폴 대성당을 방문했을 때 두 개의 돔 사이로 들어가 외부 구형 돔을 지지하고 있는 세 번째 돔을 볼 기회가 있었다. 이 숨겨진 돔 역시 현수선 모양을 하고 있었다. 외부 돔 꼭대기에 있는 둥근 지붕을 지지하기 위해 아치가 갖추어야 할 모양을 이 돔의 형태가 결정하고 있었다. 사슬에 무게 추를 걸면 사슬은 아래로 당겨진다. 미적분을 사용하면 최소한의 에너지를 갖는 모양을 수학적으로 표현할 수 있다. 놀랍게도 이 모양을 뒤집으면 사슬에 매달린 무게 추만큼의 무게를 올려놓을 수 있는 아치가 된다. 이런 방식으로 렌은 밖에서 보이는 구형 돔의 꼭대기를 지탱하는 내부 돔이 갖추어야 할 모양을 알아냈다.

무게 추가 가해진 사슬 모양을 응용한 현수선 형태의 돔을 가진 건축물의 가장 특별한 사례는 바르셀로나의 사그라다 파밀리아 대성당의 지하로 내려가면 찾을 수 있다. 안토니오 가우디Antonio Gaudí는 이 미완성 예배당의 지붕 설계를 위해 같은 원리를 사용했다. 그는 거미줄처럼 짜여진 끈들에 엄청난 수의 모래 주머니를 매달았다. 이 모래 주머니들은 지탱해야 할 구조물의 무게에 해당한다. 모래 주머니가 매달린 끈들이 늘어져서 만드는 현수선의 모양을 거꾸로 뒤집으면 무너지지 않는 지붕의 모양이 되는 것이다. 모래 주머니를 더 매달거나 옮겨서 매달아보면서 가우디는 원하는 예배당 지붕의 모양을 만들 수 있었다. 그리고 그는 이 지붕이 건축되는 동안에도 무너지지 않을 것임을 확신했다. 하지만 제조업자에게 이 모든 곡선을 수학적으로 설명하기 위해서는 미적분학이라는 지름길이 꼭 필요하다. 오늘날의 건축가들은 도시의 스카이라인을 우아하게 장식하는 곡선형의 건물을 짓기 위해 손으로 사슬과 모래 주머니를 다루는 대신 컴퓨터가 다룰 수 있는 미적분과 방정식을 사용한다.

미적분이 도움을 주는 것은 단지 대성당과 마천루를 건축하는 일에서만은 아니다. 라이프니츠가 찾아낸 최적 곡선 중 하나는 롤러코스터를 만드는 데 필요한 곡선이었다!

롤러코스터에
숨어 있는 숫자

나는 롤러코스터를 사랑한다. 스릴을 즐기기 때문은 아니다. 나 같은 수학자에게 롤러코스터는 선로 위에 붙어 이동하는 기구를 속도의 한계까지 밀어붙이기 위해 필요한 모든 기하학과 미적분학이 총 집대성된 대상이다. 그 어떤 롤러코스터보다 수학적 열정을 불러일으키는 것이 유럽에 있다. 바로 영국 블랙풀에 있는 '그랜드 내셔널'the Grand National이다. 이 롤러코스터를 타고 트랙을 한 바퀴 돌아보면 누구라도 미적분의 힘뿐 아니라 수학자의 호기심 상자에 든 가장 흥미로운 모양 중 하나를 경험하게 된다. 그것은 '뫼비우스의 띠'Möbius strip다.

이름이 암시하듯 그랜드 내셔널(영국 리버풀에서 열리는 세계적인 장애물 경마대회—옮긴이)은 두 열차가 경주하듯 달리는 방식의 놀이기구다. 롤러코스터 선로의 꼭대기에 정차해 있는 열차에 앉으면 앞쪽에 두 개의 평행 선로가 보인다. 두 열차에 탄 승객들은 서로 닿을 듯한 거리에서 비틀리고 꼬인 선로를 달리게 된다. 열차는 유명한 경마 경주의 악명 높은 점프 구간의 이름을 딴 지점들을 통과한다. 그런데 열차가 마지막 질주를 끝내고 결승점을 통과한 순간 관람객들은 다소 이상한 일이 일어났음을 발견한다. 출발한 곳에서 반대편 쪽에 도착했다는 것을 깨닫게 되는 것이다. 어떻게 이런 일이 일어난 것일까? 선로는 절대 서로 마주치지도, 교차되지도 않는다. 그렇다면 이 놀이기구 설계자들은 도대체 어떻게 이런 결과를 만들어냈을까?

이는 실제 그랜드 내셔널 경주에서도 악명 높은 베커스 브룩 점프 구간에 해당하는 지점을 지나는 순간 발생한다. 베커스 브룩이라고 이름

붙인 지점에서 한 선로가 다른 선로의 위쪽으로 지나가면서 열차의 달리는 면이 바뀌어 마지막에 열차는 반대편 지점에 도착하게 되는 것이다. 베커스 브룩역에서의 이 비틀림 때문에 그랜드 내셔널의 선로는 뫼비우스의 띠 모양이 된다. 수학적인 아름다움을 갖춘 뫼비우스의 띠가 이 선로 디자인의 핵심이다. 우리가 직접 뫼비우스의 띠를 만들려면 폭이 2센티미터 정도 되는 긴 종이 띠를 준비해야 한다. 종이의 두 끝을 잡고 그중 하나를 180도 비튼 후 연결하면 뫼비우스의 띠가 완성된다. 자, 종이 띠가 그랜드 내셔널의 두 선로 위에 놓였다고 상상해보자. 베커스 브룩역에서 두 선로가 서로의 위와 아래를 통과할 때 종이는 180도 비틀린 후 열차가 출발한 지점에서 양 끝이 다시 만나게 될 것이다.

뫼비우스의 띠는 매우 흥미로운 특징을 가지고 있다. 이 도형에는 단 하나의 모서리만 있다는 점이다. 손가락을 대고 따라가보라. 뫼비우스의 띠 위에 있는 다른 어떤 지점이든 도달할 수 있을 것이다. 이 사실이 의미하는 바는 그랜드 내셔널이 실제 평행한 두 개의 선로가 아니라 하나의 연속된 선로라는 것이다.

한편 롤러코스터 같은 놀이기구들이 가장 필요한 것은 속도다. 가장 빠른 롤러코스터를 원한다면 목적지까지 도달하는 가장 빠른 경로를 설계해주는 미적분학이 도움이 된다. 사실 이 장을 시작하면서 냈던 퍼즐이 바로 이 문제에 관한 것이다. 수직 평면 위에 존재하는 두 점 A와 B가 주어졌을 때 공이 중력의 영향에 따라 움직인다면 가장 짧은 시간에 A를 출발하여 B에 도달하는 궤적은 어떤 것일까? 이 질문을 처음 제기한 사람은 놀이공원의 창시자가 아니라 스위스 수학자 요한 베르누이Johann Bernoulli였다. 베르누이는 1696년에 처음 이 문제를 제기했다. 그는 당시 가장 위대한 두 인물 라이프니츠와 뉴턴에게 이 문제로 도전했다.

"나, 요한 베르누이는 세계에서 가장 뛰어난 수학자들에게 고한다. 지식인들에게 정직하고 도전적인 문제보다 더 매력적인 것은 없으며, 그에 대한 가능성 있는 해답을 제시한다면 명성을 얻을 것이고 영원히 기념비적 업적이 되어 남을 것이다. 파스칼, 페르마 등이 세운 본보기를 따라 나는 당대 최고의 수학자들 앞에 그들이 가진 기법과 지성의 힘을 시험할 문제를 내고자 한다. 이에 대한 답을 제시하여 과학계 전체의 감사를 받길 바란다. 만약 누군가가 제안한 과제의 답을 나에게 보내온다면 나는 공개적으로 칭찬할 만한 가치가 있음을 선언할 것이다."

베르누이가 낸 문제는 가장 빠른 시간 안에 A 지점에서 B 지점까지 공을 굴러가게 하는 경사로를 설계하는 것이었다. 직선으로 경사로를 설계하는 것이 가장 빠르다고 생각할 수 있다. 혹은 공을 공중에 던졌을 때 그려지는 포물선을 거꾸로 뒤집어놓은 곡선을 떠올릴 수도 있다. 답은 둘 다 아니다. 가장 빠른 경로는 '사이클로이드'cycloid 형태인 것으로 밝혀졌다. 이 곡선은 움직이는 자전거 바퀴의 가장자리에 있는 한 점이 그리는 궤적에 해당하는 경로다.

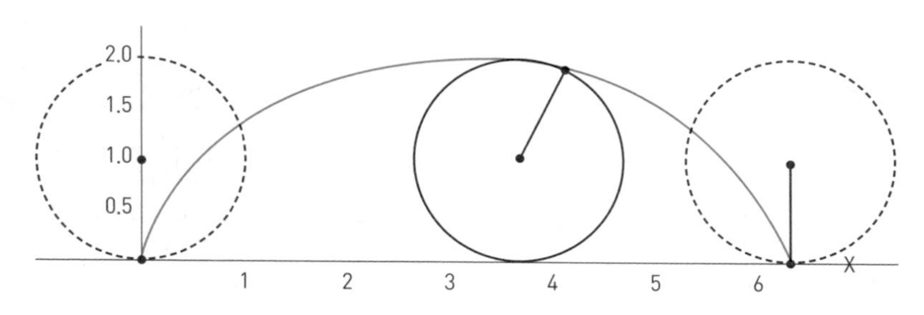

그림 6-3 사이클로이드 그래프. 원이 직선으로 구를 때 원 위의 한 점을 따라 그려지는 궤적을 보여준다.

사이클로이드를 뒤집으면 A에서 B로 가는 가장 빠른 경로가 된다. 이 경로를 따라 가면 일단 공은 도달하고자 하는 목적지보다 아래로 내려간다. 그렇게 공에 속도를 붙인 후에 그 속도를 이용하여 목적지에 도착하게 되는 것이다. 그러면 다른 어떤 경로보다 더 빨리 목적지에 도착한다. 한편 미적분학은 특정 조건하에 변수의 최솟값, 최댓값을 찾는다. A에서 B까지 가는 경로로 무한히 많은 곡선이 있다는 것은 문제가 되지 않는다. 방정식만 있으면 항상 가장 빠른 길을 찾을 수 있기 때문이다.

뉴턴과 라이프니츠는 베르누이의 문제에 대한 해답을 찾는 지름길을 누가 제시했느냐를 두고 끔찍한 싸움을 벌였다. 수년간 상대에 대한 독설과 비난이 이어진 끝에 1712년 두 주장 중에 누가 옳은지 판단해줄 것을 런던 왕립학회에 요청했다. 뉴턴이 미적분을 처음 발견했고, 라이프니츠가 그의 아이디어를 도용하여 다른 방법을 만들어냈다는 세간의 말들이 사실인지를 밝히려는 것이었다. 그리고 1714년 왕립학회는 미적분학을 처음 발견한 사람은 뉴턴이라고 공식적으로 발표했다. 그리고 라이프니츠가 뉴턴의 아이디어를 표절했다고 비난하기는 했으나 또 한편으로는 그가 미적분학을 가장 처음 발표했다는 사실은 인정했다. 그러나 이 왕립학회의 보고서가 매우 공정했다고 이야기할 수 없다. 사실 그 보고서는 왕립학회의 회장인 뉴턴이 작성했기 때문이다.

이 사건으로 라이프니츠는 엄청난 상처를 입었다. 존경했던 뉴턴으로부터 그런 일을 당하자 그 충격에서 결코 회복되지 못했다. 하지만 아이러니하게도 오늘날까지 남아 있는 것은 뉴턴이 아닌 라이프니츠의 미적분학이라는 점이다.

라이프니츠 미적분학의 근간이 되는 아이디어는 뉴턴의 미적분학과 많은 면에서 공통점이 있지만, 동시에 둘 사이에는 매우 큰 차이가 존재한다. 라이프니츠는 좀 더 언어적이고 수학적인 방향에서 미적분에 접근했다. 그는 뉴턴처럼 사과가 떨어지는 현상이나 시간에 따른 속도의 변화를 포착하는 일에는 별 관심이 없었다. 대신 훨씬 일반적인 설정을 고려하는 일에 관심이 있었다. 만약 어떤 변화가 몇 가지 요인으로 일어난다면 라이프니츠의 미적분은 그 요인들을 바꿀 때 결과적으로 변화에 어떤 영향을 미치는지를 연구하기 위해 고안되었다.

뉴턴의 경우 그는 태생적으로 물리학자였다. 따라서 물리적 세계를 묘사하고자 하는 그의 목표가 때로는 그에게 장애물이 되었다. 반면 라이프니츠가 도입한 수학적 언어와 표기법은 뉴턴에 비해 훨씬 유연할 뿐 아니라 다양한 조건이 있어도 잘 대처할 수 있었다. 시간이라는 과제를 견뎌내고 결국 오늘날 학교에서 가르치는 라이프니츠의 미적분학이 살아남았다.

사실을 말하자면 라이프니츠와 뉴턴 모두 미적분학의 전 과정 중 도입부만 건드렸을 뿐이다. 그들의 논문과 분석은 많은 숙제를 남겼다. 미적분을 견고한 논리적 토대 위에 올려놓는 것은 다음 세대가 짊어져야 할 몫이었다. 하지만 여전히 부인할 수 없는 사실은 다음 세대의 진보라는 것도 따져보면 두 위인이 이뤄놓은 획기적인 발견이 있었기에 가능했다는 점이다. 뉴턴이 남긴 유명한 말을 떠올려본다. "내가 더 멀리 보았다면 그것은 거인의 어깨 위에 서 있었기 때문이다."

동물도 미적분을 한다고?

미적분학을 발견하는 데 있어서 뉴턴과 라이

프니츠 모두 아마 이 경쟁자를 이기지는 못했을 것이다. 바로 동물이다. 인간이 미적분학의 지름길을 생각해내기 훨씬 전부터 동물은 집으로 돌아가는 최적의 해법을 알았다는 증거가 있다.

앞서 얘기했던 충직한 신하의 이야기로 돌아가보자. 신하는 미적분을 사용하여 가능한 한 최대 면적의 땅을 하사 받은 후 해변에서 느긋하게 휴식을 취하고 있었다. 그때 갑자기 바다에서 물에 빠져 위기에 처한 사람을 봤다. 그는 해변에 있는 구조원에게 물에 빠진 사람을 구해달라고 소리쳤다.

구조원이 수영하는 속도보다 달리는 속도가 두 배 빠르다고 가정하면 가장 빠른 구조를 위해서는 어느 지점에서 물속으로 들어가야 할까?

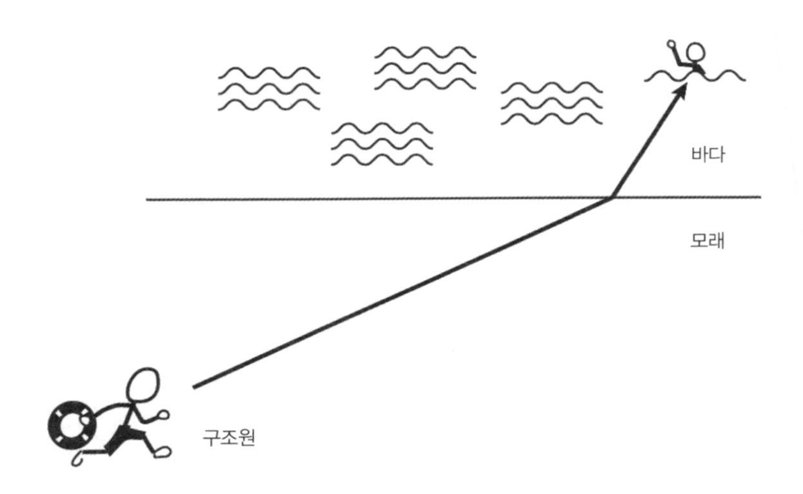

그림 6-4 구조원이 물에 빠진 사람에게 가장 빨리 도착할 수 있는 길은 무엇인가?

만약 구조원이 우선 이동거리를 최소화하려고 한다면 출발 지점과 목표 지점 사이에 직선을 긋고 그 경로를 따라 이동했을 것이다. 하지만 구조원의 이동 속도는 육지보다 바다에서 더 느리므로 목적지에 더 빨리 도달하려면 바다에서 보내는 시간을 최대한 단축하는 길을 선택해야 한다. 하지만 바다에서의 이동 시간을 최소화하여 입수하는 경우, 한 가지 문제가 생긴다. 해변에서 달리는 구간을 더 길게 잡아야 하고 결국에는 목적지까지 가는 데 걸리는 총 시간이 늘어난다. 최적의 경로는 그림 6-4에서 오른쪽으로 구조원을 보내는 것이다. 하지만 물에 빠진 사람과 육지를 연결하는 선이 육지와 수직인 지점까지 달릴 수는 없다. 그렇다면 가장 빠른 시간 내에 물에 빠진 사람을 구하기 위해 입수 지점으로 가장 좋은 장소는 어디일까?

이것은 페르마가 고심하던 또 다른 문제 중 하나였다. 다름 아닌 '최적화' 문제다. 페르마가 마주했던 과제는 구조원이 가장 빠른 길을 찾는 문제가 아니라 빛이 택하는 경로를 찾는 문제였다.

한 번쯤 수영장에서 물속에 막대기를 넣을 때 다소 이상한 착각을 해본 경험이 있을 것이다. 막대기가 물에 들어가면서 갑자기 휘어지는 것처럼 보이는 것이다. 이때 실제로 휘어지는 것은 막대기가 아니라 막대기로부터 반사되어 우리 눈까지 이동하는 빛이다. 제4장에서 설명했듯 빛은 지름길을 좋아한다. 따라서 빛은 막대기에서 눈까지 이동하는 경로 중 가장 빠른 경로를 따라 움직인다. 그런데 빛은 공기보다 물에서 더 느리게 움직인다. 구조원 문제에 있는 딜레마처럼 빛은 공기 중에 너무 오래 있지 않으면서도 가능한 한 이동 속도가 느린 물속에서는 시간을 짧게 보내려고 노력한다. 이런 현상은 사막에서 보이는 신기루를 설명하는 데 있어서도 핵심 원리가 된다. 하늘에서 내려온 빛이 땅과 가까운 따뜻한 공기층을 통해 이동한 후 우리 눈에 들어온다. 이때 우리는 마치 하늘이 물처럼 사막에 내려 앉아 있는 것처럼 보게 된다.

충직한 신하가 울타리 문제를 해결한 방식처럼 구조원도 출발지에서 x미터 떨어진 입수 지점을 통해 물에 빠진 사람(목적지)에게 도달하는 시간을 계산하는 방정식이 필요하다. 그런 다음 미적분 도구를 사용하면 소요 시간을 가장 짧게 만드는 x 값을 찾을 수 있다. 이 계산을 할 수 있는 펜과 종이가 없다면 어떻게 될까? 만약 대수학과 미적분이 발명되지 않았다면 어떻게 될까? 이 문제를 풀기 위해 직관과 느낌에만 의존해야 한다면 어떻게 될까? 만약 구조원이 아니라 개였다면 어떻게 될까! 개는 물에 들어가는 정확한 장소를 얼마나 잘 찾아낼 수 있을까?

미시간주 소재 호프대학교 수학과 교수 팀 페닝스Tim Pennings는 자신의 개가 최소 경로를 찾는 미적분 문제를 푸는 데 얼마나 소질이 있는지 알아보고자 몇 가지 실험을 했다. 흔히 개가 그렇듯 그의 웰시 코기 '엘비스'도 공을 쫓는 데 사족을 못 썼다. 그래서 페닝스는 물에 빠진 사람을 구하는 도전 대신 산책하는 동안 미시간호수에 공을 던지고 엘비스가 공을 물고 오기 위해 어떤 경로를 선택하는지 알아보기로 했다. 물론 엘비스의 주요 목표가 공을 물고 오는 데 소비되는 에너지를 최소화하는 것일 수도 있다. 이 경우 현명한 해결책은 물속에서 보내는 시간을 최대한 줄이는 것이다. 단지 그 목적을 달성하려면 입수 지점에서 공까지의 경로가 육지 끝과 수직이 되는 지점까지 달려야 한다. 그러나 페닝스는 공을 보는 엘비스의 눈이 번쩍이는 것과 함께 공이 그의 손을 떠나는 순간 개가 보여준 흥분된 모습을 통해 공을 최대한 빨리 되찾는 것이 그의 목표가 되리라는 것을 느낄 수 있었다. 이제 엘비스가 직관적으로 미적분학을 이해하는지를 알아볼 실험 계획이 마련되었다.

미시간호수의 파도가 낮아 공이 물에 떨어졌을 때 많이 움직이지 않는 날을 골라서 그는 엘비스와 함께 실험에 착수했다. 친구의 도움을 받아 페닝스는 공을 물속으로 던진 후 개를 쫓아가서 엘비스가 물에 들어간 지점에 스크루드라이버를 꽂았다. 그런 후 공에 도착하기 전까지 엘비스가 얼마나 멀리 헤엄쳤는지를 줄자를 이용하여 측정했다. 처음에 엘비스는 분명 잘못된 경로로 보이는 길을 따라 물속으로 뛰어들어서 많은 시행착오가 있었다. 페닝스는 이러한 데이터 수치는 분석에서 삭제하기로 결정했다. 그가 말했듯 'A 학점의 우수한 학생에게도 운이 안 좋은 날이 있기 때문'이다. 하지만 하루가 끝나갈 무렵 그는 서른다섯 개의 데이터 수치를 모을 수 있었다. 엘비스는 이 문제를 어떻게 풀었을까? 결론적으로는 놀랍도록 잘 풀었다! 대부분의 경우 엘비스가 입수한 지점은 최적의 진입 지점에 매우 가까웠다.

이 실험 결과를 근거로 개가 미적분을 푼다고 이야기할 수 있을까? 물론 그렇지는 않다. 그러나 수학적 언어의 힘을 빌리지 않고 이러한 지름길을 찾기 위해 동물의 뇌가 어떻게 진화해 왔는지에 대해서는 놀라움을 금할 수 없다. 자연은 이런 난제를 직관적으로 해결할 수 있는 뇌를 가진 동물을 그런 능력이 부족하거나 없는 동물보다 선호한다. 그리고 이런 동물들이 자연에서 살아남게 되는 것이다. 하지만 직관적 두뇌가 추정할 수 있는 대상에는 한계가 있다. 그것이 바로 우주선 발사대에 앉아 있던 존 글렌이 자신의 직관을 신뢰하기보다는 미적분학이라는 발전된 도구를 통해 최적의 경로를 찾아내길 원했던 이유다.

엘비스에게 주어진 과제와 같은 문제를 해결하기 위해 동물들은 팀워크를 활용한다. 만약 물에 빠진 사람을 구해야 하는 구조원 문제와 같은 상황에 직면할 경우, 개미 집단은 엘비스만큼 최적의 경로를 잘 찾을 수 있고 실제 그 증거도 있다. 개미를 대상으로 한 실험에서는 공 대신 먹을 것을 사용했다. 독일, 프랑스, 중국 연구팀이 불개미를 대상으로 진행한 실험에서 개미들은 음식(바퀴벌레)을 구하기 위해 두 개의 다른 영역을 거쳐 가는 최적의 길을 찾아냈다. 이때 개미들은 다른 개미들이 따라올 수 있도록 페로몬 자국을 만들어놓았다. 최적의 경로인 길을 더 많은 개미가 지나다닐수록 그 길에 뿌려진 페로몬 흔적은 더 강해지게 되는 것이다. 실제로 개미는 빛이 최적의 경로를 찾는 방식과 비슷하게 일을 했다. 빛 광자 하나가 어떻게 최적의 경로를 찾는 일을 할 수 있을까? 양자물리학에 따르면 광자는 모든 경로를 동시에 시도해보고 최적의 경로가 발견되면 그 길로 합쳐진다. 개미들도 비슷한 전략으로 최적의 경로를 찾기 전에 많은 수의 개미를 퍼뜨려서 모든 경로를 시도해보는 전략을 사용한다.

자연은 최적의 해결책을 찾는 데 매우 뛰어나다. 빛은 목적지로 가는 가장 빠른 길을 찾는다. 현대물리학에서의 중력은 어떤 힘에 끌리는 것이 아니라 시공간이 만든 기하학적 구조 속에서 가장 빠른 경로를 찾아 아래로 떨어지는 현상으로 해석된다. 렌은 사슬을 늘어뜨림으로써 안정적인 돔을 설계하는 문제를 해결했다. 비누 거품은 최소 에너지를 가지기 위해 구 형태를 유지한다. 독일 건축가 프라이 오토Frei Otto는 이러한 비누 거품을 모방하여 1972년 뮌헨 올림픽 경기장을 설계했다. 경기장을 덮고 있는 기묘한 모양의 굴곡진 캐노피 지붕은 구조적으로 매우 안정된 형태다. 오토는 비누 거품이 어떻게 형성되는지를 분석하여 그 구조를 금속 프레임에 구현했다.

낮은 에너지의 최적 해법을 찾아내는 자연의 신기한 능력을 수학적으로 포착한 것은 18세기 초 피에르 루이 모페르튀이가 자연의 최소 작용 원리를 발견했을 때다. 모페르튀이의 표현에 따르면 수학적으로 '자연은 행동을 하는 데 있어 인색'하다. 다만 자연이 왜 그렇게 행동에 인색한지는 여전히 수수께끼다. 우리가 풀고자 하는 문제에 대한 답을 찾고자 할 때 당장 개나 개미, 비누 거품의 도움을 받을 수 없는 경우에는 어떻게 해야 할까? 뉴턴과 라이프니츠가 만든 놀라운 수학적 도구인 미적분에 의지할 수 있다. 미적분은 지금까지 우리가 직면한 도전에 대한 최적의 해결책을 찾는 데 있어 가장 놀라운 지름길이었고, 앞으로도 변함없이 그럴 것이다.

지름길을 찾아내는 분야 최고의 대가 가우스는 미적분에 대해 이렇게 말했다. "미적분이라는 개념은 수많은 문제를 유기적인 하나의 완전체로 통합했다. 미적분이 없었다면 그 문제들은 하나하나 천재적인 방법을 통해 해답을 찾아내야 하는 난제들로 각각 독립적으로 존재했을 것이다."

생각의 지름길로 가는 길

미적분은 우리가 쓸 수 있는 강력한 지름길 중 하나이지만 이 도구를 사용하기 위해서는 약간의 기술적 전문지식이 필요하다. 미적분학을 속성 코스로 배운다는 것은 대부분의 사람에게 불가능한 일이다. 하지만 최적의 해법을 찾기 위해 이런 도구도 존재한다는 사실 정도는 알아둘 만한 가치가 있다. 지름길을 찾기에 까다로운 지형을 탐색할 때 도움을 얻기 위해 미적분학을 잘 이용할 수 있도록 알려주는 기술적 안내서가 필요하다. 다양한 변수가 존재하고 이러한 조건하에서 가장 최적의 설정을 얻고 싶다면 미적분 전문가의 도움을 구하는 것이 가장 좋은 지름길일 수 있다. 뉴턴이 말했듯이 거인의 어깨 위에 서는 것은 언제나 영리한 지름길이 되기 때문이다.

때때로 당신을 기술적인 면에서 가르쳐줄 사람은 수학자가 아니라 자연이라는 사실도 알게 될 것이다. 현재 직면하고 있는 문제에 대한 최적의 해결책을 이미 자연이 찾아냈는지 살펴보는 것은 언제나 가치 있는 일이다. 공학적 문제에 대한 최저 에너지 해결책을 이미 비누 거품이 가지고 있을지도 모르기 때문이다. 당신이 가야 할 지름길을 이미 빛이 가리키고 있을 수도 있다. 혹은 개미 떼를 따라가면 많은 경로를 시도하지 않고도 지름길을 찾을 수 있을지도 모른다.

쉬어가기

누구나 알고리즘으로 예술가가 될 수 있다

수학에서 우리가 터득한 핵심 교훈 중 하나는 알고리즘으로 어려운 일을 쉽게 해결할 수 있다는 것이다. 각 문제를 사례별로 처리하는 대신 알고리즘은 모든 문제를 통합한 뒤 특정 설정에 상관없이 누구나 적용할 수 있는 해법을 제시해준다. 미적분학은 그러한 알고리즘 중 하나다. 미적분학은 당신이 다루고자 하는 방정식이 수익률, 우주선 속도, 에너지 소비량 중 어느 것이든 상관없이 적용 가능하다. 다양한 시나리오에서의 최적 해법을 찾기 위해 적용할 수 있는 공통 알고리즘이 바로 미적분학이다.

나는 예술 분야에서도 알고리즘을 적용할 수 있다는 것을 발견하고 적지 않게 놀랐다. 이러한 사실을 최근 런던 서펜타인 갤러리의 큐레이터 한스 울리히 오브리스트Hans Ulrich Obrist와 대화하면서 알게 되었다. 빈 캔버스를 채우는 것에 늘 공포를 느껴왔던 나로서는 호기심이 생겼다. 예술에 있어서도 지름길이 있다면 내가 가진 창의적인 아이디어를 현실로 구현하는 데 도움이 될 수 있을지 궁금했다.

오브리스트의 아이디어는 어떻게 하면 미술시장을 세계화할 수 있는가라는 물음에서 시작되었다고 한다. 그가 큐레이터로 일을 시작할 때만 해도 예술계는 여전히 서구중심적이었다. 전시회는 보통 쾰른이나 뉴욕을 중심으로 순회했고 때로는 런던이나 취리히 정도로 우회했다. 그러나 미술관은 전 세계 어디에나 있다. 오브리스트는 남미나 아시아의 많은 전시 공간에서 새로운 전시회를 개최하고 싶었다. 하지만 전시회를 열고 싶어 하는 모든 장소에서 큰 규모의 전시회를 준비한다는 것은 물류적 측면에서도 매우 어려운 일이다. 오브리스트는 크리스티앙 볼탕스키Christian Boltanski, 베르트랑 라비에Bertrand Lavier와 같은 예술가들과 협력하여 이 문제점을 극복할 방법을 생각해냈다. 그것은 바로 사람들에게 직접 예술을 해볼 수 있도록 지침을 내려주는 것이었다. '두 잇'Do It이라는 이름의 전시회 프로젝트는 중국, 멕시코, 호주 등 어디서든 사람들이 직접 작가들의 작품을 스스로 만들 수 있는 안내서나 재료법을 만들어보자는 아이디어였다.

오브리스트에게 이 방법은 예술의 세계화라는 도전을 달성하는 지름길이었다. 그렇게 하면 작업된 작품들을 큰 상자에 담아 운반하려 애쓰지 않아도 됐다. 언제 어디서든 동시에 구현해내는 두 잇 안내서를 작성하기만 하면 됐다. 생성적인 전시회. 예술적 알고리즘. 안내서가 지름길이었다. 이러한 두 잇 안내서들은 음악 악보와 유사한 면을 갖고 있다. 오페라나 교향곡처럼 많은 사람을 통해 연주되고 해석되면서 수없이 많이 공연될 수 있기 때문이다.

지침 예술instructional art이라는 아이디어가 새로운 것은 아니다. 이 아이디어는 마르셀 뒤샹이 1919년 여동생 수잔과 그의 신랑에게 자신이 주고 싶었던 결혼 선물을 직접 만들어보라는 안내서를 보낸 일화에서 유래했다. '행복하지 않은 기성품'Unhappy Ready-Made이라는 이상한 이름이 붙은 결혼 선물을 동생 부부는 뒤샹을 대신해서 직접 만들어야 했다. 이를 위해 부부는 발코니에 기하학 교과서를 걸어놓은 다음, '바람이 책을 뒤져 스스로 문제를 선택하도록 하라'라는 지침을 받았다. 지침이 있는 예술이란 1960년대 후반에 존 케이지John Cage와 요코 오노Yoko Ono가 작품을 내놓으면서 폭발적으로 유행했다. 그러나 이런 아이디어가 단순히 흥미로운 아이디어를 넘어 세계 미술계의 물류 문제를 해결하는 진정한 지름길이 될 수 있다는 것을 깨달은 사람은 다름 아닌 오브리스트였다.

두 잇의 흥미로운 부산물 중 하나는 무언가를 창조하는 데 두려움을 느끼는 사람들에게 힘을 불어넣어 주었다는 것이다. 2020년 당시 코로나 바이러스로 전 유럽이 봉쇄되었을 때 오브리스트와 대화를 나눌 기회가 있었다. 그는 이 힘든 기간 동안 전 세계적으로 두 잇 안내서가 새로운 역할을 해내고 있다는 사실에 흥분했다. "'지름길'은 스펀지가 됐습니다! 가는 곳마다 새로운 재료를 배우고 더할 수 있었죠. 그것은 점차 성장하는 자료가 되었습니다. 중국 버전이 나온 것을 봤습니다. 중동 버전도요. 그리고 지난 몇 달 동안 저는 중국을 시작으로 이탈리아, 스페인에서 이런 메시지를 받았습니다. 전 세계적으로 점차 봉쇄 조치가 이뤄지면서 사람들이 책장에서 《두 잇: 지침서》Do It: The Compendium를 꺼내 읽고 예술가들의 지침을 따라 집에서 직접 구현해봤다고요."

나는 그 예가 궁금했다. 오브리스트는 자신이 쓴 그 화려하고 커다란 오렌지색의 책을 꺼내서 오스트리아 예술가 프란츠 웨스트Franz West의 두 잇이 담긴 페이지를 펼쳤다.

- **프란츠 웨스트**

〈홈 두 잇〉(1989)

빗자루를 들고 손잡이와 털을 모두 붕대로 단단히 감는다. 털 부분을 바닥으로 세운다.

석고 350그램을 적당량의 물과 섞는다. 붕대를 감은 표면 전체에 회반죽을 바른다. 다 바른 후 그 위로 붕대를 한 번 더 감는다. 여기에 회반죽을 한 번 더 전체가 완전히 덮히도록 바른다.

이 과정을 다시 한번 반복한다. 그리고 '적응형'Passstücke(프란츠 웨스트가 직접 만든 해당 작품명이다 — 옮긴이)이 완전히 마르게 둔다.

바로 이 과정의 결과물이 혼자서든, 거울 앞에서든, 손님 앞에서든 '적응형'으로 쓸 수 있는 물건이다. 당신이 적절하다고 느껴지는 방식대로 쓰면 된다.

손님들에게도 이 물건의 용도로 가능해 보이는 직관적인 생각을 따라 써보라고 권유한다.

'적응형'은 웨스트가 1970년대에 시작한 프로젝트로, 작은 물건들을 가져다 회반죽으로 덮어 어렴풋이 어떤 물건인지 짐작은 할 수 있지만 외양은 마치 외계에서 온 듯한 모양으로 바꾸는 것을 지칭하는 용어다. 그의 두 잇의 핵심은 사람들이 각자 자신의 작품을 만들 수 있도록 하는 것이었다. 오브리스트의 말처럼 '그것은 단순히 프란츠 웨스트의 지침으로 혼자서 빗자루를 가지고 무엇을 하는 것만을 의미하는 일이 아니다. 대신 다른 누군가와 함께 무언가를 하는 것에 관한 것'이다. 예를 들어 루이즈 부르주아Louise Bourgeois의 두 잇은 '길을 가다가 걸음을 멈추고 낯선 사람에게 미소 지어라'다.

내가 직접 경험한 바로는 지름길은 먼 길을 우회한 후에 나타나는 경우가 많다. 오브리스트에게도 이 사실은 마찬가지였다. "예술에서 우리는 종종 우회로를 필요로 합니다. 전시회에서도 우회로가 필요하죠. 우회로는 어떤 면에서 지름길의 반대 개념입니다. 저는 데이비드 호크니David Hockney와 얘기를 나누어 본 적이 있어요. 그는 소설을 쓰고, 원근법에 관한 영화를 만들고, 과학 논문을 쓰고, 아이패드를 이용해서 그림을 그리기도 하죠. 물론 이런 것들은 그를 항상 다시 그림으로 돌아오도록 이끕니다. 하지만 호크니에게는 그런 우회로가 필요한 것처럼 보였어요. (…) 12가지 지침을 담은 작은 책자를 만들었을 때 이 프로젝트는 매우 간단해 보였습니다. 그러다 이것이 수많은 옆길과 우회로를 가진, 제게 가장 복잡한 프로젝트가 됐다는 것을 알아차렸죠. 일종의 학습 시스템이 되어버렸어요. 저는 이 프로젝트가 정말 매력적이라고 생각합니다. 두 잇이라는 철학은 기본적으로 당신이 평소 취하는 길보다 훨씬 더 직접적인 길을 택하게 하는 지름길 중에 지름길이니까요. 직접 구현해볼 수 있는 지침들을 예술가에게서 받아서 바로 해볼 수 있어요. 그 사이에 누구도 필요 없죠. 당신은 그저 하기만 하면 돼요. 누구보다 빨리 해보는 겁니다. 그러면 보다 즉각적인 결과물들을 얻게 될 거예요. 이 프로젝트는 여전히 저의 최장기 프로젝트가 되고 있어요. 그런 의미에서 지름길이 가장 큰 우회로가 됐다니 참 묘한 역설이네요."

오브리스트에게 이러한 지침들은 흡사 효율성 높은 바이러스와 같았다. 바이러스의 핵심 능력 중 하나는 숙주의 세포 물질을 이용해 자신을 복제하는 방법을 심어놓는 것이다. 바이러스는 이 능력으로 매우 효과적으로 퍼져나간다. 흥미롭게도 바이러스가 쓰는 지름길 중 하나는 대칭성이다. 바이러스는 대칭형 금형처럼 작동한다. 이럴 경우 자신을 복제할 때 필요한 다양한 부위를 단 한 가지 명령으로 만들 수 있다는 장점이 있다. 개별 형상에 따라 별도의 맞춤 명령을 만들 필요가 없어지는 것이다.

대칭성이라는 개념은 여타 예술가들도 작품을 만들면서 즐겨 쓴 지름길이다. 영국 조각가 콘래드 쇼크로스Conrad Shawcross는 예술과 과학의 접점을 탐구하는 것을 좋아한다. 그의 작품은 세계적으로 인정받고 있으며 2013년에 그는 영국 왕립예술아카데미의 학술위원으로 선출되었다. 쇼크로스의 작업실은 동런던에 있는 나의 집에서 자전거를 타고 갈 수 있을 만큼 가까운 거리에 있다. 나는 그가 국제적으로 인정받는 예술가가 되기 위해 어떤 지름길을 사용했는지 알아보기 위해 그를 직접 만나보고 싶었다. 그는 야심찬 성과를 만들어낼 수 있는 방법은 지름길을 사용하는 데 있다고 내게 말했다. "불가능한 것을 성취하기 위해서는 프로세스를 매우 영리하고 효율적인 것으로 만들어야 합니다. 그러기 위해서는 단순한 형판이나 지그jig(가공할 때 사용되는 보조용 기구—옮긴이) 혹은 반복되는 부위를 먼저 만든 다음 서로 이어 붙여서 복잡한 구조물을 만들어야 하죠."

쇼크로스는 종종 규칙을 따라 작품을 만드는 예술가들에게서 영감을 받았다. 그는 벽돌을 반복적인 요소로 사용하는 미국 조각가 칼 안드레 Carl Andre의 작품이나 점증적인 변화를 그리기 위해 매일 같은 시간에 동일한 수련 잎 앞에서 그림을 그린 모네의 작품을 흠모한다. 쇼크로스가 한 초기 실험에서 핵심적인 부분은 바닥이 삼각형인 피라미드 모양의 '사면체'tetrahedron, 이 중요한 기하학적 형태를 쓰는 것이었다. 사면체가 가진 매력 중 하나는 고대 그리스 시대부터 이것이 실제로 우주를 구성하는 요소 중 하나라고 여겨졌다는 것이다. 그리스인들은 물질이 흙, 바람, 불, 물로 이루어져 있으며 각각의 원소는 대칭적 모양을 가지고 있다고 생각했다. 사면체는 그중 불이 갖춘 대칭성에 해당하는 형태였다. 쇼크로스가 처음으로 사면체를 그의 예술 작품에서 주요 구성요소로 시도해본 것은 2006년에 의뢰받았던 서들리성 건축에서부터였다. 그는 2,000개의 참나무로 만든 사면체를 만들었고 이것들을 하나의 구조로 조립하기 위해 2주의 시간을 소비했다. 조립 과정은 힘들고 불안정했다. "그 사면체들은 스스로는 다시 결합되기 어려운 불타는 덩굴손 모양이 되었습니다. 제가 그것들을 다룬다기보다는 거꾸로 제가 조종당하고 있었죠. 이런 상황이 저에게 약간의 좌절감을 주긴 했지만 한편으로는 제 자신을 각성시키는 실패 사례가 되었습니다. 사면체는 저에게 많은 것을 가르쳐주었죠. 이 사건이 이후로 제가 시도했던 많은 주제의 첫 시작점이었습니다."

쇼크로스는 아름다울 뿐 아니라 구조적으로도 튼튼한 작품을 만드는 방법을 찾아야 했다. 그는 마침내 이 작업에 필요한 통찰력을 어느 한 수학자로부터 얻었다. 사면체 세 개가 있다면 이것을 서로 합치는 방법은 단 한 가지밖에 없다는 사실을 발견한 것이다. 이것은 대칭의 힘으로 지름길을 발견한 완벽한 사례다. 만약 당신이 운 좋게 세 개의 사면체를 하나로 결합하는 또 다른 방법을 찾았다 하더라도 이 결합체는 단순한 회전으로 항상 원래의 형태와 같아진다는 사실을 깨닫게 될 것이다. 쇼크로스는 이러한 원리를 이용하면 2,000개의 각기 다른 빌딩 블록을 만드는 대신 합친 세 개의 사면체 조합체를 이용하여 얼마든지 다른 더 큰 빌딩 블록을 만들 수 있다는 것을 깨달았다. "그 원리를 깨닫는 순간 제가 가진 문제의 3분의 1이 즉시 줄었습니다. 갑자기 그 일이 훨씬 더 달성하기 쉬운 작업이 되었죠." 이 지름길을 발견한 그는 이제 세 개의 사면체 단위로 이루어진 667개의 유닛을 조립하는 방법을 찾기만 하면 되었다. 마감 일자 내에 충분히 달성 가능한 일이 된 것이다.

하지만 나는 쇼크로스와 이야기를 나누며 그가 찾은 몇몇 지름길이 단순히 조각가이자 예술가로서의 차원을 넘어섰다는 것을 발견했다. 그의 작품 중에 〈에이다〉ADA 라고 불리는 특별한 작품이 있다. 일종의 움직이는 조각인데 복잡한 기하학적 구조를 프로그래밍된 일련의 기어들로 공간에 펼쳐내는 것이었다. 이 작품은 런던 로열오페라하우스에서 열린 무용 공연에 등장한 적이 있다. 쇼크로스는 언제나 빡빡한 마감 시간에 맞춰 작업했고, 저녁 공연을 위해 설치물이 준비될지 안 될지 여부가 항상 불안한 상태였다.

공연 준비를 위해 〈에이다〉를 칠하고 있을 때 누군가가 조각품의 뒷면은 관객이 볼 수 없으므로 칠할 필요가 없다고 조언했다. 물론 이것이 영리한 지름길이라고 생각할 수도 있다. 하지만 쇼크로스는 그런 식으로 관객들을 속이고 싶지 않았다. 그에게는 자신의 모든 작품이 관객들에게 보이지 않는 요소들도 보이는 요소와 같은 대우를 받는 것이 중요했다. 관객들은 작품의 뒷면을 볼 수 없을지도 모르지만 쇼크로스 같은 조각가에게는 그 방법은 택하기에 너무도 먼 지름길이었다.

당신이 집에서 해볼 수 있는 두 잇 예술 알고리즘, 즉 지름길을 몇 가지 더 소개한다.

- **소피아 알 마리아** Sophia Al Maria

(2012)

다양한 위성 방송을 시청할 수 있는 TV를 준비한다.

피보나치수열 순으로 채널을 선택한다.

0, 1, 1, 2, 3, 5, 8, 13, 21, 34, 55, 89, 144, 233, 377, 610, 987….

혹은 피보나치 계산기를 사용하라.

채널을 넘길 때마다 디지털 기기로 사진을 찍는다.

황금률(피보나치수열)에 따라 선택한 위성 방송 채널을 모두 소진했다면 수집한 데이터와 반대 순서로 데이터를 대조해서 모자이크하라.

그렇게 얻은 이미지는 다면적 미디어 매트릭스의 한 면을 단순하게 표현한 것이다.

우리 인간이 만든 경이로움의 놀라운 평범함에 감탄하라.

- **트레이시 에민** Tracey Emin

〈트레이시라면 어떻게 했을까?〉(2007)

테이블을 하나 고른다. 테이블 위에 크기와 색상이 다른 병을 27개 올려놓는다. 붉은 솜 한 타래를 가져다가 병들을 감싼다. 마치 병들을 하나로 엮은 이상한 거미줄처럼 말이다. 원한다면 솜 타래를 테이블 아래로도 가져가도 좋다.

- **앨리슨 놀스** Alison Knowles

〈각각의 빨간 것에 대한 오마주〉(1996)

전시 공간 바닥을 다양한 크기의 사각형으로 구분하라.

정사각형 안에 빨간 것을 하나씩 넣어라. 예를 들면 다음과 같다.

- 과일 한 조각
- 빨간 모자를 쓴 인형
- 신발 한 짝

이런 식으로 바닥을 완전히 채워라.

- **요코 오노**

〈소원 작품〉(1996)

소원을 빈다.

종이에 그 소원을 적는다.

그 종이를 접어서 '소원 나무'의 나뭇가지에 묶는다. 친구들에게도 그렇게 해달라고 부탁한다.

계속 소원을 빈다.

나뭇가지에 소원이 가득 찰 때까지.

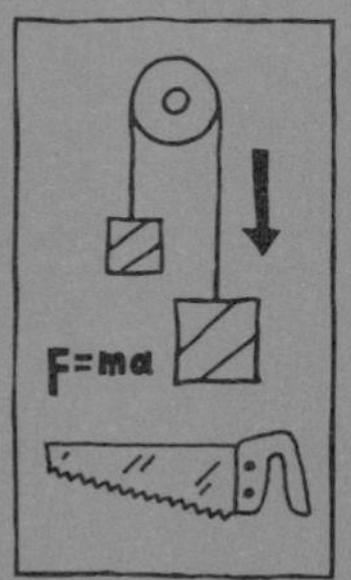

제7장

데이터의 지름길

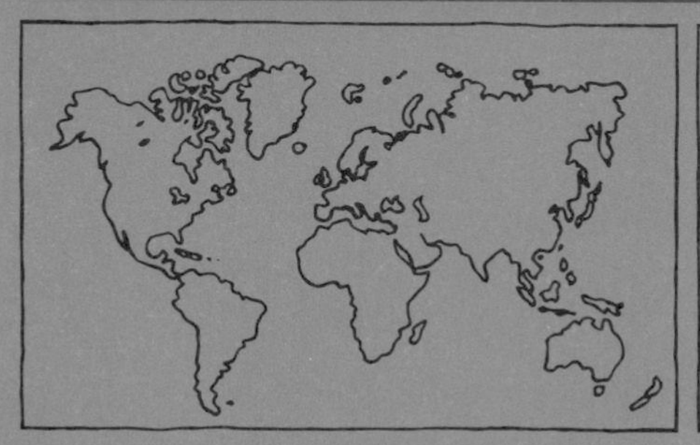

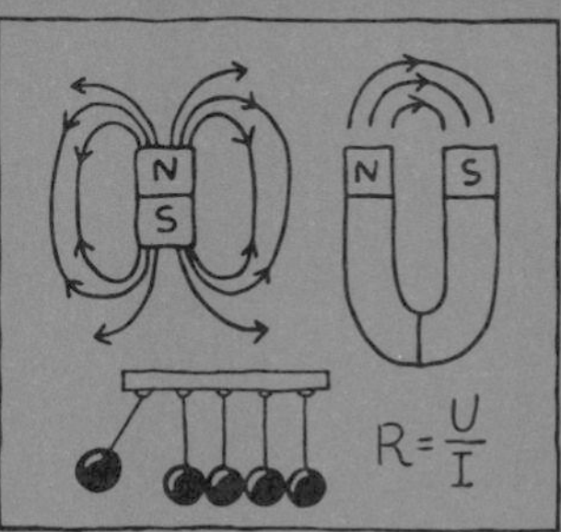

한 게임쇼에 초대됐다고 가정해보자. 21개의 상자가 있고 각각에 얼마씩의 상금이 들어 있다. 상자는 한 번에 하나씩만 열 수 있다. 상자를 열면 그 안에 있는 돈을 가질 수 있다. 단 다른 상자를 열려면 이미 열어본 상자 안에 있던 돈은 포기해야 한다. 문제는 다른 상자에 얼마의 돈이 있는지 전혀 알 수 없다는 것이다. 100만 달러가 들어 있을 수도 있다. 아니면 1달러도 안 될 수 있다. 상자 안에 든 최고 금액의 상금을 얻을 확률을 가장 높이려면 몇 개의 박스를 열어야 할까?

우리는 매일 디지털 세계를 누비며 수많은 데이터를 생성한다. 스스로 만든 데이터로 우리가 살고 있는 디지털 세계를 채우고 있는 것이다. 문명이 시작된 이래 2003년까지 생성된 데이터의 양을 지금 우리는 단 이틀 만에 생산하고 있다. 이것이 지금부터 탐험해야 할 광대한 디지털 세계의 현실이다. 데이터 세상에는 보물이 숨겨져 있다. 디지털 데이터가 어떻게 움직일지 예측할 수 있는 패턴을 발견한 사람이라면 누구나 이 보물을 찾을 수 있다. 데이터의 정글에서 길을 찾는 것은 쉽지 않지만 수학자들은 전체를 다 조사하지 않고도 이 보물을 찾을 수 있는 영리한 지름길을 발견했다.

17세기 과학 혁명이 일어나면서 인류는 스스로 생성한 데이터에 압도되기 시작했다. 최초의 인구통계학자로 알려진 존 그런트John Graunt는 1663년 당시 유럽을 초토화시켰던 선페스트bubonic plague, 일명 '흑사병'을 연구하면서 생겨난 엄청난 양의 정보에 불평하고 있었다. 하지만 이 정보들은 전염병에 대처하려면 꼭 필요한 숫자들이었다. 2020년 세계보건기구WHO 사무총장 테워드로스 아드하놈 거브러여수스Tedros Adhanom Ghebreyesus가 코로나 바이러스 사태에서 인류가 생존하기 위한 열쇠는 '검사, 검사, 검사'라고 외친 이유도 여기에 있다. 데이터가 없으면 정부는 어떤 자원을 어디에 배치해야 하는지 알 도리가 없기 때문이다.

만일 데이터 속 온갖 노이즈를 무시하고 의미 있는 신호를 찾는 법을 모른다면 데이터만으로는 무용지물이다. 1880년 미국 인구조사국은 수집한 데이터가 너무 방대해 분석하는 데만 10년도 더 걸릴 것이라고 우려했다. 분석이 끝날 즈음인 1890년에 실시될 인구 조사에서 그보다 훨씬 더 많은 데이터가 쏟아져나올 것이 분명했다. 이렇게 생성·수집된 방대한 숫자 보따리 안에서 우리에게 꼭 필요한 신호를 추출할 수 있는 도구가 반드시 필요하다.

나의 영웅 가우스도 데이터를 사랑했다. 그는 열다섯 살 생일 선물로 로그표와 소수 목록으로 가득 찬 책을 받았다. 이 책에 푹 빠져 탐독했고, "로그표 안에 얼마나 많은 시적 언어가 들어 있는지 아무도 모를 것이다."라는 말을 남기기도 했다. 가우스는 무작위로 보이는 소수에 숨겨진 패턴을 찾기 위해 많은 시간을 보냈다. 결국 그는 로그와 소수 사이에 어떤 연관성이 존재한다는 사실을 깨달았다. 이 발견은 임의의 숫자를 골랐을 때 그 수가 소수일 확률을 예측하는 가우스의 '소수정리'prime number theorem로 이어졌다.

가우스는 세레스가 태양 뒤로 사라지기 전에 천문학자들이 관측했던 데이터를 분석함으로써 밤하늘에 그려지는 세레스의 궤적을 성공적으로 예측했다. 그는 또한 하노버 정부의 인구 조사 데이터를 분석하는 일에 지원하며 "나는 직업으로서가 아니라 나의 즐거움과 만족을 위해 하노버 지역의 인구 조사, 출생 및 사망자 목록을 분석하기를 희망한다."라고 밝혔다. 심지어 그는 괴팅겐대학교의 미망인 연금 제도를 분석하는 데 시간을 보내기도 했다. 그 결과 사람들이 우려한 바와 달리 기금은 매우 잘 운영되고 있었고, 미망인에게 더 많은 연금을 지급할 수 있다는 결론을 내렸다.

가우스가 밤하늘에 가득 차 있는 노이즈 데이터 속에서 세레스를 성공적으로 찾아낼 수 있었던 것은 그가 개발한 '최소제곱법'method of least squares 전략 덕분이었다. 노이즈가 많이 포함된 데이터를 상대로 이들 데이터를 통과할 가능성이 가장 높은 직선 또는 곡선을 그리려면 각 데이터가 이 선에서 얼마나 떨어져 있는지를 계산한다. 그리고 이 거리의 제곱을 모두 더한 값이 최대한 작아지는 곡선을 선택하면 된다는 사실

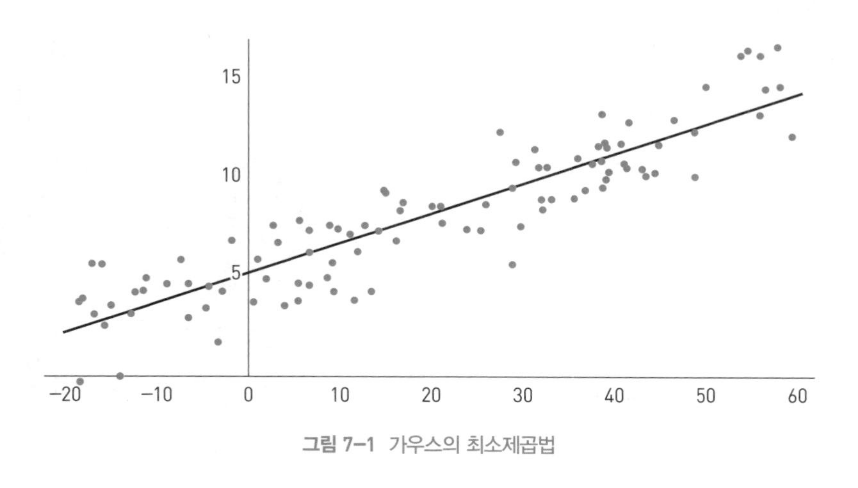

그림 7-1 가우스의 최소제곱법

을 발견한 것이다.

그는 1809년에 발표한 논문에 이 전략에 대한 설명을 실었다. 더불어 모든 데이터는 오늘날 '가우스 분포'Gaussian distribution(정규분포Normal distribution라고도 일컫는다—옮긴이)로 알려진 형태로 분포하는 경향이 있다는 사실도 밝혔다. 사람의 키나 혈압, 연구 실험 결과, 천문학적 측정 수치, 설문조사 결과의 오차 등 다양한 데이터 집단을 그림으로 나타내면 대부분의 데이터는 중간에 밀집된다. 그리고 가장자리로 몇몇 특이값이 위치한 형태를 보인다. 이러한 가우스 분포는 종 모양을 띠기 때문에 종 곡선이라고도 불린다.

가우스를 비롯한 여러 사람이 고안해낸 통계 도구들은 데이터가 넘치는 현대 세계를 탐험하는 사람이라면 누구나 필수적으로 이용할 수 있는 지름길이 됐다.

신뢰할 수 있는 데이터를 찾는 법

어렸을 적 TV에 나오는 고양이 사료 광고에 관심을 가진 적이 있다. 이 광고는 고양이 열 마리 중 여덟 마리가 자사 브랜드 제품인 위스카스Whiskas를 선호한다고 주장했다. 어느 누구도 우리집 고양이가 어떤 사료를 좋아하는지 물은 기억이 없었기에 나는 이런 광고가 매우 의아하게 느껴졌다. 그런 대담한 주장을 하는 광고를 만들기 위해 얼마나 많은 고양이에게 물어봤는지도 궁금했다.

이 주장을 뒷받침하는 데이터를 얻으려면 엄청난 양의 일이 뒤따를 것이라고 생각할지도 모르겠다. 현재 영국에서 고양이를 키우는 인구는 700만 명으로 추정된다. 위스카스 제조업체가 자신들이 주장하는 바를 검증하기 위해 700만 명의 집을 일일이 방문하지 않았다는 점은 분명하다. 사실 영국에서 가장 인기 있는 고양이 사료를 찾는 일에 통계 수학이 동원되었다는 사실이 밝혀졌다. 통계 수학상 약간의 불확실성을 감내하는 대가만 치른다면 조사 대상인 고양이의 수가 현저히 줄어들게 된다. 위스카스를 좋아하는 고양이의 수에서 5퍼센트 정도의 오차는 용인한다고 가정해보자. 이 용인된 오차 덕분에 5퍼센트의 고양이들에게는 묻지 않아도 된다. 하지만 700만 마리 중 5퍼센트라고 해봐야 35만 마리밖에 되지 않는다. 여전히 물어봐야 할 고양이가 무수히 많이 남아 있다.

여기서 중요한 것은 조사 대상에서 제외된 35만 마리의 고양이가 모두 위스카스를 좋아하지 않으려면 정말 운이 나빠야 한다는 것이다. 대부분의 경우 이 35만 마리도 전체 고양이의 결괏값과 상당히 비슷한 분포를 보일 것이라는 예상이 가능하다. 이 점에서 우리는 영리한 지름길을 발견할 수 있다. 고양이 20마리 중에서 19마리가 위스카스를 좋아할 확률과 모든 고양이를 대상으로 전수 조사했을 때 얻게 될 결과가 단지 5퍼센트 정도 차이가 나도록 설문조사 샘플의 크기를 정하면 어떨까? 이렇게 되려면 샘플 표본의 크기는 얼마나 되어야 할까? 놀랍게도 246마리의 고양이를 조사하기만 해도 영국 전역에 700만 마리의 선호도를 대표한다는 확신을 얻을 수 있다. 믿을 수 없을 정도로 적은 표본이라고 하지 않을 수 없다. 이렇게 적은 수의 고양이에게 물어본 것을 근거로 자신 있게 광고 속 주장을 할 수 있다는 것이 통계 수학이 가진 힘이다. 통계 수업을 들은 후 왜 아무도 우리집 고양이에게 위스카스를 좋아하는지 물어본 적이 없는지 이해됐다.

심지어 고대 그리스인들도 작은 것으로부터 많은 것을 추론하는 방법이 가진 힘을 인정했다. 기원전 479년, 도시국가 연합군은 플라타이아이Plataea를 공격할 계획을 세우는 과정에서 성벽을 오르기 위해 필요한 사다리의 길이를 알아낼 필요를 느꼈다. 그래서 성벽에 사용된 벽돌의 크기를 측정해올 군인들을 파견했다. 그들은 벽돌의 평균 크기를 구한 후 성벽에 쓰인 벽돌의 수를 곱하여 그 높이를 훌륭하게 추정해냈다.

17세기가 되어서야 좀 더 정교한 접근법이 등장하기 시작했다. 1662년 존 그런트는 런던에 얼마나 많은 인구가 사는지를 추정하기 위해 런던에서 열리는 장례식 수를 이용했다. 가톨릭 교구에서 수집한 자료에 따르면 11개 가구당 매년 세 명이 사망하고, 이때 가족의 평균 규모는 여덟 명이었다. 가톨릭에서 집계한 연간 장례식의 수가 1만 3,000건이라는 점을 고려해 그는 런던의 인구를 38만 4,000명으로 추정했다. 1802년 라플라스는 30개의 교구에서 집계한 세례식 횟수를 사용하여 프랑스의 전체 인구를 추정하기도 했다. 그의 분석 결과에 따르면 각 교구에 거주하는 28.35명당 한 번의 세례식이 있었다. 그리고 그해 프랑스에서 총 몇 건의 세례식이 있었는지를 근거로, 프랑스의 전체 인구를 2,830만 명으로 추정할 수 있었다.

영국에 몇 마리의 고양이가 있는지 알아볼 때에도 작은 것으로부터 큰 것으로 나아가는 일종의 통계적 지름길이 필요하다. 영국의 고양이 개체 수를 알아내기 위해 고대 그리스 군인과 비슷한 전략을 적용할 수 있다. 먼저 작은 샘플을 조사하고 이를 더 큰 규모로 확장하는 방법이다. 작은 표본의 사람들을 대상으로 1인당 고양이를 키우는 비율을 조사하면 간단하게 이 결괏값에 국가의 전체 인구수를 곱함으로써 전체 고양이 개체 수의 추정치를 얻을 수 있다. 하지만 만약 영국의 야생 오소리의 총 개체 수를 추산해야 하는 과제가 주어진다면 어떨까? 오소리를 집에서 기르는 경우는 드물기 때문에 고양이 조사에서 적용한 것처럼 단순히 사람 수를 사용하여 추산할 수는 없을 것이다.

이 경우 생태학자들은 '포획-재포획'Capture-Recapture 전략을 영리한 지름길로 사용한다. 이 방법은 라플라스가 총 인구 추정치를 얻을 때 사용했던 핵심 전략이다. 먼저 글로스터셔주를 대상으로 오소리 개체 수를 추정한다고 가정해보자. 생태학자들은 일정 기간 동안 오소리를 포획하기 위해 많은 수의 덫을 설치하는 일부터 시작할 것이다. 하지만 이때 잡힌 오소리가 전체 개체 수에서 차지하는 비율이 얼마나 될지를 어떻게 알 수 있을까? 불행히도 알 수 없다. 하지만 여기 기발한 아이디어가 있다. 잡은 오소리에 꼬리표를 붙인 후 다시 야생에 풀어주고 이 오소리가 전체 개체군에 다시 합류할 시간을 충분히 준다. 그런 다음 주 전역에 카메라를 설치해 오소리의 움직임을 녹화한다. 이렇게 되면 두 가지 다른 종류의 숫자를 얻을 수 있다. 관찰된 오소리의 총 개체 수와 꼬리표가 붙은 오소리의 수다. 이를 통해 생태학자들은 관찰된 오소리 중에서 꼬리표가 붙은 오소리의 비율이 얼마나 되는지 추정할 수 있다. 이제 이 통계를 좀 더 큰 규모로 확장할 수 있다. 지역 내 꼬리표가 부착된 오소리 개체 수를 알고 또 이 대상이 오소리 전체 개체에서 차지하는 비율도 파악했으므로 결론적으로는 전국에 오소리가 얼마나 서식하고 있는지 그 추정치를 얻을 수 있게 된 것이다.

예를 들어 100마리의 오소리가 포획되어 꼬리표를 붙인 후 풀어주었다. 이후 촬영된 관찰 영상에서 열 마리 중 한 마리의 비율로 꼬리표가 부착된 오소리가 목격됐다고 가정해보자. 이 경우 영상에 기록된 것과 같은 비율을 얻기 위해서는 오소리의 총 개체 수는 1,000마리가 되어야 한다고 추정할 수 있다. 라플라스의 경우, 총 인구(알려지지 않은 수)에서 태어난 아기들(알려진 수)은 꼬리표를 붙인 표본이 되고, 30개 교구 내 아기의 수를 집계하는 것(둘 다 알려진 수)은 오소리 실험에서 재포획 부분에 해당한다. 이러한 전략은 영국에서 노예가 된 사람의 수에서 제2차 세계대전 동안 독일이 제조한 전차의 수까지 거의 모든 것을 추정하는 데 사용되어 왔다.

지름길이 가진 문제는 때때로 목적지로 연결하는 보장된 통로가 아니라는 점이다. 지름길은 때때로 우리를 잘못된 길로 이끌 수 있다. 지름길을 발견하면 해답에 도달했다는 환상을 갖게 된다. 하지만 실제로 그 길을 따라 도착한 곳이 원하는 목적지에서 몇 킬로미터나 떨어진 곳일 수도 있다. 이것은 통계적 지름길이 안고 있는 위험 중 하나다. 진정한 지름길이라기보다는 거쳐야 할 필수 과정을 생략하는 것일 뿐이다.

단 246마리의 고양이를 조사하는 것으로 700만 마리의 선호도에 대한 정보를 얻을 수는 있다. 그렇다고 해서 열 마리의 표본으로도 꽤 많은 정보를 얻을 수 있다고 바라지는 않을 것이다. 하지만 이렇게 터무니없이 작은 표본에 기초하여 명백한 발견을 했다고 주장하는 수많은 사례가 과학 문헌에서 나오고 있는 것이 현실이다. 이런 현상은 정신물리학 및 신경생리학 분야의 주요 학술지에 보고된 많은 논문에서 자주 발생한다. 이런 연구들의 경우, 많은 수의 사람을 대상으로 삼기가 어렵기 때문에 일어나는 일이다. 붉은털원숭이 두 마리 혹은 쥐 네 마리를 대상으로 한 연구에서 과연 추론할 만한 것을 찾아낼 수 있을까?

불행하게도 '열에 여덟의 X가 Y를 선호한다'와 같은 헤드라인을 장식하는 대단한 발견에서는 종종 어떤 표본 크기가 사용되었는지 전혀 나와 있지 않다. 그러한 발견이 얼마나 정확한가를 판단할 수 있는 근거를 거의 남기지 않는 것이다.

중요한 발견을 정당하게 보고하는 데 있어서 핵심 기준은 고양이 사료 조사를 위해 좋은 표본 크기를 설정했는가를 따질 때 내가 제시한 수치를 참고하자. 좋아한다는 답변이 20번 중에 19번은 나와야 고양이 총 개체 수의 사료 선호도를 맞게 보여주는 만족스러운 표본 규모라고 할 수 있다.

과학적 발견들과 그 잠재적 중요성에 대해 의학적 문제를 해결하기 위한 신약을 예로 들면 이 약을 복용하지 않을 때 그런 발견이 이뤄질 확률이 20분의 1보다 적다면 유의미하게 봐야 한다. 또 다른 예로 동전을 던졌을 때 항상 앞면으로 떨어지게 만드는 주문을 당신이 만들었다고 하자. 대부분의 사람은 이에 매우 회의적일 것이다. 그럼 그들을 설득하기 위해 어떻게 해야 할까? 당신이 주문을 외운 후 동전 던지기 20번 중에 앞면이 15번 나왔다고 가정해보자. 이 결과는 당신이 무언가 알아채야 할 만한 신호일까? 실제로 동전을 던져서 20번 중 15번 앞면이 될 확률은 20분의 1이 안 된다. 따라서 주문을 외우고 앞면이 15번 나왔다는 사실은 당신이 만든 주문이 효과가 있는 게 맞다고 여기게 할 것이다.

1920년대 이후로 20분의 1이라는 무작위 확률은 어떤 발견이 공표할 수 있을 정도로 '통계적으로 유의미하다'라고 여겨지려면 통과해야 할 임계값이 되었다. 이것을 'P값이 0.05보다 작다'라고 표현한다(p값은 '유의확률'이라고 일컫는다—옮긴이). 여기서 20분의 1은 그 일이 우연히 일어날 수 있는 확률이 5퍼센트라는 것을 나타낸다.

문제는 20개의 연구 집단이 있을 때 그중 한 집단은 이런 무작위적 확률의 결과를 얻을 가능성이 매우 높다는 것이다. 나머지 19개 연구 집단이 다른 아이디어로 옮겨갈 때 이 집단은 자신들이 유의미한 결과물을 발표할 수 있는 임계값을 통과했다는 것을 알고 흥분할 것이다. 이제 학술지에 왜 그렇게 많은 기괴한 가설이 실리는지 이해했을 것이다. 이는 그동안 통계적 유의성statistical significance을 통과했다는 이유로 발표된 많은 연구 결과 중 상당 부분을 다시 재검토해봐야 한다는 목소리가 나오는 이유이기도 하다.

반대로 어떤 연구의 P값이 0.06일 경우, 이 연구는 통계적으로 유의미하게 보기는 어렵다고 간주되어 종종 논문 게재가 거부된다. 어떤 가설을 부정하는 이유로 P값을 쓰는 것 또한 똑같이 위험성을 내포한다. 보통 부정적인 결과는 좋은 뉴스로 취급되지 않는다. 그런 이유로 19개 연구 집단은 자신들의 연구 결과를 발표하지 않는다.

이러한 기준들은 매우 주의할 필요가 있다. 만약 동전에 문제가 있는지 없는지 확인하는 수준에서 무작위적 확률의 임계값은 괜찮을 것 같다. 하지만 의사들의 치료 실패 원인에 있어서 과실 여부를 조사하는 일이라고 상상해보자. 의사 20명 중 한 명을 불러 조사하고 싶지는 않을 것이다. 그렇다면 어떤 지점에서부터 이런 임계값의 문제를 염려해야 할까? 예를 들어 1998년 9월 존경받던 가정의 해럴드 시프먼Harold Shipman 박사는 자신의 환자 중 적어도 215명에게 치사량에 해당하는 마취제를 주사한 혐의로 체포되었다. 영국 통계학자 데이비드 스피겔할터David Spiegelhalter가 이끄는 연구팀은 제2차 세계대전에서 군수 물자의 품질 관리를 위해 처음 도입했던 통계적 분석법을 사용했더라면 훨씬 더 일찍 시프먼의 데이터에서 이상한 점을 발견해 잠재적으로 175명의 생명을 구할 수 있었을 것이라고 주장했다.

유의성을 판단하는 기준은 신중하게 다룰 필요가 있다. 2019년 3월, 850명의 과학자들은《네이처》에 편지를 보내 P값을 과학적 발견의 척도로 삼는 과학계의 강박관념에 반대하는 입장을 피력하였다. "우리는 P값을 금지하자는 것이 아니다. 또한 P값이 제조 공정상에서 규정된 품질 관리 표준을 충족하는지 여부를 결정하는 것과 같은 특정 용도에서 의사결정 기준으로 사용할 수 없다고 말하는 것도 아니다. 또한 우리는 약한 증거가 갑자기 신빙성 있는 증거가 될 수 있도록 하는 상황을 옹호하는 것도 아니다. 단지 우리는 전통적인 이분법으로 연구 결과가 과학적 가설을 뒷받침하는지 아니면 기각하는지 결정하는 용도로써 P값 사용을 중단하기를 요구하는 것이다."

집단지성은
답을 찾을 수 있는가

영국 유전학자이자 통계전문가 프랜시스 골턴Francis Galton 경이 생각해낸 영리한 지름길은 많은 수의 평범한 사람의 힘을 빌리는 것이었다. 먼저 그들에게 어려운 일을 하게 한 다음에 약간의 수학적 도구를 사용해 주어진 일을 끝내는 방식이었다. 골턴의 우생학eugenics은 비도적적인 인종차별적 이론으로 오늘날 비판받고 있지만 집단지성 이론은 빅데이터를 분석하는 데 있어서 여전히 유용한 도구로 사용된다. 사실 그는 처음에 그와 반대되는 가설을 증명하려 했다가 우연히 집단지성 이론을 발견하게 됐다. 실제로 그는 일반 사회구성원들의 집단지성에 대한 믿음이 거의 없었기 때문에 대중의 정치적 발언을 허용하는 데 매우 비판적인 사람이었다.

자신의 주장을 증명하기 위해 골턴은 고향인 플리머스에서 열린 주박람회에서 실험을 하기로 했다. 그가 실시한 실험은 소를 도살한 다음 사체에 옷을 입힌 후 소의 무게를 알아맞히는 행사를 여는 것이었다. 6펜스가 걸린 이 도전에 800명에 달하는 사람들이 각자의 추정치를 제출했다. 몇몇 참가자는 소를 키워본 적 있는 농부였으나 대부분은 소의 무게에 대한 지식이 거의 없는 일반 방문객들이었다. 이전에 골턴은 "일반적인 유권자들은 자신들이 투표하는 대부분의 정치적 이슈를 판단하는 데 있어서 옷을 입힌 소의 무게를 유추하는 정도 수준에 불과할 것이다."라며 대중의 수준을 무시했다.

하지만 사람들이 제출한 추정값을 모아 통계적으로 분석한 후 그는 큰 충격에 빠졌다. 비록 무게를 심각하게 과소평가하거나 과대평가하는 등 많은 사람의 답안이 정답에서 한참 멀었지만, 모든 값의 산술 평균을 취하자 그 결과가 실제 수치에 놀라울 정도로 가깝다는 사실을 발견했기 때문이다. 골턴은 사람들이 제출한 모든 추측값의 중간값median을 추산했고 결과적으로 이 값은 매우 정확했다. 군중이 소의 몸무게에 대해 추측한 값의 평균은 1,197파운드(약 543킬로그램)였다. 반면 실제 무게 값은 1,198파운드였다. 정답과의 차이가 1파운드밖에 나지 않았던 것이다.

골턴은 이러한 결과에 깜짝 놀랐고 이 일을 이렇게 말했다. "이 실험은 예상했던 것보다 대중의 민주적 판단에 대해 신뢰할 수 있다는 믿음을 주는 것 같다." 그는 무게를 추측하는 힘든 일을 군중에게 맡겼고, 약간의 수학을 이용하여 정답을 찾을 수 있었던 것이다. 소위 집단지성을 이용한 방법이라고 할 수 있겠다.

얼마 전 나는 한 사람으로부터 감사 편지를 받았다. 내게서 이 이야기를 듣고 자신의 지역 박람회에서 같은 종류의 시험을 해보았다는 것이다. 그가 냈던 문제는 항아리에 들어 있는 젤리빈의 개수를 맞추는 것이었다. 박람회가 끝난 후 그는 참여자들이 제출한 숫자들을 엑셀 스프레드시트에 입력한 후 평균을 내보았다. 그가 얻은 집단지성을 이용한 추정치는 실제 정답인 4,532개에서 불과 다섯 개 밖에 차이가 나지 않았다. 그는 나에게 보내는 편지에 이런 영리한 지름길을 알려준 것에 대한 보답으로 젤리빈 몇 개를 동봉했다.

집단지성에 대한 또 다른 예는 영국의 유명 게임쇼 〈누가 백만장자가 되고 싶은가?〉Who Wants to Be a Millionaire?에서 찾을 수 있다. 100만 파운드의 상금을 쟁취하기 위해 참가자는 15개의 문제에 직접 답해야 한다. 만약 도저히 정답을 모르겠는 경우 참가자에게 두 개의 생명줄이 주어진다. 하나는 친구에게 전화를 거는 것이고, 다른 하나는 청중에게 묻는 것이다. 한 스위스 연구팀에서 이 게임쇼의 독일판 방송을 대상으로 분석한 결과, 청중은 1,337번의 질문을 받았고 그중 겨우 147번만 틀렸다고 밝혔다. 이것은 89퍼센트에 달하는 놀라운 적중률이다. 반면 친구에게 전화를 걸었을 때는 정답률은 46퍼센트에 불과한 것으로 드러났다.

이때 청중을 잘 이용하려면 가능한 한 정답에 대한 참가자의 견해를 말하지 않는 것이 중요하다. 인간은 너무도 쉽게 다른 사람의 영향을 받아 잘못된 길로 끌려 들어갈 수 있기 때문이다. 아래와 같은 질문에 25만 파운드가 걸려 있던 한 참가자의 경우를 예로 살펴보자.

> 노르웨이 탐험가 로알 아문센은 어느 해의 12월 14일에 남극에 도달했는가?
>
> A: 1891년 B: 1901년 C: 1911년 D: 1921년

참가자는 남극을 정복하는 도전에서 아문센에 뒤쳐졌던 로버트 스콧

이 빅토리아 시대 사람이라고 확신했다. 그래서 그는 C와 D는 답이 아니라고 배제했다. 이제 A와 B 중 어떤 것이 정답인지 알 수 없었다. 그래서 그는 청중에게 물었고, 청중이 고른 답의 비율은 다음과 같았다.

A(28%) B(48%) C(24%) D(0%)

이럴 경우 보통 본능적으로는 B를 선택하게 된다. 그런데 C를 답으로 제출한 비율을 보자. 참가자가 답에 해당하지 않는다고 꽤 확신했음에도 불구하고 왜 그렇게 많은 사람이 C를 골랐을까? 그 이유는 참가자의 생각이 틀렸기 때문이다. 그는 자신의 생각을 청중에게 이야기해서 많은 사람을 잘못된 방향으로 이끌었고 B에 투표하도록 만들었다. 만약 의견을 밝히지 않고 그냥 청중에게 판단을 맡겼다면 사람들은 정답인 C에 가장 많이 투표했을 가능성이 높다.

단 청중을 신뢰하는 전략은 당신이 어느 나라에 있느냐에 따라 달라질 수 있다. 러시아 관객들은 일부러 틀린 답을 골라 참가자가 잘못된 선택을 하도록 유도하는 것으로 악명이 높다. 물론 찰스 잉그럼Charles Ingram 소령이 100만 파운드를 차지하기 위해 사용했던 지름길을 언제든 시도할 수 있다. 바로 부정행위 말이다. 그는 사회자가 보기를 외칠 때 정답이 나오면 기침을 할 사람을 객석에 배치했다. 그가 수학에 정통했었다면 기침하는 도우미가 없어도 괜찮았을 것이다. 100만 파운드의 상금이 걸렸던 그의 마지막 문제는 1과 100개의 0으로 이루어진 숫자의 이름을 맞추는 것이었기 때문이다. 'A: 구골, B: 메가트론, C: 기가비트, D: 나노몰' 중 정답은 무엇일까? 만약 나에게 도움을 요청한다면 나는 A가 언급될 때 기침을 할 것이다.

집단지성이 이렇게 현명하다면 누가 전문가를 필요로 하겠는가? 모든 것은 어떤 일에 직면해 있느냐에 달린 것 같다. 브렉시트 파국때 보수당 정치인 마이클 고브Michael Gove가 "전문가들은 필요 없다."라고 선언했지만 나라면 승객들이 단체로 조종하는 비행기에는 타고 싶지 않을 것이다. 그리고 체스 세계챔피언 망누스 칼센Magnus Carlsen과 대결하기 위해 전 세계 모든 아마추어 체스 선수가 다 모인다 해도 나는 누구에게 돈을 걸어야 할지 알고 있다. 집단지성이 어떤 질문에는 정답을 찾을 수 있는 지름길을 제공하고, 다른 어떤 질문에서는 우리를 잘못된 길로 이끄는가? 이에 대한 답을 얻는 데 중요한 고려사항은 군중이 모두 독립적으로 대답하는가를 확인하는 것이다. 퀴즈쇼에 참가했던 참가자가 남극점을 탐험한 스콧이 빅토리아 시대 사람이라는 자신의 믿음을 이야기함으로써 청중에게 영향을 준 사례를 기억하라.

미국 사회심리학자 솔로몬 애쉬Solomon Asch는 사람들이 자신의 본능에 반하는 결정을 하는 데 군중의 의견이 어떻게 영향을 미치는지 보여주었다. 1950년대에 실시한 한 실험에서 그는 일곱 명의 사람을 대상으

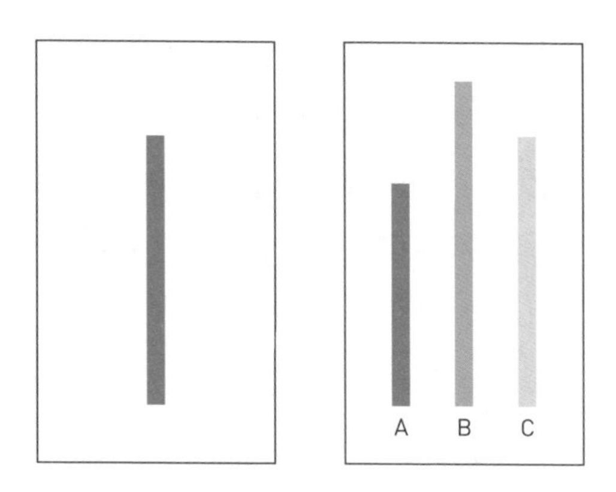

그림 7-2 애쉬의 실험. 왼쪽에 있는 선과 길이가 같은 선은 무엇인가?

로, 그림의 오른쪽에 세 개의 선 A, B, C 중 어느 것이 왼쪽에 있는 선의 길이와 같은지 답하게 했다.

이 실험에 숨겨진 반전은 먼저 대답하는 여섯 명의 사람은 애쉬가 미리 심어놓았다는 것이다. 그들은 모두 B를 정답으로 선택하라는 지시를 받았다. 일곱 번째로 답을 해야 하는 피실험자들은 결국 자신의 눈을 믿지 않았고 당연히 C를 정답으로 선택하지 않았다. 앞서 여섯 명의 사람이 선택한 것을 따르고 싶다는 충동에 휩쓸려 자신에게 보이는 현상을 부정하고 다른 사람들과 같은 답을 선택하고 만 것이다.

특히 소셜미디어의 시대에 집단에 순응하고자 하는 인간의 본능적 욕구는 잠재적으로 타인과 다른 독립된 선택을 할 수 있는 능력을 파괴한다. 소셜미디어는 군중이 제각각 독립적인 의견을 유지하기 어렵게 만든다.

그러나 완전한 독립성이 현명한 군중을 만드는 데 있어 반드시 좋은 것은 아니라는 것을 보여주는 몇 가지 증거도 있다. 아르헨티나의 한 연구팀이 실시한 흥미로운 실험에서는 결과를 집계하기 전에 군중의 구성원들 사이에 약간의 토론을 허용할 경우 완전히 독립적인 군중이 제시한 답보다 더 낫다는 사실을 발견했다. 부에노스아이레스에서 열린 행사에 참가한 이 연구팀은 5,180명의 청중을 대상으로 옆 사람과 이야기하지 않고 각각 여덟 개의 질문에 답하게 했다. 예를 들어 이런 질문이었다. '에펠탑의 높이는 얼마인가?' '2010년 월드컵에서 총 몇 개의 골이 터졌을까?' 이에 대한 청중의 답안을 취합한 후 평균을 산출했다. 그런 다음 연구원들은 청중에게 다섯 명씩 팀을 이루게 하고, 서로 문제에 대해 토론한 후 수정된 답을 제출하게 했다. 이렇게 다시 제출된 답을 집계했을 때 그 결과는 이전에 독립적으로 답을 제출했을 때보다 훨씬 정확하다는 사실이 밝혀졌다.

이 연구의 요점은 어떤 실마리도 잡지 못한 사람들을 이끄는 데 도움이 될 수 있는 전문적 지식을 가진 사람이 어떤 문제를 내더라도 집단 내에 몇 명은 있다는 것이다. 이 경우 군중은 약간의 전문 지식의 도움을 받을 수 있게 된다. 축구에 대해 전혀 모르는 경우 월드컵에서 터진 골 개수를 추정하는 일은 완전한 추측에 불과할 것이다. 그러나 다섯 명으로 구성된 팀 내에 축구에 대해 아는 사람이 있고, 그가 경기당 평균 두세 개의 골이 터지며 월드컵에서는 64번의 경기가 치러진다고 설명을 해준다면 나머지 사람이 추측을 하는 데 있어 좋은 참고가 될 것이다. 사람들은 이러한 정보를 바탕으로 160골(2.5×64)이라는 추측을 할 수 있다. 이 문제의 실제 정답은 '145'였다. 여기서의 요점은 다른 그룹원과 나눈 토론을 바탕으로 새로운 추정치를 제출할 때 사람들은 구성원 중 한 명이 얘기하는, 꽤 전문 지식처럼 들리는 설득력 있는 논리를 참고할 수 있게 된다는 것이다.

물론 스스로를 전문가라고 주장하는 사람들이 대중을 완전히 잘못된 길로 이끌 수도 있다. 따라서 우리는 확신을 가지고 있는 단 한 명의 전문가로부터 군중이 영향을 받는 상태를 원하지 않는다. 하지만 개인들이 각각 독립적으로 무리를 이루는 것보다는 작은 팀의 조합으로 이루어진 무리가 정답에 접근하는 데 있어 더 효과적이라는 것은 사실이다.

올바른 결정을 하는 데 있어 큰 차이를 만드는 또 다른 요소는 사람들이 다양한 의견을 가질 수 있는 환경을 조성해주는 것이다. 부에노스아이레스에서 열린 실험에 참가한 사람들은 이러한 행사에 관심이 있는 특정 사회 계층 출신이었을 것이다. 이 경우 보다 다양한 사회 스펙트럼의 사람들이 실험에 참여하지는 못한다. 이러한 현상은 예산 결정을 정치인들에게 맡기지 않고 대중에게 도움을 요청하자는 아이디어를 실제로 시도해본 몇몇 흥미로운 사례에서 잘 나타난다. 국민이 예산 결정에 참여한다는 아이디어는 1989년 브라질의 포르투알레그리에서 처음 연구되었다. 그러다 2008년 금융위기로 경제가 어려워졌을 때 아이슬란드 정부는 예산 수립 과정에 국민을 직접 참여시키기로 결정했다. 그러나 이러한 시도의 결과는 그리 성공적이지 않았다. 참여자를 신청받는 방식을 취해서 정치에 관심 있는 사람들만 나섰기 때문이었다. 이렇게 참여한 사람들은 각자 이미 내재된 일정한 정치적 편향성을 가지고 있었다. 이런 상황에서는 시스템이 이용하고자 하는 집단적 다양성이 나타나지 못한다.

그래서 같은 실험을 브리티시컬럼비아에서 실시했을 때에는 사람들을 무작위로 선택했다. 배심원 의무를 수행하는 일과 같은 개념으로 예산 수립 과정에 참여할 것을 권유하는 편지를 보냈다. 사람들이 스스로 선택하도록 내버려두지 않고 대신 무작위로 사람들을 선정함으로써 참가자들은 훨씬 더 다양한 의견을 갖게 되었고, 참여형 예산 편성이라는 이상적 아이디어를 훨씬 성공적으로 실행하는 결과를 얻을 수 있었다.

우리는 모두 과학자가 될 수 있다

군중이 가진 힘을 과학적 발견의 지름길로 삼겠다는 생각이 지난 몇 년간 시민 과학 프로젝트가 급증한 이유다. 첫 시민 과학 프로젝트가 성공적 결과를 거둔 것은 옥스퍼드대학교에서부터 시작되었다. 프로젝트의 이름은 '은하수 동물원'Galaxy Zoo이었다. 우리 우주에 존재하는 많은 다른 유형의 은하를 분류하기 위해 옥스퍼드 천문학부에서 시도한 방법이었다. 이 대학에는 멋진 은하들의 사진을 찍을 망원경이 아주 많았다. 하지만 정작 이 모든 은하의 사진을 분류하는 데 필요한 연구 학생 수가 충분하지 못한 실정이었다. 이 프로젝트가 시작되던 때만 하더라도 컴퓨터를 쓰는 이미지 인식 기술은 여전히 초기 단계에 머물러 있었고 당시 기술로는 나선은하와 구형은하조차 구별할 수 없었다.

하지만 인간이 그 두 은하를 구별하는 일은 아주 간단했다. 이를 수행하기 위해 천체물리학 박사 학위가 필요하지는 않다는 것을 옥스퍼드 연구팀은 알고 있었다. 그들에게 필요한 것은 단지 많은 사람의 눈이었다. 이 프로젝트에 참여한 일반인들에게 연구팀에서 찾고 있는 것이 무엇인지에 대한 설명과 나선은하, 구형은하의 차이점을 보여주는 짧은 온라인 튜토리얼이 제공되었다. 이후 망원경으로 포착된, 기밀사항이 아닌 대량의 이미지들을 전 세계의 일반인들에게 공개하였다.

이렇게 집단지성을 이용하여 옥스퍼드 천문학부는 방대한 이미지 자료를 분류하는 엄청난 작업을 단시간에 끝낼 수 있었다. 마치 톰 소여가 벌을 받아 페인트칠을 해야 하는 울타리를 친구들에게 시켜 칠하게 했던 장면 같다. 일을 놀이로 바꾸자 갑자기 모든 친구가 페이트칠을 하겠다며 줄을 선 것처럼 말이다.

그러나 은하수 동물원 프로젝트에 참여한 대중은 주어진 과제에 머물지 않고 한 발 더 나아갔다. 수많은 이미지 데이터 속에 숨어 있던 완전히 새로운 종류의 은하를 발견한 것이다. 사람들이 일부 은하의 이미지가 분류 기준으로 알려준 두 가지 범주 중 어디에도 맞지 않다는 것을 깨달았다. 오히려 그런 이미지를 접한 전문적인 천문학자들이 단순 이

상현상으로 치부하고 넘어갔다. 그러나 은하수 동물원 프로젝트에 참가했던 일반인들은 점점 더 많은 이상한 은하 이미지와 마주치게 되었다. 그 은하들은 우주의 어두운 곳에 숨어 있는 초록 완두콩처럼 보였다. 얼마 후 이 프로젝트 블로그에 존 레넌의 노래 〈평화에게 기회를〉Give Peace a Chance의 영문 제목을 유머러스하게 빌려와 '완두콩에게 기회를'Give Peas a Chance이라는 이름으로, 이런 초록 완두콩 은하들을 무시하지 말아달라는 내용의 글들이 등장하기 시작했다. 이 은하들은 '초록 완두콩 은하'Green Pea Galaxy라는 이름으로 알려지게 되었다. 결국 시민 과학자들에게 발견된 이 은하는 〈은하수 동물원의 초록 완두콩: 극한으로 별을 형성하는 조밀한 은하류의 발견〉Galaxy Zoo Green Peas: Discovery of a Class of Compact Extremely Star-Forming Galaxies이라는 논문으로 왕립천문학 월보에 게재되었다.

대중을 과학적 발견의 지름길로 이용한다는 개념은 완전히 새로운 것은 아니다. 1715년 영국 천문학자 에드먼드 핼리Edmond Halley는 200명에 달하는 자원봉사자의 도움을 받아서 그해 5월 3일 일식이 진행되는 동안 달의 그림자가 영국을 얼마나 빠른 속도로 휩쓸고 지나갔는지 알아냈다. 전국 여러 곳에 분포해 있는 사람들은 핼리로부터 개기일식이 시작되는 시간과 지속 시간을 기록해달라는 요청을 받았다. 불행히도 옥스퍼드의 자원봉사자들은 하늘이 흐려 일식에 대해 어떤 자료도 제공할 수 없었다. 반면 케임브리지에 주둔해 있던 팀들은 날씨 운이 따라주었다. 하지만 정작 그들은 관측 작업에 산만하게 임한 나머지 일식은 놓치고 말았다! 케임브리지에서 자원봉사팀을 책임지고 있었던 코츠 목사는 핼리에게 '불행하게도 우리는 너무 많은 군중의 방해를 받았다'라고 소식을 전했다. 케임브리지팀은 일식이 일어나는 동안 그들을 방문한 군중에게 차를 대접했고 관측 준비가 되었을 때쯤에는 이미 일식은 지나간 후였다. 그럼에도 핼리는 우여곡절 끝에 달의 그림자가 시간당 2,800킬로미터라는 놀라운 속도로 지구를 쓸고 갔음을 추정할 만큼의 충분한 데이터를 수집할 수 있었다. 그는 이 결과를 자신이 회원으로 있던 왕립학회지에 발표했다.

핼리의 성공에 용기를 얻어 왕립학회의 또 다른 회원이었던 벤저민 로빈스Benjamin Robins는 불꽃놀이가 하늘로 얼마나 높이 올라가는지 알아내는 실험을 하기 위해 시민들에게 도움을 요청했다. 로빈스는 이 실험을 하는 데 완벽한 기회를 얻었다. 1749년 4월 27일 밤, 조지 2세가 오스트리아 왕위 계승 전쟁의 종식을 축하하는 불꽃놀이를 개최했기 때문이다. 국왕은 자신이 가장 좋아했던 작곡가 헨델에게 특별히 해당 행사만을 위해 작곡하도록 요청하기도 했다. 로빈스는《신사의 잡지》Gentleman's Magazine에 광고를 실어 사람들에게 각자 사는 곳에서 관찰한 불꽃놀이의 높이를 기록해 달라고 부탁했다. "적절한 상황이 갖춰진 상태에서 주의 깊게 살펴본다면 런던에서 15~50마일 떨어진 곳에서도 불꽃놀이를 관찰할 수 있을 것이다. 우리는 불꽃놀이를 볼 수 있는 가장 먼 거리가 얼마나 되는지 알고자 한다. 관찰자의 상황과 그날 밤의 모든 조건이 맞을 경우, 나는 이 거리가 40마일은 넘지 않을 것이라고 예상한다. 만약 불꽃놀이가 발사되는 곳에서 1~3마일 이내에 있는 사람들이 불꽃이 지평선과 이루는 각도를 최대한 잘 관찰한다면 불꽃놀이의 수직 상승 고도를 충분히 정확하게 알아낼 수 있을 것이다."

이것은 결코 한가한 목적의 연구 프로젝트는 아니었다. 당시 군사적으로 로켓이 매우 중요한 무기였고, 불꽃놀이 폭죽이 도달하는 높이를 아는 것은 무기 개발에 매우 유용하게 이용될 수 있었기 때문이다. 불행히도 로빈스가 광고에 기재한 지시사항이 너무 불명확했던 터라 런던에서 180마일 떨어진 웨일스 지역 카마던에 사는 한 신사를 제외하고는 이 프로젝트에 참가한 사람이 없었다. 언덕 꼭대기에서 인내심 있게 기다렸던 남자는 수평선 위로 15도 각도까지 올라가는 두 번의 섬광을 보았다고 보고했다. 지구의 곡률과 런던에서부터 브레컨비컨즈 국립공원까지의 거리를 감안할 때, 실제로 그가 발사된 6,000개의 불꽃놀이 중 하나라도 봤을 가능성은 매우 낮았다. 얼마나 많은 폭죽이 사용되었는지를 전해 들은 이 신사에게 웨일스에서는 거의 보이지 않았던 불꽃놀이 행사가 엄청난 공금 낭비로 여겨질 수밖에 없었다.

오늘날 과학 연구를 돕는 집단의 힘은 로빈스가 실패했던 과거의 사례보다는 훨씬 더 성공적으로 쓰이고 있다. 남극에서 찍은 영상 속의 펭귄 수를 세는 것에서부터 퇴행성 질병의 열쇠를 발견하기 위한 단백질 접힘 문제에 이르기까지 집단의 힘을 이용하는 것은 새로운 통찰력을 얻는 데 있어 매우 영리한 지름길로 사용된다.

그리고 기업들 역시 지름길을 찾아내는 집단의 힘을 간과하지 않는다. 페이스북과 구글이 거둔 대성공은 그들의 서비스를 사용하는 대가로 귀중한 개인 데이터를 무상으로 제공한 수많은 대중 덕분이라고 해도 과언이 아니다.

스스로 학습하는 컴퓨터의 현실

은하수 동물원 프로젝트는 컴퓨터의 이미지 인식 기술이 그다지 좋지 않았던 2007년에 시작되었다. 그러나 지난 몇 년간 이미지를 감지하는 컴퓨터의 능력에 커다란 변화가 이뤄졌다.

데이터와의 상호작용을 통해 프로그램이 자체적으로 진화하고 변형되는 '머신러닝' machine learning이라는 새로운 코드 작성 방식이 등장했기 때문이다. 하향식으로 코드를 작성하는 것보다는 코드를 스스로 학습할 수 있도록 하는 상향식 코드 작성법은 놀라운 지름길이 되었다. 이런 식으로 작성되는 코드는 그 자체로 볼 때 매우 효율적이고 능률적인 작업이라고 볼 수는 없다. 하지만 오늘날의 강력한 컴퓨팅 능력으로는 그런 비효율성이 그리 문제되지 않는다.

머신러닝이 가장 큰 성공을 거둔 분야 중 하나가 이미지 인식 기술이다. 이 혁명적 기술의 핵심은 이미지 인식에 필요한 데이터 통계 분석법에 있다. 컴퓨터가 이 방면으로 완벽한 것은 아니지만 그런대로 괜찮다고 말할 수 있는 수준까지 도달했다. 대부분의 경우 정답을 맞춘다면 이 정도로 충분하다. 그리고 우리가 앞서 다루었던 고양이 열 마리 중 여덟 마리 문제를 푸는 지름길이 여기에 숨어 있다. 물론 고양이와 개를 구분하는 데 있어 99퍼센트의 성공률을 얻기 위해서는 엄청나게 많은 데이터에 컴퓨터를 노출시켜야 한다. 하지만 과연 얼마나 많은 데이터가 필요할까? 당연히 온라인상에 존재하는 모든 고양이와 개의 사진을 대상으로 컴퓨터를 학습시켜야 하는 상황을 만들고 싶지는 않다. 셀 수 없을 정도로 많은 데이터가 존재하기 때문이다!

여러 종류의 이미지를 구분하기 위한 알고리즘을 컴퓨터가 학습하기 위해 일반적으로 적용되는 규칙은 각 범주에 해당하는 이미지가 1,000개 정도는 필요하다는 것이다. 즉 고양이 인식 알고리즘을 만들려면 코드가 스스로 학습할 수 있도록 1,000개의 고양이 이미지를 제공해야 한다. 표준적인 머신러닝 알고리즘에서는 더 많은 데이터를 제공한다고 해서 실제로 성공률이 더 향상되지 않는다. 알고리즘의 향상에 한계가 존재하는 것이다. 그러나 그보다 정교한 딥러닝deep-learning 모델의 경우에는 더 많은 데이터를 제공할수록 성공률이 지수 함수적으로 개선되는 결과를 보인다.

예를 들어 판매량에 어떤 변수들이 영향을 미치는지 알기 위해서는 관련 데이터를 얼마나 많이 확보하느냐가 관건이다. 아마도 특정 요일이나 날씨 또는 긍정적인 매체 보도 등이 판매량에 영향을 미칠 것이다. 정확히 어떤 인자가 판매량에 영향을 미치는지 정확히 파악하는 방법은 관련 데이터를 많이 수집하는 것이다. 이를 위해서 판매량에 영향을 미친다고 생각되는 변수들을 선택한 다음 모든 변수에 대해 판매량을 기록하는 작업이 필요하다.

어떤 정보를 바탕으로 예측을 하기 위해 얼마나 많은 데이터가 필요한지 알려면 회귀분석regression analysis과 10분의 1 규칙을 적용해보면 된다. 조사 대상인 변수가 다섯 개인 경우, 이러한 변수의 변동이 매출에 미치는 영향을 파악하기 위해 필요한 대략적인 데이터의 수는 변수의 개수에 10을 곱한 값인 50개 정도가 된다.

하지만 이런 방식의 지름길은 우리를 잘못된 길로 인도할 수 있으므로 조심해야 한다. 집단지성으로부터 적절한 지혜를 얻고 싶다면 집단 내 다양성이 존재한다는 조건이 중요하듯이 우리가 다루는 데이터에도 확실한 다양성이 있음을 확인할 필요가 있다. 아마존의 경우, 이력서를 선별하는 데 도움이 되는 AI 프로그램을 개발하면서 개발자들이 현재 아마존에 근무하는 직원들의 프로필을 롤 모델로 사용했다. 물론 아마존에서 현 직원들의 업무 자질에 만족하고 있다면 현명한 결정이라고 생각할 수 있다. 그러나 AI 프로그램이 20세 백인 남성이 아닌 사람들의 이력서를 거부하기 시작하자 알고리즘이 입사 지원자들을 부당하게 차별하고 있다는 사실이 드러났다. MIT 미디어랩에서 활동 중인 컴퓨터과학자 조이 부오람위니Joy Buolamwini가 설립한 비영리단체 '알고리즘 저스티스 리그'Algorithmic Justice League는 우리를 새로운 목적지에 데리고 가는 데 실패하고 낡은 편견으로 이끄는 알고리즘에 대한 경고의 목소리를 내고 있다.

한 번에 너무 많은 변수를 추적하지 않는 것도 중요하다. 추적해야 할 변수가 많으면 많을수록 잘못된 패턴을 찾을 가능성이 높기 때문이다. 이러한 위험성은 한 실험에서 인간의 다양한 감정 표현 이미지를 보여주었을 때 피실험체 뇌 속에 8,064개 영역이 어떻게 반응하는지 관찰하기 위해 fMRI(기능적 자기공명영상) 스캐너를 사용했을 때에도 나타났다. 실험 결과, 뇌의 16개 영역이 통계적으로 유의미한 반응을 보였음을 보고했다. 문제는 fMRI 스캔의 대상이 죽은 대서양 연어였다는 것이다. 이런 거짓 양성 결과를 교정하기 위해 연구원들은 죽은 연어와 같은 무생물 물체를 사용해왔다. 이 사례는 너무 많은 변수를 대상으로 삼고서 데이터를 얻은 다음, 해당 데이터에서 패턴이 나타나기를 바라는 일의 위험성을 보여준다. 그해 이 연구팀은 '먼저 사람들을 웃게 하고 그다음에 생각하게 한다'는 취지에 맞춰 선정되는 이그노벨상을 수상했다. 이 팀의 연구원인 크레이그 베넷Craig Bennet은 이렇게 말했다. "만약 다트 과녁의 중심을 맞출 확률이 1퍼센트라면 한 개의 다트를 던질 때 중심에 꽂힐 확률은 1퍼센트다. 하지만 당신에게 3만 개의 다트가 있다면 아마도 중심을 몇 차례 맞추게 될 것이다. 결과를 찾을 수 있는 기회가 더 많이 있을수록 우연히라도 하나의 결과를 얻을 가능성은 더 높아진다."

결정 전에 '이만큼'은 살펴봐라

이 장을 시작하면서 이야기한 퍼즐 속 게임쇼는 우리가 실제로 삶에서 직면하는 많은 도전을 대표하는 좋은 모델이다. 생각해보자. 당신이 살면서 난생 처음 만난 연인이 매우 훌륭한 사람일 수 있지만 그렇다고 그와 결혼해야 할까? 더 좋은 사람을 만날 수도 있을 거라는 느낌이 계속 들지 않을까? 바다에는 더 많은 물고기가 있을 것이고, 아마도 아직 만나지 못한 다른 누군가가 당신이 찾던 천생연분일 가능성도 없지 않다. 그렇다고 지금의 연인과 헤어져버리면 관계를 되돌릴 길이 없다. 그렇다면 우리는 어느 시점에서 이러한 위험을 줄이고 지금 가지고 있는 것에 만족해야 할까?

살 곳을 구하는 일 역시 이런 문제의 고전적 예다. 첫 번째 방문에서 환상적인 집을 만났지만 그곳을 계약하지 못하는 위험을 감수하더라도 다른 더 많은 집을 알아봐야 한다고 느낀 적 없는가?

퍼즐 속 상금을 최대로 얻을 수 있는 기회를 최적화하는 데 있어 핵심 역할을 하는 것은 수학에서 π(파이) 다음으로 인기 있는 오일러 수(자연상수) e다. e는 2.71828182…를 가리키며 π처럼 소수점이 무한대로 계속되는 수다. 우리는 e를 다양한 상황에서 계속해서 마주치게 된다. 아름다운 오일러 방정식에도 등장하는데, 제2장에서 소개한 오일러 방정식은 수학에서 가장 중요한 숫자 다섯 개가 등장하는 식이다. 이 숫자는 통장에 이자가 쌓이는 방식과도 밀접한 관련이 있다.

우리가 풀어야 할 가상의 게임쇼에서 최대 상금이 든 상자를 선택할 가능성을 가장 높일 수 있는 지름길도 바로 e에 있다. N개의 상자가 있다면 상금이 얼마인지 어느 정도 알기 위해서는 적어도 e분의 N($\frac{N}{e}$)에 해당하는 상자를 열어 데이터를 모아야 한다는 것이 수학적으로 증명되었다. 즉 $\frac{1}{e}$=0.37… 이것은 상자의 37퍼센트에 해당하는 값이다. 이 정도 개수의 상자를 열어본 후에는 이미 연 상자들보다 큰 금액의 상자를 열었을 때 그 상금을 가지는 것이 최상의 전략이다. 물론 이 전략이 최대 상금을 보장하지는 않지만 세 번 중 한 번은 최대 상금을 받을 수 있다. 상자의 수를 이보다 더 적게 또는 더 많이 열어보게 되면 최대 상금을 받을 수 있는 가능성이 줄어든다. 37퍼센트라는 수치는 가상의 게임쇼에 나온 상자든, 아파트든, 레스토랑이든 심지어 평생의 연인이든 당신이 과감하게 결정을 내리기 전에 모아야 할 가장 적합한 데이터의 양이다. 하지만 연인에게는 당신의 사랑이 그렇게 계산적이었다는 걸 알려주지 않는 편이 나을 것 같다.

생각의 지름길로 가는 길

새로운 프로젝트에 대한 아이디어를 어떤 방향으로 가져갈지 결정하는 데는 종종 사람들의 선호도를 조사하는 것이 도움이 된다. 거듭 강조했듯 데이터는 아이디어에 연료 역할을 하기는 하지만, 아이디어가 힘을 얻기 위해 중요한 것은 우선 어느 정도로 많은 양의 데이터가 필요한가부터 파악하는 일이다. 데이터가 너무 많으면 그 숫자에 빠져 허우적거릴 수도 있다. 반면 너무 적으면 프로젝트를 제대로 시작할 수 없다. 통계학에서 알게 된 사실은 너무 작은 표본 크기를 근거로 결정을 내리면 너무 멀고 어려운 길로 돌아갈 수 있다는 것이다. 데이터를 수집하는 영리한 길을 찾는 것 또한 중요하다. 마크

트웨인이 지적한 것처럼 한 사람이 울타리를 칠하는 데는 오랜 시간이 걸리지만 많은 사람이 붙으면 그 일을 빨리 끝낼 수 있다. SNS상에서 여론조사를 하든, 데이터를 제공할 수 있는 온라인 게임을 고안하든, 구글 애널리틱스를 활용하여 사용자들의 패턴을 이해하든 집단지성을 활용하는 것은 통찰력을 얻을 수 있는 훌륭한 방법 중 하나다.

쉬어가기

마음을 치료하는 지름길이 있나요?

아내 샤니에게 '생각의 지름길'에 관한 책을 쓰고 있다고 처음 말했을 때 그의 반응은 깜짝 놀라는 것이었다. 심리학자인 샤니는 뇌의 회로를 다시 연결시키기 위해서는 지름길이란 것이 존재하지 않으며 단지 시간을 요하는 심화 치료를 거쳐야 한다고 믿었기 때문이다. 그러나 이러한 치료법에 있어서도 우리 사회가 직면한 거대한 정신건강 문제를 해결할 수 있는 지름길이 있다는 사실은 인정했다.

전통적으로 심리치료를 받는다는 것은 몇 년간 면담실 소파에 누워 어린 시절을 이야기하는 모습을 떠올리게 한다. 하지만 어떤 조건하에서는 치료에 필요한 몇 년간의 시간을 단축시킬 수 있는 매우 강력한 기술들이 있다. 샤니는 나에게 피오나 케네디Fiona Kennedy 박사를 만나보라고 제안했다. 케네디는 오랫동안 심리학자로 일해왔고 지금은 정신건강 문제를 해결하기 위한 집중 치료법을 훈련시키는 일을 한다. 이런 식의 적극적 치료 요법은 수년의 시간을 들이지 않고도 공포증이나 불안, 우울증, 외상 후 스트레스 장애를 가진 환자에게 도움을 줄 수 있다.

그가 이러한 치료법을 성공적으로 적용할 수 있었던 이유 중 하나는 기존 방식보다 더 과학적으로 접근을 했기 때문이다. 만약 당신이 심장 수술을 받기 위해 외과의사를 찾아야 하는데 이 수술을 할 수 있는 두 명의 의사가 있다고 가정하자. 첫 번째 의사는 "이것이 제 심장 수술 기록입니다. 제가 사용한 기술들과 그동안 했던 수술의 성공률은 이렇습니다."라고 말한다. 반면 두 번째 의사는 "글쎄요. 저는 어떠한 데이터도 수집하지 않습니다. 하지만 저는 사람들에게 영감을 주는 매우 창의적인 사람입니다. 그동안 많은 수술을 해왔고 수술 자체를 매우 즐겼습니다."라고 말한다. 당신이라면 둘 중 누구에게 수술을 맡길 것인가? 비록 최근에서야 데이터에 기반한 과학적 사고가 심리치료계에 도입되었는데 이는 전 세계 의료서비스에 이 방법론들이 성공적으로 도입되는 계기가 되었다.

아마도 대중에게 가장 잘 알려진 심리치료 기법은 '인지행동치료' cognitive behavioural therapy (이하 CBT)일 것이다. 1960년대 후반에서 1970년대 초반 사이, 미국 정신과의사 에런 벡 Aaron Beck 이 개발한 CBT는 생각, 신념, 태도가 감정과 행동에 어떻게 영향을 미치는지에 초점을 두고 사람들에게 다양한 문제에 대처하는 기술을 가르쳐주는 치료법이다.

케네디는 학창시절에 쥐와 학생들을 대상으로 동일한 과제를 주고 수행력을 알아보는 실험에 참여한 경험을 떠올렸다. "실험 결과, 쥐들이 학생들을 일방적으로 이겼습니다. 학생들의 경우 자신에게 무슨 일이 일어나고 있는지를 너무 깊이 생각했어요." 이 실험은 인간의 인지능력이 오히려 성공적인 결과로 향하는 여정을 방해할 수 있음을 보여주는 사례다. 이런 맥락에서 벡에게 핵심적인 사항은 인지능력을 바꿀 방법을 찾는 것이었다. 케네디는 인지과정에서 무슨 일이 일어나는지 꽤 수학적으로 설명했다. "이것은 모두 네트워크에 관한 문제입니다. 우리는 매우 복잡한 관계형 네트워크 세트를 가지고 있어요. 이 네트워크에 따라 내가 누구인지 또 세상에 어떻게 반응하는지가 결정되죠. 따라서 이 네트워크를 바꾸는 것이 매우 중요하고 핵심적인 과제가 됩니다."

벡의 CBT 초기 모델의 경우 인간의 행동을 매우 알고리즘적 관점에서 파악하려 했다. 어떤 계기가 되는 트리거가 입력으로 작용하고, 이 입력값이 처리되면서 생각, 감정, 태도를 만들어내고, 이러한 부산물이 행동이나 결과를 촉발하는 또 다른 트리거로 작용한다는 알고리즘이다. 벡은 이 알고리즘을 더 작은 조각으로 분해한 후 프로그램의 버그, 즉 잘못 인식된 부분을 파악하는 방법으로 CBT를 제안했다. 행동치료는 환자의 행동 알고리즘의 특정 부분이 잘못되었다는 것을 증명하기 위해 심리치료사가 환자에게 훈련을 시키는 방식으로 구성된다. 예를 들어 거미에 대한 두려움을 가진 환자는 자신이 느끼는 감정이 근거 없는 두려움이라는 것을 증명하기 위해 짧게 점진적으로 거미에 노출되어 접하는 방식으로 극복할 수 있다.

일부 사례에서 발견된 놀라운 사실은 환자가 자신의 인식이 잘못되었다는 사실을 깨닫는 것만으로도 매우 빠른 긍정적 행동 변화가 나타난다는 점이다. 더 나은 생각이 더 나은 삶으로 이끄는 것이다. 한 시간짜리 8회 세션만으로도 이런 변화를 만들어낼 수 있다는 사실 때문에 CBT와 여타 치료법들이 사람들을 다시 일터로 돌아가게 하는 지름길로써 폭발적인 인기를 끌게 되었다. 이 치료법이 가진 고도로 구조화된 특성 때문에 종종 집단치료나 자기계발 서적, 앱과 같은 다양한 방식으로도 제공되었다.

효과가 매우 컸던 이 치료법은 2008년에 시작되어 영국 성인들의 불안장애와 우울증 치료를 혁신한 '심리치료 접근성 개선'Improving Access to Psychological Therapies(이하 IAPT) 운동에 있어서 중추 역할을 하였다. 영국 경제학 교수 리처드 레이어드Richard Layard는 사람들이 일터로 돌아가게 되면서 절약될 돈의 액수가 이 계획을 실행하는 데 드는 비용을 충분히 상쇄하고도 남을 것이라는 근거로 당시 노동당 정부를 설득했다. 2009년 영국 정부는 3년 동안 3,000명 이상의 심리치료사를 양성하기 위해 3억 파운드를 지원했다. IAPT

는 오늘날 세계에서 가장 야심적인 대화치료 프로그램으로 널리 인정받고 있다. 2019년에는 100만 명 이상의 사람이 우울증과 불안증을 극복하기 위해 IAPT 서비스에 접속하기도 했다.

때때로 매우 간단한 치료 외에는 아무것도 할 수 없는 상황도 있다. 케네디는 단 세 번의 세션으로도 CBT 모델이 효과를 보인다는 것을 뒷받침할 수 있는 데이터를 보여주었다. 임상심리학 교수 마이클 바캄Michael Barkham이 처음 제안한 이 방법은 '2 더하기 1' 치료법이라고 불린다. 환자들은 일주일 간격으로 한 시간씩 두 번에 걸쳐 상담에 참여한 후, 3개월이 지난 후에 세 번째 상담을 한다. 이렇게 짧은 기간의 치료로도 효과가 있다는 사실을 보여주는 연구 결과가 늘어나고 있다. 예를 들어 2020년 의학 저널《랜싯》Lancet에 발표된 논문은 집중적인 2 더하기 1 치료법으로 우간다에 있는 남수단 여성 난민들의 심리적 고통이 어떻게 유의미하게 감소되었는지를 설명하고 있다. 연구자들이 논문에서 강조한 바와 같이 자원이 부족한 환경에서 인도적 차원의 대규모 정신건강 지원 사업을 하기 위해서는 이런 종류의 혁신적 해법이 있어야 한다.

케네디의 접근법이 나에게 반향을 불러일으킨 또 다른 측면은 새로운 관점을 탐구하기 위한 도구로 다이어그램을 사용했다는 것이다. 그런 다이어그램 중 하나가 인지 삼각형이다. 이 다이어그램은 심리치료사와 환자가 생각, 감정, 행동의 통합된 본질을 이해할 수 있도록 하는 데 도움을 준다. 때때로 감정과 육체적 감각을 기준으로 나뉜 감정을 나타내는 정사각형을 그리기도 한다. 이는 이러한 도형을 중심으로 의식의 흐름에 아무런 개입이 없다면 단지 생각을 떠올리는 것만으로도 밖으로 나가기 두려워하거나 거미를 무서워하는 것과 같은 환자가 고치고 싶어 하는 행동을 유발시키는 감정이 촉발된다는 아이디어다. 반면 이러한 행동유발 사이클을 이해하고 인식하게 되면 바람직하지 않은 행동이 나타나지 않도록 조기에 개입할 수 있다. 이때 사용되는 다이어그램은 환자의 심리 지형을 나타낸 지도와 같다. 이 다이어그램을 통해 환자는 스스로를 들어올려 생각의 네트워크 밖으로 꺼냄으로써 자신에게 선택 가능한 또 다른 길도 있다는 사실을 깨달을 수 있다.

케네디는 환자보다는 심리치료사들이 생각해봐야 할 또 다른 다이어그램에 대해 설명했다. "당신이 심리치료사고, 제가 의뢰인입니다. 우리는 그랜드캐니언을 가로지르는 밧줄 위에 놓인 시소의 양 끝에 앉아 균형을 잡고 있어요. 우리 둘 다에게 이 상태로 균형을 유지하는 일이 매우 중요합니다. 어느 날 제가 아주 기분이 좋은 상태로 상담을 받으러 왔습니다. 당신이 내준 과제를 해냈고 행동에도 변화가 일어났기 때문입니다. 그래서 제가 시소의 앉은 자리에서 당신 쪽으로 조금 더 이동했어요. 매우 열정적이고 배려심 많은 치료사인 당신도 자연스럽게 제 쪽으로 조금 더 다가와 앉았습니다. 하지만 그다음 주에 상담을 받으러 온 제가 더 이상은 못 하겠다고 생각을 합니다. 끔찍한 한 주를 보냈기 때문이에요. 더 이상 아무것도 효과가 없는 것만 같습니다. 그냥 포기하고 싶은 기분만 들어요. 그래서 저는 시소에서 당신으로부터 멀어진 자리에 앉습니다. 이때 당신의 본능은 저를 향해 다가앉는 것입니다. 하지만 그렇게 되면 우리는 함께 그랜드캐니언으로 추락하게 되겠죠. 그 상태에서는 당신이 노력하면 할수록 저는 당신에게 더 저항하게 됩니다. 이때 당신이 해야 할 일은 바로 제게서 떨어져 앉는 것이죠." 이것은 이미지를 이용한 매우 훌륭한 설명 방법이다. 환자에 대한 치료법을 시소처럼 균형을 유지할 필요가 있는 하나의 방정식으로 바꾸었기 때문이다.

케네디는 이러한 지름길이 효과가 있다는 증거를 데이터를 통해 발견했는데 이러한 데이터의 상당량은 옥스퍼드대학교 심리학 교수 데이비드 클라크David Clark가 수집한 것이었다. 매주 수만 명의 심리치료사가 고객들로부터 수집한 데이터를 클라크에게 보냈고, 그는 10여 년 동안 이를 모아왔다. 클라크는 정신건강 분야 내 결과의 투명성을 높이기 위해 이 모든 데이터를 대중이 접근 가능한 인터넷에 공개했다.

하지만 때때로 상황을 인지하는 것만으로는 충분하지 않은 경우가 많다. 통상적으로 뇌의 회로를 바꾸는 데 필요한 깊고 오랜 치료를 대체할 수 있는 지름길이 없는 경우도 많다. 케네디는 공식을 따르는 치료법에는 단점이 있다는 사실을 인정한다. "CBT는 모두 논리적인 원리에 기초합니다. 하지만 사실 치료법에는 그 외에 다른 요소도 많이 있습니다. 자기 수용, 애착 관계 그리고 충분한 양육을 통해 가족, 집단, 세계의 일원이 되는 것과 같은 측면들 말이에요. 이러한 것들은 단지 여덟 번의 세션으로는 얻을 수 없는 것들이지요." 그래서 때때로 CBT는 벌어진 상처에 붙여놓은 끈적끈적한 석고 반죽처럼 보인다. 단기적으로는 지혈이 될 수 있겠지만 상처의 원인을 밝혀내지 않으면 시간이 지나 결국 재발할 것이다. 어떻게 여덟 번의 한 시간짜리 세션으로 뇌의 회로를 다시 연결시킬 수 있겠는가? 일부 심리치료사들은 CBT가 진정한 지름길이기보다는 때로는 과정을 대충 생략해버리는 허술한 접근법이 될 수 있다는 생각에 두려워한다.

흔히 심리치료사의 배우자들은 치료 세션이 진행될 때 닫힌 문 뒤에서 무슨 일이 일어나는지를 항상 궁금해 하는 것 같다. 내가 샤니의 책장에서 정신분석학자 수지 오바크의 《심리치료 중입니다》In Therapy 라는 책을 꺼낸 이유 중 하나다. 오바크가 책을 쓰게 된 동기 중 하나도 이런 이유였다. 그는 자신의 배우자에게 헌정사를 쓰며 '나의 상담실에서 무슨 일이 벌어지는지 항상 알고 싶어 했다'라고 밝혔다.

오바크는 다이애나 왕세자비의 섭식장애를 치료한 일로 유명해졌다. 그가 책에서도 설명했듯 치료는 첼로를 연주하거나 러시아어를 말하는 것 같은 새로운 무언가를 하기 위해 몸과 마음을 훈련시키는 것에만 국한되는 것은 아니다. 이미 알고 있는 무언가를 잊어버려야 하는 것과 같은 훨씬 더 어려운 난이도의 일을 하는 것부터 시작해야 한다. 치료라는 것은 마음이 세상을 이해하는 기본적인 방법들을 고쳐야 하는 과정이기 때문에 그 기간이 매우 오래 길어질 수 있다. 오바크는 이렇게 설명했다. "치료를 하는 과정은 단지 당신의 레퍼토리에 추가할 새로운 언어를 배우는 것에 그치지 않고, 이미 배운 모국어 중에서 당신에게 도움이 되지 않는 부분은 포기한 후 새로운 문법 지식으로 다시 엮어내는 과정이다."

내가 이 사실에 대해 좀 더 연구하기 위해 오바크에게 연락했을 때 그는 이 점을 거듭 강조했다. 그러나 또한 자신이 환자들과 상담할 때 사용하는 지름길이 있다는 사실은 인정했다. 그와 이야기할 때 흥미로웠던 주제는 패턴을 파악하는 것이 할 수 있는 역할에 대해서였다. 보통 심리치료사는 새로운 환자에게 알맞는 치료를 계획하는 데 도움을 얻기 위해 방 안에 있는 환자를 관찰하며 이전의 사례 연구와 일치하는 행동 패턴을 발견하려 노력한다. 그러나 이러한 노력은 환자마다 유형이 독립적이고 유일하다는 인식과 함께 균형을 이룰 필요가 있다. "제가 하는 치료법은 한 사람을 심층적으로 연구하여 그 내용에서 중요한 시사점을 끌어내는 것입니다. 이것은 바로 프로이드가 남긴 유산이죠. 바로 사례 연구 말이에요. 항상 맞다는 것이 아니라 절반 정도 맞다는 의미입니다. 그래서 나, 나의 사고, 인지, 감정적 레퍼토리에 그런 치료법이 내재된다면 치료사는 이것을 지름길로 사용할 수 있습니다."

이러한 상황은 심리학에 존재하는 매혹적 긴장감 중 하나다. 어떻게 보면 심리학은 과학과 맞닿은 경계선상에 있다고도 할 수 있다. 심리학에는 사례 연구와 같은 요소들이 있는 반면 특정 질병을 가지고 환자들이 찾아오기도 하기 때문이다. 의사들은 환자의 증상을 과거 유사한 사례 연구 샘플과 비교함으로써 환자의 병을 파악하려 한다. 환자의 행동에서 어떤 패턴을 찾아내는 것은 치료사에게는 환자를 이해하는 지름길이 될 수 있다. 수학자들이 이전의 방법론을 적용하여 새로운 문제를 해결하려 하는 것과 유사한 방식이다. 문제는 개개인의 심리 상태는 모두 독특하기 때문에 결코 정확히 일치하는 사례를 찾기 어렵다는 데 있다. 이것은 다시 말해 각각의 사례마다 개인 맞춤화된 치료가 필요하다는 뜻이다. 따라서 심리치료사가 되는 것은 과학이라기보다는 예술에 가깝다.

"심리치료는 치료 그룹마다 맞춤형으로 대응할 수 있는 새로운 상황을 만드는 기술입니다." 그리고 오바크는 덧붙여 말했다. "하나의 진실이 또 다른 진실을 열어주고 이 영향으로 처음에 이해한 것은 가려지게 됩니다. 인간 정신의 복잡한 구조는 치료 과정 중에도 계속 변하게 되죠. 정신의 내부 구조가 변하고, 감정이 확장되는 과정에 참여하여 이것을 바라보는 관찰자가 되는 것은 매우 만족스러운 일입니다. 방어기제가 어떻게 작용하는지, 어떻게 그것들을 우회할 수 있는지 그리고 시간이 지나면서 어떻게 방어기제가 소멸해 가는지를 지켜보게 되는 것은 아마도 수학자나 물리학자가 자신이 발견한 방정식이 우아하다고 느끼게 되는 경험과 비슷한 어떤 아름다움이 그 일에 있는 것 같아요."

오바크는 그가 각각의 새로운 환자에게 접근하는 방식이 수학자인 내가 각각의 새로운 문제에 접근하는 방식과 크게 다르지 않을 것이라고 말했다. "잠재적인 환자에 대해 분석을 하다보면 제게 어떤 물리적인 감각이 생깁니다. 내면을 차지하고 있는 것들의 상호관계, 방어 구조… 이런저런 것에 대한 감정들이 기하학적 그림으로 떠오르는 것이죠. 이 과정에서 너무 많은 일이 일어나는데 막상 글로 써보기 전엔 그런 일들이 일어나고 있다는 사실조

차 알기 어렵습니다. 이런 과정을 거쳐 지름길을 찾아내는 작업은 제가 그 과정을 무려 40년 동안 해왔기 때문에 가능한 일이기도 해요."

여러 번 이야기했듯 지름길은 어렵게 만들어지며 때로는 수년간의 노력이 필요하다. CBT가 심리치료 과정에서 하나의 지름길로 활용되고 있는 것에 대한 오바크의 생각이 궁금했다. 그는 알고리즘적인 접근으로 환자를 치료하는 것에 대해서는 회의적이었다. "저는 매뉴얼에 의존하는 치료는 믿지 않습니다. 그렇다고 CBT가 쓸모없다는 뜻은 아니에요. 물론 없는 것보다 낫긴 하지만 8주 혹은 8회 세션 후에는 반드시 호전되어야 하나요? 심리치료에 대한 많은 매뉴얼적 접근 방법이 가진 문제점은 종종 그 과정을 치료사가 직접 진행하지 않는다는 점입니다. 치료는 매우 숙련된 기술이 필요한 작업임에도 말이죠." 실제로 일부 CBT 치료는 AI로도 진행되고 있다. 오바크는 치료 과정을 하나의 공식으로 바꿀 수 있다고 믿지 않는다며 이렇게 말했다. "사람이 직접 주관한다는 것이 사소한 일은 아닙니다. 오히려 무한히 복잡하고도 아름다운 일이죠."

그럼에도 CBT는 환자들의 특정 사고 패턴을 볼 수 있고, 그런 사고가 어디서 왔는지 이해하는 틀을 구성할 수 있는 힘을 가지고 있다. 문제가 있다는 사실을 깨닫게 하여 이러한 부정적 사고가 자동적으로 일어나는 것을 차단할 수 있다. 하지만 CBT는 오바크가 필수적으로 생각하는 치료의 핵심을 놓치고 있다. 그것은 이러한 패턴들이 종종 생각을 대상으로 할 때는 작동하지만 감정에 대해서는 작동되지 않는다는 점이다. 그리고 이런 이유로 오바크는 CBT가 심리치료의 진정한 지름길이 될 수는 없다고 생각한다. 감정은 높은 수준의 인지와 의식을 형성하는 데 있어 중요한 역할을 한다. 따라서 감정적인 수준에서 문제를 다루지 않고는 이러한 것들을 바꿀 수 없다. 수십년에 걸쳐 형성되는 우리의 인지 구조를 만드는 것은 바로 감정이기 때문이다. 오바크는 이렇게 설명했다. "우리에게는 방어기제가 있습니다. 따라서 자신이 특정 행동을 되풀이하는 것을 이해할 수 있지요. 방어기제가 내재되어 있기 때문입니다. 이것이 '사랑하기 때문에 증오한다' 또는 '사랑하기 때문에 때린다'와 같은 행동을 이해하는 저만의 방식입니다. 그런 사실은 이해되지만 그 과정에 관여된 감정적 요소는 믿을 수 없을 정도로 복잡하죠. 물론 도움은 되지만, 기본적으로 쉽지 않습니다."

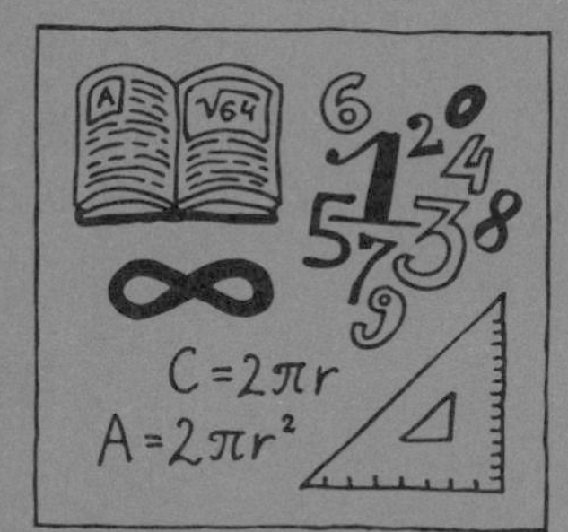

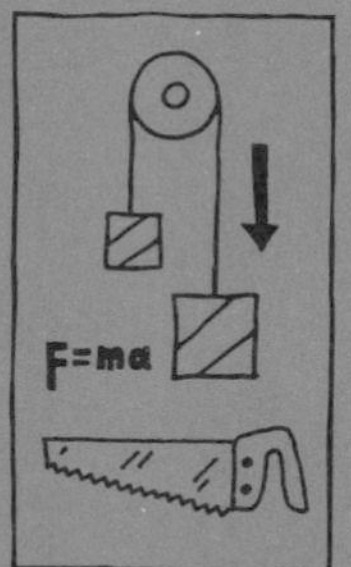

제8장

확률의 지름길

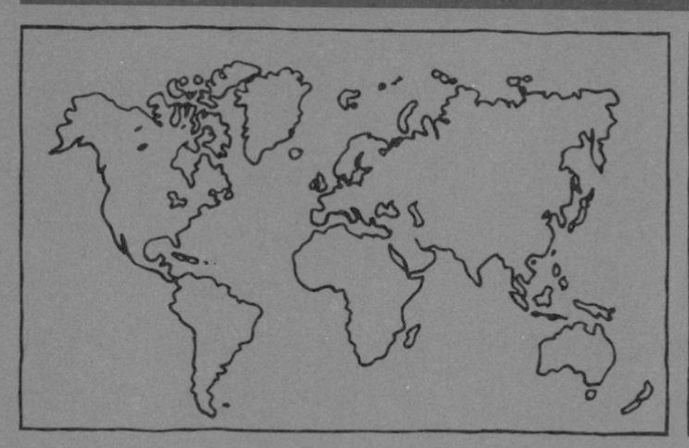

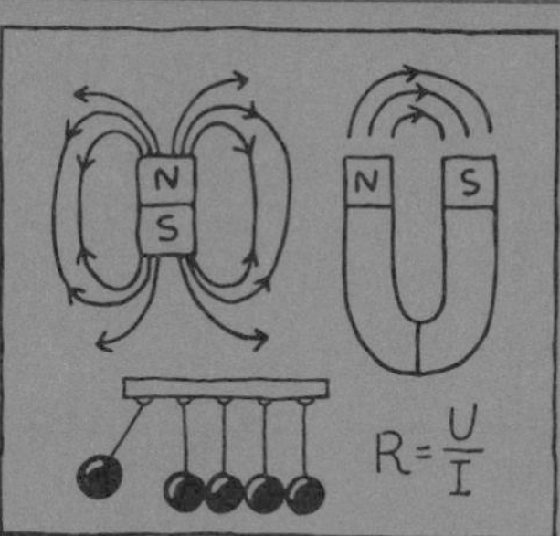

다음 중 무엇에 돈을 걸어야 할까?

1. 주사위를 여섯 번 던졌을 때 최소한 6이 한 번 나온다.
2. 주사위를 열두 번 던졌을 때 최소한 6이 두 번 나온다.
3. 주사위를 열여덟 번 던졌을 때 최소한 6이 세 번 나온다.

현대의 삶은 가능성 있는 결과가 어떻게 나올 것인지를 근거로 의사결정을 내리는 과정의 연속이다. 우리가 하루를 헤쳐나가는 동안 리스크 분석은 필수다. 오늘 비가 올 확률은 28퍼센트다. 우산을 가져가야 할까? 뉴스에서 베이컨을 먹으면 대장암에 걸릴 확률이 20퍼센트 증가한다고 하던데 베이컨 샌드위치는 그만 먹어야 할까? 교통사고가 일어날 가능성을 고려했을 때 내 자동차 보험료는 너무 비쌀까? 복권을 사는 건 의미 있는 행동일까? 보드게임에서 다음번에 주사위를 던져서 사다리 아래로 내려갈 확률이 얼마나 될까?

많은 직업 영역에서도 중요한 결정을 내리려면 확률을 계산해야 한다. 주가가 상승하거나 하락할 가능성은 얼마나 되는가? 제시된 DNA 증거를 고려할 때 피고인은 유죄인가? 환자들은 건강검진 결과의 거짓 양성에 대해 얼마나 걱정해야 하는가? 축구선수는 페널티킥을 할 때 어디를 겨냥해야 하는가? 불확실한 세계를 헤치며 살아가는 것은 쉽지 않은 일이다. 하지만 그렇다고 해서 이런 안개 같은 현실세계 속에서 길을 찾는 것이 전혀 불가능한 일은 아니다. 수학은 게임, 건강, 학습에서 재정적 투자에 이르기까지 모든 방면에서의 불확실성을 탐색하는 데 도움을 주는 강력한 지름길을 개발했다. 바로 확률의 수학이다.

주사위를 던지는 것은 확률의 수학이 가진 힘을 알아보는 가장 좋은 방법이다. 이 장을 시작하면서 냈던 퍼즐은 17세기 유명 일기작가 새뮤얼 피프스Samuel Pepys가 고민했던 문제였다. 피프스는 주사위 굴리기라는 확률 게임에 매료되었지만 힘들게 번 돈을 거는 것에 대해서는 다소 신중했다. 1668년 1월 1일자 일기에서 그는 극장에서 집으로 돌아오는 길에 '더러운 직공들과 백수들이 노는 것을 보았다'라고 쓰고 있다. 이 장면은 어린 시절 하인이 그를 데리고 돈을 따기 위해 주사위를 던지는 사람들을 보러 갔던 기억을 회상하게 했다. 피프스는 '사람마다 돈을 잃는 것을 받아들이는 것이 달랐다. 한 사람은 욕설을 하고, 또 다른 사람은 혼자 중얼거리며 투덜거렸고, 어떤 사람은 전혀 불만 없어 보였다'라고 기록했다. 그의 친구 브리스밴드는 '게임을 처음 하는 사람이 지는 경우는 절대 없다. 악마는 너무 교활해서 처음 게임하는 사람을 실망시키는 법이 없기 때문이다'라고 말하며 피프스에게 자신의 행운을 시험해 보라고 권했다. 하지만 어린 피프스는 거절하고 도망쳤다.

어린 피프스가 주사위 게임을 보았을 당시만 하더라도 그가 게임을 자신에게 유리하게 끌어갈 수 있는 길은 없었다. 그러나 그가 성인이 되는 동안 모든 것이 바뀌었다. 영국 해협 건너편에 있던 두 수학자 페르마와 파스칼이 이에 대한 새로운 사고법을 발견했기 때문이다. 도박하는 사람들도 돈을 벌 수 있거나 적어도 돈을 덜 잃을 수 있는 일종의 획기적 지름길이었다. 페르마와 파스칼이 악마의 손에서 주사위를 빼앗아 수학자들의 손에 넘겨주게 된 획기적 발견에 대해 피프스는 듣지 못했을 수도 있다. 그들이 싹을 틔웠던 확률의 수학은 오늘날 라스베이거스에서 마카오에 이르기까지 전 세계 카지노가 놀고 있는 게으른 사람들의 돈으로 계속 영업을 할 수 있도록 하는 데 핵심 역할을 하고 있다.

주사위 던지기에서 승률을 높이는 법

피프스가 숙고하고 있던 것과 비슷한 문제를 듣게 된 페르마와 파스칼은 문제를 푸는 지름길을 찾아내려 노력했다. 두 사람을 모두 알고 있던 슈발리에 드 메레Chevalier de Méré는 다음 중 어느 것이 더 나은 확률인지 알고 싶어 했다.

A : 주사위를 네 번 던졌을 때 6이 나온다.

B : 두 개의 주사위를 동시에 스물네 번 던졌을 때 동시에 6이 나온다.

드 메레는 사실 기사는 아니었고 앙투안 공보Antoine Gombaud라는 학자가 쓰고 있던 대화록에서 자신의 관점을 표현하고자 지칭한 칭호였다(슈발리에는 프랑스어로 기사knight를 뜻한다—옮긴이). 이 칭호가 굳어져서 드 메레의 친구들은 그를 슈발리에라고 부르기 시작했다. 그는 주사위를 던지고 또 던지는 식으로 수많은 실험을 함으로써 주사위와 관련된 수수께끼를 해결하려고 노력했다. 그러나 확실한 결론을 내리기는 어려웠다. 대신 그는 이 문제를 마랭 메르센Marin Mersenne이라는 이름의 예수회 수도승이 조직한 한 살롱으로 가져가기로 결정했다. 메르센은 보통 이런 흥미로운 문제들을 접하면 탁월한 통찰력을 가졌을 법한 살롱의 다른 회원들에게 편지를 써서 보내 자신의 살롱이 당시 파리에서 지적 활동의 중심지임을 증명해 보이곤 했다. 드 메레의 문제를 받았을 때에도 메르센은 그 문제를 풀 사람을 찾아냈다. 이 문제를 받아본 페르마와 파스칼이 후에 내놓은 답이 이 장의 주제다. 바로 확률이다.

드 메레처럼 주사위를 직접 던져보는 방식으로는 어떤 것이 최선의 선택인지 결정할 수 없다. 그것은 그리 놀라운 일도 아니다. 하지만 페르마와 파스칼이 확립한 새로운 확률 이론을 주사위에 적용하자 A는 52퍼센트의 확률로 발생하는 반면 B는 49퍼센트의 확률로 발생하는 것으로 밝혀졌다. 이러한 정도의 차이는 주사위 게임을 100번 하는 경우에는 특별한 상황이 무작위로 나타날 수 있기 때문에 잘 드러나지 않을 수도 있다. 진정한 패턴이 드러나려면 1,000번 정도는 던져야 한다. 확률 이론이 강력해지는 이유가 바로 여기에 있다. 힘들게 같은 실험을 계속 반복하지 않고도 문제를 해결해주기 때문이다. 더구나 반복적으로 실험을 하더라도 문제에 대해 잘못된 판단을 하게 될 위험성은 여전히 존재하게 된다.

페르마와 파스칼이 발견해낸 지름길이 흥미로운 점은 확률 게임에서 장기적으로 우위를 점할 수 있도록 도와줄 수 있는 유일한 방법이라는 것이다. 그렇지만 이 방법도 도박꾼들이 매 게임을 모두 이기도록 해줄 수는 없었다. 그것은 여전히 신의 손에 달려 있다. 하지만 장기적으로는 결국 큰 차이를 만들 수 있게 된다. 이것은 카지노측에는 좋은 소식이고, 한 번의 주사위 던짐으로써 빨리 수익을 얻기를 바라는 게으른 도박꾼들에게는 나쁜 소식이다.

런던으로 돌아간 피프스는 걸어서 집으로 돌아가는 도중에 도박꾼들이 주사위로 7을 던지기 위해 노력하는 것을 보고 매료되었다고 일기에 썼다. '그들이 하릴없이 내뱉는 욕설과 저주를 들었다. 그 전에는 마음만 먹으면 7을 던질 수 있었던 어떤 사람은 아무리 많이 던져도 7이 나오지 않자 너무 깊이 낙담해서는 살아 있는 동안 자신이 다시 7을 던진다면 저주받을 것이라고 울부짖는 장면을 보았다. 하지만 다른 운 좋은 사람들은 거의 매번 7을 던지고 있었다.'

그 남자는 7을 단 한 번도 던지지 못할 만큼 특히 불운했던 것이었을까? 페르마와 파스칼이 주사위 두 개로 특정 숫자를 얻을 확률을 계산하기 위해 사용한 전략은 주사위가 보여주는 모든 경우의 수를 분석한 다음 7이 나타날 수 있는 경우의 수가 전체에서 차지하는 비율을 조사하는 것이었다. 첫 번째 주사위가 보여주는 숫자에는 여섯 가지가 있고, 이것과 두 번째 주사위가 보여주는 숫자를 조합하면 발생할 수 있는 경우의 수는 총 36가지다. 이 중에서 합이 7이 되는 것은 1+6, 2+5, 3+4, 4+3, 5+2, 6+1 이렇게 여섯 가지의 조합이다. 이 조합들은 각각 일어날 확률이 동일하기 때문에 결국 7이 나올 확률은 서른여섯 번 중 여섯 번이 된다는 것이 그들의 주장이었다. 실제로 이것이 주사위 두 개를 던졌을 때 7이 나올 확률이다. 하지만 여전히 여섯 번에 다섯 번은 7이 나오지 않는 것이다. 이런 점을 고려한다면 피프스가 보았던 7을 던지기 위해 수없이 실패하면서 깊은 절망감을 느꼈던 그 사람은 정말 운이 없었던 것이었을까?

주사위 두 개를 네 번 굴렸을 때 7이 한 번도 나오지 않을 확률은 얼마일까? 이 경우 발생할 수 있는 모든 시나리오를 살펴보는 것은 다소 어려워 보인다. 36^4, 즉 1,679,619가지의 서로 다른 경우의 수가 나오기 때문이다. 하지만 이 문제에 대해서도 페르마와 파스칼이 발견한 지름길이 우리를 구해준다. 네 번의 주사위 던지기에서 7이 한 번도 나오지 않을 확률을 계산하려면 주사위를 던졌을 때 7이 나오지 않을 확률을 네 번 곱하면 된다. $\frac{5}{6}\times\frac{5}{6}\times\frac{5}{6}\times\frac{5}{6}$, 즉 이 값은 0.48이다. 말하자면 네 번 연속 7이 나오지 않을 확률이 반반에 가깝다는 의미다. 이 말은 반대로 두 개의 주사위를 네 번 던졌을 때 7을 볼 수 있는 가능성도 반반이라는 것을 의미한다. 같은 계산법에 따라 두 개의 주사위를 네 번 굴렸을 때 6이 나올 확률도 반반이다. 따라서 피프스가 목격했던 사람이 주사위를 네 번 던지고도 7이 나오지 않았던 것은 그리 놀랄 만한 일은 아니다. 동전을 한 번 던져 앞면이 나오지 않는 것과 같은 확률이기 때문이다.

주사위를 던졌을 때 7이 나올 확률에 대해 이해하게 되면 백개먼backgammon이나 모노폴리 같은 주사위 게임을 할 때에도 유리하게 활용할 수 있다. 예를 들어 감옥은 모노폴리 게임판에서 가장 많이 방문하게 되는 칸이다. 두 개의 주사위를 던졌을 때 나타나는 확률 현상을 이용하면 감옥 칸을 방문한 후에는 그 어느 곳보다 오렌지색으로 표시된 부동산 지역을 방문할 가능성이 높아진다는 것을 알 수 있다. 그래서 만약 당신이 오렌지색 부동산을 구매한 다음 그 위에 호텔을 지을 수 있다면 게임을 하는 데 있어서 결정적인 우위를 점할 것이다.

문제를 풀고 싶다면 반대로 생각하라

페르마와 파스칼의 전략에는 수학자들이 자

주 사용하는 또 다른 기발한 지름길이 숨겨져 있다. 두 개의 주사위를 네 번 던졌을 때 7이 한 번 이상 나타날 확률을 계산하는 문제를 살펴보자. 이 문제의 경우, 분명히 7이 나타날 확률을 네 번 곱하는 식으로는 답을 얻을 수 없다. 이것은 7이 연속해서 네 번 나오는 경우에 해당하는 확률을 구하는 방법이다. 대신 7이 한 번 이상 나올 수 있는 가능한 모든 조합을 살펴봐야 한다. 첫 번째 던졌을 때 7이 나오고 이후 계속 7이 나오지 않는 경우와 처음 두 번 던졌을 때는 7이 나오지 않았다가 마지막 두 번에서 연속으로 7이 나올 확률도 계산에 넣어야 한다. 엄청난 양의 계산이 필요하다. 하지만 여기에도 매우 강력한 지름길이 있다. 이 문제에 있어서 내가 관심 없는 경우는 딱 한 가지다. 7이 한 번도 나오지 않는 경우다. 상대적으로 이 확률은 계산하기 쉽다. 그러니 문제를 정면으로 돌파하려 하지 말고 반대의 경우를 살펴보라.

내가 어떤 문제에 도전하든 이 전략은 매우 효과적인 지름길로 작용한다는 것을 알게 되었다. 문제를 정면으로 부딪치는 것이 복잡하다면 그와 반대되는 쪽을 보면 되는 것이다. 예를 들어 인간의 의식 세계를 이해하는 것은 매우 어려운 과학적 도전이다. 그러나 어떤 것이 무의식적으로 나타나는 현상을 분석하게 되면 때때로 문제를 직접적으로 접근하는 데 새로운 통찰을 줄 수도 있다. 깊은 잠이나 혼수상태에 있는 환자들을 분석하면 반대로 깨어 있는 뇌의 의식 활동을 만드는 요소가 무엇인지를 이해하는 데 도움이 될 수 있는 것이다.

문제를 반대의 측면에서 접근하는 방식은 다음과 같은 문제를 해결할 때에도 중요한 지름길로 사용할 수 있다. 영국에서는 매주 열 번의 프리미어리그 축구 경기가 있다. 그중 생일이 같은 선수 두 사람이 경기장에서 같이 뛸 확률은 몇일까? 언뜻 보기에 이러한 경우는 꽤 드물 것으로 생각된다. 그런 일이 벌어지는 확률이 10분의 1쯤 될까? 사람들은 이 질문을 들으면 "만약 내가 이번 주말에 축구를 한다면 경기장에 있는 누군가가 나와 생일이 같을 확률이 얼마나 될까?"를 묻는 것과 같은 질문이라고 생각하기 쉽다. 그런 일이 일어날 확률은 약 5퍼센트다. 하지만 이는 경기장에서 뛰는 모든 선수의 생일이 '나'와 같을 확률에 대해서만 생각하는 것이다. 그 외에 다른 모든 가능한 조합은 어떨까? 생일을 공유하는 사람이 꼭 당신일 필요는 없기 때문이다. 이제 문제는 더 복잡해지기 시작한다. 사람들을 짝 지을 수 있는 많은 방법이 있다는 것이 보이기 시작하기 때문이다.

이때 문제를 반대편에서 바라보는 지름길을 사용하면 이 과제를 해결하는 훨씬 더 효율적인 방법이 있음을 깨닫게 된다. 즉 경기장에서 뛰는 선수 중에 서로 생일이 같은 사람이 '없는' 경우의 확률은 얼마나 될까? 이 확률을 계산한 다음 1에서 그 결괏값을 빼면 비로소 생일이 같은 선수들이 경기에 함께 뛰는 경우의 확률이 되는 것이다.

자, 경기가 시작되려고 한다. 문제를 풀기 위해 선수들을 차례로 경기장에 입장시켜보자. 내가 먼저 입장하고 그다음 선수가 나온다. 이때 이 선수의 생일이 나와 다를 확률은 365분의 364다. 그의 생일은 내 생일인 8월 26일과 다르다. 계속해서 세 번째 선수가 입장한다. 세 번째 선수의 생일도 나와 두 번째 선수의 생일과는 달라야 한다. 나와 두 번째 선수의 생일 날짜를 제외하고도 아직 363일이나 남아 있다. 따라서 세 번째 선수의 생일이 앞의 두 사람과 다를 확률은 365분의 363이다. 이렇게 될 경우 경기장에 있는 우리 세 사람의 생일이 모두 다를 확률의 계산식은 $\frac{364}{365} \times \frac{363}{365}$ 이다.

양 팀에 22명의 선수들과 심판까지 모두 경기장에 나올 때까지 이 계산 과정을 반복한다. 매번 다른 사람이 경기장으로 달려들어올 때마다 피해야 할 날짜의 수는 늘어나게 된다. 심판이 나올 때쯤이면 이미 경기장에 나와 있는 22명의 생일을 피해야 하기 때문에 그 확률은 $\frac{(365-22)}{365}$, 즉 365분의 343이 된다. 결과적으로 경기장에 나와 있는 23명의 생일이 모두 다를 확률은 다음과 같다.

$$\frac{364}{365} \times \frac{363}{365} \times \frac{362}{365} \times \cdots \times \frac{344}{365} \times \frac{343}{365} = 0.4927$$

우리가 풀고자 하는 문제와 반대되는 경우를 상정하고 계산한 결과다. 이제는 이 값을 뒤집기만 하면 된다. 그럴 경우 경기장에 생일이 같은 사람들이 함께 있을 확률값은 1−0.4927, 즉 0.5073이 된다. 믿을 수 없을 정도로 생일이 같을 가능성이 높다는 것을 알 수 있다. 평균적으로 본다면 매 주말 프리미어리그 열 경기 중에서 다섯 경기는 생일이 같은 사람들이 경기장에서 뛰는 것을 볼 수 있다는 뜻이다.

흥미롭게도 축구선수들의 생일은 9월이나 10월일 가능성이 더 높다는 증거가 있다. 이렇게 되면 같은 생일의 선수가 함께 경기에 뛸 확률은 절반보다 훨씬 더 높아진다. 왜 이런 일이 일어날까? 학창 시절에는 같은 학년에서 조금 일찍 태어날 경우 8월에 태어난 나 같은 사람보다는 신체적으로 더 발달할 가능성이 높다(영국의 경우 9월부터 새 학기가 시작되므로 같은 학년에 편성되는 학생들의 생일은 9월 1일부터 그다음 해 8월 31일까지다—옮긴이). 그 경우 9월이나 10월생인 학생들은 생일이 늦은 같은 학년 친구들보다 힘이 더 세고 더 빠르게 달릴 수 있으므로 축구팀에 선발되어 경력을 쌓을 가능성이 더 높다. 어렸을 때 나는 왜 달리기 경주에서 한 번도 1등을 못할까 궁금했던 기억이 생생하다. 어느 여름,

동네 마을 축제에서 연령대별 달리기 경주에 참가하게 된 적이 있었다. 그때가 여름이어서 나와 같은 학년의 모든 아이는 이미 생일 파티를 치렀지만 8월 26일이 생일인 나는 아직 파티를 열지 못하고 있었다. 그런데 연령별로 나누자 학년으로 치면 나보다 한 학년 아래의 아이들을 상대하게 되었다. 그날 난생 처음 경쟁자들을 뒤로 하고 가장 먼저 결승선을 통과하는 내 모습에 스스로 큰 충격을 느꼈다. 하지만 허약했던 나는 도서관에 앉아 있는 일은 잘했고 후에 수학 영재가 되었다!

카지노에서
승률을 높이는 지름길

라스베이거스에서는 수학자들에 대한 수요가 높다. 많은 카지노가 자신들에게 유리하도록 게임을 조작하기 위해 새로운 지름길을 끊임없이 찾고 있기 때문이다. 앞에서 피프스가 목격했던 주사위 게임에서 발전한 크랩 테이블craps table 게임을 예로 들어보자. 주사위 두 개로 하는 크랩 테이블에 돈을 거는 것은 게임이 가진 역동성 때문에 꽤나 복잡하다. 하지만 언제든 다음 주사위의 합이 7이 되는 것에 돈을 걸 수 있다. 앞에서 그런 경우가 일어날 확률은 여섯 번 중에 한 번이라는 사실에 대해 설명했다. 하지만 이 내기에 1달러를 걸어서 이기면 카지노는 당신의 1달러에 4달러를 얹어서 돌려준다. 공평한 게임이 되려면 카지노는 당신에게 5달러를 얹어주어야 한다. 따라서 크랩 테이블에서 7이 나오는 것에 베팅을 하는 것은 가장 최악의 선택이다. 카지노측이 16.67퍼센트의 승률을 갖는 더 유리한 게임이기 때문이다. 도박꾼이 7에 돈을 걸 때마다 카지노는 저 정도의 평균 이익을 가져가게 되어 있다.

하지만 당신이 무조건 7에 거는 게임만 고집하고 싶다면 그나마 카지노측의 승률을 낮출 수 있는 방법이 있긴 하다. 돈을 세 번에 나누어 거는 것이다. 7이 나오는 것에 모든 돈을 한꺼번에 거는 대신 세 군데에 나누어서 건다. 첫 번째는 1과 6이 나오는 것에 걸고, 두 번째는 2와 5, 세 번째는 3과 4가 나오는 경우에 거는 것이다. 이것을 '홉 베팅'hop betting이라고 부른다. 이렇게 세 번으로 나누어 베팅하는 것은 내용상으로는 합이 7이 나오는 것에 베팅하는 일과 같아 보이지만 돌아오는 보상은 그것보다는 유리하다. 이렇게 나누어 베팅하면 카지노는 당신이 베팅할 때마다 평균 11.11퍼센트의 이익만 챙길 수 있게 된다.

라스베이거스에서 벌어지고 있는 모든 게임은 장기적으로는 카지노가 승률에서 우위를 점할 수 있도록 세심하게 분석되어 설계된 것들이다. 하지만 이제 도박꾼으로서 당신은 파스칼과 페르마가 개발한 도구를 사용하여 그나마 돈을 느리게 잃는 게임을 찾을 수 있게 되었다.

크랩 테이블에서 선택할 수 있는 베팅 중에서도 실제 이길 확률에 따라 카지노가 돈을 지불하는 게임도 있다. 아마도 카지노에서 벌어지는 게임 중에 카지노측에 일방적으로 유리하지 않은 유일한 곳일 것이다. 크랩 테이블은 플레이어가 주사위를 던져 목표로 하는 점수를 정하는 방식으로 이루어진다. 목표 점수는 4, 5, 6, 8, 9, 10 중 하나여야 한다. 주사위를 던졌을 때 2, 3, 7, 11, 12가 나오면 게임은 끝이 난다. 7, 11이 나오면 플레이어가 게임에서 승리하는 반면 2, 3, 12가 나오면 플레이어가 점수를 잃는 '크랩 아웃' 상태가 된다. 일단 목표 점수가 정해지면 7이 나오기 전에 주사위로 이 점수를 다시 얻는 것이 게임의 목표다.

당신이 크랩 테이블에서 선택할 수 있는 공정한 베팅은 7이 나타나기 전에 이 목표 점수가 다시 나타나는 것에 돈을 거는 것이다. 목표 점수가 4로 정해졌다고 가정해보자. 만약 7이 나오기 전에 다시 4가 나오는 것에 1달러를 걸면 카지노는 당신이 건 1달러에 2달러를 얹어 모두 3달러를 돌려주게 된다. 이때 카지노가 주는 보상금은 정확히 이런 일이 일어날 확률에 해당하는 금액이다. 7이 나오는 경우의 수는 여섯 가지이고, 4가 나오는 경우의 수는 세 가지다. 따라서 4가 나와서 이 게임을 이길 확률은 3분의 1이 된다. 이 게임은 카지노에 유리하도록 확률을 설계하여 베팅할 때마다 일정 금액을 카지노가 가져가는 것이 아니라 확률 그대로 돈을 지불하는 유일한 게임이다. 물론 이것이 돈을 확실히 버는 지름길은 아닐지라도 적어도 카지노에 돈을 무조건 헌납하지는 않는다는 것을 확률 계산으로 알 수 있다. 이 게임에 베팅한다는 것은 게임을 오래하면 결국 당신과 카지노의 승률이 같아진다는 것을 의미한다.

여기 당신을 위한 작은 도전이 있다. 이번에는 룰렛 휠로 가보자. 당신에게는 20달러가 있고 목표는 이 돈을 두 배로 불리는 것이다. 룰렛 휠은 빨간색에 돈을 걸고 빨간색이 나오면 돈을 두 배로 돌려받는 게임이다. 다음 두 개의 전략 중 어떤 전략이 더 효과가 있을까?

A: 한 번에 빨간색에 모든 돈을 건다.

B: 휠을 돌릴 때마다 빨간색에 1달러를 건다.

언뜻 보기에는 별 문제가 되지 않는 것 같지만 룰렛 휠에는 약간 미묘한 부분이 있다. 휠의 36개 숫자 중에 반은 빨간색, 반은 검은색이다. 문제는 여기에 서른일곱 번째 숫자가 있다는 것이다. 이 숫자는 0이며 녹색으로 표시되어 있다. 공이 여기에 떨어지면 빨간색에 걸었든 검은색에 걸었든 플레이어는 돈을 잃는다. 이 칸은 카지노가 모두를 이기는 경우다. 얼핏 순수한 의도처럼 보이지만 카지노는 이 칸을 통해 그들의 수익을 확실히 챙길 수 있다. 적어도 장기적으로는 그렇다!

빨간색에 돈을 걸면 게임에서 공평하게 이길 가능성은 전혀 없다. 당신이 이길 확률은 37분의 18로, 절반보다 약간 작아지기 때문이다. 1달러씩 빨간색에만 서른일곱 번 베팅을 하고 룰렛의 휠이 서른일곱 번 회전하는 동안 우연히 모든 숫자를 한 번씩 돌아가면서 걸린다고 가정하자. 그러면 열여덟 번은 1달러를 따고 열아홉 번은 1달러를 잃게 될 것이다, 그 결과 서른일곱 번의 베팅이 끝났을 때 당신의 수중에는 37달러 대신 36달러밖에 남아 있지 않게 된다. 즉 룰렛의 휠이 한 번 돌 때마다 0.027($\frac{1}{37}$)달러를 카지노가 베팅하는 돈에서 가져가게 되는 구조가 되는 것이다. 이 게임은 매번 카지노측에 2.7퍼센트 더 유리하도록 설계되어 있다. 따라서 이 게임을 많이 하면 할수록 카지노에 더 많은 돈을 지불하게 된다.

20달러를 한 번에 거는 전략(A)을 택할 경우 돈을 두 배로 불릴 확률은 37분의 18, 즉 48퍼센트로써 절반에 약간 모자른 확률이다. 반면 1달러씩 베팅하는 전략(B)을 선택할 경우 베팅할 때마다 조금씩 카지노측에 돈을 주는 셈이 되기 때문에 돈을 두 배로 불리려는 목표는 게임을 할수록 점점 더 멀어지게 된다. 전략 B를 선택할 경우 돈을 두 배로 불릴 수 있는 가능성은 25퍼센트에 불과하다. 물론 전략 A가 확률적으로는 최선의 선택이지만 단점은 카지노에서 보내는 시간이 너무 짧아진다는 점이다. B를 선택하면 더 재미있는 저녁시간을 보낼 수는 있지만 대신 즐기는 대가는 스스로 지불해야 한다.

카지노측보다 이길 확률이 조금이라도 더 높은 게임을 하려면 블랙잭 테이블에 가야한다는 말을 들어봤을 것이다. 1960년대 미국 수학자 에드워드 소프Edward Thorp는 블랙잭 테이블에서 딜러와 다른 플레이어에게 떨어진 카드를 잘 살펴보는 것으로 카지노측보다 승률을 높일 수 있다는 것을 알아냈다. 이것을 카드 카운팅card counting이라고 한다. 블랙잭은 21이라는 수를 넘지 않는 선에서 계속해서 카드를 받아 딜러의 점수를 이기기 위해 노력하는 게임이다. 하지만 가지고 있는 카드의 수가 21이 넘어버리는 순간 버스트bust('고장났다'는 뜻으로 이 게임에서는 21을 넘어 패했다는 의미로 쓰인다—옮긴이)로 판정되고 돈을 잃게 된다. 카운팅 카드 전략이 효과적일 수 있는 이유가 있다. 언제든지 카드를 받는 것을 멈출 수 있는 플레이어와 달리 딜러는 그의 카드가 16 이하일 경우 무조건 다음 카드를 받아야 한다는 게임의 규칙 때문이다.

카드 한 팩에는 점수 10점(숫자 10이 적힌 카드, 잭, 퀸, 킹)에 해당하는 열여섯 장의 카드가 있다. 카드 팩에 이러한 카드가 많이 남아 있는 상황에서 딜러가 카드를 더 받아야 한다면 버스트가 될 확률이 높아질 것이다. 이런 상황이 되었다고 판단되면 당신이 받을 카드에 더 많은 돈을 거는 것이 타당하다. 카드 카운팅은 10점 카드가 이미 얼마나 많이 오픈되었는지, 또 카드 팩에 아직 얼마나 더 남아 있는지를 추적하는 매우 간단한 방법이다. 일반적으로 카지노에서는 한 팩의 카드가 아닌 여섯 개에서 여덟 개까지의 카드 팩을 사용하여 이러한 카드 카운팅 전략 효과를 최소화하려 노력하지만 당신은 여전히 유리한 게임을 할 수 있다. 영화 〈21〉은 MIT의 수학자들이 라스베이거스를 방문하여 소프의 전략을 적용했던 실화를 바탕으로 제작되었다. 영화에서는 괴짜 수학자들이 섹시하고 멋있게 등장한다. 이 때문에 아마도 이 영화는 전 세계 모든 수학과가 힘을 합쳐 노력한 결과보다 더 많은 수의 수학과 신입생들을 모집하는 데 기여했을 것이다.

언뜻 보기에 카드 카운팅은 부자가 되는 훌륭한 지름길로 보인다. 하지만 한 가지 문제가 있다. 현실적으로 이 전략을 적용해 돈을 많이 벌려면 시간이 너무 많이 걸린다. 내가 분석한 결과 시간당 최저 임금보다 적게 버는 수준이다. 따라서 MIT 학생들의 성공에는 행운의 여신이 한몫한 것으로 보인다.

뛰어들기 전에 수익률을 계산할 것

다음과 같은 게임을 하기 위해 당신은 얼마를 지불할 준비가 되어 있나? 이 게임은 내가 주사위를 굴렸을 때 나오는 숫자만큼 당신에게 달러를 지불하는 게임이다. 쉽게 말해 주사위 숫자가 6이 나와서 당신이 6달러를 받게 될 확률은 6분의 1이다. 다른 숫자들도 마찬가지로 6분의 1의 확률로 나온다. 따라서 주사위를 여섯 번 굴릴 때 당신이 벌 수 있는 돈은 1+2+3+4+5+6, 즉 21달러다. 그렇게 되면 주사위를 한 번 굴릴 때의 평균 지급액은 3.5(21÷6)달러가 된다. 이보다 적은 돈을 내고 게임을 할 수 있게 해주겠다는 사람이 있다면 베팅해볼 만한 가치가 있을 것이다. 장기적으로는 당신이 돈을 딸 수 있기 때문이다. 돈을 걸고 어떤 게임을 할 때는 평균 수익률이 어느 정도 나올지를 먼저 계산한 후 그 게임에 참여할 만한 가치가 있는지 판단하는 것이 현명하다.

비록 페르마와 파스칼이 교환했던 편지를 계기로 확률 게임에 적용할 수 있는 수학적 발견이 이루어진 것은 사실이지만, 확률 수학에 있어서 결정적 진보는 스위스 수학자 야코프 베르누이Jakob Bernoulli가 《추측술》Ars Conjectandi 이라는 책을 펴냈을 때 이루어졌다. 야코프는 미적분학 논쟁에서 라이프니츠를 지지했던 베르누이 학파의 일원이었다. 어떤 종류의 게임이든 지불해야 할 공정한 가격을 결정하는 공식을 그의 책에서 찾을 수 있다.

발생 가능한 경우의 수가 N개 있다고 가정하자. 이 중에서 결과 1이 발생하면 W(1)달러를 획득한다. 이 경우가 발생할 확률은 P(1)이다. 마찬가지로 결과 2가 발생할 확률은 P(2)이며 W(2)달러를 획득하게 된다. 이 경우 게임을 플레이할 때마다 평균적으로 W(1)×P(1)+…+W(N)×P(N)달러를 벌 수 있다. 따라서 만약 누군가 당신에게 이 금액보다 적은 돈을 내고 하는 게임을 제안한다면 마지막 승자는 당신이 될 것이다. 예를 들어 주사위 게임에서는 가능한 경우의 수는 여섯 개이고, P(1), P(2), … P(6)의 확률은 모두 동일하게 6분의 1이다. 그리고 획득하는 금액 W(1), W(2), … W(6)은 1달러에서 6달러까지다.

야코프의 사촌 니콜라우스가 그에 대한 오이디푸스 컴플렉스 때문에 다음과 같은 새로운 게임을 제안하기까지 이 공식은 훌륭하게 적용되는 것처럼 보였다. 니콜라우스가 만든 게임은 이랬다. 일단 동전을 던진다. 앞면이 나오면 2달러를 주고 게임은 끝이 난다. 하지만 뒷면이 나오면 다시 던진다. 두 번째 시도에서 앞면이 나오면 4달러를 준다. 만약 또 뒷면이 나오면 다시 던진다. 이런 식으로 던질 때마다 상금은 두 배로 불어나게 되는 게임이다. 만약 계속해서 뒷면이 여섯 번 나온 후에 앞면이 나오게 되는 경우를 계산해보면 $2\times2\times2\times2\times2\times2\times2=2^7$, 즉 128달러의 상금이 쌓이게 될 것이다. 니콜라우스의 게임을 위해 당신은 얼마를 지불할 의사가 있는가? 4달러? 20달러? 100달러?

이 게임에서 당신이 2달러밖에 따지 못할 확률은 50퍼센트다. 첫 번째 시도에서 동전이 앞면으로 떨어질 확률이 2분의 1이기 때문이다. 이 경우 $P(1)=\frac{1}{2}$, $W(1)=2$달러가 된다. 이 게임에서 당신은 가능한 큰 돈을 따기 위해 뒷면이 연속으로 여러 번 나오길 바랄 것이다. 처음에 뒷면이 나온 후에 다음번에 앞면이 나올 확률은 $\frac{1}{2}\times\frac{1}{2}=\frac{1}{4}$이 된다. 이번에는 4달러를 받는다. 따라서 두 번째 결과의 경우 $P(2)=\frac{1}{4}$이지만 $W(2)=4$달러다. 계속할수록 확률은 작아지고 수익은 커진다. 예를 들어 뒷면이 여섯 번 나온 후에 앞면이 나오는 경우의 확률은 $(\frac{1}{2})^7=\frac{1}{128}$이지만 상금은 $2^7=128$달러가 되는 것이다.

일곱 번 동전을 던지면 경기가 끝난다고 했을 때 당신이 지는 경우는 일곱 번 연달아 뒷면이 나올 경우다. 야코프의 공식을 사용해 평균 수익을 계산해보면 $W(1)\times P(1)+\cdots+W(7)\times P(7)=(\frac{1}{2}\times 2)+(\frac{1}{4}\times 4)+\cdots+(\frac{1}{128}\times 128)=1+1+\cdots+1$, 즉 7달러가 된다. 그러므로 누군가 당신에게 7달러 미만의 참가비로 이 게임을 할 것을 제안한다면 받아들일 만한 가치가 있다.

하지만 여기 반전이 하나 있다. 니콜라우스가 앞면이 나올 때까지 무제한으로 게임할 준비가 되어 있다고 말한 것이다. 이 경우 당신이 승자가 되는 것은 단지 시간의 문제다. 그렇다면 당신은 이 게임을 하기 위해 얼마를 지불할 수 있겠는가? 이제는 경우의 수 역시 무한대로 많아진다. 앞서 계산한 공식으로 다시 평균 수익을 예상해보자면 $1+1+1+\cdots$, 즉 무한 달러가 된다! 다시 말해 누군가 당신과 함께 이 게임을 하겠다고 제안한다면 아무리 많은 돈을 내더라도 할 만한 가치가 있다는 의미가 된다. 참여비 2달러 이상에서 첫 번째 던졌을 때 앞면이 나와 돈을 잃게 될 확률은 50퍼센트다. 하지만 장기적으로 봤을 때 계속 게임을 하면 당신이 이기게 된다고 수학은 이야기하고 있다.

그런데 왜 우리 대부분은 10달러 이상을 내고는 이 게임을 하려 하지 않는 걸까? 이 의문을 상트페테르부르크의 아카데미에서 일하던 니콜라우스의 사촌 다니엘의 이름을 따서 '상트페테르부르크 패러독스' St Petersburg Paradox 라고 부른다. 그는 어떤 상식적인 사람이라도 이런 게임을 하겠다고 돈을 지불할 생각을 하지 않는지 그 이유를 처음으로 설명했다. 어떤 억만장자라도 공감할 이유다. 바로 당신이 처음으로 버는 100만 달러는 두 번째로 버는 100만 달러보다 훨씬 더 가치 있는 것으로 느껴지기 때문이다.

따라서 이 경우에는 정해진 상금 금액을 계산식에 넣는 것이 아니라 당신이 생각하는 금액을 상금값으로 공식에 넣어야 한다. 쉽게 말해 이 게임을 하기 위해 당신이 기꺼이 지불할 대가는 당신이 상금의 가치를 어떻게 받아들이느냐에 따라 달라지는 것이다. 다니엘의 설명은 단순히 확률 게임에 대한 호기심을 훨씬 뛰어넘는 것이다. 본질적으로는 현대경제학의 기초가 되는 설명이라고 할 수 있겠다.

억만장자가 되는 지름길처럼 보이는 이 방법이 진짜 지름길이 아니라는 것을 설명하기 위해 이렇게 한 번 생각해보자. 만약 한 개의 게임을 하는 데 1초가 걸린다면 2^{60}개의 게임을 하는 데는 얼마의 시간이 걸릴까? 이것은 상트페테르부르크 게임을 하기 위해 입장료로 내는 돈이 60달러일 때 손해 보지 않으려면 해야 하는 경기 수다. 답은 360억 년 이상이다. 우주의 나이는 많이 잡아야 약 140억 살이다. 왜 대부분의 사람이 그 게임을 하기 위해 많은 참가비를 지불하지 않는가에 대한 또 다른 설명이 될 수 있을 것이다.

시나리오를 분석하고 승률을 높여라

1990년대에 〈거래를 합시다〉Let's Make a Deal라는 미국 게임쇼가 있었다. 당시 전문 수학자들을 포함해 전 세계 사람들 사이에서 이 게임쇼에서 구사할 수 있는 가장 좋은 전략이 무엇인가를 놓고 논쟁이 벌어졌었다. 게임쇼의 결승전은 이런 식으로 진행된다. 세 개의 문이 있다. 두 개의 문 뒤에는 염소가 한 마리씩 있고, 나머지 하나의 문 뒤에는 신형 스포츠카가 있다. 당연히 참가자는 염소보다는 차를 원한다고 가정하겠다. 결승전에서 한 참가자가 A라는 문을 골랐다고 가정해보자. 지금까지는 문제가 매우 간단해 보인다. 문 뒤에 차가 있을 확률은 단순하게 3분의 1이다. 하지만 여기서 반전이 일어난다. 염소가 어디 있는지 아는 사회자가 남은 두 개의 문 중 하나를 열고 방청객들에게 염소를 보여준다. 그리고 참가자에게 원래 고른 문을 고수할 것인지 혹은 바꿀 것인지를 묻는다. 만약 당신이라면 어떻게 하겠는가?

여기서 대부분의 사람은 아직 열리지 않은 문이 두 개이므로 자신이 선택한 문 뒤에 차가 있을 가능성이 50퍼센트로 올라갔다고 느낀다. 만약 당신이 이 시점에 다른 문으로 선택을 바꾼다 해도 그 확률은 바뀌지 않을 것이다. 하지만 처음부터 올바른 문을 선택했었다면 나중에 문을 바꾼 선택에 대해 심하게 자책하게 될 것이다. 그래서 대부분의 참가자는 처음에 선택한 문을 바꾸지 않는다. 하지만 실제로는 어떨까? 사실 이때 당신의 선택을 바꾸면 차를 얻게 될 확률이 두 배로 높아진다. 이상하게 들리겠지만 여기에는 이유가 있다. 확률을 계산하기 위해서는 선택할 수 있는 여러 가지 시나리오를 놓고 이 중에서 몇 가지 시나리오가 당신에게 차를 안겨주는지 세어봐야 한다.

시나리오 1: 차는 처음에 선택한 문 A 뒤에 있었다. 그런데 선택을 바꿔서 다른 문을 고르고 염소를 얻는다.

시나리오 2: 차는 문B 뒤에 있다. 진행자가 문 C를 열고 염소를 공개한다. 당신은 문 A에서 문 B로 바꾸고 차를 얻는다.

시나리오 3: 차는 문C 뒤에 있다. 진행자가 문 B를 열고 염소를 공개한다. 당신은 문 A에서 문 C로 바꾸고 차를 얻는다.

각 시나리오가 일어날 확률은 모두 동일하다. 세 개의 시나리오 중 두 개만이 당신에게 차를 안겨주게 된다. 반면 처음의 선택을 그대로 고수하는 전략을 쓰면 차를 얻게 될 확률은 3분의 1밖에 되지 않는다. 다시 말해 선택했던 문을 바꾸면 차를 얻을 확률이 두 배로 올라가게 되는 것이다!

이 설명이 잘 이해되지 않았거나 믿기지 않더라도 걱정하지 마라. 어느 한 잡지에 이러한 시나리오 분석이 실리자 1만 명에 가까운 사람들이 그 설명이 틀렸다고 항의하는 글을 잡지사에 보냈기 때문이다. 그중에는 수백 명이나 되는 수학자도 있었다. 심지어 20세기 가장 위대한 수학자 중 한 명이라 불리는 폴 에르되시Paul Erdös도 처음에는 이 문제에 대해 잘못된 판단을 할 정도였다.

그래도 확신이 서지 않는다면 문제를 이렇게 바꿔보면 어떨까? 세 개의 문이 아니라 100만 개의 문이 있다고 가정해보자. 게임쇼 진행자는 어느 문 뒤에 차가 있는지 알고 있다. 당신은 처음에 무작위로 하나의 문을 고르게 된다. 이때 당신이 정확하게 차가 있는 문을 골랐을 확률은 100만 분의 1이다. 이제 진행자가 문을 하나씩 열어가며 99만 9,998마리의 염소를 공개한 다음 당신이 선택한 문과 다른 문 하나를 남겨둔다.

이제 당신 앞에 단 두 개의 문이 있다. 당신이 고른 문과 진행자가 마지막으로 열지 않고 남겨 놓은 문이다. 이제는 어떤가? 문을 바꾸고 싶지 않은가?

이때 핵심은 진행자가 다른 문을 열 때마다 당신에게 정보를 주고 있다는 것이다. 그는 염소들이 어디 있는지 알고 있다. 하지만 여기서 설정을 바꿀 경우 모든 것이 바뀌게 된다. 이번에는 당신이 또 다른 참가자와 함께 결승전에 참여한다고 가정해보자. 먼저 당신이 문을 하나 선택한다. 이제 다른 참가자는 남은 두 개의 문 중 하나를 선택하게 된다. 다른 참가자가 선택한 문을 열자 염소가 보였다. 이런 상황이라면 이제 당신은 어떻게 해야 할까? 언뜻 보기에는 조금 전 상황과 같은 조건이 주어진 것처럼 보인다. 문이 두 개 남아 있고 하나의 문에는 차가, 다른 하나의 문에는 염소가 있다. 하지만 이상하게도 이번에는 처음에 선택했던 문을 고수할 경우 차가 나올 확률은 반반이 된다. 이 상황이 조금 전 상황과 다른 점은 고려해야 할 또 다른 시나리오가 있다는 것이다. 만약 당신이 고른 문 뒤에 염소가 있다면 다른 참가자가 선택한 문 뒤에는 차가 있을 수도 있다는 시나리오다. 이전 시나리오에서는 진행자가 염소가 어디에 있는지 알고 항상 염소가 있는 문만 열어서 보여주기 때문에 차가 나오는 일은 일어날 수 없었다. 자, 여기서 다시 문이 100만 개인 경우로 돌아가보자. 다른 참가자들이 차례로 99만 9,998개의 문을 연다. 그 문 뒤에는 모두 염소가 있었다. 다른 참가자들의 경우 엄청나게 불운하여 차를 타지 못한 것이다. 하지만 그렇다고 하더라도 남아 있는 두 개의 문 중 어디에 차가 숨어 있는지에 대해서는 알 수 없다. 마지막 두 개의 문 중에 어디에 차가 있을지 맞출 확률은 여전히 50퍼센트인 것이다.

변수가 확률에 미치는 영향

미래의 사건을 따질 때 확률 이론은 꽤 합리적인 것으로 보인다. 주사위 두 개를 던질 때 가능한 시나리오 중 두 주사위의 숫자를 합하면 7이 되는 경우는 6 분의 1이다. 이 확률은 나나 당신, 누구에게나 동일하게 적용된다. 하지만 만약 당신이 주사위를 던지고 나서 나온 결과를 나에게 알려주지 않는다면 어떻게 될까? 주사위는 던져졌다. 그것은 과거의 일이다. 두 개의 주사위 값을 더한 결과는 7이거나 7이 아니거나 둘 중 하나다. 그 사이에 옵션은 아무 것도 없다. 문제는 당신이 결과를 알려주지 않았기 때문에 내가 무슨 일이 일어났는지 모른다는 것이다. 논쟁의 여지는 있지만 여전히 이 사건에서도 확률 이론을 적용할 수 있다고 믿는다. 물론 주사위를 던진 당신에게는 정보가 있기 때문에 당신이 보는 확률은 나와는 다르다. 내가 보는 확률에는 상황에 대한 정보가 부족하다는 사실이 반영되어 있다. 갑자기 확률이란 것이 절대적인 값에서 우리가 가진 정보의 양에 따라 달라지는 값이 되었다. 확률이란 것이 원칙적으로는 알 수 있는 값이나 실제로는 알고 있지 못하는 인식론적 불확실성을 수치화하는 값이 되는 것이다.

이렇게 되면 사건에 대한 정보가 많아질수록 내가 가진 확률도 달라진다. 이로써 새로운 데이터가 주어졌을 때 사건마다 어떤 확률값을 부여해야 하는지를 추적하는 수학 분야가 발전하게 되었다. 이 과정에서 각기 다른 생각의 학파가 생겨나기도 했다.

예를 들어 당신이 흰색 당구공을 테이블 위에 무작위로 던지고 몰래 공의 위치를 표시한 다음 테이블에 있는 공을 모두 치웠다고 해보자. 나에게 흰색 공이 떨어졌음직한 곳에 선을 그어보라고 지시한다면 공이 어디에 떨어졌는지 정보가 전혀 없는 나로서는 테이블의 중간쯤에 선을 긋게 될 것이다. 이제 내가 다섯 개의 빨간 공을 테이블에 던진 후 당신이 던진 하얀 공이 테이블에 흩어져 놓인 빨간 공들 사이 어느 위치에 떨어졌는지를 나에게 알려준다면 어떻게 될까? 내가 던진 빨간 공 중 세 개는 중앙을 기준으로 테이블의 한쪽 편에 있고, 나머지 두 개는 반대편에 있다고 해보자. 나에게 이런 새로운 정보가 주어진다면 하얀 공이 떨어진 위치를 추측해서 그어놓은 선을 두 개의 빨간 공이 있는 쪽으로 더 가깝게 그리게 될 것이다. 하지만 이 새로운 정보에 근거하여 어디까지 선을 움직일 수 있을까?

어떤 학파들은 테이블을 따라 5분의 2가 되는 지점에 선을 그어야 한다고 말한다. 확률론 학계에서 매우 이단아적 인물이었던 토머스 베이즈Thomas Bayes는 여기에 우리가 놓치고 있는 약간의 추가 정보가 있기 때문에 실제로는 7분의 3에 해당하는 위치에 그려야 한다고 주장했다. 그에 따르면 어떤 정보를 알게 되기 전에는 임의의 공이 왼쪽과 오른쪽에 반반의 확률로 하나씩 존재하는 것과 같기 때문이다. 이런 주장을 근거로 베이즈는 어디에 선을 그을지 결정하는 계산에 이 두 개의 공을 추가하였다.

베이즈는 영국 턴브리지 웰스에서 설교하는 비국교도파 목사이면서 동시에 아마추어 수학자였다. 1761년에 사망했을 때 그가 남긴 문서 중에는 부분적 정보만 주어졌을 때 사실에 어떻게 확률을 부여할 것인지를 설명하는 원고도 있었다. 이 원고는 나중에 왕립학회에서 '확률 이론의 문제 해결을 위한 에세이'An Essay towards Solving a Problem in the Doctrine of Chances라는 제목으로 출판했다. 이 논문에 실린 아이디어는 오늘날 우리가 어떤 사실에 대해 제한된 정보만을 가지고 있을 때 어떻게 확률값을 할당할지를 결정하는 방법에 큰 영향을 미쳤다.

법정에서 사건을 다툴 때 변호사들은 유죄가 나올 가능성을 확률적으로 분석하기 위해 노력한다. 하지만 판결은 유죄나 무죄, 둘 중의 하나다. 그런 의미에서 본다면 판결이 내려질 확률을 분석한다는 것이 어떤 의미에서는 이상하게 들린다. 여기에서의 확률은 우리의 인식에 어느 정도의 불확실성이 있는지를 나타내는 척도를 의미한다. 베이즈에 따르면 우리가 새로운 정보를 수집하여 제공하는 것에 따라 이 확률도 변하게 된다. 하지만 베이즈가 제시한 이런 개념의 미묘함을 배심원들과 판사들이 깊이 이해하기는 어렵다. 그런 이유로 판사들은 이러한 수학적 도구들이 법정에서 사용되는 것을 허용하지 않았다.

우리가 가진 불확실성의 정도를 이해하는 지름길로서 확률을 부여하는 방식은 종종 오용되는 경우가 많다. 불행하게도 일반 대중의 경우 확률에 대해 좋은 직관을 가지고 있지 않기 때문이다. 그래서 우리는 길을 잃지 않기 위해 수학에 의지해야 한다. 다음의 예를 살펴보자. 우리는 범죄를 저지른 사람이 런던에서 왔다고 들었다. 피고석에 앉아 있는 사람도 런던에서 왔다. 하지만 이 사실을 증거로 쓰기에는 너무 빈약하다. 우리가 이런 증거를 기반으로 진짜 범인을 가려낼 확률은 1,000만 분의 1밖에 되지 않기 때문이다.

한편 범죄 현장에서 발견된 DNA가 용의자의 DNA와 일치하며 그 둘이 '우연히' 일치할 확률은 100만 분의 1이라는 사실이 배심원단에게 전달되었다. 100만 분의 1이라는 확률은 추정의 확실성을 보장하는 수치처럼 들린다. 대부분의 사람은 그 증거만으로도 유죄를 선고하려고 할 것이다. 베이즈의 이론은 용의자가 유죄일 확률을 이러한 추가적 정보를 이용하여 어떻게 업데이트해야 하는지 설명하는 데 도움이 된다.

만약 런던 인구가 1,000만 명이라면 범죄 현장에서 발견된 DNA와 우연히 일치하는 사람이 런던에 열 명이 있다는 것을 의미한다. 그렇다면 피고인이 유죄일 확률은 10분의 1이다. 감히 흔들 수 없을 만큼 분명한 사실처럼 보였던 증거가 더 이상 결정적 단서가 될 수 없다는 것을 보여주는 수치다. 이 사례의 경우에는 비교적 이해하기 쉽지만 베이즈의 이론을 법정에서 사용하는 것은 훨씬 더 복잡하다. 다른 종류의 증거들도 많이 연관되어 있기 때문에 유죄 여부를 판단하기 위한 확률을 계산하려면 컴퓨터 프로그램의 도움을 받지 않으면 안 된다. 안타깝게도 판사들은 수학을 이해하지 못하기 때문에 이러한 전문가적 증거를 무시하게 된다. 이는 종종 끔찍한 오심으로 귀결되기도 한다.

확률이 적용되는 또 다른 분야는 의학이다. 하지만 이 분야 역시 이런 지름길을 어떻게 활용해야 하는지 제대로 이해하지 못할 경우 도달하려는 목적지로부터 멀리 떨어진 곳으로 우리를 인도할 수 있다. 유방암이나 전립선암 검사를 받을 때 암 발견의 정확도가 90퍼센트에 달한다는 말을 듣는다. 그런 상태에서 양성 반응이 나오면 대부분의 사람은 공황상태에 빠진다. 하지만 그럴 필요가 있을까? 여기서 중요한 것은 이런 종류의 암에 걸릴 확률은 100분의 1이라는 추가 정보를 우리가 가지고 있느냐 하는 것이다. 검사를 받은 100명 중 한 명은 아마 진짜 암에 걸린 사람일 것이고, 그 사람에 대한 검사 결과도 대체로 양성 반응으로 나타날 것이다. 여기서 문제가 되는 것은 암에 걸리지 않았는데도 암에 걸린 것으로 검사 결과가 나오는 이른바 거짓 양성 반응이다. 90퍼센트의 검사 정확도가 의미하는 것은 검사를 받은 나머지 99명 중 사실은 건강한 열 명이 잘못된 검사 결과를 통보받게 된다는 뜻이다. 즉 당신이 양성인 것으로 검사 결과를 통보 받았을 때 실제로 암에 걸렸을 확률은

11분의 1밖에 되지 않는 것이다!

언론은 무서운 이야기를 꾸며내며 사실을 과장하는 것을 좋아한다. 따라서 이 숫자들을 정확하게 이해하는 것이 중요하다. 내가 이 장을 시작하면서 언급했던 뉴스는 어떤가? 베이컨을 먹으면 대장암에 걸릴 확률을 20퍼센트 높인다는 정보말이다. 매우 무섭게 들리는 말이다. 그렇다면 내가 좋아하는 베이컨 샌드위치를 포기해야 할까? 일반적으로 대장암에 걸릴 확률은 100명 중 다섯 명 정도다. 만약 베이컨을 먹는 것이 암에 걸릴 확률을 20퍼센트 증가시킬 경우 그 숫자는 100명에 여섯 명이 되는 것이다. 이런 종류의 확률을 덜 무섭게 표현하는 방법이 될 수 있겠다.

피프스는 어디에 베팅해야 할까

이 장의 퍼즐 문제로 돌아가보자. 주사위를 한 번 던졌을 때 6이 나올 확률에 베팅한 피프스의 도전은 어떨까? 혹은 주사위를 여섯 번 던질 때 적어도 한번은 6이 나올 확률은 얼마나 될까? 이 퍼즐을 푸는 지름길은 다시 한번 반대되는 상황을 고려하는 것이다. 여섯 번 던졌을 때 6이 한번도 나오지 않을 확률을 계산하면 $(\frac{5}{6})^6$, 즉 33.49퍼센트다. 따라서 적어도 6이 한 번 이상 나올 확률은 66.51퍼센트로 꽤 높은 편이라고 할 수 있다.

그렇다면 주사위를 열두 번 던져서 최소한 6이 두 번 이상 나오는 확률은 어떨까? 이 경우에는 고려하기에 너무 많은 시나리오가 있다. 따라서 이번에도 반대의 경우를 살펴보는 방법을 써보자. 즉 6이 한 번도 안 나오는 경우(a)와 정확히 6이 한 번 나오는 경우(b)의 확률을 살펴보는 것이다. (a)는 이전과 동일한 원리를 적용하면 된다. $(\frac{5}{6})^{12}$, 즉 11.216퍼센트의 확률이 된다. 그렇다면 (b)의 경우는 어떨까? 여기에는 열두 가지 시나리오가 있다. 첫 번째 주사위 던지기에서 6이 나오고 나머지는 6이 나오지 않을 확률은 $\frac{1}{6} \times (\frac{5}{6})^{11}$ 이다. 이러한 확률은 6이 한 번 나오는 나머지 시나리오에서 모두 동일하므로 총 확률을 계산해보면 $12 \times \frac{1}{6} \times (\frac{5}{6})^{11}$, 즉 26.918퍼센트다. 따라서 주사위를 열두 번 던졌을 때 6이 두 번 혹은 그 이상 나올 확률은 다음과 같다.

$$100 - 11.216 - 26.918 = 61.866\%$$

따라서 (a)가 베팅을 하기에는 더 나은 확률이라는 것을 알 수 있다. (b)보다 약간 더 복잡한 경우를 (c)라고 할 때 같은 과정의 확률 분석 작업을 수행하면 59.73퍼센트로 가능성이 더 나빠짐을 알 수 있다.

1693년 말 피프스는 뉴턴에게 이 문제를 의논하기 위해 세 통의 편지를 보냈다. 피프스의 직관은 (c)가 가장 그럴 듯한 경우라는 것이었다. 하지만 뉴턴은 페르마와 파스칼의 지름길을 사용하여 계산했을 때 수학적으로는 그 반대의 확률이 나온다고 답신했다. 당시 피프스가 10파운드, 즉 오늘날 돈으로 1,000파운드를 베팅하려고 했던 것을 생각하면 뉴턴의 조언 때문에 돈을 잃지 않았던 것은 그에게 행운이었다.

생각의 지름길로 가는 길

삶의 모든 단계에서 우리는 먼 곳으로 데려가줄 많은 다른 경로가 마주치는 교차점을 만나게 된다. 여기서 우리가 내릴 모든 선택에는 불확실성이 내재되어 있다. 어떤 길이 최종적으로 목적지까지 데려다줄 수 있을지 알 수 없다. 이런 결정을 내리는 데 있어 우리의 직관을 신뢰하는 것은 종종 최선이 아닌 선택으로 이어진다. 대신 불확실성을 수치화하는 방법은 경로들을 분석하여 목표를 향한 지름길을 찾는 데 있어 강력한 방법임이 입증되었다. 확률에 대한 수학적 이론은 위험 자체를 제거해주지는 못하지만 위험을 효과적으로 관리할 수 있게는 해준다. 미래에 일어날 모든 가능한 시나리오를 분석함으로써 시나리오마다 어떤 비율로 성공 또는 실패로 이어지는지를 알 수 있게 되는 것이다. 이렇게 되면 미래에 대한 훨씬 더 나은 지도를 갖게 되는 것과 마찬가지다. 당신은 이런 지도를 근거로 어떤 경로를 선택할지 결정만 하면 된다.

쉬어가기

투자의 귀재가 되고 싶다면

모든 사람은 거대한 부자가 되기 위한 지름길을 찾는다. 이 지름길에는 복권 구매하기, 경마 베팅하기, 페이스북의 뒤를 잇는 벤처기업 설립하기, 《해리 포터》 같은 소설 쓰기, 차세대 마이크로소프트에 투자하기 등이 있다. 수학이 부를 향한 확실한 길을 보장해줄 수는 없지만, 여전히 그 기회를 극대화하는 최고의 방법 중 일부를 제공할 수는 있다.

최적화를 통해 정답에 가까운 길을 찾는 수학적 기교인 미분학을 창안한 뉴턴이라면 성공적인 투자자였을 거라고 짐작할 것이다. 하지만 실제로는 뉴턴도 갑작스러운 시장 붕괴로 큰돈을 잃었다. 그는 "나는 별의 움직임을 계산할 수는 있었지만 인간의 광기는 계산할 수 없었다."라고 밝혔다. 뉴턴 시대 이후 수학자들은 시장에서 돈을 벌 수 있는 영리한 지름길이 있다는 것을 알게 되었다. 그렇기 때문에 시장 상황이 좋을 때나 나쁠 때나 항상 꾸준하게 좋은 성적을 내는 펀드 뒤에는 수학 박사 학위자들이 대거 포진해 있다. 이 때문에 저축에 가장 적합한 펀드를 찾는 길은 소개 자료에 나와 있는 수학 전공자의 수를 세는 것이 아닐까 싶을 정도다. 수학을 아는 것이 도대체 어떻게 도움이 될까? 모든 것은 인간의 심리에 따라 움직이는 것은 아닐까? 그런 의미에서 심리학 박사 학위자가 더 도움이 되지 않을까?

20세기 초 프랑스 수학자 루이 바슐리에Louis Bachelier는 주식에 투자하는 것은 실제로는 동전 던지기에 돈을 거는 행위와 크게 다르지 않다고 주장했다. 그가 내놓은 모델은 시간이 지남에 따라 주식의 가격이 어떻게 변하는지를 보여주는 최초의 모델이었다. 시장을 완벽하게 파악한 바슐리에는 주가가 무작위로 오르내린다고 믿었다. 그래프상에서 주가의 움직임이 마치 술에 취한 사람이 비틀거리며 걸어가는 것처럼 보이기 때문에 '주정뱅이 걸음걸이'drunkard's walk라는 이름이 붙여졌다. 물론 전반적인 주가는 대세의 영향을 받을 수 있다. 그러나 그러한 점을 고려하더라도 주식은 어느 순간 무작위로 상승하거나 하락할 수 있다. 주식시장이 무작위로 움직인다는 사실을 미리 안다고 해도 이득이 되기는 어렵다.

반대로 주식이 무작위로 움직인다는 모델이 잘못되었다는 것을 안다면 상황은 달라진다. 1960년대 수학자들은 주식을 동전 던지기와 같은 무작위성 모델로 설명하는 것이 정확하지 않다는 것을 깨달았다. 왜냐하면 그런 모델이 맞다면 주식 가격은 마이너스가 될 가능성도 있어야 하기 때문이다. 그래서 새로운 모델이 등장했다. 이 모델에 따르면 여전히 주식 가격은 무작위로 움직이지만 주식의 최저가에는 한계가 있는 반면 최고가에는 한계가 없다. 주가는 원하는 만큼 높은 가격까지 상승할 수 있다는 것이 전제되는 것이다.

주식시장을 이길 수 있는 한 가지 방법은 주가에 숨겨진 정보를 찾아내는 것이다. 그러면 유리한 고지를 점할 수 있다. 예를 들어 세 마리 말에 베팅을 하는 경마에서 셋 모두에게 돈을 거는 방식으로는 돈을 딸 수 없다는 것이 분명하다. 하지만 어떤 이유로 그중 한 마리는 이기기 어렵다는 걸 알게 된다면 어떨까? 그러면 이길 것이 확실한 다른 두 마리에 베팅을 나눠할 수 있게 될 것이다. 이것이 소프가 1967년 저서 《시장을 이겨라》Beat the Markets에서 제안했던 아이디어의 본질적 원리다. 이전 장에서 언급했듯 그는 카드 카운팅이라는 기법을 통해 블랙잭 게임에서 우위를 점하는 방법을 찾아낸 사람이기도 하다. 부정행위로 간주되어 카지노에서 쫓겨나기 전까지 그는 룰렛 휠의 회전을 분석하는 장치를 이용하여 베팅하기도 했다. 그가 주창한 이 아이디어는 헤지펀드의 개념으로 이어졌다. 헤지펀드는 두 마리의 말(금융 종목) 중 어떤 말이 이기든 상관없이 이익을 얻을 수 있도록 투자하는 방법을 찾는 것이 핵심이다.

소프는 워런트warrant라고 불리는 특정 금융 상품들이 너무 비싸다는 것을 발견했다. 이는 카지노측에 절대적으로 유리한 확률 게임에 베팅을 하고 있는 상황과 유사하다고 할 수 있다. 불행히도 카지노에서는 자신이 지는 쪽에 베팅할 수는 없다. 따라서 이런 정보는 도박꾼들에게 별로 도움이 되지 않는다. 그러나 소프는 주식시장에는 공매도라는 제도가 있고 이것을 통하면 증권의 가격이 과도하게 높은 것을 이용할 수 있음을 깨달았다. 공매도라는 제도하에서는 나중에 증권을 돌려주겠다는 약속과 함께 약간의 이자를 지불하면 다른 사람이 소유하고 있는 비싼 증권을 빌릴 수 있다. 증권을 빌린 다음 자신은 일단 비싼 가격에 팔고 다시 증권을 돌려줄 때가 왔을 때는 시장에서 증권을 사서 돌려주면 된다. 여기서 핵심은 증권의 가격이 일시적으로 과도하게 매겨져 있을 때 팔면 나중에 다시 증권을 살 때쯤에는 처음에 팔았던 가격보다 낮아지게 된다는 것이다. 이런 과정을 통해 이익을 불릴 수 있게 된다.

유일한 문제는 때때로 이런 시나리오가 작동하지 않을 때가 있다는 것이다. 시간이 지나도 증권의 가격이 떨어지지 않고 오히려 올라갈 수 있기 때문이다. 카지노 게임에서 이길 확률이 카지노측에 유리하게 설계되어 있더라도 일시적으로는 플레이어들이 베팅에서 돈을 딸 수 있는 것과 같은 이치다. 만약 증권의 가격이 크게 오르게 되면 큰 손실을 볼 수밖에 없다. 하지만 여기에 위험을 피하는 영리한 헤지hedge 수단이 있다. 워런트는 주식을 살 수 있는 권리다. 증권의 가격이 올라간다는 이야기는 해당 주식의 실적이 좋다는 의미다. 따라서 빌려온 비싼 증권을 일단 비싼 가격에 팔고 동시에 시장에서 해당 주식을 사면 된다. 우연히 증권의 가격이 오르는 불운이 찾아와서 증권에 건 베팅은 실패하더라도 시장에서의 주식 가격은 오르게 되므로 이를 통해 돈을 벌 수 있다. 물론 100퍼센트 확실하게 돈 버는 방법은 아니지만 소프는 이 전략을 사용하면 대부분의 경우 가격이 오르든 내려가든 이익을 얻는다는 것을 알고 있었다.

이런 과정에서의 핵심은 위험에 헤지 전략을 취할 때 당신에게 유리하게 가격을 분배하는 것이다. 이것은 세 번째 말이 이길 수 없다는 정보를 이용하여 다른 두 말에 베팅을 나누어 하는 것과 같은 원리다. 이 모든 것은 자신이 알고 있는 정보를 유리하게 이용하는 것이다. 카지노가 영업을 하고 있는 방식이 바로 이것이다. 영리하게도 헤지펀드 역시 시장에서 돈을 벌 수 있는 이런 지름길을 발견한 것이다.

그러나 수학만이 투자자가 이용할 수 있는 지름길은 아니다. 내 친구 헬렌 로드리게스Helen Rodriguez는 매우 성공적인 재무 분석가다. 그는 수학이 아닌 역사를 공부하며 자신의 미래를 준비해왔다. 그가 역사학자로서 받은 훈련이 투자할 회사가 저평가 혹은 과대평가되었는지를 분석하는 데 유리하게 작용한다는 것이 증명되었다. 실제로 그러한 점을 이용하여 경쟁자들보다 유리한 고지를 점할 수 있었다. 헬렌은 정크본드junk bond로도 알려진 고수익 채권을 전문으로 하고 있다. 이 채권들은 보통 기업을 인수하거나 자금을 조달하는 데 사용된다. 당신이 이 채권을 산다면 고정 금리와 함께 만기 시 당신에게 돈을 갚겠다는 약속하에 회사에게 돈을 빌려주는 셈이 된다. 정크본드는 채무 불이행의 위험이 높다. 따라서 수익률도 동시에 높은 것이다. 헬렌은 말한다. "여기 첫 번째 지름길이 있어. 우리는 회사의 지불 의지와 능력을 기준으로 신용 등급 척도를 매기고 있지. 회사에 따라 위험성이 거의 없는 트리플 A 등급에서 이자나 원금을 회수할 가능성이 거의 없는 C 등급까지 말이야. 신용 등급이 트리플 B 마이너스 이하일 경우 채권은 고수익을 제공해. 등급이 낮은 기업에는 이자가 높아야 투자할 가치가 있으니까. 그래서 고수익 채권이라는 이름이 붙었지."

종종 뉴스에서 한 국가나 은행의 신용 등급이 무디스Moody's와 같은 곳으로부터 강등되었다는 소식을 듣게 된다. 무디스는 이러한 신용 등급 평가를 실시하는 기업 중 하나다. 그들은 기업 세계에 존재하는 모든 다차원적 복잡성과 혼돈성을 평가한 후 한쪽 끝에는 트리플 A가 있고 다른 쪽 끝에는 C가 있는 1차원적인 기업 신용 등급을 투영하려고 시도한다.

헬렌은 기업의 과거를 살펴볼 때 역사학적 조사 방법을 동원한다. 일정한 신용 등급을 받은 특정 기업의 채권이 저평가된 것인지, 과대평가된 것인지 이해하기 위해 먼저 기업의 과거 이력들을 조사하는 것이다. 조사 과정에서 새로운 정보를 추출해낼 수 있다면 기업에 투자하는 데 있어 남들보다는 비교 우위를 점할 수 있기 때문이다. 남들이 간과한 기업의 어떤 측면을 파악함으로써 해당 기업의 채권 가치를 평가하는 데 새로운 통찰력을 갖는 것은 일종의 예술적 경지에 해당하는 작업이다.

이런 식으로 큰 그림을 보는 데 뛰어난 기술을 보유하고 있는 사람이 바로 역사학자들이다. 헬렌은 이렇게 설명했다. "2,500개에 달하는 독일 뷰티 업계를 조사하고 있을 때였어. 해당 채권은 꾸준히 액면가 이상에서 고정되어 있었기 때문에 나는 이런 조사가 시간 낭비라고 생각했지. 그런데 갑자기 그들의 1사분기 실적이 저조한 기록을 보였어. 뷰티 업계는 그 이유를 독일에서 일어난 테러리즘에서 찾았지. 그다음 사분기 실적도 좋지 않았지만 그들은 여전히 테러리즘을 비난하고 있었어. 그 시점에서 나는 뭔가 좀 이상하다는 생각이 들었지. 시장에서의 채권은 여전히 액면가를 웃돌고 있었거든. 그래서 관련 정보들을 좀 찾아 읽기 시작했지. 그 과정에서 내가 발견한 것은 아시아 회사들이 유럽에 들어와 유행이 6개월 정도 지난 화장품을 인터넷에서 반값에 팔고 있다는 사실이었어. 소위 '그레이 마켓'grey market 이라고 불리는 것에 대한 뉴스였지. 이런 식으로 독일 뷰티 시장을 완전히 죽이는 회사들이 두어 개 있음을 알게 되었어. 즉시 우리는 채권을 103유로에 팔았고, 일 년 내 그 채권은 40대로 떨어졌지. 우리와 달리 다른 사람들은 이 그레이 마켓에 대해 눈을 뜨지 못했던 거야."

본질적으로 헬렌은 소프와 비슷한 기법을 사용한 것이었다. 그는 해당 채권을 빌려 103유로에 팔았고 나중에 40유로대에 사들여 빌린 원래 주인에게 그 채권을 갚음으로써 큰 이익을 남긴 것과 마찬가지였기 때문이다. 그는 채권 가격이 곧 주저앉을 것이라는 예감을 자신에게 유리한 방향으로 이용하였다. 종종 이것은 회사의 가치가 부풀려진 상황을 꿰뚫어보는 것과 관련이 깊다. 헬렌은 이 점을 짚어 설명했다. "기업들은 종종 그들에게 문제가 있다는 사실을 정해진 원칙대로 공개하지 않곤 해. 기업은 종종 십 대 소녀들을 이해하지 못하는 55세의 남성들이 운영하는 곳처럼 어리석은 곳 같지. 거만함이나 허영심 혹은 단순히 세상에 대한 이해 부족으로 가득 찬 곳처럼 보여. 우리는 이런 현상을 소매업 분야에서 많이 목격했어. 인터넷으로 직거래가 일어나고 또 그 영향으로 소매업이 몰락해 가는 과정인 거지. 충격적인 것은 기업의 일부 경영자들은 이런 사실을 전혀 모르고 있다는 사실이야."

이런 상황을 파악하는 것은 어떤 면에서는 상당히 어려운 일이다. 실제로 그러한 통찰력을 얻기 위해서는 해당 기업에 대해 매우 정밀하게 알아야 하기 때문이다. 이런 과정에는 수많은 스토리텔링이 포함되어 있다. 헬렌은 이러한 작업을 한 편의 드라마를 보는 것에 비유했다. "예전에 조사했던 한 스페인 게임회사의 경우, 구조 조정은 일 년 반이 걸렸고 그동안 나는 거의 매일 아르헨티나 신문을 읽어야 했어. 아르헨티나의 전 대통령 크리스티나 키르치네르가 게임 분야를 정치적으로 이용하고 있었기 때문이지. 그것이 바로 게임회사의 채권을 좌지우지하고 있는 숨은 스토리였음을 알게 됐어."

헬렌은 역사학자가 되기 위해 익힌 여러 기법을 통해 자신이 조사를 진행하고 있는 각 회사의 숨은 스토리를 파악할 수 있다고 믿는다. 그는 기업이라는 일종의 드라마를 보고 있고, 다음 회가 방영되기 전에 미리 그곳에서 어떤 일이 일어날지 추측할 필요가 있다. 드라마를 보면서 접하게 되는 엄청난 양의 정보들을 적절히 조합함으로써 쓸 만한 무언가를 찾아낼 수 있어야 한다. 이런 작업은 역사학자들의 특기다.

"이 일은 정말 역사적으로 일어난 수수께끼 같은 사건을 이해하려고 노력하는 것과 같아. 역사 연구와 비슷한 작업인 거지. 각기 흩어져 있는 다양한 자료를 통해 실제로 어떤 일들이 일어났는지에 대한 나만의 스토리를 구성해내야 해. 이런 이유로 같은 자료를 바탕으로 사람들이 각자 다른 이야기를 하게 되는 거야. 시장이 있기 위해서 이것은 필수적인 일이야. 시장에서는 좋은 일이 일어나고 있다고 생각하는 사람도 있어야 하고, 세상의 종말이 왔다고 생각하는 사람도 있어야 해. 그래야 거래가 일어나는 거니까."

그가 사용하는 또 다른 지름길 중 하나는 수학자로서 내가 만든 지름길 목록의 맨 위에 있는 것이다. 패턴을 찾아내는 것 말이다. 헬렌은 "기업에서 일어나는 일들과 잘못되고 있는 일들에 대해서는 일정한 패턴을 발견할 수 있어. 모든 기업이 비슷한 문제들을 안고 있기 때문이지. 기업마다 판매하는 분야가 조금 다를 수는 있어. 나는 잘못된 일이 일어나는 패턴을 다른 사람들보다 먼저 발견해서 조언을 해줄 수 있도록 노력해."라고 이야기했다. 도이체방크와 메릴린치 등에서 수년간 투자 활동을 해왔던 헬렌은 현재 개별 기업의 회사채 분석 결과를 투자자들에게 제공하는 회사에서 일하고 있다. 이것은 과거 그가 스페인 게임회사를 대상으로 분석을 실시했던 것과 같은 종류의 일이다.

만약 당신이 자금을 투자하기 위한 영리한 지름길을 발견하려는 희망을 가지고 이 글을 읽고 있다면 나의 조언은 수학자들이 발견해놓은 도구들을 헬렌과 같은 역사학자들이 훈련을 통해 얻은 깊은 통찰력과 결합하라는 것이다. 이렇게 되면 시장이라는 드라마에서 어떤 이야기들이 다음 에피소드로 펼쳐질지 추측할 수 있게 될 것이다. 뉴턴이 말했듯 때때로 가장 좋은 지름길은 '거인의 어깨 위에 서는 것'이다.

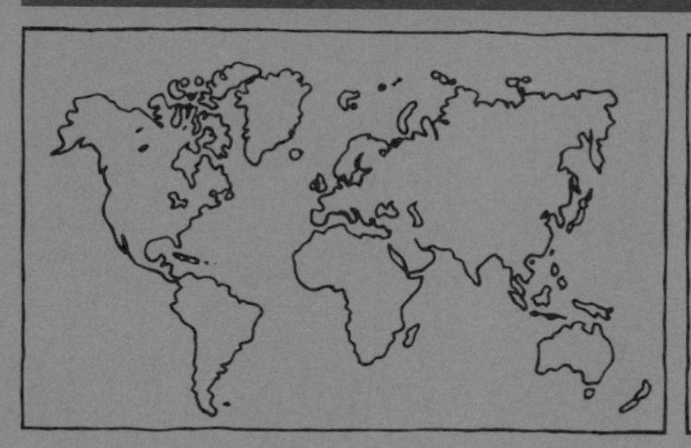
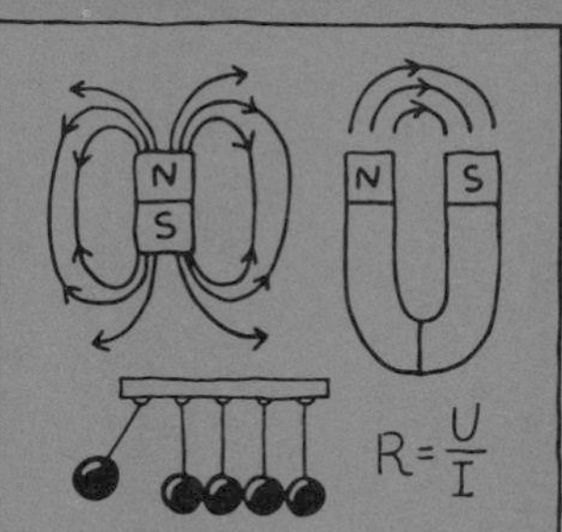

제9장

네트워크의 지름길

펜을 떼지 않고 다음의 그림을 완성해보자. 단 선은 두 번 그리지 않는다.

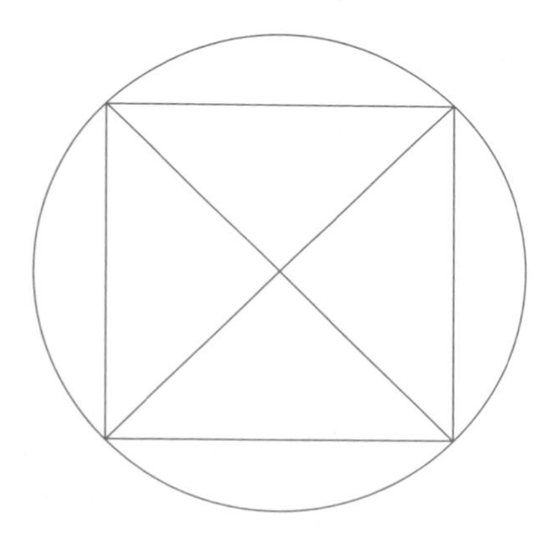

오늘날의 세계를 헤쳐나가는 우리의 여정은 점점 더 네트워크로 된 지도처럼 짜여지고 있다. 도로, 철도, 비행 경로 시스템은 우리를 지구의 한쪽에서 다른 쪽으로 이동할 수 있게 해준다. 다양한 앱이 이 복잡한 네트워크 구조를 통과하는 가장 효율적인 경로를 알려준다. 페이스북과 트위터와 같은 회사들은 사람들의 사회적 상호작용을 각자 살고 있는 지역에 국한하지 않고 훨씬 더 넓은 범위로 확장시켰다. 인류는 현재 매일 몇 시간씩 시간을 들여 이 궁극의 네트워크를 탐색하고 있다. 이

네트워크는 바로 인터넷이라는 우리가 살아가는 또 다른 세계다. 구글은 '페이지랭크'PageRank라고 불리는 알고리즘으로 두각을 나타냈다. 이 알고리즘은 인터넷 사용자들이 거의 20억 개의 사이트를 자유롭게 돌아다닐 수 있게 도와준다. 우리는 인터넷이라는 세계를 비교적 새롭게 등장한 현상으로 간주하고 있지만 사실 이 네트워크의 첫 번째 모태는 19세기에 내가 가장 좋아하는 지름길 개척자로부터 태동되었다.

가우스는 수학뿐 아니라 물리학에도 심취해 있었다. 그는 괴팅겐대학교의 선도적 물리학자 빌헬름 베버Wilhelm Weber와 수많은 프로젝트에서 협력하며 일했다. 가우스는 괴팅겐에 있는 천문대로부터 베버의 연구실까지 걸어가는 대신 그들이 이용할 수 있는 또 다른 지름길을 생각해냈다. 두 사람 사이에 직접 만나는 것을 대신할 전신선을 설치한 것이다. 마을의 지붕을 가로질러 3킬로미터의 거리에 전신선을 설치하였다. 가우스와 베버는 이미 먼 거리에서 서로 소통할 수 있는 전자기력이 가진 가능성을 알고 있었던 것이다. 그들은 양과 음의 전기 펄스를 적당히 배열하여 각각의 글자를 표현할 수 있는 코드 체계를 만들고 이를 전신선을 통해 전송하는 방법을 사용했다. 이것은 비슷한 생각을 한 새뮤얼 모스Samuel Morse가 모스 코드를 만들어내기 몇 년 전인 1833년의 일이었다.

가우스는 이 아이디어를 단순한 호기심으로 생각했지만, 베버는 그런 기술이 가진 중요성을 간파했고 이렇게 말했다. "지구가 철도와 전신선으로 뒤덮일 때 이 그물망은 일부분으로는 이동수단으로써, 또 다르게는 생각과 감각을 전파하는 수단으로써 인간의 신체에 있는 신경계와 비슷한 서비스를 제공할 것이다. 그것도 번개의 속도로 말이다." 전신선의 빠른 보급은 가우스와 베버를 인터넷의 아버지로 만들었다.

그들의 협력 관계는 지금도 괴팅겐시에 서 있는 한 쌍의 동상으로 영원히 남아 있다.

베버가 예측한 것처럼 오늘날 이 네트워크는 두 과학자가 괴팅겐의 지붕을 가로질러 설치했던 몇 킬로미터의 전선에 머물지 않고 훨씬 더 멀리까지 뻗어 있다. 실제로 이 네트워크는 너무도 복잡해져서 이제는 이것을 통과하는 지름길을 찾는 일이 현대수학의 중심 과제가 되었다. 이런 네트워크는 전선들뿐 아니라 다리로도 만들어질 수 있다. 나는 최근 러시아 여행에서 다리로 이루어진 네트워크를 탐험해본 적이 있다.

오일러, 오일러, 오일러!

몇 년 전 상트페테르부르크에서 칼리닌그라드로 가는 짧은 비행 여정에서 나는 창가쪽 좌석을 예약했다. 모든 수학자가 듣고 자란 수학의 역사 속 이야기, 그 본거지로 불리는 도시들로 일종의 순례 여행을 하고 있던 중이었다. 리투아니아와 폴란드에 둘러싸여 러시아 본토와는 단절된 러시아연방의 작은 고립 영토인 칼리닌그라드에 착륙하기 위해 비행기가 접근하자 창밖으로 시내를 관통하여 흐르는 프레겔강이 보였다. 두 갈래의 강은 칼리닌그라드에서 합쳐진 후 서쪽으로 흘러가 발트해에 합류한다. 도시의 중심에는 두 갈래 강이 감싸고 흘러가는 섬이 있다. 칼리닌그라드를 유명한 수학적 일화의 중심에 있도록 만든 것이 바로 이 강둑과 섬을 잇는 다리들이다.

이 이야기는 칼리닌그라드가 쾨니히스베르크Königsberg라는 다른 이름으로 불리던 18세기로 거슬러 올라간다. 이 도시는 이마누엘 칸트Immanuel Kant와 유명한 독일 수학자 다비트 힐베르트David Hilbert의 출생지이기도 하다. 당시 프로이센의 일부였던 이 도시에는 프레겔강을 가로지르는 일곱 개의 다리가 있었다. 이 도시에 사는 사람들의 일요일 오후 오락거리는 일곱 개의 다리를 단 한 번만 지나되 모두 건너는 방법을 찾는 것이었다. 하지만 사람들은 아무리 열심히 노력해도 항상 건널 수 없는 다리가 남게 된다는 사실을 발견했다. 이 과제는 정말 불가능한 일이었을까? 아니면 단지 사람들이 그 방법을 찾지 못한 것이었을까? 쾨니히스베르크 시민들에게는 모든 가능성을 다 소진할 때까지 다리를 일일이 걸어서 돌아보는 힘든 방법 외에는 뾰족한 수가 없는 듯 보였다. 사람들은 이 도전을 성공적으로 해결할 수 있는 영리한 방법이 있음에도 불구하고 자신들이 그것을 놓친 것이 아닐까 하는 묘한 기분을 느꼈다.

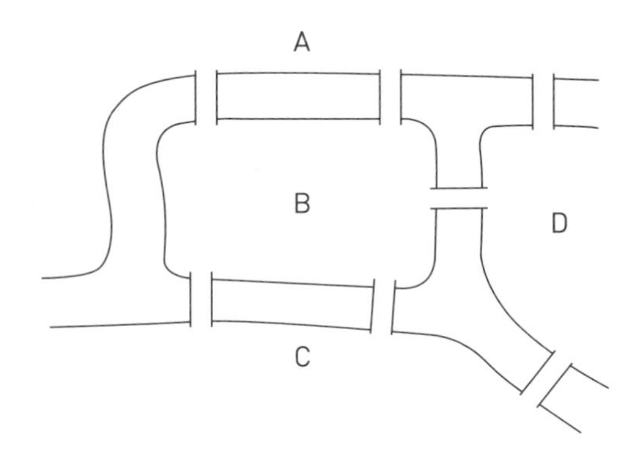

그림 9-1 18세기 쾨니히스베르크의 7개의 다리

이 문제가 완벽하게 풀린 것은 나의 또 다른 수학 영웅 오일러가 마을에 도착했을 때였다. 그가 내린 결론은 단 한 번만 건너고 모든 다리를 다 지나갈 수는 없다는 것이었다. 오일러는 이 결론을 알아내기 위해 모든 다리를 다 돌아다니는 수고를 하지 않아도 되는 방법을 발견했다.

제2장에서 수학에서 가장 중요한 숫자 다섯 개를 연결하는 아름다운 공식을 설명하면서 오일러를 처음 소개했다. 그가 수학계에 미친 영향에 대해 라플라스는 "오일러를 읽어라. 오일러를 읽어라. 그는 우리 모두의 주인이다!"라고 표현했다. 대부분의 수학자는 가우스와 오일러를 나란히 역사상 가장 위대한 인물로 꼽는 일에 주저하지 않을 것이다. 가우스조차도 오일러의 팬으로, 이런 말을 남기기도 했다. "오일러의 업적에 대한 연구는 수학의 모든 분야를 위한 최고의 학교 역할을 할 것이며, 그 무엇도 그것을 대체할 수 없을 것이다."

오일러는 상트페테르부르크 소재 러시아 제국 과학아카데미의 교수로 재직할 때 처음 알게 된 쾨니히스베르크 다리 문제를 해결한 것을 포함해 수학의 여러 분야에 폭 넓게 공헌했다. 오일러는 고향 바젤에서 수학자가 할 수 있는 직업을 구할 수 없게 되자 상트페테르부르크로 거처를 옮기게 되었다. 바젤에서는 이미 수학과 관련된 모든 자리는 채워진 상태였다. 그렇게 작은 도시에 수학자들이 일자리를 구하기 위해 넘쳐나는 것도 이상한 일이기는 하다. 더 이상한 것은 그들 모두가 베르누이 학파 출신이라는 점이다. 당시 바젤은 베르누이 학파 출신의 수학자를 모두 수용할 수 없는 상태였다. 심지어 다니엘 베르누이 본인조차 이미 상트페테르부르크에 정착한 상태였다. 베르누이는 대학교에 자리를 마련한 후 오일러를 초대했다. 오일러가 출발하기 전에 베르누이는 그곳에 없는 모든 스위스 물건을 적어 오일러에게 편지를 보냈다. '커피 15파운드, 최고의 녹차 1파운드, 브랜디 여섯 병, 고급 담배 파이프 열두 개 그리고 수십 팩의 놀이용 카드를 가져와주세요.' 오일러는 새로운 직장에서 일하기 위해 베르누이가 부탁한 모든 물건을 싣고 배와 도보, 마차를 타고 1727년 5월 상트페테르부르크에 도착했다.

네트워크에 대한 오일러의 풀이

오일러에게 쾨니히스베르크의 다리 문제는 그동안 골몰해 있던 복잡한 계산에서 벗어나 머리를 약간 식히는 일 정도에 불과했다. 1736년 그는 비엔나의 궁정 천문학자 조반니 마리노니Giovanni Marinoni에게 이 문제에 대한 그의 생각을 설명하는 편지를 썼다. '이 문제는 너무도 시시하다. 하지만 어떤 기하학, 대수학 혹은 카운팅 기법을 동원해도 풀 수 없다는 점에서 관심을 가질만 했다. 이 문제는 라이프니츠가 한때 그토록 갈망했던 위치의 기하학에 해당하는 문제가 아닌가 하는 생각이 들었다. 나는 약간의 숙고 끝에 간단하지만 이 문제와 관련된 완전한 규칙을 발견할 수 있었다. 이 규칙을 이용하면 비슷한 종류의 문제들도 즉시 해결할 수 있다.'

오일러가 이룩한 중요한 개념적 도약은 도시의 물리적 모양이 문제를 푸는 해법과는 무관하다는 사실을 발견한 것이었다. 중요한 것은 다리들이 서로 어떻게 연결되어 있느냐였다. 런던 지하철의 지도에도 동일한 원리가 적용되어 있다. 물리적으로 정확한 위치에 대한 지도가 아니라 역이 서로 어떻게 연결되어 있는지에 대한 정보를 담는 지도이기 때문이다. 런던 내 하나의 역의 위치가 지하철 지도에서는 점으로 표현되듯 쾨니히스베르크의 지도를 놓고 보면 다리로 연결되어 있는 쾨니히스베르크의 네 지역은 각각 점으로 표현될 수 있다. 그리고 다리는 그 점들을 연결하는 선으로 표현할 수 있다.

다리를 한 번씩만 건너면서도 한 바퀴를 도는 여정이 있느냐 하는 문제는 종이에서 펜을 떼지 않는 상태에서 어떤 선도 두 번 그리지 않고 아

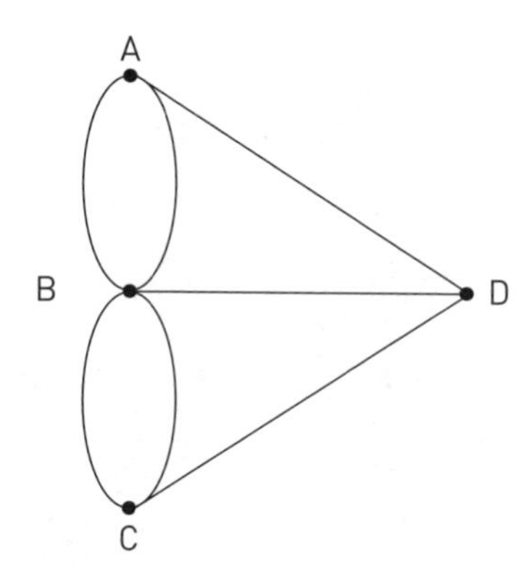

그림 9-2 쾨니히스베르크의 다리를 표현한 네트워크 다이어그램

래와 같은 그림을 그릴 수 있느냐 하는 문제와 본질적으로는 동일하다.

그런데 왜 이 여정이 불가능한 걸까? 비록 오일러는 쾨니히스베르크의 지도를 이런 방식으로 그린 적은 없었지만 그의 분석법에 따르면 여정의 중간에 방문한 각각의 점은 그 점으로 들어가는 선과 나오는 선이 하나씩 있어야 한다. 만약 어떤 지점을 방문한다면 그곳으로 들어가는 다리와 그곳에서 나오는 다리가 있어야 한다는 의미다. 즉 각 지점에는 짝수 개의 선이 필요하다는 뜻이다. 하나는 들어가는 선이고 다른 하나는 나오는 선이다. 이것에 대한 유일한 예외는 여정의 시작과 끝 지점이다. 출발하는 곳에는 그 지점으로부터 나오는 선이 하나밖에 없다. 그리고 여정의 도착 지점에는 그곳으로 들어가는 하나의 선밖에 없어야 한다. 따라서 이런 종류의 여정을 표현한 어떤 그림에서도 출발점과 도착점을 제외하고는 홀수 개의 선으로 연결되면 안 된다는 결론에 도달하게 된다.

하지만 쾨니히스베르크의 일곱 개 다리가 연결되어 있는 평면도를 보면 각각의 점에 모두 홀수 개의 다리가 연결되어 있음을 알 수 있다.

홀수 개의 다리가 연결되어 있는 지점이 이렇게 많다는 것은 다리를 단지 한 번씩만 건너면서도 모든 지점을 다 방문하는 일이 불가능하다는 것을 의미한다. 이 사례는 내가 지름길의 예로 가장 이야기하기 좋아하는 소재다. 여정을 완성하는 경로를 찾아내기 위해 일일이 모든 방법을 시도하는 대신 간단히 점과 선의 개수를 가지고 분석함으로써 이러한 여정이 불가능하다는 사실을 알 수 있기 때문이다.

오일러가 발견한 분석법의 장점은 이것이 쾨니히스베르크의 다리에만 적용되는 게 아니라는 것이다. 점과 선으로 연결된 모든 네트워크에서 하나의 점에서 뻗어나오는 선의 개수가 짝수이면 한 번씩만 거치면서도 모든 점을 방문할 수 있는 경로가 반드시 있음을 증명해보인 것이었다. 또한 연결된 선의 개수가 홀수인 점이 두 곳 있을 경우 이 점들은 여정의 시작과 마침표가 된다는 것도 밝혔다. 이러한 원리를 이용하면 지도가 아무리 복잡하더라도 분석하는 데 전혀 문제가 되지 않는다. 간단하게 홀수 개의 선을 갖는 교점의 합계를 분석하는 것만으로도 해당 네트워크가 한 번씩만 거치면서 모두 통과가 가능한 구조인지를 알 수 있기 때문이다.

쾨니히스베르크의 사례는 단지 일곱 개의 다리가 있는 경우에 대한 분석이었다. 하지만 최근 브리스톨의 수학자들은 도시를 관통하는 복잡한 수로 체계에 분포해 있는 45개의 다리에 오일러 분석법을 적용해 보았다. 쾨니히스베르크에서는 하나의 섬만 있는 반면 브리스톨에는 스파이크섬, 세인트필립스섬, 레드클리프섬이 있다. 브리스톨의 45개 다리를 각각 한 번씩만 거치면서 모두 건너는 일이 가능할지 처음에는 확실하지 않았다. 하지만 오일러의 지름길을 이용하자 다리의 연결 상태를 보여주는 지도상에서 홀수 개의 선을 가진 점의 개수를 세는 것만으로도 여정의 가능 여부를 알 수 있었다. 브리스톨의 다리를 걸어서 완주하는 경로는 2013년 브리스톨대학교의 공학 수학과 부교수였던 틸로 그로스Thilo Gross 박사가 처음 제시하였다. 그는 이렇게 말했다. "나는 이 문제에 대한 해답을 찾았기 때문에 당연히 그 길을 걸어봐야만 했다. 처음으로 걸어서 다리를 완주하는 데는 11시간이 걸렸으며 거리는 약 53킬로미터였다."

오일러의 지름길은 내가 젊었을 때 직장을 구하기 위해 받아야 했던 일련의 심리 측정 테스트에서 실제로 도움이 되었다. 몇 개의 네트워크를 주고 펜을 종이에서 떼지 않으면서 선을 두 번 통과하지 않고 표시된 네트워크를 그리는 것이 과제였다. 지원자들에게 그 과제는 달성 가능한 것이고, 테스트의 목적은 각각의 도전을 통과하는 지원자들의 능력을 시험하는 것처럼 보였다. 하지만 사실 세 개의 네트워크 중 하나는 그리는 것이 불가능한 문제였다. 따라서 그 과제의 진짜 의도는 지원자들의 정직성을 시험하는 것이었다는 것을 나중에 알았다. 쾨니히스베르크의 다리처럼 문제로 주어진 세 개의 네트워크 중 하나에는 홀수 개의 선이 뻗어나오는 점들이 두 개 이상 있었던 것이다. 당시 나는 해당 문제지 여백에 왜 네트워크를 연결하는 것이 불가능한지에 대해 오일러의 지름길을 이용하여 잘난 척하는 설명을 덧붙였다. 지금 와서 생각하면 그것은 썩 좋은 생각은 아니었던 것 같다. 그 직장에 취직되지 않았기 때문이었다.

어떤 정보를 버리고 취할 것인가

오일러의 위대한 통찰력은 쾨니히스베르크의 다리 문제를 해결하는 중요한 본질적 요소를 꿰뚫어보는 데 있었다. 이 문제에서 얼마나 멀리 이동해야 하는지 혹은 다리가 어떻게 생겼는지는 중요하지 않은 요소였다. 모든 불필요한 정보는 버리고 문제 해결에 필수적인 지도의 핵심 요소를 유지하는 것이 중요했다. 중요하지 않은 정보를 버리는 것은 많은 지름길에 있어서 핵심 내용이다. 이러한 원리는 인간의 '휴리스틱'heuristic 전략 이면에도 깔려 있다. 우리는 당면한 작업을 단순화하고 인지적 부하를 완화하기 위해 의식적이든 무의식적이든 중요하지 않은 정보를 무시하거나 근사적으로 처리하도록 진화했다. 인간은 제한된 시간이나 정신적 자원을 이용하여 급하게 결정을 내려야 할 때가 많다. 따라서 우리는 문제 해결에 기여하는 바가 큰 측면들만 골라냄으로써 소중한 정신적 에너지를 불필요하게 사용하지 않는 효율적인 방법을 찾아야 한다. 이를 휴리스틱 전략이라고 한다.

이스라엘 출신 인지심리학자 아모스 트버스키Amos Tversky와 대니얼 카너먼Daniel Kahneman은 그들이 수행한 획기적 연구에서 인간이 결정을 내릴 때 정신적 지름길로 사용하는 세 가지 핵심 전략이 있음을 확인했다. 먼저 사람들은 결정을 내릴 때 서로 다른 사건 사이에서 공통적으로 나타나는 패턴을 이용한다. 이런 패턴을 '대표성'representativeness이라고 부른다. 이것은 내가 수학 문제를 풀 때 문제에 접근하는 다른 방법을 찾기 위해 자주 이용하는 지름길이다. 두 번째 전략은 '앵커링'anchoring과 '조정'adjustment이라고 부른다. 이것은 우리가 이미 이해했거나 알고 있는 초기 정보(앵커링)를 다른 상황들에까지 확장시켜(조정) 판단하는 과정이다. 마지막 전략은 '가용성'availability에 대한 경험적 판단이다. 보다 일반적인 상황을 판단하기 위해 국지적 지식을 사용하는 것이다.

분명히 마지막 두 가지 전략은 편견을 만들기 쉽다. 왜냐하면 일반적으로는 문제를 푸는 데 필요한 좋은 앵커링이나 대표적인 국지적 지식이 주어지지 않기 때문이다. 카너먼은 휴리스틱의 한계에 대해 논한 매우 영향력 있는 저서《생각에 관한 생각》에서 질문을 하기 전에 어떤 숫자를 언급하는 것이 사람들의 추정을 어떻게 왜곡시킬 수 있는지 보여주는 사례를 제시한다. 예를 들어 1215년과 1992년이라는 연도를 먼저 언급하는 일은 아인슈타인이 미국을 방문한 첫 해(1921년)가 언제였는지에 대한 사람들의 추정치에 혼돈을 주었다. 앵커링 정보에 해당하는 연도를 미리 들려주면 질문과는 별다른 연관성이 없음에도 불구하고 앵커링 정보 없이 질문을 받은 참가자들보다 추정 연도를 낮거나 높게 답했기 때문이다.

수 세기에 걸쳐 만들어온 수학적 지름길들은 과제가 점점 복잡해짐에 따라 실패할 수 있는 경험적 지름길을 넘어서려는 시도였다. 이러한 인간의 휴리스틱은 환경의 변화가 적은 좁은 사바나 지역에서 살아가는 데는 도움이 되었을지 모르지만 보편적인 진리를 이해하는 일에는 크게 도움이 되지 않는다. 좋은 휴리스틱의 핵심은 오일러가 쾨니히스베르크에서 했던 것처럼 다리의 특징, 관련 거리, 도시의 형태 등의 요소가 문제 해결에 무관하다는 것을 이해하는 데 있다. 오로지 땅 덩어리가 연결되는 방식만이 유의미함을 이해하는 것이 핵심이다.

내가 칼리닌그라드에 도착했을 때 일곱 개의 다리 중 몇 개가 현재까지 남아 있는지 알고 싶은 호기심이 생겼다. 제2차 세계대전 당시 독일 함대의 전략적 요충지였던 칼리닌그라드는 발트해에 위치한 중요한 항구도시였기 때문에 연합군의 집중적인 대규모 폭격을 받았다. 칸트와 힐베르트가 학문적 경력을 쌓았던 섬의 중심부에 소재한 유명 대학을 비롯하여 도시의 많은 역사적 건축물이 폭격으로 무너졌다. 그렇다면 다리는 어떻게 됐을까? 전쟁 이전에 있었던 일곱 개의 다리 중 세 개는 여전히 그대로 있었다. 기존의 다리 두 개는 완전히 사라진 상태였고, 다른 두 개는 전쟁 중 폭격 당했지만 후에 도시를 가로지르는 거대한 이중 차선 자동차 도로를 만들기 위해 재건되었다. 그리고 새로운 두 개의 다리가 지어졌다. 하나는 보행자들이 이동할 수 있는 철도 다리로써 프레겔강의 두 강둑을 연결하여 도시 서쪽으로 갈 수 있도록 해준다. 다른 하나는 카이저브리지라고 불리는 도보 다리다. 이로써 다시 한번 칼리닌그라드에는 일곱 개의 다리가 생겼지만 오일러가 분석했던 18세기 당시 다리들과는 배치가 달라졌다. 물론 가우스가 발견한 지름길의 묘미는 다리의 수나 배치에 상관없이 적용된다는 점에 있다. 따라서 나는 현재의 일곱 개의 다리를 대상으로 한 바퀴를 돌아보는 여정이 가능한지 궁금해졌다.

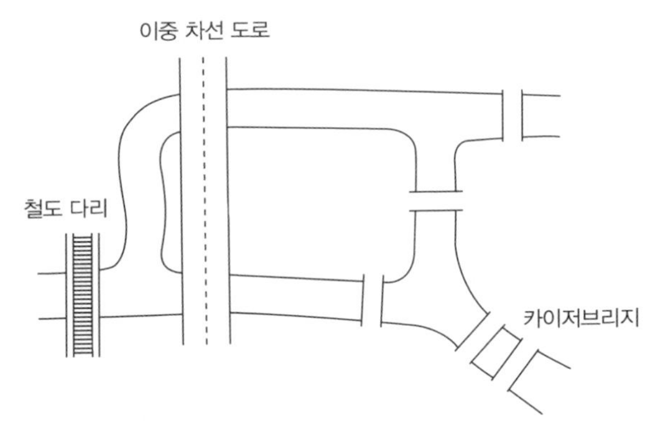

그림 9-3 21세기 칼리닌그라드의 7개의 다리

오일러의 수학적 분석에 따르면 홀수 개의 다리가 있는 곳이 정확히 두 군데 있다면 모든 지점을 한 번씩만 거치며 모두 통과하는 경로는 항상 가능하다. 홀수 개의 다리가 이어진 한 점에서 시작하여 홀수 개의 다리가 이어진 다른 한 점으로 끝나는 경로가 가능한 것이다. 오늘날 칼리닌그라드의 다리 평면도를 확인해보면 그런 식의 여정이 가능함을 알 수 있었다. 나는 도시 한복판에 있는 섬을 시작으로 신나게 칼리닌그라드의 일곱 개의 현대식 다리를 도는 순례길에 올랐다.

쾨니히스베르크의 다리 이야기는 디지털로 연결된 현대 세상과 연관 깊은, 매우 중요한 수학 분야이기도 한 네트워크 이론의 시작이라고 할 수 있다. 그리고 인터넷과 같은 복잡한 네트워크를 관통하는 지름길을 찾아내는 일은 일부 수학자에게 많은 돈을 벌어주고 있다.

행렬은 어떻게 검색 목록을 만드는가

인터넷에는 17억 개가 넘는 웹사이트가 있다. 엄청난 수의 웹사이트가 있음에도 구글 검색 엔진은 우리가 검색하고자 하는 정보를 빠르게 찾아준다. 이것이 엄청난 계산 능력의 결과라고 생각할지도 모르겠다. 물론 그것도 분명 비밀의 일부이기는 하다. 하지만 오늘날 구글을 없어서는 안 되는 필수 도구로 만든 것은 바로 그들의 검색 방식에 있다.

과거의 검색 엔진은 우리가 입력한 검색어를 가장 많이 언급하고 있는 웹사이트를 찾는 방식이었다. 만약 가우스의 삶에 대한 전기적 세부사항을 찾기 위해 '가우스 전기'를 검색했다면 이 단어를 많이 포함하고 있는 사이트를 찾아서 순서대로 보여주었다. 그런데 이때 당신이 가우스의 삶에 대한 잘못된 정보를 퍼뜨리고 싶어 한다고 가정해보자. 당신의 웹사이트를 요약한 메타데이터에 '가우스'와 '전기'라는 단어를 반복 사용하여 당신의 가짜 뉴스 사이트를 검색 결과 목록의 맨 위에 오르게 할 수 있을 것이다. 말하자면 이는 단어 검색 방식만으로는 사용자가 정말 원하는 사이트를 찾아주는 강력한 검색 엔진이 될 수 없다는 사실을 의미한다.

미국 캘리포니아주 멘로 파크의 한 차고에 사무실을 차려서 일하던 스탠퍼드대학교 대학원생 래리 페이지Larry Page와 세르게이 브린Sergey Brin은 가우스의 전기를 다룬 웹사이트 중 어느 것을 검색 결과의 맨 위에 올려놓을지 순위를 매기는 방법에 있어서 기존의 검색 엔진보다 훨씬 더 강력한 해결책을 고안해냈다. 그들이 쓰기로 결정한 것은 참으로 기발한 전략이었다. 그 전략은 어떤 웹페이지가 가장 중요한지 알아내는 데 인터넷 자체를 이용하자는 것이었다. 그 핵심 아이디어는 검색 키워드와 웹사이트 간의 연관성을 판단하는 기준을 해당 웹사이트를 다른 웹사이트에서 얼마큼 연동하고 있는지를 근거로 하자는 것이었다. 가우스의 전기를 상세하게 기술해놓은 훌륭한 웹사이트들은 이 주제에 관심이 있는 다른 웹사이트들이 당연히 많이 연동하고 있을 것이라는 아이디어에서 시작된 전략이다.

하지만 만약 웹사이트의 중요성을 단순히 다른 웹사이트의 연동 수로만 판단한다면 당신의 가짜 뉴스 웹사이트를 검색 결과 목록의 맨 위에 쉽게 올려놓는 또 다른 해킹 방법이 생긴다. 수천 개의 허위 웹사이트를 만들어서 모두 당신의 가짜 뉴스 웹사이트를 연동해둠으로써 그것을 가우스 전기 주제 관련 가장 중요한 웹사이트처럼 보이게 할 수 있다. 페이지와 브린은 그런 해킹을 저지하기 위한 또 다른 전략도 가지고 있었다. 어떤 웹사이트가 검색 결과에서 높은 순위로 올라가기 위해서는 그곳을 연동한 다른 웹사이트 또한 다른 웹사이트들로부터 높게 평가되는 곳이어야만 하는 것이다. 여기서 잠깐! 이것은 일종의 순환 논리 구조처럼 느껴진다. 말하자면 당신의 가짜 뉴스 웹사이트를 연동하고 있는 타 웹사이트 중에서 어느 곳이 높게 평가받고 있는지 알아야 한다. 더불어 그 웹사이트 역시 그곳을 연동하고 있는 다른 웹사이트들에게 높게 평가되고 있어야 한다. 이쯤 되면 끝없는 순환 논리에 빠지는 느낌이다.

이를 해결하기 위한 방법은 처음부터 모든 웹사이트가 동등한 지위를 갖는다고 간주하는 것이었다. 일단 각 웹사이트에 별점 10점을 주는 것으로 시작한다. 그런 다음에는 별점을 재분배한다. 만약 한 웹사이트가 다섯 개의 다른 웹사이트를 연동하고 있다면 각각의 웹사이트에 별점 두 개를 나누어주는 방식이다. 만약 단지 두 개의 웹사이트를 연동하고 있다면 연동된 각각의 웹사이트는 별점 다섯 개씩을 나누어 받는다. 이렇게 되면 원래의 웹사이트는 가지고 있던 별점을 모두 나누어주게 되지만 다른 웹사이트들이 그곳을 연동하게 될 경우 그 웹사이트들의 별점을 나누어 받을 수 있게 될 것이다.

한 웹사이트에서 다른 웹사이트로 계속해서 별점을 재배포함으로써 점점 더 많은 별점이 모이는 지배적 웹사이트들이 나타나기 시작한다. 이렇게 되면 수천 개의 허위 웹사이트를 통해 연동률을 높이는 편법이 더 이상 통하지 않게 된다. 한 번 돌고 나면 수천 개의 허위 웹사이트는 별점을 소진하게 되고 당신의 가짜 뉴스 웹사이트의 가치를 계속 유지하는 일에 더 이상 도움이 되지 않는다. 이런 식으로 가짜 뉴스 웹사이트는 별점을 더 이상 모으지 못하게 되고, 결국 알고리즘이 평가하는 웹사이트 검색 목록에서의 순위는 빠르게 내려갈 것이다. 이런 아이디어를 실제로 구현하려면 해야 할 일이 조금 더 있긴 하지만 구글이 웹사이트의 순위를 매기는 방법의 본질은 바로 이것이다.

그러나 별점들이 네트워크 주위에서 어떻게 흐르는지 분석하는 데는 시간과 계산 능력이 필요하다. 페이지와 브린은 순위를 결정하는 문제를 풀기 위한 지름길이 있다는 사실을 깨달았다. 학부생 시절에 그들은 다소 난해한 행렬의 '고유값'eigenvalue 이라는 신기한 수학을 배웠다. 이 수학적 도구는 동적 환경에서 안정적으로 정적 상태를 유지하는 시스템의 특정 부분을 확인하기 위해 사용하는 것이다. 이 개념은 오일러가 회전하는 공을 설명하면서 처음 사용했다. 여러 국가가 그려진 지구본을 손 위에 놓고 어떻게 비틀고 돌리더라도 두 개의 대척점을 관통하는 축을 중심으로 회전시키기만 하면 지구본은 원래 위치로 돌아온다. 이것은 거꾸로 이야기하면 일정 축을 중심으로 지구본을 회전하게 만들어 가능한 모든 배치를 실현할 수 있음을 의미한다. 행렬의 고유값이 있다는 것은 이러한 회전축이 존재한다는 증거임과 동시에 회전축이 통과하는 두 개의 안정적 대척점을 찾을 수 있음을 의미한다. 이 기술을 통해 수많은 동적 환경에서 안정적으로 변하지 않는 지점을 찾아낼 수 있다는 사실이 놀랍다. 예를 들어 행렬의 고유값은 양자 시스템에서 안정적인 에너지 수준을 확인할 때도 핵심적인 역할을 한다. 또한 악기에서의 공명 주파수를 찾아내는 핵심 열쇠이기도 하다.

페이지와 브린은 이러한 행렬의 고유값을 네트워크를 통해 배포했을 때 어떻게 별점 분포가 안정될 것인가를 알아내는 지름길로도 쓸 수 있다는 것을 깨달았다. 원자의 안정적인 에너지 수준이나 회전하는 구에서의 변하지 않는 안정된 지점을 찾는 것과 마찬가지로, 고유값은 네트워크를 통해 어떻게 분배되었을 때 별점들의 숫자가 크게 바뀌지 않는지를 결정하는 데 도움이 된다. 이런 평형 상태에 도달하는 것을 보기 위해 반복적으로 별점을 배포하는 과정을 실행하는 대신 간단하게 매트릭스의 고유값을 구하기만 하면 된다. 이런 식으로 인터넷상에서 특정 웹사이트 순위를 계산하는 데 있어 매트릭스의 고유값은 영리한 지름길이 될 수 있는 것이다.

비록 '가우스 전기' 가짜 뉴스 웹사이트의 순위를 높이려는 시도는 좌절되었지만, 구글 검색 엔진에서 웹사이트 순위를 높이고 싶다면 페이지와 브린이 고안한 지름길이 어떻게 작동하는지 그 원리를 이해하는 것은 여전히 중요한 일이다. 만일 어느 한 회사가 검색 엔진이 자사 웹사이트를 통과하는 경로를 확실히 알고 싶어 한다면 그 방법이 있다. 구글 알고리즘에 작은 교란을 일으키는 변화를 자사 웹사이트에 조성했을 때 검색 엔진이 웹사이트를 통과하는 경로에 변화가 생기고 웹사이트의 순위가 떨어지는 것을 볼 수 있다. 이제 이들은 자사 웹사이트를 검색 엔진이 통과하는 경로 위에 다시 올려놓기 위해 어떤 것을 바꾸어야 하는지 잘 파악해내야만 한다.

6명만 거치면 누구든 만날 수 있다

때로는 네트워크상의 한 지점에서 다른 지점으로 가장 짧은 경로를 통해 어떻게 이동하느냐 하는 것이 문제가 될 때가 있다. 이때 네트워크를 가로질러 건너가는 영리한 지름길이 있을까? 전 지구상의 인구들로 구성된 사회적 네트워크에 대해 살펴보자. 만약 전 세계에서 두 명을 무작위로 뽑은 후 한 사람에서 다른 사람에게 도달하기까지 얼마나 많은 친분 관계를 거쳐야 할까? 놀라운 사실은 그리 많은 단계를 거치지 않아도 두 사람이 연결될 수 있다는 점이다.

이 질문은 1929년 헝가리 작가 프리제시 카린시Frigyes Karinthy가 쓴 단편 소설《체인 링크》Chain Links에 처음 등장한다. 소설 속에서 주인공은 사람들 간 네트워크를 가로지르는 놀라운 지름길이 있을 것이라고 추측하였다. '다음과 같은 논쟁으로부터 흥미로운 게임이 시작되었다. 현재 지구상의 인구가 과거 그 어느 때보다도 더 가까워졌음을 증명하기 위해 한 가지 실험을 해보자는 제안을 우리 중 한 사람이 꺼냈다. 일단 어디에 있는 사람이든 15억 명의 지구인 중에서 한 사람을 무작위로 고른다. 그랬을 때 우리 중 한 사람은 자신의 지인을 포함하는 다섯 명의 개인적 네트워크만으로도 무작위로 선택된 그 한 명과 연결될 수 있다고 장담했다.'

이 가상의 게임을 실제로 시험해보기까지 30년이 조금 넘는 시간이 걸렸다. 1960년대 미국 심리학자 스탠리 밀그램Stanley Milgram이 진행한 유명한 실험에서 그는 보스턴에 사는 자신의 친구인 증권중개인을 최종 연락 대상으로 선택했다. 그런 후 보스턴에 있는 친구로부터 지리적으로나 사회적으로 가장 거리가 멀다고 생각되는 미국의 두 도시를 선택했다. 네브래스카주의 오마하와 캔자스주의 위치토였다. 그는 이 두 마을에 사는 사람들에게 보스턴에 사는 증권중개인한테 편지를 전달하라는 지시를 담은 편지를 무작위로 발송했다. 여기서 중요한 점은 이 편지에는 증권중개인의 주소가 제공되지 않았다는 것이다. 편지의 수신자가 최종 연락 대상으로 지정된 증권중개인을 모를 경우, 자신이 알고 있는 지인 중에서 편지를 전달할 가능성이 높다고 생각되는 사람에게 그 편지를 전달해줄 것을 요청했다. 이렇게 발송된 296통의 편지 중 232통은 보스턴의 증권중개인에게 도달하지 못했다. 그러나 나머지 편지는 최종적으로 발송에 성공했고, 각 수신자로부터 목표 인물에게 전달되는 데는 평균 여섯 번의 전달 과정이 필요했음이 밝혀졌다. 즉 편지가 전달되는 사슬의 시작과 끝 사이에 카린시의 소설에서 나온 것처럼 실제로도 다섯 명이 있었던 것이다!

이 실험 결과는 '6단계 분리'six degree of separation 법칙이라는 이름으로 불리며 유명해졌다. 이 용어는 존 궤어John Guare가 쓴 같은 제목의 연극을 통해 대중에게 널리 알려졌다. 연극이 마지막을 향할 때쯤 한 등장인물이 이렇게 선언한다. "나는 어디선가 지구상의 모든 사람들 사이에는 단지 여섯 명의 사람이 있다는 글을 읽었다. 모든 사람은 여섯 단계로 분리되어 있다는 것이다. 이것은 지구상의 모든 다른 사람들에 해당되는 말이다. 미합중국 대통령이든 베네치아의 곤돌라 뱃사공이든 누구든 이름만 말해보라. 거물급 인사에 대해서만 해당하는 이야기가 아니다. 누구든 마찬가지다. 열대우림에 사는 원주민, 티에라델푸에고 주민, 에스키모… 지구상의 모든 사람과 나는 여섯 명으로 연결된 끈으로 함께 묶여 있는 것이다."

요즘과 같은 디지털 시대에 우리는 그 어느 때보다 더 상호 간 밀접하게 연결되어 있다. 이 소셜 네트워크는 과거 미국 우체국 시스템을 통해 편지를 전달하는 것보다 훨씬 더 쉽게 탐색 가능하다. 2007년에 2억 4,000만 명의 사람들 사이에서 오갔던 300억 개의 대화로 구성된 메시지 데이터베이스를 분석한 적이 있다. 사용자 사이의 평균적인 메시지 전달 경로 단계도 실제로 6단계라는 것을 알 수 있었다. 2011년에 발표된 한 논문은 트위터를 통해 어떤 두 개의 트위터 계정을 연결하는 데는 중간에 평균 3.43명의 사용자만 있으면 된다고 보고한다.

소셜 네트워크에 왜 이러한 지름길이 있을까? 모든 네트워크에서 이러한 현상이 발견되는 것은 확실히 아니다. 원 위에 100개의 점을 배열하고 서로 인접한 점끼리 연결되도록 해보자. 이런 네트워크를 통해 원의 한쪽에서 다른 쪽으로 이동하려면 중간에 50개의 연결이 필요하다. 이런 네트워크와는 달리 적은 수의 연결만으로도 어떤 점이든 이동할 수 있는 네트워크를 우리는 '좁은 세상'a small world이라고 부른다. 엄청나게 많은 수의 네트워크가 좁은 세상형 네트워크의 특징을 가지고 있는 것으로 밝혀졌다. 소셜 네트워크나 인터넷 연결뿐만이 아니다. 302개의 뉴런을 가진 '예쁜꼬마선충'Caenorhabditis elegans에서부터 약 860억 개의 뉴런을 가진 인간의 뇌에 이르기까지 모든 신경 연결망은 좁은 세상형 네트워크인 것처럼 보인다. 하나의 뉴런이 적은 수의 시냅스를 통해 다른 뉴런과 빠르게 소통할 수 있다. 전력망 역시 공항망과 식량망과 마찬가지로 좁은 세상의 예다. 왜 이런 네트워크들이 좁은 세상에 해당하는 네트워크들이 되는 것일까?

두 명의 미국 수학자 덩컨 와츠Duncan Watts와 스티븐 스트로가츠Steven Strogatz는 좁은 세상 네트워크에 숨겨진 비밀을 발견하고 이러한 사실을 1998년《네이처》에 발표했다. 한 무리의 노드node 세트를 가져와서 서로 인접한 노드끼리만 로컬 링크가 형성되게 하면 일반적으로는 그림 9-4와 같은 원형 네트워크가 된다. 이런 네트워크에서 무작위로 선택된 노드까지 연결하려면 긴 여정이 필요하다. 와츠와 스트로가츠는 이런 네트워크에서 지름길을 만들려면 네트워크를 가로지르는 몇 개의 글로벌 링크만 있으면 된다는 사실을 발견했다. 이는 마치 보스턴에 있는 모든 사람이 서로를 잘 아는데 그중 누군가에게 캔자스에 사는 이모가 생긴 일과 같다. 지역적으로만 연결되어 있던 이웃들에게 좀 더 글로벌하게 연결하는 방법이 제공된 것이다. 예쁜꼬마선충에서도 비슷한 설계의 네트워크를 볼 수 있다. 뉴런들이 원형으로 배열되어 있지만 원을 가로질러 멀리 있는 뉴런들과 연결하는 링크도 간간이 보인다. 인간의 뇌도 비슷한 구조를 가지고 있는 것 같다. 많은 국지적 연결과 함께 뇌의 다른 부위를 연결하는 소수의 긴 시냅스가 존재하기 때문이다.

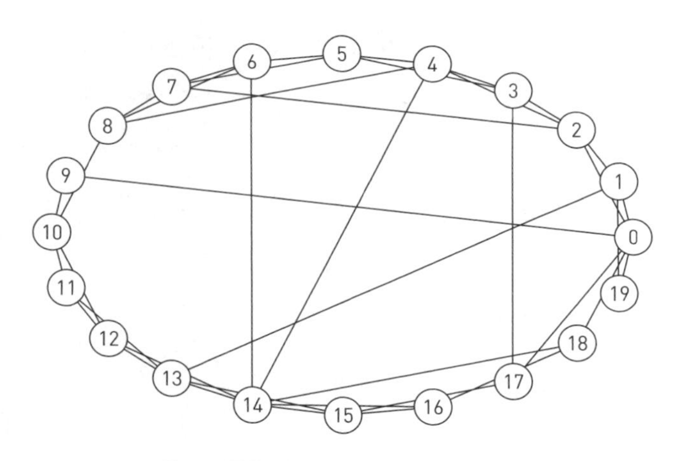

그림 9-4 좁은 세상에 해당하는 네트워크의 예시

공항 네트워크도 유사한 방식으로 작동한다. 소수의 공항이 허브 역할을 하며 장거리 비행으로 전 세계를 연결하고 있기 때문이다. 그리고 지역 내에서는 많은 단거리 항공편이 사람들을 허브에서 목적지까지 데려다 준다.

와츠와 스트로가츠는 N개의 노드로 이루어진 네트워크에서 각 노드가 '로컬-글로벌' 방식으로 K명의 지인과 연결되어 있는 경우, 네트워크에서 무작위로 선택된 두 노드 사이를 이어주는 평균 경로는 그들이 만든 수학적 모델을 사용해 다음의 공식으로 구할 수 있다는 것을 보여 주었다.

$$\log N \div \log K$$

여기서 로그log는 존 네이피어가 계산을 단축하기 위한 지름길로 만들어낸 로그함수다. N을 60억으로 놓고 각각의 사람에게 30명의 지인이 있다고 가정했을 때 노드 간의 간격은 '6.6'으로 나온다!

당신이 소셜 네트워크든 물리적 네트워크든 혹은 가상의 네트워크든 구축할 때 연결망을 가로지르는 지름길이 필요하다고 느낄 수 있다. 이제 그러한 지름길을 어떻게 만들어낼 수 있는지 안다. 한쪽 편에서 다른 쪽 편으로 연결시켜주는 좁은 세상형 네트워크를 만들기 위해서는 글로벌 연결점을 무작위로 추가하면 된다.

천재의 뇌에 숨겨진 연결의 비밀

1855년 가우스가 죽었을 때 그의 뇌는 연구를 위해 과학계에 기증되었다. 가우스의 친구이자 동료인 괴팅겐대학교 생리학자 루돌프 바그너Rudolf Wagner가 그 뇌를 해부하는 일을 맡았다. 가우스가 수학적 지름길을 찾는 데 있어 그토록 능숙했던 이유가 뇌 구조의 차이에 있는지 알아보기 위해서였다. 이것은 당시 괴팅겐대학교에서 수행하고 있던 큰 프로젝트의 일부였다. 이 프로젝트는 뛰어난 천재들의 두뇌와 일반 대중의 두뇌 사이에 특별한 구조적 차이가 있는지 이해하기 위한 연구였다. 바그너는 가우스의 뇌를 해부한 결과 부피나 무게 같은 측정값 대신 일반적인 뇌보다 대뇌 피질 부분에 더 많은 주름이 있다고 주장했다.

바그너의 연구는 한 팀원이 만든 구리 조각과 리소그램lithogram(석판 인쇄 기술—옮긴이)으로 완성되었다. 최근에는 괴팅겐대학교의 한 연구팀이 fMRI의 도움으로 가우스 뇌의 왼쪽 반구 내 두 영역이 고도로 연결되어 있는 것을 확인하였다. 그러나 연구팀은 가우스의 뇌를 보존하는 과정에서 있었던 혼란스러운 상황과도 싸워야 했다. 수년 동안 가우스의 뇌로 생각했던 것이 사실은 동대학의 또 다른 석학이었던 콘라드 하인리히 푹스Conrad Heinrich Fuchs의 뇌로 밝혀졌기 때문이다. 바그너가 분석을 하고 다이어그램을 그리고 난 후에 표본들이 서로 뒤섞였던 것으로 보인다. 연구팀이 fMRI 스캔본과 뇌의 원본 그림을 비교하는 과정에서 표본들이 뒤섞였음이 확인되었다.

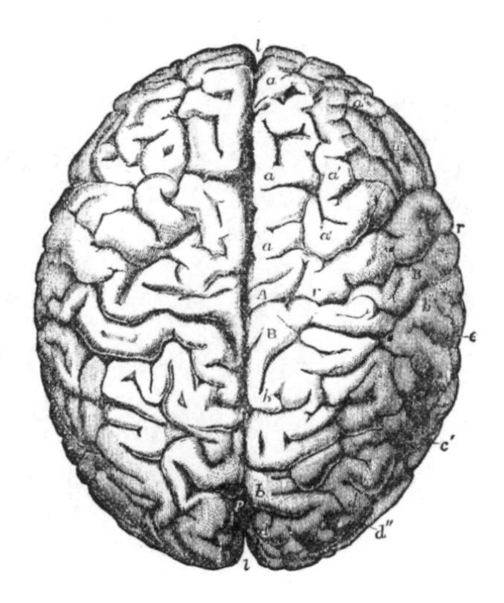

그림 9-5 가우스의 뇌 다이어그램

괴팅겐대학교에서 19세기부터 시작된 엘리트 사상가들의 두뇌 구조를 이해하기 위한 프로젝트는 오늘날까지도 계속되고 있다. 최근에는 켄터키의 루이빌대학교 해부학 연구실에서 '슈퍼노멀'supernormal 이라고 부르는 과학자들의 뇌를 연구하고 있다. 이 연구를 이끌고 있는 마누엘 카사노바Manuel Casanova 교수는 과학 전문가들의 뇌에 어떤 구조적 차이가 있는지 발견했다. 그들의 연구 결과에 따르면 뇌 세포 간의 짧고 국소적인 연결이 풍부할 경우 집중적인 사고를 전문으로 하는 두뇌가 탄생하는 것으로 보인다. 이들은 뇌의 '좁은 세상'의 힘을 이용하고 있는 개인들이다. 이와 달리 뇌의 다양한 영역을 연결하는 긴 연결 고리가 많은 뇌는 새로운 아이디어와 고정관념을 깨는 사고를 하는 것을 돕는다.

이러한 발견이 인간의 사고방식을 이분법적으로 분류하려는 시도와 일치하는 것은 매우 흥미롭다. 고대 그리스 시인 아르킬로코스Archilochus는 "여우는 많은 것을 알고 있고 고슴도치는 큰 것 한 가지만 알고 있다."라는 말을 남겼는데 이 표현은 사상가들을 두 개의 범주로 나누려는 뛰어난 영국 철학자 이사야 벌린Isaiah Berlin 이 쓴 에세이의 모티브가 되었다. 여우의 경우 광범위한 관심사를 활용하는 수평적 사고를 한다. 반면 고슴도치는 여우의 폭 넓은 수평적 사고와는 직각을 이루는 하나를 깊게 파고드는 수직적 사고를 한다. 여우는 모든 것에 관심이 있다. 반면 고슴도치는 하나의 주제에 일편단심으로 집착한다.

뇌 세포의 국소적 연결이 풍부한 것이 고슴도치의 특징이고, 뇌의 다양한 영역을 연결하는 긴 연결 고리가 많은 것이 여우의 특징이다. 그렇다면 짧은 연결과 긴 연결을 함께 결합할 수 있는 뇌가 있다면 여우와 고슴도치의 특징을 모두 가진 사람도 있지 않을까? 이런 뇌 구조가 이상적이기는 하지만 뇌 안에서 이런 연결이 모두 가능하려면 공간적 여유와 함께 활발한 신진대사 활동도 필요하다. 두개골의 기하학적 구조에 제약이 있는 한 이 두 가지를 융합하는 것은 사실상 불가능하다.

하지만 대안이 있다. 바로 '협업'이다. 가우스는 베버와의 협업을 통해 후에 현대 인터넷의 탄생에 도화선이 된 전신선을 최초로 만들었다. 각자가 가진 전문지식을 공유하고 각 개인의 뇌를 연결하는 장거리 연결 고리를 만들어냄으로써 우리 모두는 함께 새롭고 흥미진진한 무언가를 구현할 수 있는 잠재력을 갖게 된다. 다른 분야의 주제들을 다루다 보면 쉽게 딸 수 있는 낮은 곳에 매달린 열매를 발견할 수 있을 것이다. 당신의 전문 영역 밖에 있는 다른 사람들의 언어를 배운 후 그것을 당신의 과제에 적용하면 종종 쉽사리 해결되곤 한다. 이것이 당신이 무슨 일을 하든 다른 분야에서 아이디어를 배우면 양쪽 분야를 넘나드는 지름길을 찾을 수 있는 이유다.

아마도 여우와 고슴도치의 완벽한 융합에 해당하는 사례는 인간과 기계의 협업일 것이다. 비록 이 책이 지름길을 찾아내는 인간의 특기를 찬양하는 뜻에서 쓰이기는 했지만, 그렇다고 해서 기계가 제공할 수 있는 능력을 무시해서도 안 된다고 생각한다. 기계는 더 빠르고 더 멀리 계산하기 위해 무지막지한 힘을 사용할 수 있다. 하지만 궁극적으로 인간 개개인이 혹은 기계만으로는 도달할 수 없는 목적지로 이끄는 영리한 지름길을 찾으려면 기계의 힘에 인간의 영리함이 결합되어야 한다.

펜을 떼지 않고 연결하는 법

이 장의 퍼즐은 내가 심리측정 분야에 지원

했을 때 나왔던 과제 문제다. 오일러가 발견한 지름길 덕분에 당시 나는 홀수 개의 선을 가진 점이 두 개 이상 있을 경우 펜을 떼지 않고 그리는 것이 불가능하다는 사실을 알고 있었다. 하지만 편법을 사용할 경우 그리는 방법이 있기는 하다. 종이 한 장을 들고 아래쪽 4분의 1 지점을 접어라. 그리고 정사각형의 왼쪽 위 모서리 지점에서부터 그리기 시작해서 정사각형의 아래쪽 선은 접어올린 종이 위에 그려지게 한다. 그리는 동안 종이 위에서 펜이 떨어지지 않도록 한다. 이제 접어올린 종이의 아랫 부분을 다시 펴서 정사각형의 세 줄만 남기고 펜은 왼쪽 상단 모서리에 있도록 한다. 이제 남은 그림을 분석해보면 그 모양은 오일러의 테스트를 통과할 수 있음을 알게 된다.

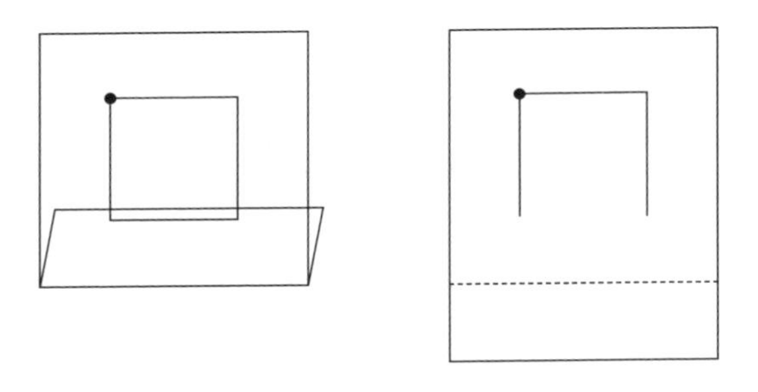

그림 9-6 퍼즐 속 그림을 그리는 편법

생각의 지름길로 가는 길

네트워크는 어디에나 있다. 회사의 구조, 컴퓨터의 전기 배선, 서로 다른 스톡옵션의 상호의존성, 운송 네트워크, 우리 몸 세포의 상호작용, 소설 속 인물 간의 관계, 사람 간의 사회적 관계…. 일련의 객체가 있고 그 객체 사이에 상호 연결 고리가 존재하면 네트워크가 생긴다. 어떤 구조든 이해하려면 내부에 네트워크가 숨겨져 있는지 분석을 통해 확인할 필요가 있다. 네트워크의 존재가 확인될 경우 해당 네트워크의 구조를 탐색하는 데 도움이 되는 다양한 지름길이 이미 수학에 있다. 네트워크에서 가장 중요한 연결점이 어떤 것인지를 식별하는 도구, 주어진 네트워크의 한쪽 끝에서 다른 쪽 끝으로 건너가는 빠른 경로를 가진 좁은 세상형 네트워크로 변환하기 위한 전략, 크게 관련 없는 정보들은 버림으로써 실제로 네트워크에서 무슨 일이 일어나고 있는지 알 수 있도록 도와주는 위상학적 지도가 그것이다.

쉬어가기

뇌는 놀라운 아이디어를 어떻게 건져올릴까?

항상 가장 좋은 아이디어는 갑자기 어디선가 툭 튀어나오는 것처럼 보인다. 차라리 아무 생각도 하지 않는 것이 답을 찾는 지름길을 발견하는 데 있어 뇌를 돕는 법 같다. 철학자 마이클 폴라니Michael Polanyi는 인간 사고 능력의 핵심은 잠재의식적으로 논리가 정리되지 않은 주장들을 뇌가 활용하는 암묵적 사고 과정에 있다고 믿었다. 그는 '우리는 우리가 말할 수 있는 것보다 더 많은 것을 알고 있다'라는 글로 자신의 논문을 마무리했다.

이것은 확실히 수학을 연구하면서 내가 겪었던 경험과 일치한다. 내 생각이 왜 옳다고 느끼는지 잘 모르겠지만 해답을 '감지하는' 감각이 느껴질 때가 있다. 그것이 수학이라는 세계가 어떤 모양인지를 그럭저럭 추측해내는 나만의 방법이다. 구체적으로 어떻게 그곳에 도착해야 하는지는 몰라도 먼 곳에 산봉우리가 있음을 느끼는 것이다.

많은 수학자가 번개처럼 통찰력이 떠오르는 것에 대한 이야기를 해왔다. 이는 뇌가 우리의 의식 영역에 새로운 아이디어를 던져주는 방법이다. 뇌는 보이지 않게 무의식적 영역에서 일을 하다가 일단 해결책을 찾아내면 그것을 우리의 의식 영역으로 밀어올린다. 나도 이런 번뜩이는 통찰력을 경험한 적이 많았다. 보통 그다음에 이어지는 것은 내 잠재의식이 어떻게 그 결론에 이르게 되었는지를 설명하기 위해 의식 세계에서 적당한 논리들을 엮는 고통스러운 작업이었다.

프랑스 수학자 앙리 푸앵카레Henri Poincaré 역시 그가 도저히 한 발짝도 앞으로 전진할 수 없는 문제를 연구하던 때의 일을 설명했다. 그가 문제의 해답을 찾은 것은 책상에서 떨어져 정신을 집중하지 않고 있을 때였다. 파리의 버스 계단에 올라서는 순간 난제를 해결하는 방법을 갑자기 깨달은 것이다. "내가 계단에 발을 디딘 순간 갑자기 그 아이디어가 떠올랐다. 놀라운 것은 이전에 했던 생각 중 어떤 것도 그 아이디어로 이어질 만한 것이 없었다는 사실이다. 푸크스 함수Fuchsian functions를 정의하기 위해 내가 사용했던 변환이 비유클리드기하학non-Euclidean geometry에서 사용하는 함수들과 동일하다는 사실을 마치 번개를 맞은 듯 깨달은 것이다."

영국 수학자 앨런 튜링Alan Turing은 튜링 기계Turing machines를 개발하기 위한 아이디어를 짜내려고 고민했을 때 비슷한 경험을 했다. 튜링은 연구실에서 열심히 일한 후에는 휴식을 취하기 위해 케임브리지대학교의 캠강 강둑을 따라 달리는 것을 즐기곤 했다. 평소처럼 달리기를 하다가 초원에 잠시 등을 대고 누워 있을 때였다. 갑자기 그는 무리수를 사용하면 튜링 기계가 왜 계산 능력에 한계가 있는지 보여줄 수 있다는 사실을 깨닫게 됐다.

나는 문제를 생각하지 않는 것으로 오히려 문제를 해결할 수 있다는 주제에 대해 더 알아보고 싶었다. 그래서 특정 분야에 종사하는 사람들의 뇌 기능을 탐구해온 오그넨 아미직Ognjen Amidzic이라는 신경과학자에게 연락했다. 아미직은 원래부터 신경과학자가 되고 싶어 했던 것은 아니었다. 그의 꿈은 체스 그랜드마스터가 되는 것이었다. 그는 체스를 연습하는 데 수천 시간을 보냈다. 심지어 세계 최고의 스승들과 함께 훈련하기 위해 집을 구유고슬라비아에서 러시아로 이사하기도 했다. 하지만 그의 체스 실력의 성장은 한계에 부딪혔다. 자신의 체스 랭킹을 전문가 수준 이상으로는 끌어올릴 수 없었던 것이다. 결국 아미직은 능력이 더 이상 발전하지 않는 것이 그의 두뇌가 연결된 방식의 문제인지를 연구해보기로 결심했다. 그래서 그는 체스 선수가 되는 대신 신경과학자가 되기 위한 훈련을 받았고, 아마추어와 체스 그랜드마스터 사이에 뇌 활동이 어떻게 다른지를 연구하기 시작했다.

자신이 발견한 것을 보여주기 위해 그는 나에게 영국의 체스 그랜드마스터 중 한 명인 스튜어트 콘퀘스트Stuart Conquest와 체스 게임을 하게 했다. 그리고 우리 두 사람의 뇌 활동 차이를 관찰할 수 있도록 뇌자도magnetoencephalogram를 활용했다. 물론 나는 그랜드마스터나 전문가에 가까운 체스 랭킹을 보유하고 있지는 않지만 논리적으로 생각하고 체스 포지션을 분석하여 다음 수를 결정할 수 있는 능력은 갖추고 있었다. 콘퀘스트와의 게임에서 패배하는 데는 많은 시간이 걸리지 않았다. 하지만 나에게 흥미로운 결과는 게임의 승패가 아니었다. 나를 놀라게 만든 것은 뇌파 검사 결과였다. 살펴보니 우리 두 사람은 체스를 두는 동안 각자 뇌의 매우 다른 영역을 사용했던 것이다. 나의 경우 뇌가 더 많은 움직임을 보였지만 성공적이지 않았던 모양이다. 아미직의 연구 결과, 나와 같은 아마추어 체스 선수들은 뇌의 중심부에 있는 중앙 측두엽을 사용한다는 것을 밝혀냈다. 이는 아마추어 선수들의 경우 경기 중 경험하게 되는 심상치 않은 새로운 움직임을 분석하는 데 모든 정신력을 집중하기 때문이다. 이것은 결국 아마추어 선수들은 각각의 말의 움직임이 가져올 잠재적 결과에 대해 언어적이고 의식적인 분석을 한다는 의미다. 따라서 아마추어 선수들에게 물어보면 그들은 자신들의 사고 과정을 말로 설명할 수 있다.

이와는 대조적으로 체스 그랜드마스터들은 체스를 두는 동안 전두엽과 두정엽을 사용했다. 다시 말해 중앙 측두엽을 완전히 우회하여 사고하는 것이다. 뇌의 이 영역들은 직관을 관장하는 곳이다. 이곳을 통하면 우리는 장기 기억에 접근할 수 있고 따라서 잠재의식적인 사고 과정을 수행하게 된다. 그랜드마스터들은 비록 이유를 분명히 말할 수는 없지만 어떤 움직임이 좋은 수라는 것을 직관적으로 느낄 수 있다. 다만 그들의 뇌는 그런 직감에 대한 논리적 근거를 제시하기 위해 아마추어들처럼 열심히 노력하지 않는다는 것이 큰 차이다. 고수들은 중앙 측두엽을 사용하는 데 쓸데없는 에너지를 낭비하지 않는 것이다. 그랜드마스터들이 해결책에 도달하기 위해 사용하는 지름길은 바로 '의식적인 사고를 건너뛰는 것'임이 밝혀진 것이다.

우리가 한 뇌자도 뇌파 검사 결과를 보면 나의 뇌는 마치 미친 가젤처럼 뛰어다니는 것 같고, 콘퀘스트의 뇌는 필살의 움직임을 하기 전에 에너지를 낭비하지 않고 풀밭에 숨죽여 앉아 있는 사자와 같다고 할 수 있겠다.

논쟁을 불러일으킬 수 있는 주장 같지만, 아미직은 사람들의 뇌 활동은 훈련에 따라 크게 변하지 않는다고 믿는다. 그는 아마추어 체스 선수의 뇌를 스캔함으로써 그들이 그랜드마스터가 될 두뇌를 보유하고 있는지를 알 수 있다고 생각한다. 왜냐하면 가능성이 보이는 선수들은 선수 생활을 시작한 지 얼마 되지 않았어도 체스 게임을 할 때 그랜드마스터들처럼 전두엽과 두정엽을 사용하기 때문이다. 아미직은 덧붙여 설명했다. "사람들은 모두 자신이 원하는 것은 얼마든지 성취할 수 있다고 믿고 싶어 합니다. 그러다 실제로 성취해내지 못하면 왜 불가능했는지 그 이유를 찾죠. 가족이나 정부의 지원이 부족했다거나 돈이 부족했다거나 무엇이든 말이에요. 자신을 합리화시킬 만한 그럴싸한 몇 가지 이유를 찾아냅니다."

그러나 아미직은 그 이유가 훈련 시간의 부족 또는 훌륭한 스승과 교육에 대한 문제가 아니라 근본적으로는 유전적 요인 때문이라고 믿는다. "당신의 운명은 이미 결정되어 있어요. 그랜드마스터로 태어나거나 평범한 체스 선수로 태어나거나 둘 중 하나죠. 마찬가지로 훌륭한 수학자, 음악가, 축구

선수도 타고나는 겁니다. 사람은 태어나는 것이지 만들어지지 않아요. 저는 천재를 만들거나 창조할 수 있다는 사실을 믿지 않습니다. 그것이 가능하다는 어떤 증거도 제게는 보이지 않네요."

아미직은 자신의 자식이 체스 그랜드마스터가 되기를 간절히 바라는 한 아버지의 요청으로 아이의 뇌를 스캔한 적이 있었다. 살펴본 결과 아미직은 아이의 뇌가 주어진 상황을 분석하느라 중앙 측두엽에서 꼼짝하지 않고 머물었다는 것을 알 수 있었다. 그는 아이가 전문가급 이상으로 체스 랭킹을 올릴 수 있을 것이라고 믿지 않았고, 아이의 아버지에게 다른 길을 찾아보라고 충고했다. 하지만 아버지는 그 충고를 무시했다. 후에 아미직은 그의 판단이 옳았음을 증명해 보였다. 아미직에게 있어 가장 중요한 과제는 뇌가 좋은 직관을 갖고 있는지를 보여주는 뇌의 활동 증거를 찾는 일이었다. 결국 자신은 체스가 아닌 신경과학에서 더 뛰어날 수밖에 없는 운명을 타고난 것이라고 그는 믿는다.

체스를 두면서 관찰된 내 두뇌 활동을 살펴본 결과 나 역시도 체스 그랜드마스터로서는 성공할 수 없을 것이라는 사실을 알게 되었다. 나의 뇌는 좋은 수를 찾는 지름길로 가지 못하고 갈수록 생각의 늪에 빠졌다. 중앙 측두엽을 벗어나지 못한 채 지름길 대신 멀리 돌아가는 길을 열심히 달려가고 있었다. 하지만 수학 연구를 하는 동안 나의 뇌를 스캔한다면 확실히 나는 뇌의 직관적인 부분에 접근하고 있을 것이라고 아미직은 말했다. 이러한 뇌의 능력이 정말로 유전적인 것인지 혹은 우리가 뇌를 훈련할 수 있는 것인지 그 여부는 그의 연구로는 명확하지 않다. 그러나 우리 뇌가 최고의 능력을 발휘할 때는 직관을 관장하는 뇌 영역을 이용할 때라는 사실은 밝혀낸 듯 보인다. 그래야만 해결책으로 가는 여정을 어지럽히는 너무 많은 생각을 피할 수 있기 때문이다.

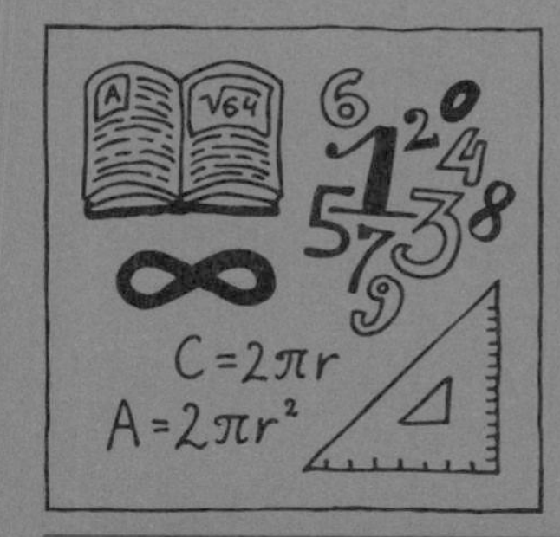

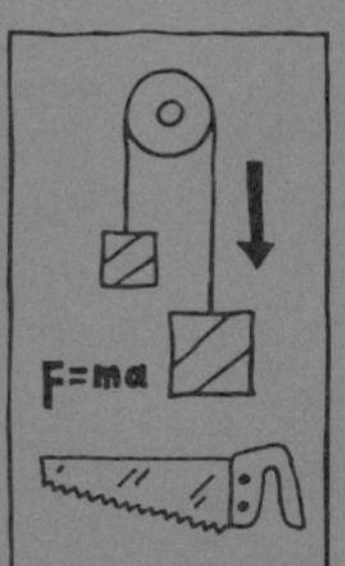

제10장

불가능의 지름길

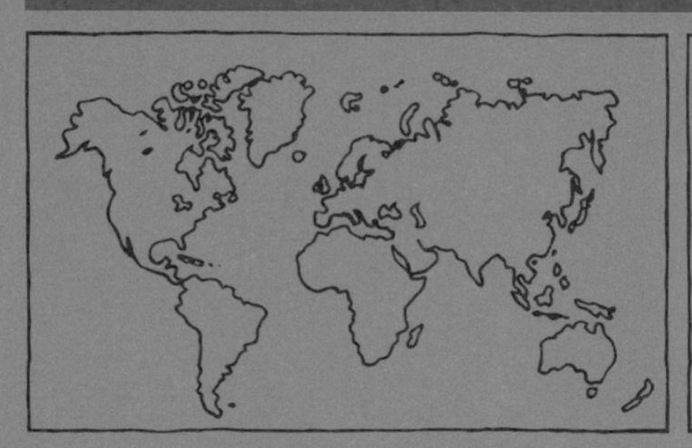
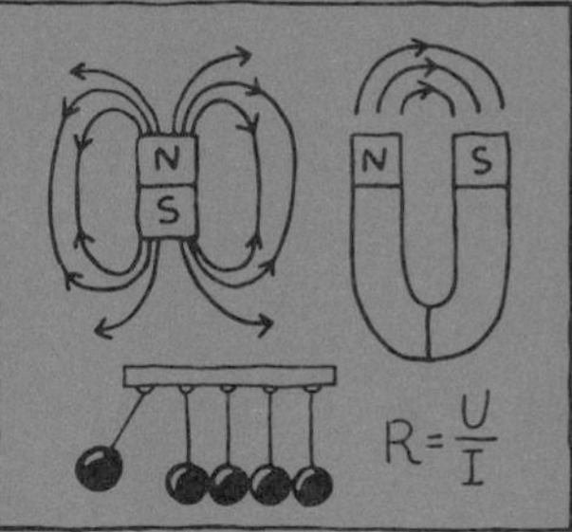

글래스톤베리 페스티벌이 열리면 종종 나는 아스트롤라베 극장에서 공연을 한다. 공연이 끝난 후 나는 다른 무대도 모두 방문해보고 싶다. 아스트롤라베 극장에서 출발해서 지도상의 모든 무대를 한 번씩만 방문하고 다시 아스트롤라베 극장으로 돌아오는 최단 경로는 무엇일까?

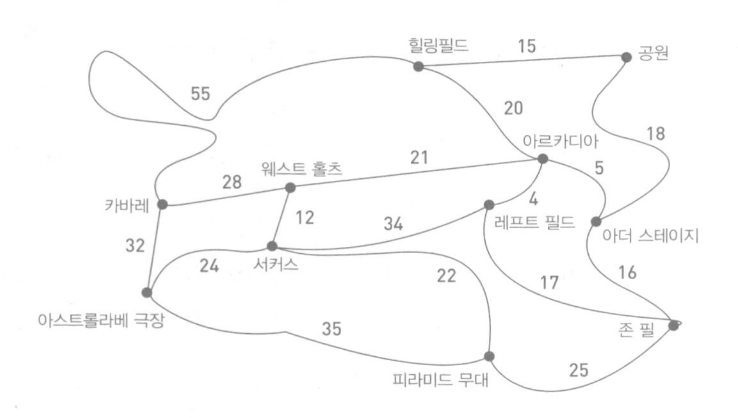

모든 문제에 지름길이 있는 것은 아니다. 악기 배우기, 치료 요법을 통한 두뇌의 재연결, 운동선수가 되기 위한 훈련 등 신체에 물리적 변화를 요구하는 도전은 하나같이 목표를 달성하기 위해 많은 시간과 노력을 들여야 한다. 이처럼 우리는 어떤 분야의 도전들에는 지름길이 없다는

사실을 안다. 수학자들의 경우에도 가능한 모든 경우의 수를 일일이 확인하는 고된 작업을 하지 않고는 풀 수 없는 많은 문제가 있다고 믿는다.

만일 당신이 내년도 수업시간표를 짜려는 선생님이라면 어떨까? 물건을 배달할 가장 좋은 경로를 찾고 있는 화물 운송업자라면? 진열대에 박스를 올려놓는 효율적인 방법을 찾고 있는 슈퍼마켓 직원이라면? 응원하는 팀이 리그 정상에 오를 수 있을지 궁금해하는 축구 서포터라면? 극도로 난해한 퍼즐을 푸는 좋은 전략을 찾는 스도쿠 팬이라면? 이 모든 사례의 공통점은 문제를 빨리 해결할 지름길을 찾고 있다는 것이다. 하지만 안타깝게도 이런 종류의 도전에는 좀 더 나은 방식으로 사고하는 것이 문제를 푸는 데 있어 그다지 도움이 되지 않을 수도 있다. 심지어 가우스라 하더라도 해결해내기 위해 가능한 모든 경우의 수를 일일이 확인하는 작업을 힘들게 계속해야 할 것이다. 이런 이유에서 가장 놀라운 사실은 지름길을 찾는 예술인 수학이 어떤 문제의 경우 지름길이 없다는 사실을 증명하기 위해 쓰인다는 점이다.

수학자들이 문제를 푸는 데 지름길이 없다고 믿는 고전 문제 중에 '세일즈맨 출장'이라고 부르는 것이 있다. 여러 도시의 연결망에서 최단 경로를 찾는 것이 과제다. 이 문제에 붙여진 이름은 1832년에 나온 세일즈맨 출장을 위한 책자에서 따온 것으로 보인다. 당시 책자에 이 문제가 언급되어 있는데 독일과 스위스를 경유하는 것도 몇 가지 예시가 함께 담겨 있다. 이 문제를 풀기 위해서는 가능한 모든 경우의 수를 확인해보는 것 외에 더 똑똑한 지름길은 지금까지도 발견하지 못하고 있다.

문제는 방문하는 도시가 추가될수록 확인해봐야 할 경로가 늘어난다는 것이다. 도시의 수가 늘어나면 가능한 모든 경로를 찾는 것이 심지어 컴퓨터로도 실행 불가능한 수준이 된다. 그렇다면 이 문제의 정답을 더 빨리 찾을 수 있는 확실한 방법이 있을까? 오일러, 가우스, 뉴턴이라면 최단 경로를 찾을 수 있는 영리한 전략을 생각해낼 수 있을까? 예를 들어 당신이 현재 방문한 도시에서 가장 가까운 도시를 다음 방문지로 선택하는 전략은 어떨까? 이를 '가장 가까운 이웃' 알고리즘이라고 한다. 가끔 이 전략을 사용하면 실제 최단 경로보다 약 25퍼센트 정도 더 긴 거리의 꽤 좋은 경로를 찾아낼 수도 있다. 그러나 도시 연결망을 조금 변화시켜 같은 알고리즘이 도시를 통과하는 가장 긴 경로를 선택하도록 만드는 것은 매우 쉬운 일이다.

심지어 어떤 네트워크가 주어지든 최적의 경로와 비교할 때 길이가 50퍼센트 이상 더 길어지지 않도록 하는 알고리즘이 개발되기도 했다. 하지만 내가 추구하는 것은 힘들게 일일이 모든 가능성을 확인하지 않고도 가장 최적의 경로를 찾아내는 기발한 지름길이다. 이 문제는 오랫동안 수학자들을 괴롭혀왔고 이제 대부분이 그러한 지름길이란 것은 애초부터 존재하지 않는 게 아닐까 의심하기 시작했다. 실제로 이 지름길은 존재하지 않는다는 증명을 하는 과제가 21세기 초에 가장 난해한 미해결 수학 문제로 구성된 7대 밀레니엄 난제 중 하나가 되었다. 따라서 세일즈맨 출장 문제를 해결하는 지름길이 없다는 것을 증명하는 수학자는 상금으로 100만 달러를 받을 수 있다.

무엇이 좋은 지름길인가

100만 달러의 상금을 타려면 이 문제에서 실제로 무엇이 지름길을 구성하는지를 수학적으로 정의하는 일이 중요하다. 멀리 돌아가는 길과 지름길의 차이는 수학적으로는 알고리즘이 해답에 도달하는 데 걸리는 시간이 기하급수적인가 혹은 다항식적인가로 나누어진다. 이 말은 정확히 무슨 뜻일까?

이 도전의 핵심은 하나의 퍼즐에서만 적용되는 것이 아니라 퍼즐의 종류나 크기에 상관없이 항상 적용할 수 있는 알고리즘을 찾아내는 것이다. 핵심은 문제의 크기에 따라 알고리즘이 문제를 푸는 데 얼마나 시간이 걸리는가 하는 것에 있다. 예를 들어 각기 다른 무늬의 타일이 아홉 개가 있다고 가정하자. 가로세로 세 칸인 형태의 격자 안에 서로 같은 무늬가 인접하도록 타일을 배치하려 한다.

그림 10-1 9개의 타일을 서로 같은 무늬가 인접하도록 배치한 모양

이런 식으로 타일을 배열하는 데는 몇 가지 방법이 있을까? 일단 아홉 개의 타일이 있으므로 격자의 왼쪽 상단 모서리에 타일을 놓는 데는 아홉 가지 경우의 수가 있다. 그리고 각 타일은 네 가지 방향으로 놓을 수 있다. 따라서 왼쪽 상단 모서리에 타일을 놓는 경우의 수를 계산하면

9×4, 총 36가지다. 다음 격자 위치에는 남은 여덟 개의 타일 중 하나를 선택하여 놓을 수 있으며 각 타일은 마찬가지로 네 개의 다른 방향을 가진다. 따라서 이 모든 타일을 격자에 배열하는 방법의 총 합계는 다음과 같다.

$$9! \times 4^9$$

여기서 '9!'는 9 팩토리얼factorial이라고 읽으며 이는 9×8×7×6×5×4×3×2×1을 나타낸다. 만약 컴퓨터가 1초에 1억 개의 검사를 수행할 수 있다면 이 경우의 수를 확인하는 데는 15분 남짓 걸릴 것이다. 이 정도면 나쁘지 않다고 할 수 있다. 하지만 타일 수를 늘릴수록 계산에 소요되는 시간이 얼마나 빨리 증가하는지 확인해보라. 이번에는 가로세로 네 칸 형태의 격자 안에 열여섯 개의 타일을 배열하는 경우를 생각해보자. 동일한 계산 방법을 사용할 경우, 배열되는 조합의 수는 다음과 같다.

$$16! \times 4^{16}$$

같은 컴퓨터로 이 경우의 수를 확인하는 데 소요되는 시간은 금세 2,850만 년으로 늘어난다. 한 단계 더 나아가서 가로세로 다섯 칸 형태의 격자가 되면 우주의 수명인 138억 년을 훌쩍 뛰어넘는 시간이 소요되된다.

이런 식으로 일반화하면 n개의 격자에 타일을 배열하는 경우의 수는 $n! \times 4^n$이다. 여기서 4^n은 n이 커질수록 기하급수적으로 증가하는 함수다. 제1장에서 인도 국왕이 체스 게임을 사는 대가로 쌀알을 체스판의 각 칸에 차례로 두 배씩 더 놓았을 때 그 수가 기하급수적으로 불어났다는 일화를 설명한 바 있다. n!(1부터 n까지 숫자를 곱한 값)의 경우 지수함수보다 훨씬 더 빠르게 증가하는 함수다.

문제의 크기가 커짐에 따라 해답을 계산하는 데 걸리는 시간이 기하급수적으로 늘어나는 알고리즘과 같은 것이 수학에서 먼 길을 돌아가는 사례에 해당한다. 이런 문제가 바로 내가 지름길을 찾고 싶어 하는 대상에 해당한다. 하지만 어떤 길이 좋은 지름길의 자격을 갖춘 것일까? 핵심은 문제의 크기를 키워도 해답을 찾는 데 비교적 빠른 알고리즘을 발견하는 것이다. 이른바 '다항식 시간' 알고리즘을 발견하는 것이 그 해답인 것이다.

이번에는 무작위로 선택한 단어들을 알파벳순으로 배열한다고 가정해보자. 단어 목록이 점점 길어질수록 이 작업에 걸리는 시간은 얼마나 늘어날까? 가장 간단한 알고리즘은 N개의 단어들로 이루어진 단어 목록 중에서 다른 모든 단어보다 사전상에 먼저 나오는 단어들을 추출하는 것이다. 한 번 이 과정을 거치고 나면 남아 있는 N−1개의 단어를 대상으로 같은 과정을 되풀이하면 된다. 이런 방식으로 단어들을 모두 정렬하려면 $N+(N-1)+(N-2)+\cdots+1$개의 단어를 스캔하면 된다. 이 계산은 어린 가우스가 수업시간에 이미 찾아낸 지름길 덕분에 쉽게 할 수 있다. 결과적으로 모두 $N\times(N+1)\div2=(N^2+N)\div2$번의 스캔이 필요하다는 것을 알게 되었다.

이러한 문제는 다항식 시간 알고리즘으로 풀 수 있는 좋은 예에 해당한다. 단어 수에 해당하는 N이 증가할수록 필요한 스캔의 수가 N의 2차 방정식(N의 제곱)으로 올라가기 때문이다. 세일즈맨 출장 문제를 풀 때 내가 찾는 알고리즘도 이런 것이다. N개의 도시를 거쳐 가는 최단 경로를 찾을 때 N의 2차 방정식, 즉 N^2에 해당하는 경로만 확인하면 되기 때문이다.

하지만 이런 문제에 대해 일반적으로 사람들이 먼저 머릿속에 떠올리는 알고리즘은 안타깝게도 다항식 시간 알고리즘이 아니다. 기본적으로 방문할 도시를 먼저 선택한 후 다음 도시를 선택하는 방식이기 때문이다. N개의 도시가 표시된 지도에서 이런 식으로 가장 최단 거리의 지름길을 찾으려면 'N!'에 해당하는 경로를 확인해야 한다. 앞서 언급했듯이 이것은 기하급수적 알고리즘보다 더 나쁘다. 여기서의 도전 과제는 모든 경로를 테스트하는 것보다 더 나은 전략을 찾는 것이다.

지름길을 찾기 위한 지름길

이러한 지름길에 해당하는 알고리즘을 찾는 일이 불가능하지 않다는 것을 보여주기 위해 유사한 난이도의 문제를 한번 살펴보자. 세일즈맨이 방문해야 할 도시를 표시한 지도상에서 임의로 두 군데 도시를 고른다. 이 경우 두 도시 사이에 가장 짧은 경로는 어떻게 될까? 언뜻 보기에는 아직 고려해야 할 많은 다른 선택지가 있는 것 같다. 우선은 출발 도시와 연결된 도시 중에서 아무 도시나 방문한다. 그런 후 그 도시와 연결된 또 다른 도시를 방문한다. 이렇게 되면 도시의 수가 늘어날수록 고려해야 할 경우의 수는 기하급수적으로 증가할 것이다.

그러나 1956년 네덜란드 컴퓨터과학자 에츠허르 데이크스트라Edsger

Dijkstra는 단어들을 알파벳 순서로 분류하는 것과 비슷한 시간 내에 두 도시 사이를 이동하는 가장 짧은 경로를 찾는 훨씬 더 현명한 전략을 발견했다. 당시 그는 네덜란드의 두 도시 로테르담과 흐로닝언 사이에 가장 빠른 경로를 찾는 현실적 문제를 고민하고 있던 중이었다. 그가 쓴 글을 살펴보자.

"어느 날 아침 나는 암스테르담에서 약혼녀와 쇼핑을 하던 중 카페 테라스에 앉아서 커피 한 잔을 마셨다. 피곤해진 나는 이 여정을 어떻게 해낼 수 있을까 고민하다 최단 거리 알고리즘을 설계했다. 그것은 20분짜리 발명품이었다. 이 알고리즘이 멋진 이유 중 하나는 연필과 종이 없이도 할 수 있다는 것이다. 연필과 종이 없이 설계하는 방식이 갖는 장점 중 하나는 피할 수 있는 모든 복잡함을 거의 피할 수밖에 없다는 것임을 나중에 알게 되었다. 이 알고리즘을 발명하여 나는 명성을 얻게 되었다."

그리고 데이크스트라는 다음의 그림을 던져준다.

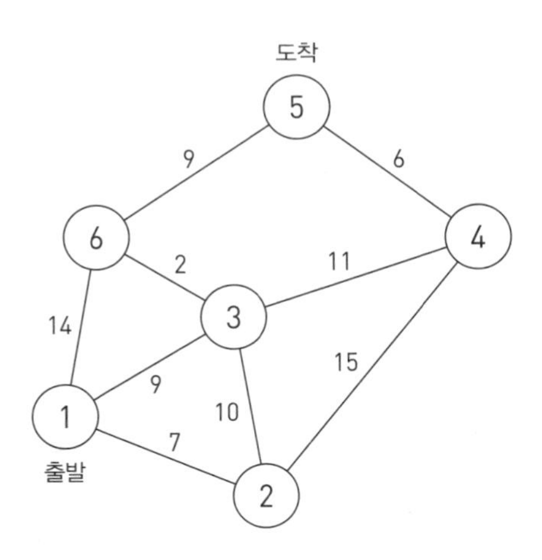

그림 10-2 도시 1과 도시 5 사이에 가장 짧은 경로는?

데이크스트라의 알고리즘에 따라 나는 도시 1에서 출발한다. 도시들을 통과하면서 여정의 각 단계에서 소요된 거리를 모두 더하여 도시에 표시하는 방법으로 가장 짧은 경로를 찾을 것이다. 먼저 도시 1과 연결된 모든 도시에 그 도시까지 도달하는 데 걸리는 거리를 계산하여 라벨로 붙인다. 이 경우 도시 2, 도시 3, 도시 6에는 각각 7, 9, 14라는 라벨이 붙는다. 그다음 움직임은 이 도시들 중 가장 낮은 숫자의 라벨이 붙어 있는 도시로 이동하는 것이다. 하지만 주의하기 바란다. 알고리즘이 문제를 해결하기 위해 제대로 작동할 때는 가장 가까운 도시가 가장 먼저 가야 할 도시가 아닐 수도 있기 때문이다.

주어진 그림에서는 먼저 도시 2로 이동한다. 출발점인 도시 1에서 거리가 가장 짧은 도시이기 때문이다. 그리고 방금 떠난 도시 1을 '방문'으로 표시한다. 이제 새로 도착한 도시 2와 연결된 모든 도시의 라벨을 업데이트한다. 이 경우 도시 3과 도시 4의 라벨을 업데이트하게 될 것이다. 먼저 도시 1에서 출발한 후 현재 내가 머물고 있는 도시 2를 통과하여 도시 3과 도시 4로 가는 거리를 각각 계산해본다. 이 거리가 해당 도시에 붙어 있는 현재 라벨보다 낮은 값이면 그 값으로 해당 도시의 라벨을 업데이트한다. 만약 이 거리가 해당 도시에 붙어 있는 현재 라벨보다 더 큰 값이면 현재 라벨을 유지한다. 도시 3의 경우, 새로 계산된 거리값(7+10)이 원래 붙어 있던 라벨인 9보다 더 크므로 기존 라벨을 유지한다. 이전 도시들과 연결된 적이 없었기 때문에 도시 4처럼 아직 라벨이 붙어 있지 않는 경우도 있을 것이다. 나는 도시 4에 방금 계산한 거리를 라벨로 붙인다. 이 경우 도시 4에는 22(7+15)가 라벨로 붙는다.

그런 후 다시 내가 머문 도시 2에 '방문'이라고 표시하고, 방문하지 않은 도시 중 그곳에서 가장 짧은 거리로 라벨링된 도시로 이동한다. 이 경우 도시 3에는 9, 도시 4에는 22가 라벨로 붙어 있기 때문에 현 시점에 가장 가까운 거리의 도시로 이동하는 알고리즘에 따라 도시 3으로 이동한다. 처음에는 도시 2로 이동하는 것이 영리한 움직임인 듯 보였으나 결과적으로는 전체 이동거리가 더 길어지게 되었다. 이 알고리즘에 따르면 이미 출발할 때 도시 2 대신 도시 3을 경유하여 갈 것을 안내하고 있다.

도시 3에 도착한 나는 다시 한번 도시 3과 연결된 도시 중 방문하지 않은 도시의 라벨을 업데이트한다. 이 과정을 계속하면 결국은 목적지인 도시 5에 도착할 것이다. 그러면 도시 5에 출발한 도시에서부터 도시 5까지의 최단 거리가 라벨로 붙게 될 것이다. 이제 어느 도시를 경유하여 도시 5에 도착했는지 여정을 거슬러 올라가볼 수 있다. 결론적으로 드러난 최적 경로는 도시 2를 경유하는 경로가 아니라는 점에 주목하기 바란다.

이 문제의 경우 최단 경로를 찾으려면 몇 단계의 확인 작업이 필요할까? 이것은 N개의 도시를 대상으로 단어들을 알파벳순으로 배열하는 것과 유사한 작업이다. 각 단계에서 더 이상 고려될 필요가 없는 도시를 제거하면 된다. 따라서 알고리즘이 완성되는 데 걸리는 시간은 N^2 또는 N의 2차항에 해당한다. 수학적인 관점에서 볼 때 지름길에 해당하는 알고리즘이 되는 것이다.

하지만 이 수학적 언어로 표현된 지름길도 현실에서 답을 얻어내는 데까지는 여전히 매우 오랜 시간이 걸릴 수 있다. 수학자들은 일반적으로 다항식 시간 알고리즘을 우리가 추구해야 할 지름길로 여긴다. 2차항 알고리즘의 경우 계산이 상당히 빠르다. 수학적으로는 3차, 4차, 5차 다항식도 빠른 축에 속하지만 그럼에도 불구하고 물리적으로는 여전히 오랜 시간이 걸릴 수 있다.

컴퓨터가 초당 1억 개의 연산을 할 수 있다면 N이 작은 경우에는 큰 문제가 없다. 하지만 N이 커진다면 N^2 단계로 답을 찾는 알고리즘과 N^5 단계로 답을 찾는 알고리즘 사이에는 엄청난 시간 차이가 나게 된다. N^2 알고리즘은 1초 안에 1만 개의 도시로 이루어진 네트워크를 확인할 수 있다. N^5 알고리즘의 경우 1만 개의 도시를 확인하는 데 31,710년이 걸린다! 하지만 여전히 이것도 수학적으로는 지름길에 해당한다고 할 수 있다. 기하급수적 알고리즘에 비하면 의심할 여지없는 지름길이다. 기하급수적 알고리즘의 경우 1만 개의 도시로 이루어진 네트워크를 확인하기 위해서는 우주의 나이보다 훨씬 더 긴 시간이 필요하다. 기하급수적 알고리즘에 해당하는 2^n 알고리즘의 경우, 100개의 도시로 이루어진 네트워크만 가지고도 우주의 나이보다 훨씬 더 오랜 시간이 걸린다.

실용적인 알고리즘이 되려면 여전히 n의 지수가 가장 낮은 다항식 알고리즘을 찾기 위해 노력해야 할 가치가 있다. 어떤 지름길은 다른 지름길보다 훨씬 짧기 때문이다.

건초 더미에서 바늘 찾기

당신이 세일즈맨이 아니라면 고객들을 찾아가는 가장 짧은 길을 찾는 문제로 고생할 일은 없을 거라고 생각할 것이다. 하지만 유사한 종류의 복잡성을 공유하는 문제들이 현실에 많다. 예를 들면 회로 기판에 위치한 100개의 다른 지점을 선으로 연결해야 하는 것과 같은 엔지니어링 문제가 그렇다. 이 문제를 극복하고 회로를 만들려면 로봇이 선을 연결하는 가장 효율적인 방법을 찾아야 한다. 매일 이러한 회로를 수천 개씩 생산한다면 회로를 만들기 위해 로봇이 돌아다니는 경로에서 몇 초만 줄여도 그 회사는 엄청난 돈을 절약할 수 있을 것이다. 우리가 지름길을 찾고자 하는 것은 단지 네트워크를 돌아다닐 때만은 아니다. 다음에 소개하는 문제들은 세일즈맨 출장 문제와 유사한 어려움을 내포한 문제들로써 어쩌면 답을 찾는 지름길이 없을 수도 있는 문제들이다. 심지어 위대한 가우스조차 이 문제들을 풀려면 고되고 긴 여정을 선택하지 않을 수 없을 것이다!

- **자동차 트렁크 챌린지:** 자동차 트렁크에 넣어 운반하고자 하는 다양한 크기의 상자가 있다. 공간을 가장 적게 낭비하기 위해서 상자들을 어떻게 골라야 하는지가 과제다. 상자의 크기만으로 최적의 상자 조합을 선택할 수 있는 알고리즘은 없는 것으로 밝혀졌다. 모든 상자의 높이와 너비는 트렁크의 내부 치수와 동일하고, 길이만 다르다고 가정해보자. 트렁크의 길이는 150센티미터이고, 트렁크를 채우는 데 사용할 수 있는 상자의 길이는 16, 27, 37, 42, 52, 59, 65, 95센티미터가 있다. 트렁크를 최대한 효율적으로 채울 수 있는 상자 조합을 찾아내는 영리한 지름길이 있을까?

- **학교 시간표 챌린지:** 모든 학교가 연초에 학생들을 위한 시간표를 준비해야 한다. 시간표상에 어떤 과목을 어떤 시간에 배치할 것인가는 학생들의 과목 선택에 달려 있다. 에이다는 화학과 음악을 선택했다. 따라서 이 수업들은 같은 시간에 배치할 수 없다. 한편 앨런은 화학과 영화를 선택했다. 문제는 하루에 8교시밖에 없다는

사실이다. 학교는 중복되지 않게 과목들을 모두 배치시킬 수 있는 방법을 찾아야 한다. 이런 조건하에서 시간표를 짜는 것은 방에 맞지 않는 사이즈의 카펫을 깔아야 하는 일처럼 느껴질 수 있다. 한쪽 구석이 맞는 듯 보이면 다른 쪽 구석이 튀어나오는 것을 발견하게 된다. 아니면 스도쿠에서 답을 다 채웠다고 생각한 순간 같은 줄에 2가 두 번 적힌 것을 보게 되는 일과 흡사하다. 으악!

- **스도쿠 챌린지:** 스도쿠 퍼즐 중에서도 특히 어려운 문제를 풀고 있을 때 빈칸에 넣어야 할 다음 숫자를 추측에 의존할 수밖에 없는 상황을 자주 마주하게 된다. 일단 숫자를 추측하고 나면 그다음에는 이 추측이 논리적으로 맞는지를 확인해야 한다. 만약 추측이 잘못된 것으로 판명되면 맨 처음 추측했던 숫자의 자리로 다시 돌아가서 다른 숫자를 넣은 후 다시 같은 작업을 반복해야 한다.

- **디너 파티 챌린지:** 저녁식사에 친구들을 초대한다고 생각해보자. 이때 친구들 중 몇몇은 서로 잘 어울리지 않기 때문에 같이 초대할 수 없다. 이럴 경우 학교가 연초에 수업시간표를 계획하는 일과 비슷한 도전에 직면한다. 저녁식사 횟수를 최소로 줄이려면 친구는 모두 초대해야 하면서도 서로 싫어하는 사람은 겹치지 않도록 해야 하기 때문이다. 이 문제를 풀려면 가능한 모든 손님의 조합을 일일이 확인하는 수밖에는 없다.

- **지도 색칠하기 챌린지:** 선으로 된 지도 그림이 주어졌다고 가정하자. 국경이 접해 있는 두 국가는 같은 색이 되지 않도록 하면서 모

든 나라를 색칠해야 한다. 이 과제를 하는 데는 네 가지 색깔만 있으면 충분하다. 하지만 세 가지 색깔로는 절대 이 문제를 풀 수 없는 것일까? 이 문제를 푸는 유일한 알고리즘은 세 가지 색으로도 충분한지 지도에 색을 칠하는 모든 방법을 일일이 다 시도해보는 것이다. 스도쿠와 마찬가지로, 일단 한 가지 색을 선택하면 인접한 다른 두 나라의 색은 다른 색으로 정해진다. 이럴 경우 n개의 국가를 대상으로 세 개의 색을 칠하는 방법은 3^n개다. 따라서 모든 가능성을 확인하려면 기하급수적으로 증가하는 경우의 수를 확인할 수밖에는 없다.

최대 네 가지 색깔로 가능하다는 사실을 증명하는 것은 20세기 수학계가 풀어야 했던 가장 큰 명제 중 하나였다. 이미 1890년에 다섯 가지 색으로 가능하다는 사실이 밝혀졌다. 이 증명은 수학자들이 자주 이용하는 방법을 사용하여 그리 어렵지 않게 해냈다. 그 방법은 다섯 가지 색으로 칠할 수 없는 지도가 있다고 가정해보는 것이다. 이런 가정을 충족시키는 가장 적은 수의 나라로 된 지도를 그려보자. 그런 다음 몇 가지 영리한 분석을 통하면 이 지도에서 나라를 하나 제거했는데도 여전히 다섯 가지 색상으로 칠할 수 없는 가정이 만족됨을 알게 된다. 이 경우 처음 시작했던 지도가 가장 적은 수의 나라였다는 사실과 모순된다는 사실을 이용한 증명 방법이다.

그런데 이 방법을 다소 우스꽝스럽게 사용한 예가 있다. 지루한 숫자는 없다는 명제를 증명한다고 해보자. 일단 지루한 숫자들이 있고 그중에서도 가장 작은 지루한 숫자를 N이라고 해보자. 하지만 갑자기 N은 더 이상 지루한 숫자가 아닌 흥미로운 숫자가 되었다. 왜냐하면 N이 지루한 숫자 중에서 가장 작은 수라는 사실에 관심이 집중됐기 때문이다.

안타깝게도 네 가지 색으로 충분하다는 명제를 증명하는 데 있어서는 이 영리한 지름길이 별로 효과가 없다. 수학자들은 왜 나라를 하나씩 제거해도 계속해서 색칠할 수 없는 지도가 나타나는지 그 이유를 보여주지 못했다. 아무도 명제와 반대되는 예를 발견하지 못한 것이다.

결국 1976년에 네 가지 색만으로도 국경을 접하고 있는 나라들이 모두 다른 색을 가질 수 있다는 증거가 발견되었다. 하지만 이는 확실한 지름길로 받아들여지지 않았다. 이 명제를 증명하는 과정에 인간의 힘으로는 분류하는 것이 불가능한 수천 개의 사례를 컴퓨터의 무차별적 힘을 빌려 확인했기 때문이었다. 그러나 이 명제를 증명함으로써 수학에서는 하나의 전환점이 마련되었다. 처음으로 컴퓨터가 수학에서 해답으로 가는 증명 과정의 마지막 남은 길을 해결하는 데 사용되었기 때문이다. 우여곡절 끝에 산 근처에는 도달했으나 반대편 계곡으로 가는 지름길을 찾지 못하고 있을 때 기계를 사용하여 산에 터널을 뚫은 것과 같은 상황이었다.

수학계의 많은 사람이 이 명제를 증명하는 데 컴퓨터가 사용된 것에 어떤 불안감을 느꼈다. 증명이 필요한 이유는 네 가지 색만으로 충분한 이유를 우리가 이해하는 데 목적이 있는 것이지 단순히 그 명제가 사실인지 여부를 밝히는 데 있는 것이 아니었기 때문이다. 인간의 뇌에서 만들어낼 수 있는 뇌 세포 간의 연결에는 제한이 있다. 뇌는 어떤 지름길을 왜 지름길이라고 할 수 있는지 그 이유를 아는 일이 절대적으로 필요하다. 증명을 끝내기 위해 어쩔 수 없이 먼 길을 돌아간다면 뇌는 이를 받아들이지 못한다. 그 결과 우리는 명제에 대한 진정한 이해에 실패했다는 느낌을 받게 된다.

지도 색칠하기 문제는 점 사이에 선이 어떻게 연결되어 네트워크가 구성되는가 하는 문제와도 맥이 닿아 있다. 네트워크에서의 선들은 지도 색칠하기 문제에서 나라 사이의 국경과 같다고 보면 된다. 여기서는 선으로 연결된 두 점이 동일한 색상을 갖지 않도록 점들을 색칠하기 위해 최소 몇 개의 색이 필요한지 알아내는 과제로 바뀐다.

- **축구 우승 챌린지:** 정답으로 가는 지름길이 없는 문제 중에서 내가 가장 좋아하는 예는 축구 문제다. 직접 축구 경기를 하는 것은 아니고, 시즌이 끝날 무렵 늘 고개를 들고 나타나는 문제다. 현재 순위로 볼 때 내가 응원하는 팀이 프리미어리그에서 우승하는 것이 수학적으로 가능한 일일까? 이러한 예측을 간단한 문제라고 생각할 수도 있다. 단순히 우리 팀이 모든 경기를 이긴다고 가정한 후 매 경기에서 승점 3점을 얻으면 쌓이는 점수로 정상에 오를 수 있는지 확인하면 된다고 생각하기 때문이다.

하지만 제대로 예측하려면 다른 팀 간에 진행되는 모든 경기도 같이 계산해야 한다. 일단 가장 먼저 드는 생각은 현재 1위를 달리고 있는 팀이 많은 게임에서 패하게 만드는 것이다. 하지만 그럴 경우 그 팀과 경기하는 다른 팀들이 더 많은 점수를 승점으로 가져가서 다른 팀에서 1위를 차지하면 어떡할까? 이렇게 되면 이 문제가 사실은 수많은 다양한 경기 조합과 그 결과를 고려해야 하는 과제임을 알게 된다. 경기 결과에 따라 승, 패, 무승부를 배정하다 보면 스도쿠 게임에서처럼 원하는 결과가 나오지 않아 다시 시나리오를 재조정해야 하는 상황이 반복되게 된다. 예상한 경기 결과 중 하나가 지금껏 신중하게 균형을 따지며 결과를 조합해온 과정을 모두 망쳤기 때문이다.

만약 n개의 경기가 남아 있다면 매 경기에서 홈팀이 승리, 패배 혹은 무승부의 결과를 얻는다는 변수까지 따져서 모든 경우의 수는 3^n이 된다. 이 숫자는 n이 커짐에 따라 기하급수적으로 늘어날 것이다. 이 과제의 핵심은 우리 팀이 아직 수학적으로 우승 확률이 있는지를 빨리 파악할 수 있는 지름길을 찾는 것이다.

나는 이 문제를 매우 좋아한다. 내가 학교를 다닐 때만 하더라도 이 문제를 풀 수 있었다. 그렇다면 그 사이에 무슨 일이 있었던 걸까? 알고리즘이 없어진 것이 아니라 포인트 배점 방식이 바뀐 것이다. 과거에는 어떤 팀이 승리하면 승점 2점을 주고 비길 경우에는 승점 1점씩을 나눠 가지는 식이었다. 이런 방식 때문에 각 팀이 지루한 무승부 경기를 선호하는 것처럼 느껴졌다. 하지만 1981년에 이기는 축구를 장려하기 위해 새로운 변화가 도입되었다. 승점 2점 대신 승리할 경우 승점 3점을 부여하는 방식으로 룰이 바뀐 것이다. 처음에는 별다른 영향이 없을 것처럼 보였으나 결과적으로는 축구계에 매우 극적인 변화를 가지고 왔다. 어떤 팀이든 자신들이 프리미어리그 순위에서 1위를 차지할 수 있는 가능성이 보이는 경우 비기는 것보다는 이기기 위해 최선을 다하도록 노력하는 효과를 거두었다.

결정적으로 다른 점은 1981년 이전에는 팀 간에 나눠 가지는 총점수는 누가 이기고, 지고, 비겼는지에 따라 달라지지 않았다. 프리미어리그에서는 20개의 팀이 홈 경기와 원정 경기로 두 번 맞붙게 되어 있다. 따라서 380(20×19)번의 경기가 열린다. 이전 제도하에서는 각 경기 결과에 따라 승점 2점이 배분되었다. 이에 따라 시즌 종료 시 총 승점을 계산하면 2×20×19, 즉 760점이 되고 이를 20개 팀이 나눠 갖는 방식이었다.

하지만 지금은 상황이 매우 달라졌다. 매 경기 승자는 승점 3점, 무승부일 경우 승점 1점씩을 받는다. 만약 시즌 내내 모든 경기가 무승부로 끝난다면 총 점수는 760점으로 이전과 동일하다. 하지만 무승부가 전혀 없는 경우에는 총 점수가 1,140(3×20×19)점으로 이전 대비 크게 증가하게 된다. 총 점수의 변화는 과거 우리 팀이 수학적으로 우승할 수 있는 가능성을 성공적으로 알려주던 알고리즘이 더 이상 작동할 수 없다는 뜻이다.

이런 종류의 문제들을 풀 때 가장 흥미로운 점은 우연히 해결책이 발견되기만 하면 과연 그것이 정말로 문제를 해결하는 답인지를 금방 확인할 수 있다는 것이다. 나는 이런 문제들을 '건초 더미 속 바늘 찾기' 문제라고 부른다. 건초 더미 속에서 바늘을 찾기 위해 들이는 초기의 노력은 바늘이 어디에 있는지 찾아내는 데는 거의 도움이 되지 않는다. 단순하고 지루한 탐색이 반복적으로 되풀이되는 기간일 뿐이다. 하지만 일단 바늘이 손에 닿기만 하면 금방 그것이 바늘임을 알 수 있다! 다르게 묘사하자면 금고 열기와 같다. 금고를 열기 위해서는 모든 조합을 하나씩 시도해보아야 하기 때문에 오랜 시간이 걸릴 수 있다. 하지만 일단 맞는 조합을 찾는 순간, 금고문은 바로 열린다.

건초 더미에서 바늘 찾기 문제 혹은 다른 기술적 이름으로는 'NP 문제'NP-complete problems라고 부르는 이런 문제들에는 특이한 점이 있다. 가장 짧은 시간에 해답을 찾기 위해 문제마다 각기 다른 맞춤형 전략이 필요할 것처럼 보인다. 하지만 만약 출장 세일즈맨 문제에서 주어진 어떤 지도에서 가장 짧은 경로를 찾는 빠른 다항식 시간 알고리즘을 발견할 수 있다면, 그것은 곧 다른 유사한 문제에도 동일한 알고리즘이 존재함을 의미하게 된다. 이것은 적어도 지름길을 발견하기 위한 지름길로 사용될 수 있다. 하나의 문제에 지름길이 존재한다면 챌린지 목록에 있는 다른 문제들을 푸는 지름길로도 변환될 수 있기 때문이다. 톨킨의 말을 다르게 표현해서 '모든 것을 해결하는 하나의 지름길'이라고도 말할 수 있다(톨킨의 《반지의 제왕》에서 나오는 '모든 것을 지배하는 반지'One Ring to rule them all를 인용한 말이다—옮긴이).

나는 이 말이 왜 사실인지를 설명할 수 있다. 이것은 내가 앞에서 소개한 여러 문제가 사실은 서로 변환 가능한 같은 문제라는 것을 보여줌으로써 증명 가능하다. 학교 시간표 문제를 예로 들어보자. 이 문제에서의 과제는 과목과 시간 구간을 적절히 배치하면서 수업 사이의 충돌을 피하는 것이었다. 이 문제는 네트워크 문제로 변환이 가능하다. 각 수업은 점에 해당하고 수업 간의 충돌은 점 사이를 잇는 선으로 간주하면 되기 때문이다. 이 경우 수업시간을 배치하는 문제는 선으로 연결된 두 점의 색깔이 같지 않도록 점들을 색칠하는 문제와 정확히 같아진다.

지름길이 없는 문제를 이용하라

지름길이 없다는 사실 자체가 상당히 중요

한 힌트로 작용하는 상황이 있다. 절대 풀 수 없는 암호를 만드는 것이 그 예다. 암호 제작자들은 모든 가능성에 대해 하나씩 풀어보는 것 외에는 자신들이 만든 암호 메시지를 해독할 방법이 없기를 희망한다. 금고 자물쇠를 예로 들어보자. 네 개의 다이얼과 각 다이얼에 열 개의 숫자를 가진 금고 자물쇠가 있을 경우 이 금고를 열기 위해서는 0000부터 9999까지의 1만 개의 다른 번호를 일일이 확인해야 한다. 때때로 잘못 제작된 자물쇠는 첫 번째 다이얼을 맞추면 장치의 물리적 연결로 전체 잠금이 해제되는 경우도 있다. 하지만 일반적으로는 가능한 모든 조합을 시도해보는 것 외에 도둑이 자물쇠를 열 수 있는 지름길은 없다.

그러나 다른 암호 시스템의 경우 암호를 해독하는 데 악용될 수 있는 허점들이 종종 발견된다. 고전적인 시저 암호나 대체 암호를 예로 들어보자. 이 암호 체계는 글자와 그 글자를 대체할 글자를 정해진 룰에 따라 체계적으로 서로 교환하는 코드 시스템이다. 예를 들어 모든 A를 G와 같은 다른 문자로 대체하는 방식이다. 계속해서 B는 G를 제외한 남아 있는 다른 알파벳 중 하나로 대체한다. 이런 식으로 알파벳의 각 문자는 각각 새로운 문자로 대체된다. 이 경우 선택할 수 있는 암호의 총 경우의 수는 매우 많다. 이 룰에 따라 알파벳 글자를 재정렬하는 방법은 26!(1×2×3×⋯×26)가지가 된다(어떤 재배열의 경우 글자가 바뀌지 않고 남아 있는 경우도 있다. 예를 들어 X가 같은 X로 치환되는 것이다. 이때 흥미로운 도전! 코드 중 모든 글자가 바뀌는 경우의 수는 얼마나 될까?). 여기서 번외로 '26!초'라는 숫자의 크기가 얼마나 될지 짐작하는 데 도움을 주자면 빅뱅이 일어난 이후 지금까지의 우주 나이보다 더 긴 시간에 해당된다.

해커가 이런 방식으로 암호화된 메시지를 가로채고 이 메시지를 해독하려면 수많은 조합을 필요로 하게 된다. 그러나 이 코드 체계에는 9세기의 대학자 알 킨디Al-Kindi가 지적한 약점이 있다. 바로 어떤 문자들의 경우 다른 문자보다 문장에 더 자주 나타난다는 점이다. 예를 들어 영어에서 'e'는 모든 문장에서 가장 많이 나타나는 알파벳이다. e는 전체 글자의 13퍼센트에 해당할 정도로 나타나는 빈도수가 높다. 그다음으로 많이 등장하는 알파벳은 't'로 전체 글자의 9퍼센트에 해당한다. 또한 글자마다 고유의 성격을 가지고 있어서 다른 글자들과 한 묶음으로 사용되며 다른 글자의 사용 빈도에 영향을 미친다. 예를 들면 'q' 다음에는 항상 'u'가 오는 식이다. 알 킨디는 해커가 이런 특징을 이용하면 대체 암호로 인코딩된 메시지를 해독하는 지름길을 발견할 수 있다는 것을 깨달았다. 암호화된 문장을 대상으로 글자 빈도 분석을 실시한 다음 가장 자주 나타나는 글자를 암호화되지 않은 일반적인 문장에서의 글자 빈도와 비교하는 방법으로 해커는 암호화된 메시지에 침입하기 시작한다. 곧 빈도 분석법은 이러한 암호 체계를 해독하는 놀라운 지름길이 된다는 것이 밝혀졌다. 즉 대체 암호 체계는 처음에 생각했던 것보다 훨씬 안전하지 않았던 것이다.

제2차 세계대전 동안 독일은 메시지를 해독하는 이러한 지름길을 피할 수 있는 또 다른 영리한 대체 암호 체계를 찾았다. 그들의 아이디어는 원문에 있는 문자 하나하나를 암호화할 때마다 계속해서 사용하는 대체 암호 체계를 바꾸어주는 것이다. 이 방식을 사용하면 EEEE라는 메시지를 암호화하더라도 모든 E가 각기 다른 문자로 전송되게 되는 것이다. 이렇게 되면 알 킨디가 발견한 빈도 분석법으로는 이 암호를 해독할 수 없게 된다. 독일은 이런 다중 대체 암호를 인코딩할 수 있는 기계를 만들었고 그것을 '에니그마'Enigma (수수께끼라는 뜻이다—옮긴이)라고 불렀다.

전쟁 중에 영국의 암호 해독 본부였던 블레츨리 파크에 가면 아직도 전시되어 있는 에니그마 기계를 볼 수 있다. 이 기계는 언뜻 보면 키보드가 달려 있는 전통적인 타자기처럼 보인다. 하지만 타자기와 다른 점은 에니그마의 키보드 위에는 두 번째 키가 달려 있다는 것이다. 하나의 키를 누르면 키보드 위에 배열되어 있던 글자 중 하나에 불이 들어온다. 이것이 글자를 암호화하는 방법이다. 기계 안에 배치된 배선이 고전적인 대체 암호 체계로 문자를 뒤섞도록 되어 있다. 키를 누르면 딸깍 하는 소리와 함께 기계의 심장부에 있는 세 개의 로터rotor 중 한 개가 한 단계씩 움직인다. 다시 같은 글자의 키를 누르면 이번에는 다른 글자를 표시하는 전구에 불이 켜진다. 키보드에서 특정 글자를 표시하는 전구까지의 배선이 기계 내에서 재배치됐기 때문이다. 배선은 로터를 통해 연결되므로 로터의 정렬이 변경되면 기계 내 배선도 바뀌는 원리다. 로터에서 딸깍 소리가 나면 기계가 인코딩 시 사용하는 대체 암호 체계가 바뀌는 것을 확인할 수 있다.

이 암호 체계는 절대 해독할 수 없을 것 같았다. 기계를 설정하는 데 사용할 수 있는 로터는 여섯 개이며 각각의 로터는 26개의 다른 설정으로 시작할 수 있다. 게다가 뒤쪽에는 또 다른 일정 수준의 글자 재배치가 이뤄지게 하는 와이어 세트가 있다. 이 기계를 설정하는 방법은 '1억 5,800만×100만×100만' 가지나 된다. 이러한 기계를 사용하여 만든 메시지를 인코딩하기 위해서는 어떤 기계 설정을 사용했는지 알아내야 하고, 이것은 건초 더미에서 바늘을 찾는 문제의 극한 단계인 것처럼 보인다. 이 기계는 절대 해독되지 않는다고 독일인들은 전적으로 확신했다.

그러나 그들이 고려하지 못한 부분이 있다. '20세기의 가우스'라 불리는 앨런 튜링이 블레츨리 파크의 암호 해독 본부에서 찾아낸 영리한 방법이다. 그는 암호를 풀기 위해 일일이 시도해보는 방법 대신 시스템이 가진 약점을 찾아낸 후 이것을 암호 해독의 지름길로 사용했다. 튜링이 찾아낸 약점의 핵심은 기계가 절대 같은 글자로는 암호화하지 않는다는 것이다. 에니그마 내의 배선은 글자를 항상 다른 글자로 대체하여 암호화하도록 되어 있다. 이런 현상은 기계가 가진 하나의 단순한 특징처럼 보인다. 하지만 튜링은 이것을 이용하여 어떻게 메시지가 암호화되는 조합을 훨씬 더 제한된 범위로 좁힐 수 있는지 알아내었다.

그럼에도 불구하고 튜링은 여전히 자신의 발견을 최종적으로 확인하기 위해서는 기계에 의존해야 했다. 블레츨리 파크 내 오두막에서는 밤새도록 튜링의 지름길을 구현한 기계 '봄베스'Bombes가 작동하는 소리가 웅웅거렸다. 매일 밤 봄베스는 독일군이 안전하다고 생각하고 있던 메시지에 연합군들이 몰래 접근할 수 있는 길을 열어주고 있었다.

소수, 여전히 풀리지 않는 비밀

오늘날 인터넷 공간에서 돌아다니는 신용카드 정보를 보호하는 암호 코드 체계에도 해독하는 지름길이 없다고 믿는 수학적 문제들을 이용하고 있다. 그중 하나인 RSA Rivest Shamir Adleman 는 수수께끼 같은 숫자인 소수에 의존하는 암호 체계다. 각 웹사이트는 비밀리에 약 100자리 길이의 임의의 소수 두 개를 곱한다. 계산 결과는 웹사이트에 공개되며 약 200자리 길이의 숫자로 되어 있다. 이것이 각 웹사이트에 해당하는 코드 번호다. 내가 어떤 웹사이트를 방문하면 내 컴퓨터는 이 200자리 숫자를 수신한다. 그리고 이 숫자는 내 신용카드와 관련된 어떤 수학적 계산을 하는 데 사용된다. 이렇게 암호화된 숫자는 인터넷을 통해 전송된다. 이 전송이 안전하다고 할 수 있는 것은 이 계산을 해독하려면 해커는 매우 어려운 문제를 풀어야 하기 때문이다. 그 문제는 웹사이트에 코드 번호로 공개된 200자릿수를 만드는 데 사용되었던 원래의 소수 두 개를 찾아야 하는 것이다. 이 암호화 시스템이 안전한 것으로 평가되는 이유는 이 문제가 건초 더미에서 바늘을 찾는 유형의 문제로 보이기 때문이다. 수학자들이 알고 있는 한 이 두 개의 소수를 찾는 유일한 방법은 하나씩 차례대로 시도해보는 것 외에는 없다. 건초 더미에서 바늘이 발견되듯 웹사이트의 코드 번호를 만들 수 있는 소수가 갑자기 나타나주길 기대하며 이 과정을 계속해서 되풀이하는 수밖에는 없는 것이다.

가우스는 자신의 정수론를 피력한 〈산술 논고〉Disquisitiones Arithmeticae 에서 숫자를 소수로 분해하는 문제에 대해 다음과 같이 썼다. "숫자를 소수와 합성수로 구별하고 합성수를 소수를 사용하여 소인수 분해하는 문제는 연산에서 가장 중요하면서도 유용한 것 중 하나다. 이 문제를 길게 논하는 것이 불필요할 정도로 이것은 고대에서부터 현대에 이르기까지 각종 산업과 기하학자의 지혜 속에 녹아 있다. 게다가 과학은 매우 우아하고 축복받는 해법을 찾기 위해 가능한 모든 수단을 탐구할 것을 요구하는 것만 같다."

하지만 가우스조차도 인터넷과 전자상거래 시대에 이 문제가 얼마나 중요해질지는 깨닫지 못했다. 오늘날까지 이 정도로 큰 수를 소인수 분해하는 지름길을 누구도 찾지 못하고 있다. 그것은 심지어 위대한 가우스 자신도 마찬가지였다. 200자리 숫자를 해킹하려면 일일이 확인해야 할 소수의 숫자가 너무도 방대하다. 따라서 그런 식의 공격으로는 암호를 해독하는 것이 절대 성공할 수 없다. 숫자를 작은 소수의 곱으로 표현하는 소인수 분해는 본질적으로 어려운 문제다. 이것은 수학자들이 현재 풀지 못하고 있는 미해결 문제 중 하나다. 소수를 찾는 지름길이 없다는 사실은 증명이 가능한 것일까?

여기서 잠깐. 그렇다면 웹사이트는 주어진 메시지를 어떻게 해독할까? 핵심은 100자리의 두 소수를 선택한 다음 이것을 곱해서 200자리의 코드를 생성한다는 것에 있다. 해당 웹사이트는 그 계산을 되돌리는 데 필요한 소수들을 가지고 있는 유일한 곳이다.

수학자들이 아직 해결하지 못한 문제들 중 하나가 바로 소수를 찾는 방법이다. 소수들이 수의 우주에서 어떻게 배열되어 있는지 그 비밀을 푸는 과제가 바로 리만 가설이다. 수학계의 미해결 난제인 일곱 개의 밀레니엄 문제 중 하나다. 비록 소수가 어떻게 분포하는지 수학자들이 정확히 이해하고 있지는 못하지만 우리는 이 인터넷 코드를 해독하는 데 필요한 큰 소수를 찾는 흥미로운 지름길을 알고 있다. 이 지름길은 17세기 위대한 수학자 페르마가 발견한 공리에 근거한다. 그는 p가 소수일 경우 p보다 작은 임의의 수 n을 선택하여 p번 거듭제곱한 후 p로 나누면 그 나머지가 n이 된다는 사실을 증명했다. 예를 들어 $2^5=32$는 5로 나누면 2가 남는다.

이를 이용하면 소수로 예상하는 q에 대해 이 테스트를 통과하지 못하는 q보다 작은 숫자가 존재할 경우 q는 소수가 아니라고 결론을 내릴 수 있다. 예를 들어 $2^6=64$를 6으로 나누면 나머지는 2가 아닌 4가 나온다. 페르마의 시험을 통과하지 못하기 때문에 6은 소수일 수가 없다. 하지만 q보다 작은 숫자 중 이 테스트를 통과하지 못하는 숫자가 단 하나밖에 없는 경우 이 테스트를 유용하다고 이야기하기는 어려울 것이다. 이렇게 되면 모든 q보다 작은 숫자들을 전부 테스트해야 한다는 것을 의미하고, 그런 경우에는 이런 테스트를 하는 것보다는 직접 일일이 모든 숫자가 소수인지 확인하는 것이 더 나을 수도 있기 때문이다. 이 테스트의 큰 장점은 잠재적 소수 후보인 어떤 숫자가 테스트를 통과하지 못하는 경우 소수가 아니라는 사실이 매우 분명하게 드러난다는 점이다. 페르마의 지름길을 사용하면 q가 소수가 아닐 경우 q보다 작은 숫자의 반 이상에서 q가 소수가 되지 못함을 증명하게 된다.

하지만 옥에도 티가 있다. 소수처럼 행동하는 몇몇 숫자의 경우 페르마의 테스트를 모두 통과했는데도 불구하고 소수가 아니다. 이 숫자들을 '유사 소수'pseudo-primes 라고 부른다. 그러나 1980년대 후반 수학자 게리 밀러Gary Miller 와 마이클 라빈Michael Rabin 은 페르마의 접근 방식을 개선하여 다항식 시간 범위 내에 어떤 수가 소수인지 확실히 검증할 수 있는 테스트 방법을 만들었다. 한 가지 함정은 두 수학자 모두 자신이 리만 가설(혹은 추론의 일반화)이라는 높은 산의 정상에 오를 수 있다고 가정했다는 것이다. 밀러와 라빈은 리만 가설이라는 산의 정상을 정복하는 길을 찾아낼 경우 산의 반대편에서 소수를 찾는 지름길도 찾아낼 수 있다는 것을 증명할 수 있었다. 수학자들에게 이 산의 정상은 매우 중요한 의미를 가진다. 많은 사람이 이 산의 정상에 오를 경우 그로부터 수많은 다른 지름길이 열린다는 것을 증명하였다. 나 자신조차도 리만 가설이 참이라는 사실만 증명할 수만 있다면 그를 통해 몇 가지 다른 정리가 참인지를 보여줄 수 있는 사례를 가지고 있을 정도다.

하지만 산의 정상을 넘지 않고 돌아서 갈 수 있는 비밀스러운 길이 존재한다는 가능성을 절대 포기해서는 안 된다. 2002년 칸푸르에 있는 인도공과대학교의 인도 수학자 마닌드라 아가왈Manindra Agrawal, 니라이 카얄Neeraj Kayal, 니틴 삭세나Nitin Saxena가 리만의 산을 넘지 않고도 다항식 시간 내에 소수인지 아닌지를 시험할 수 있는 방법을 발견했다는 흥미로운 뉴스가 수학계를 강타했다. 놀랍게도 이 논문의 다른 두 저자는 아가왈과 함께 일하는 대학생들이었다. 심지어 그 팀의 선임인 아가왈도 수학계에서 대부분의 수 이론가에게 알려지지 않은 인물이었다. 이 스토리는 위대한 라마누잔과 관련된 많은 이야기를 떠올리게 한다. 라마누잔은 케임브리지대학교의 수학자 하디에게 자신의 수학적 발견에 대해 편지를 보낸 후 20세기 초에 수학계에 초신성처럼 등장했다.

아가왈 팀이 이루어낸 획기적인 발견으로 리만의 산을 넘을 수 있다고 가정하지 않고도 다항식 시간 내에 소수임을 확인하는 테스트가 이루어질 수는 있었지만 실제로 이용하기에 실용적인 알고리즘은 아니었다. 앞서 언급했듯 사용하고 있는 다항식의 차수를 아는 일이 중요하다. 다항식이 2차라면 비교적 빨리 결과를 확인할 수 있을 것이다. 그러나 아가왈, 카얄, 삭세나가 제안했던 알고리즘은 차수가 12차인 다항식이었다. 이것은 후에 미국 수학자 칼 포머런스Carl Pomerance와 네덜란드 수학자 헨드릭 렌스트라Hendrik Lenstra가 6차 다항식으로 줄였다. 이 정도만 해도 수학적인 관점에서는 지름길이라고 말할 수 있지만 실제로 사용함에 있어서는 아주 빠른 속도로 계산이 느려진다는 문제점이 있다. 게다가 테스트하는 숫자가 커질수록 6차 다항식을 포함하는 알고리즘은 답을 구하는 데 상당히 오랜 시간이 걸리게 된다.

인터넷 보안이 큰 자릿수의 소수에 의존한다는 사실을 고려할 때, 어떻게 웹사이트들은 금융 서비스를 효율적으로 운영할 수 있을 정도로 충분히 빠른 시간 내에 이 소수들을 찾는 것일까? 이에 대한 해결책은 주어진 숫자가 소수일 것이라는 높은 수준의 확신을 주면서도 소수라는 것을 보장하지는 않는 그러한 종류의 알고리즘을 사용하는 것이다.

어떤 숫자가 소수나 유사 소수가 아닐 경우, 그 숫자보다 적은 수의 절반은 페르마 테스트를 통과하지 못한다는 사실을 기억하라. 하지만 정말 운이 없이 하필 검증을 통과하는 절반의 수만 테스트했다면 어떻게 될까? 어떤 숫자가 소수가 아니라는 것을 증명하는 확실한 증거를 찾으려면 적어도 시험 대상 숫자의 반은 테스트해보아야 할 것이다. 이 과정에서 소수가 아니라는 것을 증명할 숫자를 놓치게 될 확률은 얼마나 될까? 내가 100번의 테스트를 했음에도 소수가 아니라는 것을 증명할 숫자를 놓쳤다고 가정하자. 이것은 그 숫자가 실제로 소수 혹은 유사 소수이거나 아니면 소수가 아니라는 것을 증명하는 모든 숫자를 2^{100}분의 1의 확률로 놓쳤거나 둘 중 하나라는 뜻이다. 이 정도라면 얼마든지 위험을 감수하고 베팅할 수 있는 확률로 보인다. 그런 일이 일어날 확률은 지극히 낮기 때문이다.

우리는 현재 이론적 측면에서뿐 아니라 확률론적 측면에서도 소수를 찾는 훌륭한 알고리즘을 가지고 있다. 하지만 반대로 소수를 이용한 이런 코드를 해킹하는 데 사용할 수 있는 알고리즘은 존재하지 않는 것 같다. 그렇다면 좀 더 파격적인 알고리즘은 어떨까?

아직 열리지 않은 양자역학의 지름길

암호화된 큰 자릿수의 숫자를 나눌 수 있는 소수를 찾는 문제를 푸는 데 있어 기존의 컴퓨터가 겪는 문제가 있다.

하나의 수를 대상으로 테스트를 하고 그 일이 끝나야 다음 테스트로 넘어갈 수 있다는 것이다. 좀 더 확실하게 하자면 여기서 나눗셈이 의미하는 것은 나머지가 남지 않도록 정확하게 나누어지는 소수를 찾는 것이다. 내가 정말 희망하는 것은 컴퓨터를 비트 단위로 나눈 후 각각의 비트가 동시에 다른 수를 대상으로 테스트를 하는 것이다. 일반적으로 병렬 처리는 작업 속도를 높이는 매우 효과적인 방법이다. 집을 짓는 경우를 예로 들어보자. 미국 로스앤젤레스에서 열린 집 짓기 속도 대회에서 우승한 팀은 200명의 작업자가 병렬로 일하여 네 시간 만에 집을 지은 팀이었다. 물론 순차적으로 진행되어야 하는 작업도 분명히 있다. 고층 건물을 짓거나 지하 주차장을 파는 경우 다음 층을 작업하기 전에는 이전 층에 대한 작업이 끝나야 하기 때문이다. 반면 큰 숫자가 작은 숫자들로 나누어지는지 알아보는 작업은 병렬로 수행하기에 완벽한 일이다. 각 작업이 다른 작업의 결과에 의존하지 않기 때문이다.

아직까지 병렬 처리에 있어서의 문제점은 하드웨어의 용량이 많이 필요하다는 것이다. 문제를 반으로 나누면 작업 시간은 반으로 줄어들지만 필요한 하드웨어 용량은 두 배로 늘기 때문이다. 따라서 큰 소수를 나누는 작은 소수를 찾는 문제에 대해서는 이러한 접근법을 적용하기 어렵다.

하지만 하드웨어를 두 배로 늘릴 필요 없이 이러한 병렬 연산을 수행할 수 있는 방법이 있다면 어떨까? 1990년대에 벨 연구소에서 일하던 수학자 피터 쇼어Peter Shor는 혁신적인 아이디어를 제시했다. 그는 다소 파격적인 컴퓨팅 방법을 이용할 경우 여러 가지 연산을 동시에 수행할 수 있다는 것을 깨달았다. 그의 주장은 양자 세계의 기이한 물리적 성질을 이용하자는 아이디어였다. 양자물리학에서 잘 알려진 사실처럼 전자와 같은 입자는 입자가 관찰되기 전에는 두 가지 위치에 동시에 위치할 수 있다. 이런 현상을 '양자 중첩'quantum superposition 이라고 부른다. 이 두 위치를 0과 1이라고 하자. 이 현상의 장점은 하드웨어가 두 배가 되지 않는다는 것이다. 전자는 하나만 있으면 되기 때문이다. 양자 중첩 현상을 이용하면 이 하나의 전자에 실제로는 하나가 아니라 두 개의 정보가 저장되는 셈이다. 이를 '큐비트'qubit 라고 한다. 기존의 컴퓨터에서는 하나의 비트는 켜짐이나 꺼짐 혹은 0이나 1 중 하나여야 한다. 하지만 이 큐비트는 병렬로 존재하는 양자 세계로 분할되어 0으로 설정된 세계와 1로 설정된 세계에 동시에 걸쳐 있을 수 있다.

양자 컴퓨팅 아이디어는 이 모든 큐비트를 함께 묶는 것이다. 만약 내가 64 큐비트를 양자 중첩 상태에 둘 수 있다면 0에서 $2^{64}-1$까지의 모든 숫자를 동시에 나타낼 수 있게 된다. 기존의 컴퓨터라면 각 비트를 0 또는 1의 위치에 놓아가며 이 모든 숫자를 하나씩 차례대로 훑어봐야 한다. 하지만 양자 컴퓨터는 이 작업을 동시에 할 수 있다. 이것은 기존의 컴퓨터가 마치 전자처럼 각각의 평행 우주에 동시에 존재하고 있는 것이다. 이 64큐비트는 각각의 평행 우주에서는 각기 다른 숫자를 나타내게 된다.

여기서 참으로 획기적인 아이디어가 있다. 각각의 평행 세계에 존재하는 컴퓨터에게 주어진 숫자가 암호 번호를 나눌 수 있는지 확인하라는 명령을 내린다. 하지만 어떻게 하면 여러 평행 세계 중에서 성공적으로 암호 번호를 나눈 단 하나의 세계를 양자 컴퓨터가 알아낼 수 있을까? 이를 확인하기 위해 쇼어는 양자 알고리즘에 기발한 속임수를 심어 놓았다. 외부에서 양자 중첩을 관찰하려고 하는 순간 양자 컴퓨터는 중첩 현상을 중단하고 그중 어느 하나로 모일지 결정해야 한다. 기본적으로는 0 또는 1 중에 하나의 상태를 선택하게 되고 둘 중 어느 쪽으로 갈지는 확률에 따라 결정된다.

여기서 쇼어가 한 일은 각각의 평행 우주에서 나눗셈 테스트를 하게 한 후 암호 번호를 나누는 데 성공한 세계를 선택할 확률이 압도적으로 높아지도록 알고리즘을 조작하는 것이었다. 이럴 경우 나눗셈에 실패한 다른 모든 세계는 비슷한 값을 가짐으로써 서로 상쇄되게 된다. 그 결과 나눗셈에 성공한 세계만 유일하게 눈에 띄게 되는 것이다.

이를 다르게 비유해 시계의 숫자들이 가리키고 있는 12개의 다른 방향을 상상해보자. 모든 방향의 길이가 같다면 그 값을 모두 더했을 때 각 방향끼리 상쇄되면서 결과적으로는 시계 바늘의 중앙으로 오게 될 것이다. 하지만 하나의 방향이 다른 모든 방향보다 두 배 더 길다면 어떨까? 이제는 모든 방향을 더하면 나머지 방향들은 서로 상쇄되고 길이가 두 배 더 긴 방향만 남게 될 것이다. 이것이 본질적으로 소수 나누기 시험을 하고 있는 양자 컴퓨터를 양자 관측하면 일어나는 일이다.

쇼어가 1994년에 이 소프트웨어를 만들었지만 알고리즘을 구현할 수 있는 양자 컴퓨터를 만드는 것은 먼 꿈처럼 보였다. 양자 상태에서 우리가 겪는 문제 중 하나는 '결 잃음'decoherence 이라고 불리는 현상이다. 독립적이어야 할 64큐비트가 서로를 관찰하기 시작하고 그에 따라 계산을 하기도 전에 붕괴되는 현상이다. 이것이 '슈뢰딩거의 고양이'Schrödinger's cat 가 가능하지 않을 수 있다고 생각하는 한 가지 이유다. 슈뢰딩거의 고양이는 양자적 사고 실험을 뜻하는 표현이다. 관찰되지 않은 고양이는 동시에 죽어 있을 수 있고, 살아 있을 수도 있다는 것이다. 물론 전자의 경우에는 양자 중첩된 상태로 관찰되기 전까지 존재할 수 있지만 어떻게 고양이를 구성하는 모든 원자가 동시에 죽어 있거나 살아 있는 상태로 중첩될 수 있을까? 많은 수의 원자가 상호작용을 시작하여 결 잃음이 생긴다는 것은 중첩이 붕괴된다는 것을 의미한다.

그러나 최근 몇 년 동안 동시적 양자 상태를 서로 분리하는 기술 분야에서 놀라운 진전이 있었다. 2019년 10월《네이처》는 구글의 연구원들이 제출한 '프로그래밍 가능한 초전도 프로세서를 이용한 양자 우월주의'라는 제목의 논문을 발표했다. 이 논문에서 연구팀은 약 10^{16}개의 숫자를 동시에 표현할 수 있는 53큐비트를 중첩하여 만들 수 있다고 보고하였다. 이 컴퓨터는 기존의 컴퓨터가 실행하는 데 1만 년이 걸릴 수 있는 맞춤화된 작업을 수행할 수 있었다.

매우 흥미로운 소식이기는 하지만 이 논문에서 양자 컴퓨터에게 시킨 작업은 큰 수를 나누는 소수를 찾는 것과 같은 수준의 일은 아니었다. 사용했던 하드웨어에 많이 맞춰서 조정된 일이었다. 많은 사람이 구글이 '양자 우월주의'라는 헤드라인을 약간 과장된 의미로 사용하고 있다고 생각한다. IBM 양자 컴퓨팅팀은 이 논문을 신랄하게 비판하며 구글팀이 구현하고 있는 작업은 전통적 컴퓨터에서 1만 년이 아니라 며칠 안에 수행할 수 있는 수준임을 보여주었다. 그럼에도 구글팀의 연구 결과는 여전히 흥미롭다. 아무튼 당신의 신용카드 정보를 해킹할 수 있는 양자 컴퓨터를 만드는 일은 아직은 먼 훗날의 일이다.

DNA가 보여준 새로운 지름길의 가능성

세일즈맨 출장 문제는 어떤가? 이 문제를 푸는 지름길을 찾는 데 있어 파격적인 방법이 있을까? 여기 매우 특이한 종류의 컴퓨터를 사용하여 세일즈맨 출장 문제와 유사한 문제를 해결한 예가 있다. 해밀턴 경로Hamiltonian Path 문제라고도 불리는 이 문제는 도시들을 연결하는 일방통행로를 따라 지도상에서 도시를 한 바퀴 도는 길을 찾아내는 것이다.

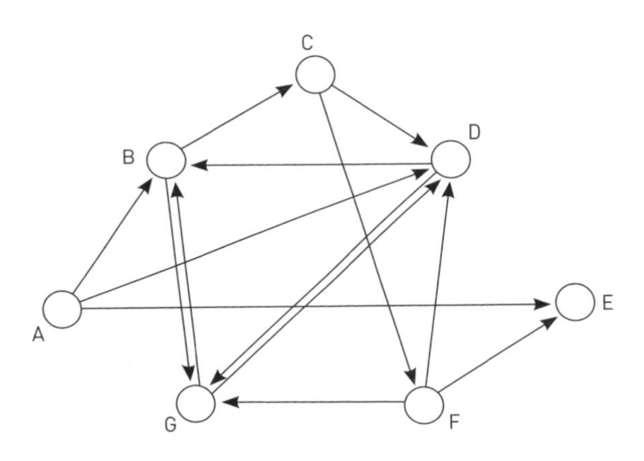

그림 10-3 해밀턴 경로 문제. 도시 A에서 도시 E로 가는 동안 모든 도시를 한 번씩 방문해야 한다

예를 들어 도시 A에서 출발하여 도시 E로 도착하는 길을 찾는다. 이때 가는 길에 다른 모든 도시를 한 번씩 들르는 경로여야 한다. 그런 길이 있을까? 이 문제는 세일즈맨 출장 문제만큼이나 복잡하다. 이 문제 역시 병렬 연산으로 풀기에 적당한 문제다. 미국 수학자 레너드 애들먼Leonard Adleman은 이 문제를 풀기 위해 양자역학 대신 생물학을 사용하는 흥미로운 아이디어를 제시했다(애들먼은 앞서 언급한 RSA라는 암호 체계의 이름에서 'A'에 해당하는 사람이다).

1994년 MIT에서 열린 세미나에서 애들먼은 해밀턴 경로 문제를 풀기 위해 자신이 만든 슈퍼컴퓨터를 선보였다. 'TT-100'라고 이름을 소개하며 애들먼이 웃옷 주머니에서 시험관을 꺼내자 참석자들은 당혹감을 감추지 못했다. 이름의 TT는 시험관test-tube을 의미하고, 100은 시험관의 용량이 100마이크로 리터라는 것을 의미했던 것이다. 문제를 풀기 위한 연산을 하는 마이크로프로세서는 이 시험관 안에 들어 있는 작은 DNA 가닥들이었다. DNA 가닥은 A, T, C, G로 표시된 네 개의 염기로 구성된다. 이 염기들 중 A와 T, C와 G는 서로 짝을 이루어 결합하려는 성질을 가지고 있다. 만약 당신이 올리고뉴클레오타이드oligonucleotides라고 불리는 짧은 염기 가닥을 가지고 무언가를 만들려고 한다면 이들은 자신과 짝을 이루는 염기를 가진 다른 염기 가닥을 찾으려고 할 것이다. 예를 들어 ACA로 이루어진 염기 가닥은 DNA의 안정적인 이중 나선 구조를 형성하기 위해 TGT를 가진 염기 가닥을 찾는다.

애들먼의 아이디어는 방문하고자 하는 지도상의 각 도시에 여덟 개의 염기로 구성된 라벨을 붙이는 것이었다. 만약 두 도시 사이에 일방통행로가 있다면 16개의 염기로 DNA 가닥을 만들면 된다. 첫 번째 여덟 개의 염기 가닥은 출발한 도시의 염기 코드 번호로 구성되고, 두 번째 여덟 개의 염기 가닥은 일방통행로가 도착하는 도시의 염기와 상호 결합되는 염기로 코드를 구성하면 된다. 만약 A시로 진입하는 도로와 A시에서 나가는 도로가 있다면 이 도로를 표현하는 16개의 염기 가닥은 A시로 들어오는 도로를 표시하는 마지막 여덟 개의 염기 가닥과 A시에서 나가는 도로를 표시하는 첫 여덟 개의 염기 가닥이 결합하도록 구성하면 된다.

이 길을 따라 도시를 돌아다니는 어떤 경로도 서로 결합하는 일련의 DNA 가닥으로 복제될 수 있다. 경로가 어떤 도시로 들어갔다가 나올 때마다 DNA 가닥이 서로 결합하게 되는 식이다. 예를 들어 도시 A는

ATGTACCA, 도시 B는 GGTCCACG, 도시 C는 TCGACCGG라고 라벨을 붙인다. 이 경우 A에서 B로 연결되는 도로는 다음과 같이 표현될 것이다.

ATGTACCACCAGGTGC

그리고 B에서 C로 연결되는 도로는 다음과 같다.

GGTCCACGAGCTGCC

이 두 도로는 첫 번째 도로의 마지막 여덟 개의 염기와 두 번째 도로의 첫 번째 여덟 개의 염기가 서로 결합될 수 있는 염기 서열로 되어 있다. 따라서 A시에서 C시까지 갈 수 있는 경로가 존재한다는 것을 보여준다.

놀라운 것은 이러한 DNA 가닥을 상업적 실험실에서 대량으로 만드는 일이 가능하다는 사실이다. 애들먼은 일곱 개 도시로 이루어진 네트워크를 탐색할 수 있도록 DNA 가닥을 주문했고, 이 DNA들을 테스트 시험관에 채웠다. 도시 네트워크를 연결되는 다양한 경로를 찾는 과정을 병렬로 진행하는 것처럼 DNA 가닥들은 테스트 시험관 내에서 한꺼번에 결합하기 시작했다. 물론 결합한 DNA 중 다수는 단 한 번만 도시를 방문해야 한다는 전제조건에 위반되는 것들이었다. 애들먼은 자신이 찾고자 하는 경로를 표현하는 DNA 가닥의 길이는 다음과 같이 깨달았다.

8(출발한 도시) + 6 × 8(각 도로) + 8(도착한 도시)

그는 용액으로부터 이 길이에 해당하는 DNA 가닥을 걸러낸 후 이를 유전자 지문 채취와 유사한 과정을 통해 확인해보았다. 이 DNA 가닥들을 구성하고 있는 염기 서열 중 어딘가에는 각 도시가 위치하고 있는 셈이다.

비록 전 과정이 일주일 넘게 걸리기는 했지만, 이 실험은 효율적으로 병렬 처리를 할 수 있는 기계를 만들기 위해 생물학적 세계를 이용할 수 있다는 흥미로운 가능성을 열어주었다. 화학자들은 테스트 시험관 안에 얼마나 많은 분자가 있는지를 나타내기 위해 몰mole이라는 단위를 사용한다. 어떤 물질의 1몰은 6×10^{23}개의 분자를 약간 넘는 정도에 해당하는 양이다. 애들먼은 생물학적 세계에 존재하는 매우 작은 분자를 이용하는 것이 전통적 컴퓨터를 이용하는 매우 큰 세상에서의 항해에도 지름길로 사용될 수 있다고 믿는다.

자연은 이미 이런 문제를 해결했을지도 모른다. '점균류'slime mould라고 불리는 이상한 유기체는 지도상에서 가장 효율적인 경로를 찾는 데 매우 능숙한 것으로 밝혀졌다. 점균류나 '황색망사점균'Physarum polycephalum은 변형체 성격의 단세포 유기체로, 바깥쪽으로 자라면서 먹이 공급원을 찾는다. 이 유기체가 가장 좋아하는 음식은 귀리 부스러기다. 옥스퍼드대학교와 삿포로대학교의 연구팀은 귀리 부스러기를 이용하여 도쿄 철도 네트워크와 비슷하게 배치된 복잡한 연결 통로 중에서 가장 짧은 경로를 찾는 도전을 점균류에게 시켜보기로 결정했다. 보통 도시설계자들이 도시를 연결하는 가장 효율적인 방법을 찾는 데 수년이 걸린다. 그와 비교할 때 점균류는 어떨까? 점균류는 처음에 귀리 부스러기의 위치를 전혀 알지 못하기 때문에 모든 방향으로 자라기 시작한다. 그러나 먹이 공급원을 발견하고 나면 먹이를 찾지 못한 방향으로 자랐던 많은 가지를 죽여버리고 먹이 공급원으로 가는 가장 효율적인 경로만 남겨놓는다. 그런 후 점균류는 몇 시간 안에 구조를 다듬어 새로운 먹이 공급원 사이에 터널을 만들고 효율적으로 이동할 수 있도록 한다.

이 실험을 설계한 연구팀에게 놀라웠던 점은 점균류가 만든 경로 패턴이 인간이 도쿄 지역에 철도 시스템을 배치한 방식과 매우 흡사했다는 것이다. 이러한 패턴을 만드는 데 인간은 몇 년이 걸렸다. 점균류는 오후 한나절에 그 일을 해냈다. 이 단세포 균류가 수학의 풀리지 않은 큰 난제들 중 하나를 해결해줄 수 있을까?

- **퍼즐의 정답:** 다음은 글래스톤베리 페스티벌을 모두 순회하는 가장 짧은 경로다. 나는 이 지도상에 더 짧은 길이 없는지 확인하기 위해 오랜 시간을 들여야 했다.

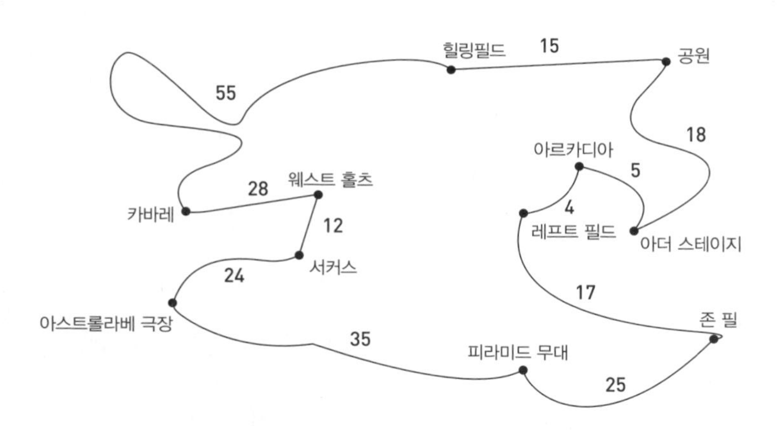

그림 10-4 글래스톤베리 페스티벌을 순회하는 최단 경로

생각의 지름길로 가는 길

때때로 우리가 해결하려는 문제에 지름길이 없다는 것을 언제 알아차리느냐 하는 것도 매우 중요하다. 먼 길을 돌아가는 것만이 목적지로 가는 유일한 길이라는 것을 깨달으면 지름길을 찾겠다는 희망으로 시간을 낭비하는 일을 멈출 수 있기 때문이다. 만약 당신이 그 모든 힘든 작업을 진행하기로 결정했다면 자신이 시간을 낭비하지 않고 있다는 것을 알 필요가 있다. 하나의 문제를 완전히 다른 문제로 변환하는 방법을 사용하여 해결하려는 과제가 실제로는 세일즈맨 출장 문제가 변장한 것은 아닌지 확인할 필요가 있다. 만약 지름길이 실제로 존재하지 않는다는 것을 깨닫게 될 경우 암호 해독을 할 때처럼 우리는 그 사실을 이용할 수 있다.

도착하기

지름길은 끝이 아니라 새로운 시작이다

독창성은 수 세대에 걸쳐 인간이라는 종의 발전을 가속화한 다양한 지름길들을 인류에 제공했다. 더 나은 사고를 가능하게 한 이 지름길들이 없었다면 오늘날의 기술적 진보에 도달하지 못했을 것이다. 숫자를 표시하는 기호를 생각해내지 않았다면 3을 넘는 모든 것을 단지 '많다'라고 불렀을 것이다. 지구를 기하학적으로 이해하는 것으로 우리는 지구를 가로질러 여행하는 더 효율적인 경로를 설계할 수 있었다. 그동안 566명의 사람만이 우주에 다녀왔고 그나마 달보다 멀리 가본 사람은 없는 상황이지만 우리는 삼각법이라는 지름길을 이용해 우주 깊은 곳을 계속 탐험해왔다.

패턴 인식과 미적분학의 힘을 이용하면 미래를 예측하여 앞으로 어떤 일이 일어날지 엿볼 수 있다. 확률 통계라는 지름길을 이용한다면 어떤 결과가 일어날 가능성이 더 높은지 확인하기 위해 실험을 수백 번 반복하지 않아도 된다. 웹사이트 간의 연결을 분석하는 영리한 방법을 이용하면 인터넷 공간을 무작정 방황하지 않고도 우리가 찾고자 하는 웹사이트로 이끄는 지름길을 발견할 수 있다. 우리는 심지어 마이너스 1의 제곱근과 같은 새로운 숫자까지 발명했다. 정답으로 가는 지름길을 보여주는 유리처럼 투명한 세상을 만들기 위해서였다. 비행기는 이 상상의 세계를 여행한 후 안전하게 땅에 착륙할 수 있게 되었다.

내가 수학이라는 세계로 여행을 떠난 첫 번째 이유는 지루하고 힘든 일을 피하고 싶어서였다. 무분별한 노동을 피할 수 있다는 사실이 게을렀던 십 대의 나를 매료시켰다. 지루한 반복 계산 속으로 학생들을 몰아넣기보다는 수학이라는 것이 똑똑하게 생각하는 방법임을 나에게 보여준 수학 선생님께 감사하다. 하지만 돌이켜보면 지름길의 핵심에 역설적 요소도 있다는 것이 보이기 시작했다.

수학자의 임무는 똑똑하게 생각하는 새로운 방법을 발견하는 것이지만 그 지름길을 생각해내는 것이 쉽지는 않다. 수학을 연구한다는 것은 문제에 대해 몇 시간씩 숙고하고도 아무것도 얻지 못하는 활동을 감내해야 한다. 그러다보면 갑자기 불현듯 모든 것이 이해되고 문제로 가득 찬 정글을 통과하는 지름길이 보이는 순간이 온다. 하지만 많은 시간 동안 문제에 대한 숙고를 하고 노란 메모지 위에 여기저기 낙서하는 과정을 거치지 않고는, 문제를 헤쳐나가는 지름길이 갑자기 발견되는 순간은 찾아오지 않는다. 나는 '아하!' 하고 깨달음이 느껴지는 순간의 짜릿함을 갈망한다. 마치 마약과도 같다. 이 순간은 숨겨진 통로를 발견할 때 찾아온다. 지름길을 발견하는 순간인 것이다. 이 지름길은 우리를 다른 세계로 연결시켜 주는 길이다.

결국 나는 내가 이토록 지름길을 찾는 일에 전념하는 이유가 단지 게으르기 때문만은 아니라는 것을 깨달았다. 오히려 그 반대였다. 지름길을 찾는 고통스러운 과정이 결국 나에게 만족감을 주기 때문이었다. 산의 정상까지 헬리콥터를 타고 갈 수도 있다. 그러면 물론 멋진 경치는 감상할 수 있겠지만 로버트 맥팔레인이 말했듯 그 방법은 산악인으로서는 아무 의미 없는 행동이다. 산악인들이 힘든 길을 선택하는 이유는 산꼭대기에 도달했을 때 느끼게 되는 희열 때문이다. 정정당당하게 두 발로 걸어서 오를 때 찾아오는 기쁨 때문인 것이다.

나는 하버드대학교의 한 물리학자와 미해결 난제들을 해결하기 위한 지적 도전에 대해 논한 적이 있다. 이야기를 나누다가 그는 내가 연구하던 모든 문제에 대한 답을 얻을 수 있는 가상의 버튼을 제안했다. 그 버튼을 누르려는 나를 붙잡고 그는 이렇게 물었다. “정말 원하세요? 그렇게 알게 되면 모든 재미가 사라지지 않을까요?” 나탈리 클라인도 똑같은 의구심을 나타냈다. 첼로를 연주하는 데 있어 지름길이 존재한다면 아마도 연주하는 일이 덜 매력적으로 느껴질 것이다. 심리적으로 몰입해 있는 상태가 주는 황홀한 순간을 경험하려면 연주 기법과 어려운 도전이 결합되어야 한다.

내가 가장 좋아하는 영화는 〈굿 윌 헌팅〉이다. 수학자들의 노벨상인 필즈상을 대중 문화에서 처음으로 언급했다는 사실이 이 영화를 좋아하는 이유 중 하나다. 가장 큰 이유는 문제 해결의 지름길을 발견하기 전까지 많은 시간 좌절을 겪는 과정이 얼마나 중요한지를 잘 보여주기 때문이다. 영화 속 주인공은 MIT 수학과의 청소관리인이다. 어느 날 그는 수학과 교실 칠판에 적혀 있는 문제를 보고 그 즉시 푸는 방법이 무엇인지 알아차린다. 다음 날 아침 수학과 교수들은 칠판에 풀이가 휘갈겨져 있는 것을 보고는 넋을 잃는다. 그러나 주인공은 결국 수학자가 되지는 않는다. 아마도 그 이유는 해답을 너무 쉽게 발견했기 때문이 아닌가 생각됐다. 영화의 마지막에 그가 떠나려고 하는 모험은 어떤 소녀를 쫓는 것이었다. 뚜렷한 해결책이 없는 복잡한 문제라는 사실이 오히려 그에게 도전하려는 동기를 부여했을 것이다. 수학적 지름길의 중요한 특징은 문제를 풀기 위해 정면으로 도전하는 고난의 길을 걷고 난 후에야 황홀한 깨달음의 순간을 준다는 점이다.

내가 쫓는 지름길은 문제지의 뒷부분에 실린 답을 찾아보는 것이 아니다. 그것은 결코 만족스러움을 느끼게 해주는 지름길이 아니다. 최고의 지름길은 문제와 힘들게 씨름한 끝에 얻는 지름길이다. 이런 지름길은 음악적 긴장감이 마침내 해소되는 정도의 즐거움이 내포되어 있다.

지름길을 찾고 싶은 동기가 처음에는 힘든 일을 하며 시간을 쓰는 것을 싫기 때문일 수도 있지만 정작 지름길을 찾으려면 애초에 피하고 싶었던 것 이상의 고됨과 노력을 필요로 한다는 역설이 등장한다. 아직도 내가 왜 지름길을 찾는 더 어려운 일을 즐기는지는 그 과정에 들이는 노력을 나타낸 곡선을 보면 알 수 있다. 만약 1부터 100까지의 숫자를 더하는 일에 내가 들이는 노력을 그래프로 그린다면 아마도 꾸준하게 일정한 노력을 계속하는 것처럼 보일 것이다. 이 그래프는 시간이 지나도 크게 달라지지 않는 모양이 된다. 이 과정에 들어가는 모든 노력을 더할 경우 선형으로 서서히 상승하는 모습을 보인다. 반면 지름길을 찾기 위해 들어가는 노력을 그래프로 나타낸다면 훨씬 더 예측하기 어려운 곡선이 된다. 이 그래프는 올라가기도 하고 내려가기도 할 것이다. 아마도 지름길을 발견하기 직전에는 정점를 치고 올라갔다가 지름길을 구하고 나면 갑자기 급강하할 것이다. 하지만 이 시점부터 노력의 그래프는 절대 최소 기준값을 넘지 않는다. 이미 지름길이 효과를 보이고 있기 때문이다. 반면 지름길 대신 먼 길을 돌아가는 방법을 택하는 경우 노력의 그래프는 계속해서 일정한 에너지를 소비하게 된다.

또 다른 신기한 역설은 한스 울리히 오브리스트가 강조했던 것이다. 예술에서 우회는 필수적이다. 우리는 종종 우회하는 경로를 선택함으로써 가장 좋은 지름길을 발견하게 된다. 페르마의 마지막 정리를 증명하기 위해 수학자들은 우회로를 선택했다. 그리고 이 우회로에서 만난 모든 이상한 도로와 길은 그 선택이 할 만한 가치가 있었다고 느끼게 해주었다. 그 우회로를 통해 우리는 많은 놀라운 또 다른 지름길들을 발견할 수 있었다.

지름길이 가진 힘은 종종 지름길을 찾는 사람들이 목적지에 더 빨리 도착할 수 있도록 해준다는 점에 있다. 2016년 세계에서 가장 길고 깊은 터널이 개통되었다. 57킬로미터의 고트하르트터널은 알프스산맥 아래를 통과하여 북유럽과 남유럽을 잇는다. 건설하는 데에만 17년이 걸린 이 터널을 기차가 통과하는 데 걸리는 시간은 단 17분이다.

가우스의 마지막 여정 중 하나는 하노버와 괴팅겐 사이에 건설된 새로운 철도 개통식에 참석하는 것이었다. 이후로 그의 건강은 서서히 악화되다가 1855년 2월 23일 이른 아침 잠에서 깨어나지 않은 채 세상을 떠났다. 가우스는 수학자가 되기 위한 그의 여정에 영감을 주었던 17면체를 자신의 무덤에 새겨달라고 부탁했다. 그러나 작업을 의뢰받은 석공은 그 일을 거부했다. 이론적으로는 17면체의 다각형을 만드는 것이 가능할지 모르겠지만 석공의 생각에는 17면체가 단지 하나의 큰 원처럼 보일 것 같다는 게 이유였다.

학생 때 내가 배운 지름길들은 그 길을 찾아내고자 한 사람들이 몇 년간에 걸쳐 얻어낸 숙고의 결과물들이다. 하지만 일단 산을 통과하는 터널이 만들어지면 그 길을 따라가는 사람들은 가능한 한 빨리 지식의 선두 그룹에 도달할 수 있게 된다. 1부터 100까지의 숫자를 더하는 숙제를 남들보다 빨리 끝낸 가우스는 그 자리에 앉아 다른 새로운 것에 대해 생각할 시간을 가졌을 것이다. 나에게는 이것이 지름길이 가지는 진정한 의미다. 우리가 아무 의미 없는 일에 헛되이 시간을 다 써버린다면 자기 탐색, 새로운 발견, 지평을 넓힐 기회를 잃게 될 것이다. 지름길이 있기에 남는 에너지를 더 새롭고 보람 있는 모험에 쓸 수 있다.

이 책에서 우리가 함께 걸어온 여정이 당신을 더 현명하게 생각할 수 있는 지름길로 이끌어 새로운 사고를 하는 시간을 벌어줄 수 있기를 기대한다. 이런 의미에서 하나의 지름길을 찾는 여정이 끝난다는 것은 새로운 여행을 시작할 기회가 주어진다는 뜻이다. 1808년 9월 2일 가우스가 친구 보여이에게 보낸 편지에 지식 추구에 대한 생각을 이렇게 담아 썼다.

"나에게 가장 큰 즐거움을 주는 것은 지식이 아니라 배움의 행위고, 소유가 아니라 그곳에 도달하는 그 자체다. 어떤 문제를 해결하고 나면 나는 또 다른 문제의 어둠 속으로 들어가기 위해 발걸음을 돌린다. 만족을 모르는 사람은 참으로 이상하다. 어떤 구조물을 완성하는 것은 그 구조물 안에서 평화롭게 살기 위해서가 아니다. 또 다른 구조물을 짓기 위해서다. 나는 세계를 정복하는 왕도 그렇게 느낄 것이라고 상상해본다. 하나의 왕국이 가까스로 정복되고 나면 그는 팔을 뻗어 또 다른 왕국을 정복하려 할 것이다."

지름길은 여행을 빨리 끝내는 것에 관한 것이 아니다. 새로운 여행을 시작하는 디딤돌에 관한 것이다. 길이 열리고, 터널이 뚫리고, 다리가 놓이는 것에 관한 이야기다. 이를 통해 다른 사람들이 지식의 경계선까지 빠르게 도달할 수 있다. 그리고 또 그들 스스로 어둠 속으로의 여행을 떠날 수 있게 된다. 가우스와 그의 동료 수학자들이 오랜 세월 동안 갈고 닦은 도구들을 모두 갖춘 다음 당신 스스로 위대한 정복을 위해 팔을 뻗기 바란다.

책을 쓰는 일이라는 서사적인 작업에는 지름길이 많지 않다. 가장 좋은 지름길 중 하나는 나를 지원해주는 훌륭한 팀을 갖는 것이다. 편집장 루이즈 헤인스는 최고의 심리학자 같다. 내가 작가로서 겪는 문제를 해결할 환경을 만드는 데 필요한 질문을 훌륭하게 던진다. 내 에이전트 앤터니 토핑은 내가 길을 잃고 헤매지 않도록 지켜봐주는 또 하나의 중요한 눈이었다. 나의 카피 에디터 이안 헌트는 엉망으로 쓰인 내 문법과 끈기 있게 씨름하며 잘 다듬어주었다.

미국 출판팀 토머스 켈러허와 에릭 헤니는 내 지름길이 미국 독자들에게 올바른 방향을 제시할 수 있도록 훌륭하게 도와주었다.

이 책 중간중간에 쉼표를 찍는 역할을 하는 '쉬어가기'에 기여해준 이들은 자신의 시간과 아이디어를 공유하는 데 매우 관대했다. 지름길에 대한 흥미로운 생각을 전해준 나탈리 클라인, 브렌트 호버먼, 에드 쿡,

로버트 맥팔레인, 케이트 레이워스, 한스 울리히 오브리스트, 콘래드 쇼크로스, 피오나 케네디, 수지 오바크, 헬렌 로드리게스, 오그넨 아미직에게 깊은 감사를 느낀다.

아티스트 소피아 알 마리아, 트레이시 에민, 앨리슨 놀스, 요코 오노에게 그들의 두 잇이 이 책에 실리도록 허락해준 것에 감사의 뜻을 전한다.

이런 책을 쓴다는 것은 내가 대학에서 교수직을 맡고 있지 않았더라면 시간적으로 불가능했을 것이다. 나에게 일자리를 준 찰스 시모니 교수와 과학에 대한 대중적 이해 강좌를 맡고 있는 교수로서 받는 모든 지원에 대해 옥스퍼드대학교에게 감사드린다.

뉴턴과 셰익스피어 둘 다 역병이 유행하는 시기에 더 생산적인 연구를 해내어 많은 발전을 이루었다. 이 책의 집필은 2020년 초 전 지구를 강타한 전염병 시기와 겹쳐져 있다. 이것은 나에게 이상한 지름길로 작용하였다. 항상 산만했던 스케줄이 자연스럽게 정리되면서 집필할 시간이 생겼기 때문이다. 결과적으로 마감일보다 훨씬 빠른 두 달 전에 원고를 완성할 수 있었다. 나의 원고가 도착했을 때 루이즈는 충격에 빠졌다. 그는 과거 내가 원고를 2년씩 늦게 주는 것에 익숙해져 있었다. 하지만 일찍 탈고한 사람이 나 혼자만은 아니었음을 알게 되었다. 실제로 루이즈는 심지어 원고를 의뢰하지도 않았던 작가들로부터 새로운 소설을 받았다고 말했다. 그는 이런 이유로 내 원고에 대한 피드백에 시간이 좀 걸릴 수 있다고 경고했다. 피드백을 기다리는 동안 전염병을 막기 위한 봉쇄 조치가 내려졌고, 나는 결국 그 시간 동안 연극 시나리오를 쓰기 시작했다. 이 글을 쓰는 지금 모든 극장이 문을 닫고 있는 것을 고려한다면 말도 안 되는 프로젝트라고 하겠지만 언젠가 내 연극이 햇빛을 볼 날이 있길 바란다.

글을 쓰는 동안 이어진 봉쇄 기간의 하루는 가족들이 저녁마다 각자의 방에서 나와 그날 하루 온라인상에서 어떤 모험을 했는지 서로 얘기하는 것으로 마무리되었다. 이때 함께 나눈 웃음과 사랑이 이 책을 마무리 짓는 힘든 여정을 훨씬 수월하게 만들었다. 샤니, 토머, 이나, 마갈리 덕분이다. 책을 쓴다는 힘겨운 여정을 완성하는 데 있어 그들이야말로 나에게 최고의 지름길이었다.

찾아보기

ㄴ

ㄷ

ㅁ

ㅂ

ㅅ

ㅇ

ㅈ

ㅊ

ㅋ

ㅌ

ㅍ

ㅎ